小学館文庫

兵士に聞け

杉山隆男

JN285329

小学館文庫

目次

第一部　鏡の軍隊

第二部　さもなくば名誉を

第三部　護衛艦「はたかぜ」

第四部　防人の島

第五部　帰還

兵士に聞け

第一部　鏡の軍隊

陸上自衛隊の観閲式

日蔭者

自衛隊の建物には一つの特徴がある。

鏡が多いことである。それもふつうのオフィスではまず目にしない廊下や玄関や階段といった人目につく場所に全身を映しだす大きな姿見がある。

たとえば階段をのぼっていると、不意に踊り場の向こうから人影があらわれたりする。何か考えごとをしていたり、あたりがたそがれたように薄暗いときはこれが結構どきっとする。まさか階段の途中に鏡があるとは思いもしないから、イソップの寓話《ぐうわ》さながらに鏡に映った自分の姿に思わず足を止めてしまうのだ。

絵画やポスターに比べて鏡ははるかに場所を選ぶ。華やかさを演出する小道具として鏡を用いることもたまにはあるが、一歩使い方を誤るとラブホテルのベッドルームのような悪趣味な空間をつくりだしてしまう。日本人がお洒落《しゃれ》になり、男性が背広の内ポケットにヘアブラシを忍ばせておくことが決して珍しくなくなったとは言っても、やはり大方の人にとって、鏡を見ているところを他人に見られるのはあまり居心地のよいものではない。だからオフィスでも家庭でも、鏡は化粧室などの人目をあまり気にしないですむプライベートな場所におかれている。引けどきの会社の化粧室で鏡の前にひしめきあうOLたちもさすがに男の子の視線が気になる廊下では唇をつきだしてルージュをひくことはしないだろう。

しかし自衛隊では、北の海に浮かぶ孤島のレーダーサイトをたずねても、女子学生のリンスの残り香が微《かす》かに漂う防大の学生寮へ行っても、F15の爆音が響きわたる宮崎の戦闘機基地を訪れても、なぜか申し合わせたようにわざわざ人目につく玄関や廊下や階段に姿見がおいてある。

その意外さを自衛隊の人に言うと、十人のうち九人までが、なるほど言われてみればそうですね、といまはじめてそのことに思いあたったような顔をする。階段の踊り場に鏡があることを誰も気にもとめないし、妙に思う人もいない。それは、ここで毎日繰り返される「国旗降下」の儀式と同じくらいに自衛隊のごくありふれた風景の一部となっている。

夕方の五時がくると、どこの基地でもラッパの音を合図に、三つ星の司令官から入隊したてのニキビ面《づら》の新兵まで、それこそ片時も休まずレーダーのスコープに見入っているような監視要員をのぞく全隊員が、あらゆる動作をぴたりと止めて、日の丸が降ろされるポールに向かって「気をつけ」の姿勢をとる。降りしきる雨の中だろうが逆巻く吹雪だろうが、儀式が滞ることはない。毎夕五時には基地のいたるところで隊員の動きが「時間よ、止まれ」と魔法にでもかかったようにいっせいにストップするのだ。エプロンで戦闘機の離陸準備にあたっていた整備員は作業を中断させて機体の傍らに立ち、走行中のジープはブレーキを踏む。この瞬間、ゲリラが迫撃弾を撃ちこんできたらどうするのだろう。不意をつかれてとっさの対応に手間どってしまうのではないかといらぬ心配をしたくなるほど基地の機能は一時的に停止する。

インタビューの途中でも同じである。ラッパが鳴るのとほとんど同時に隊員たちは条件反射のように背筋を伸ばし、ゆるめていた口もとをきりっと結んで立ち上がる。ラッパに反応するのはエリート将校や叩《たた》き上げの下士官ばかりではない。ほんのさっきまで、中身より人数をそろえることしか頭にない自衛隊のいいかげんさをまるで他人事《ひとごと》のようにおもしろがりながら、そのいい見本が三食昼寝つきの甘い汁吸ってこんなに太っちゃったぼくですよとへらへら笑っていた軽いのりの若手隊員まで、立とうかどうしようか、こちらの顔色をうかがうかのようにもぞもぞ落ち着きなく身じろぎをはじめるのである。まるで自衛官のすべてに夕方五時の「気をつけ」がタイマーでしっかり体の中にセットされているようなのだ。

インタビューの相手が立ってしまうと、こちら一人がぼうっと座っているというのもなんとなく気詰まりなものである。仕方なくつきあうことになる。窓から日の丸が見えないときはたいてい国旗掲揚台の方角を向く。ちょうどイスラム教徒が地球上のどの地にいても聖地メッカの方角に向かって礼拝をするように、たとえ目の前が壁でもそのはるか先に日の丸があると思って直立不動の姿勢をとるのである。しかし、それまでふつうに会話をしていた二人が突然立ち上がって、壁に向かって「気をつけ」をしているというのは、はたから見れば、何とも摩訶《まか》不思議な光景に映るだろう。だが、ここではそれがあたりまえなのだ。自衛隊と「国旗降下」の儀式は切っても切り離せない。そして、廊下の鏡と自衛隊もまたそうなのだ。

　自衛隊では身だしなみがやかましく言われる。制服の襟に糸屑《いとくず》がついていないか、ワイシャツの汚れやしみはとれているか、ズボンにはアイロンで折り目がきちんと入っているか、靴は黒光りするまでに磨かれているかと細々とした部分にまで常日頃《つねひごろ》から気を配っていなければならない。その点、廊下や階段の要所要所に鏡があれば移動中でも服装の乱れがチェックできて便利というわけだ。

　たしかに、ここでは自分からすすんで鏡を見ようとしなくても、建物の中をふつうに歩きまわっているだけで、いやでも自分の姿と対面させられることになる。鏡を見れば自然と服装や髪型に目が行く。みっともない格好をしていないか気になるし、姿勢がちょっとおかしいかなと思ってつい背筋を伸ばしてしまったりもする。しかし階段や廊下に姿見があることを、おや、と感じる人間にとって、それは始終自分の姿や見た目を気にしていなければならないようで結構気疲れするものである。

未来の妃《きさき》を育てるようなお嬢さま学校のあちこちに姿見があるというのならまだ話はわかる。だがここは、自衛隊を死に場所に選んだ三島由紀夫の言葉を借りれば武士《もののふ》の集団である。武士の魂は刀とされている。なのに、なぜかその武士の館《やかた》で女の魂と言われる鏡がやたらと目につくのである。

しかしここ三年近く、自衛隊のさまざまな基地をたずね歩き、護衛艦に乗り、救難ヘリからワイヤーで吊《つ》るされ、レンジャー訓練に同行し、陸海空それぞれの兵士と語りあっていくうちに、自衛隊と鏡という取りあわせが決してミスマッチでないことに気づくようになった。それどころか、自衛隊ほど常日頃から自分たちの姿に気をつかい、人の目に自分たちがどう映っているか、どう見られているかを気にする集団もないように思えてきたのである。

二十五万の兵力を擁し、核兵器以外のほとんどの通常兵器で武装したこの巨大な軍隊は、その実、まるで五分おきにコンパクトを出して鏡をのぞかないと気がすまない女の子のように自分の姿が気になってならないのだ。

卒業と同時に自衛隊のエリートとしての将来が約束される防衛大学校の四年生にとって、学生生活の最後を飾るイベントと言えば、卒業試験を一カ月後に控えた一月末に開かれるダンスパーティである。着飾った女子大生やOLとシャンパングラスをカチンと鳴らしてワルツやジルバといったスタンダードナンバーを踊るところはそこいらの学生のダンパと変わらないが、ここではダンパにつきもののパーティ券の売り買いもなければ、彼氏や彼女目当てに目をハイエナのように輝かせて集まってくる男女もいない。参加できるのは防大の四年生と彼がエスコートする女性だけ、防大生と言えども女の子を連れていない場合は入場を認められないのだ。もっともステディのいない防大生の救済策はしっかり用意されていて主催者側があらかじめコネのききそうな女子大に声をかけてパートナーをあてがってくれる。ただしあくまでその場限りのパートナーで、そこから新しい恋が芽生えたというおいしい話は学生たちもいままで聞いたことがないということである。

招待される女性は、腰にブロンズの鎖を巻きつけラメのマイクロミニをはいた夜毎《よごと》六本木のディスコに出没しそうな水っぽい出立《いでた》ちだろうが、背中を大きく露出させたホールターネックの黒のイブニングドレスで決めていようがいっこうに構わない。ただ防大生の方は詰め襟の紺の制服と決められている。学生が主催するパーティと言えども、これは防大の三十年近い歴史を持つれっきとした伝統行事の一つなのである。防大を出てエリート将校としての道を歩むようになれば、外国の軍人と接触する機会も増え、さまざまなパーティに招待される場面も出てくる。そのさいワルツの一つも満足に踊れないようでは幹部自衛官の名折れになる。そこで卒業前にダンスの素養を身につける場をつくろうというのがそもそもこのパーティが企画された理由の一つだった。

防大生が正装でレディを招待するからには帝国海軍の士官が財布の中身にかかわらず一等車に乗り一流の宿に泊ったひそみにならって、やはりパーティ会場は一流どころでないと格好がつかない。こうして防大のダンスパーティは当初から都心のホテルで開くのが習わしになり、ここ数年は芸能人が結婚披露宴の会場に利用することでマスコミにもしばしばとりあげられる新高輪《しんたかなわ》プリンスホテルの「飛天の間」を借りきることにしている。場所ではりこんだ分、費用はかさむ。その上、学生の主催だから同伴の女性の分も含めて全額防大生持ちになる。防大生と言えば、授業料から食費、住居費まで学生生活に必要ないっさいがっさいを国に面倒みてもらっていることに加えて年額百万近い手当まで支給されている。結構な身分である。もちろん四年間親のすねをかじってきたついでに最後はヨーロッパへの卒業旅行と洒落こむような一般の大学生に比べると、防大生の場合はまだまだ経済的に余裕のない家庭が珍しくない。それでもパーティ代くらいいちどきに払えばよさそうなものを、彼らは入学したときから踊る相手が誰になるのかもわからない四年後の宴《うたげ》に備えてせっせと積立貯金をする。意地悪く言えば、四年後のパーティに連れていける女の子がいようがいまいが、会費だけは前もって徴収してしまおうという算段なのである。

そのダンスパーティをのぞいてみたいと思いたち、防大の広報係に頼みこむと、「わざわざご覧になるほどのものではないですよ。何しろ学生のやることですから」とあまり気乗りのしない表情をしながらも、ともかく請けあってくれた。ただし撮影に条件がついている。防大生の顔は勘弁してほしい、ということかと思って聞いているとそうではなかった。

「女性の顔がわからないように撮ってほしいんです」

僕は思わず隣りの三島カメラマンと顔を見合わせた。

「女性の顔、ですか？」

三島さんが不思議そうな口調で聞きかえすと、防大での取材がはじまってからというもの僕ら二人の行くところ絶えず影のようにぴったりついてくる銀ぶち眼鏡をかけた女性自衛官の三佐と、背広姿の事務官が無言でうなずいた。

「でも本人の了解をとれば問題はないでしょう」

僕はてっきり写真取材にありがちなトラブルを防大側は心配しているのだろうと思いこんで軽い調子で言った。だが、年かさの事務官はきっぱり否定した。

「そういう問題ではないのです」

「じゃどういうことですか。本人の許しがあっても駄目だなんて」

いつもはレンズのように冷静でもの静かな三島さんが珍しく気色ばんだ。

事務官はどうしたものか少し迷ったように傍らの女性三佐と目を見交わすと、「あまりお話ししたくなかったのですが」といかにも切り出しにくそうに時々口ごもりながら説明をはじめた。

数年前、防大のダンスパーティをある写真週刊誌が取材して、防大生とダンスを踊っている女子大生のドレス姿が誌面を飾った。写真は防大生が制服の後ろ姿しか写っていなかったのに対して、女の子の方は防大生の肩越しに顔だちがはっきりとわかる程度の大きさだった。もっとも本人の了解は得ていたらしく、雑誌に載った女子大生からのクレームは別段なかった。ところが、しばらくしてその女子大生の父親から防大に抗議の電話がかかってきた。

「要するに」

と僕は話に早くケリをつけたくて口をはさんだ。「父親としては自分の知らないうちに娘の顔が出されたんで、カチンときたんですね」

「いいえ、娘さんの写真が雑誌に載ったことについてはどうこう言われていないのです」

たしかにその手の抗議であれば防大よりまず雑誌社に鉾先《ほこさき》を向けてくるはずだ。でも、あと他《ほか》に父親が問題にしそうなことがあるとはとても思えなかった。わけのわからないまま、僕は多少苛立《いらだ》ち気味にたずねてみた。

「いったい何が気に入らなかったんですか」

事務官の隣りの女性三佐は、先ほどから僕たちのやりとりに口をはさむこともせず、成り行きを見守るように黙ったままだ。やがて事務官がゆっくりと言葉を選ぶようにしゃべりはじめた。

「お父さんの抗議というのはうちの学生が娘さんとつきあっていることに対してでした」

僕は一瞬、相手の言葉を聞き違えたのかと思った。三島さんも話がうまく呑《の》みこめないというように眉《まゆ》をひそめている。

「つまりあれですか、自分の娘のつきあっている相手が防大生だったことに腹を立てたわけですか」

僕が念を押すように聞くと、事務官は大きくうなずいてみせた。

「ええ。どうやらその娘さんは、防大生と交際していることをお父さんには話されていなかったようで、お父さんはいきなり雑誌を見て驚かれたんですね。まさか自分の娘が防大生とつきあっているとは思わなかった。お父さんとしては、娘さんに防大生とつきあってもらいたくないということなんでしょう」

「つきあっている相手が個人的にどうのというより、ともかく防大生だったことがいけないんですか」

「そのようですね」

「しかしなぜ大学に文句を言ってきたんですか」

三島さんが首をかしげながらつぶやいた。それに押しかぶせるように僕が言った。

「だって娘と言ったって、もう立派な大人でしょう。それが誰とつきあおうと本人の問題じゃないですか。文句があるんなら娘に言えばいいんで、中学生の親じゃあるまいし、そんな個人的な交際についてなんで防大に抗議してくるんですかね」

だが、事務官は、たしかにおっしゃる通りなんですが、とうなずいたり相槌《あいづち》を打ったりするばかりで、いっこうに要領をえない。

「防大生とふつうの女子大生とのダンスパーティ自体、問題があるというんですか」

抗議の中身をもっと細かく聞きだそうと誘いをかけてみるのだが、相変わらず事務官は「まあ、いろいろなお考えがありますから」と言葉を曖昧《あいまい》に濁しながら、それでいて思わせぶりな、輪郭だけをなぞるような答えを繰り返していた。

「でも、その父親の抗議電話と、女性の顔は撮らないでくれということはどうつながるんですか」

空まわりしはじめたやりとりを本題に引き戻すように、三島さんがずばり切りこんだ。

「ですから、親御さんの中にはそういう風に受けとる方もいらっしゃるわけで、できれば女性の顔はわからないようにお願いしたいんです」

なるほどそういうことか、と僕は思った。あるいは、防大が撮影に注文をつけてきた背景には、女性の顔のアップが雑誌に載ることでひょっとしたら彼女の身にふりかかってくるかもしれない諸々《もろもろ》のことへの配慮や、現在進行形のカップルのことはそっとしてやってほしいという粋《いき》な心配りがあったのかとも思ってみたが、防大生とその彼女の許しを得て互いに納得ずくで写真を載せるのであればそうした気づかいは無用のはずだった。

要するに防大側は、防大生と踊っている女性のことを気づかっているわけではなく、彼女の後ろに控えている親やさまざまな人の、目に見えない視線を気にしているのだった。防大生のことを「同世代の恥辱」と決めつけたノーベル賞作家もいるし、いまでこそ聞かれなくなったが、ほんのひと昔前までは自衛官だからという理由だけで成人式への出席を実力で妨害したり夜間大学への入学に門前払いを食わせるという、平和運動に名を借りた自衛隊への陰湿な「村八分」があちこちでなされてきた。自衛隊を必要と考える人々が世論調査の数字上増えているとは言っても、自衛隊に激しい拒絶反応を示す人はまだまだ少なくないのだ。

それにふだんは自衛隊に特別な感情を抱いていなくても、いざ家族の結婚とか就職といった問題に自衛隊がからんでくると受けとめ方はまた違ってくるものなのだろう。もちろん交際相手の職業が何であろうと当人同士が好きあっていれば親であれ口をはさめるものではないのだろうが、じっさい子供のささやかな幸せを願う親の立場になってみれば、娘の相手はできたらごくふつうの平凡な人であってほしいとひそかに思うのが親心なのかもしれない。僕には娘も息子もいないから偉そうなことは言えないけれど、そんな気持ちもなんとなくわかるような気がするのだ。とすれば、防大生が自分の娘とつきあっていることを快く思わなかったり、そのことで防大に食ってかかる親がいたとしてもそれほどの不思議はないのかもしれない。

むしろ奇妙なのは防大の対応である。娘の父親は何も娘の写真が雑誌に出たことに腹を立てたわけではない。もっとかんじんの防大生とのつきあい自体を問題にしているのだ。なのに防大側は、その手のトラブルを避けるため、今後防大生の「彼女」を世間の目にふれさせるときは、顔がわからないように後ろ姿だけにしようと考えたのである。

「本末転倒じゃないんですか」

防大のやり方が単なる問題のすりかえとしか思えなくなっていた僕は、取材者の自分が言うような筋合のことではないとわかっていながらそれでも思わず口にしていた。

「防大生を恥ずべき存在と考えているのなら別ですが、そうでないのなら、むしろその気持ちを真正面に親御さんにぶつけるべきじゃないんですか。お父さんが防大生を嫌っていることはわかる、けれど自分たちは防大生を立派な学生と自負している、お嬢さんにはお嬢さんの考えがあって交際しているのだろうから、どうか頭ごなしに否定せず見守ってあげてほしい、と。人目を恐れてその場をとりつくろうことばかり繰り返している限り、防大生を嫌う親との距離はますます広がっていきませんか」

防大の仰《おお》せに従えば、ダンスパーティの写真は着飾った女性の露出した背中やドレスの上からこんもり盛り上がったヒップばかりがあちこちでゆらめいている写真となる。それがどれほど不自然で、奇妙なものか、しかし娘の親や世間の視線が気になる事務官も女性三佐も、どうやらそのことはあまり気にしていないようだった。

「まるで世を忍ぶ不倫カップルのパーティ写真になりますよ」と言いかけて、さすがに言い過ぎかなと思い、喉《のど》まで出かかった言葉をのみこんだ。

だが、そのダンスパーティからふた月あまりして開かれた防大の卒業式では、もっとあからさまな、自衛隊の人々にしてみれば思わず耳をふさぎたくなるような言葉が、卒業生を送りだす学校長の口から語られたのである。

それは、防大の生みの親ともいうべき吉田茂が防大一期生の卒業にさいして送った言葉からの引用で、いずれ部隊を率い自衛隊の中核となる卒業生たちに自衛官として生きてゆく上での心構えを説いたものだった。しかし、その言葉は他のどのような大学の卒業式でも決して耳にすることのない、人生の新しい門出を祝うはなむけにはあまりにもそぐわない忌詞《いみことば》であった。

それが晴れやかであるはずの防大の卒業式であえて使われたことに、僕は、誕生から四十年をへたいまもなお自衛隊の人々の心の底にひそんで消え去ることのない屈折した思いをのぞきみたような気がした。

その言葉とは、「日蔭者《ひかげもの》」である。

開校四十年というひとつの節目にあたった一九九三年の防大の卒業式の目玉は、未来の将校たちの前ではじめて女性がスピーチに立ったことだった。例年なら来賓代表として祝辞を述べる役は、テレビの対談番組で総理のお相手を仰せつかるような文化人がつとめるのが相場だったが、防大が女子学生に門戸を開くようになって最初に迎える卒業式にふさわしく、来賓の代表にも開校以来はじめて女性を招いて「女性も入れる防大」というイメージを広めようとしたのである。

紺色の制服に身をつつみ白手袋をはめた三百八十八人の卒業生がみつめる中、舞台中央に座る宮沢首相にちょうどお尻《しり》を向ける格好で演壇にあらわれたのは、地中海を舞台にした歴史物を数多く描いてきた作家の塩野七生《ななみ》だった。

塩野七生は、一級の武将がなぜ一級たりえたのかという問題をとりあげて、アレキサンダー大王やハンニバルの例をひきながら話をすすめた。その中で塩野は、まだほんの二十代の若者でしかなかったハンニバルらが数万もの軍勢を率いて後世に残る戦功をあげることができたのは、彼らがただ単に勇猛な武将だったからではないと述べた。むしろ部下に喜んで苦労する気を起こさせたり、戦わずにどうすればよき味方をつけることができるのかという問題に心を砕いたりする、柔軟な発想の持ち主だったからこそ勝者になれたのだと、戦史をひもときながら一級の武将が同時に一級のシビリアンでもあることを明らかにしていった。

そして塩野七生は、壇上から居並ぶ卒業生に向かって「シビリアンコントロールという言葉が使われるのは、なかなか一級の武将がいなくて、危なっかしくて仕方がないからです。あなた方はシビリアンコントロールの必要を感じさせない一級の武人になってください」とはなむけの言葉を送った。

塩野七生の話は、壮大な戦国絵巻が展開される大河のような彼女の作品からすればほろりと滴《したた》り落ちた雫《しずく》にしかすぎなかったが、それでいて随所に彼女ならではの歴史の醍醐味《だいごみ》を感じさせるエピソードがちりばめられ、古代ローマやカルタゴの英雄についてふれたくだりは映画の予告篇のように文章ですぐにも続きを読みたくなるような面白さを予感させていた。

だが彼女の話につい引きこまれながらも、その一方で僕は、話の内容と、それを聞いているこの場とがどうにもしっくり溶けあわない、何か違和感に似たものを感じていた。

それはちょうどボタンをかけ違えたときのような、履きなれたスリッパを左右あべいこべに履いてしまったときのようなちぐはぐとした感じだった。そう感じるのは、いま塩野の前でいかにも未来の将校にふさわしく、きりりと唇を引き締め澄んだ瞳《ひとみ》を見開いて話にじっと聞き入っている制服姿も凛々《りり》しい防大生の何人かと僕自身取材を通じて知り合い語りあう中で、若者らしい屈託のない笑顔の陰に、時折彼らの微妙な心の揺れがかいまみられたせいかもしれなかった。

塩野七生の言葉はどれひとつとってももっともなことばかりだった。ただ、同じはなむけの言葉を送るにしても、僕なら彼らに向かって「一級の武人になってください」とは、ちょっと言いにくい気がしていた。

卒業式のほんの一週間ほど前にも、僕は四年生の何人かと酒を酌《く》み交していた。彼らは座敷に座っても、足を楽にするように勧めるまでは誰ひとりとして自分から姿勢を崩そうとはしなかった。規矩《きく》という言葉がぴったりあてはまりそうなその立ち居振舞といい、見た目はもう立派な青年将校である。しかし防大生たちは、酒が口をほぐしはじめると、入隊が目前に迫ったこの時期になってもなお、ほんとうにこのまま自衛隊に進んでよいものだろうかという迷いが心の底で残り火のようにくすぶりつづけていることをためらいがちに語りはじめた。

彼らのうちの一人は、四年生に進級した段階で早くも「任官辞退」の意思を固めていた。会社訪問が解禁になり、リクルートスーツに身をつつんだ一般大の四年生が都心のビジネス街にあふれだすと、彼も防大の制服を背広に着替えて、他の学生にまじって足しげく会社の人事部に通うようになった。その中から彼は自分の気に入った一部上場の大企業六社の面接を受けることにした。企業側はどこも彼が防大生だということで、大学に悟られないように書類の送付方法を工夫したり、授業の合間を縫って面接が受けられるようにしたりさまざまに便宜をはかってくれた。その結果、大手の商社から内定をとりつけるところまで行ったのである。

ところがそれを翻《ひるがえ》して、いったんは行くまいと心に誓った自衛隊への入隊を選んでしまう。

「どうしてまた？」

僕の驚いた顔を見て、彼は「どうしてでしょうねえ」と苦笑しながら首をかしげてみせた。

ある日、内定の下りた学生だけが集まった飲み会があった。内定者同士は身体検査や研修などで何度か顔をあわせる機会もあったから、すぐに打ちとけた雰囲気で会は進んだ。

しかし彼は、その場にどうしても溶けこめずひとり浮いてしまっている自分に気がついた。いずれ職場の同僚となる他大学の学生が話す話題についてゆけないのだ。

談笑の輪の中では、しきりに「ホンジャマカ」という言葉が飛び交っていた。しかし防大での三年あまりというもの、外部の人間とほとんど交わらず、規則に縛られながら寮やクラブの仲間だけの濃密な空間で勉学とスポーツに明け暮れる毎日を過ごしてきた彼には、耳にするのもはじめての言葉だった。というより、それまでの彼の日常では売り出し中のお笑い芸人のことなど気にしなくてもすんだし、仲間の間で話題にのぼることさえなかったのだ。

他の内定者と話があわないことを気にする彼に、防大の友人たちは、「ホンジャマカ」を知らなくたってそれがどうしたというんだとあまり些細《ささい》なことにとらわれないように力づけてくれた。

しかし彼は、自分が防大で暮らしている間に、自分のいる世界と未来の同僚たちのいる世界とが、いつのまにか遠く離れてしまったことを認めないわけにはゆかなかった。

そして彼がこれから入ろうとしている世界は向こう側、つまり会社で張りあってゆかねばならない未来のライバルたちのいる側にあるのだ。その隔たりの分だけ、自分は新しい世界で後れをとる。彼はそう考えた。

防大の大学祭が終ってひと月もたっていない十二月のある午後、彼が入っている寮の四年生全員に召集がかかった。制服着用の上、各自ペンと印鑑を持って教室に集まれというのである。

急いで仕度を整えて指定された教室にかけつけると、学生たちのお目付役として日頃から防大生の生活全般に目を光らせている指導官が教壇に立っていた。指導官は自衛隊の第一線部隊から派遣されている佐官、尉官《いかん》クラスの将校で構成され、寮生活の監督や学生個人の生活指導にあたるのがおもな役割だが、じっさいは教授会や大学当局よりはるかに発言力を持っているとされ、学生からは「陰の学校長」として恐れられている存在だった。

商社への就職が内定していた彼を含めて同じ寮の四年生が揃《そろ》うと、指導官は部下に教室の扉を閉めさせた。いったい何ごとがはじまるのだろうと学生が不安そうな面持ちで顔を見合わせる中、指導官は手短に用件を伝えた。その話に学生はざわついた。まさかという顔をする者、うつむく者。これじゃだまし打ちじゃないかという囁《ささや》きもどこからか聞こえてくる。教室は重苦しい空気につつまれた。

指導官は、防大生にとっての「踏み絵」ともいうべき、自衛隊への入隊を正式に意思表示する宣誓書に、いまこの場で署名捺印《なついん》しろと迫ったのである。例年なら宣誓書への署名は早くても卒業ダンスパーティが開かれる一月後半とされ、時には卒業式を一カ月後に控えた頃にまでずれこむこともあった。それが今回は、年もまだ越さないうちから踏み絵を持ち出してきた。

学生には指導官がなぜそこまで焦《あせ》っているのか、大方の察しはついていた。いままでは防大を卒業しても大卒の資格をもらえなかったのが、この九三年三月に卒業する四年生からは学士号が授与され天下晴れて大学卒としての扱いを受けられるようになる。そこで大量の任官辞退者を出せば、税金を使って大卒資格まで与えておきながら民間に逃げられたと二重にマスコミから叩《たた》かれることになる。このため早い時期から宣誓書への署名を迫って、迷っている者にはゆっくり時間をかけて説得工作をつづけ、任官辞退を考えている学生に対しては指導官が入れ代り立ち代りでじっくり切り崩しにかかろうとしたわけだ。

しかし、四年生の反発を買ったのは、用件も告げずに呼び出しておいていきなり宣誓書を突きつけるというやり口だった。署名した者はそのまま部屋から出ていくことを許されたが、しなかった者は居残りを命じられた。

「書かない奴《やつ》は五分やるから、その間にふっきれ」

指導官の有無を言わせぬ言い方に、同じ寮の仲間たちは署名捺印して席を立っていく者と、机の上にひろげた宣誓書を前にじっと押し黙っている者とに分かれた。

自衛官になるのかならないのか、学生たちは一生の選択を「踏み絵」としか言いようのないやり方で迫られたのである。結局その場で宣誓書にサインをした学生は三分の一にも満たなかった。大学からとやかく言われる前に自分の意思で自衛隊に入ろうと決意を固めていた学生の中には、人を人とも思っていないような指導官の強引さに反発して意地で宣誓を遅らせた者もいた。

自衛隊とは別の就職先が決まっていた彼の場合は「自分の部屋で考えたい」と願い出て退室を許されている。むろん指導官は「あとで結果を聞きにいくぞ」とつけ加えることを忘れなかった。

数日後、彼は宣誓書に判を捺《お》している。自衛隊を選んだというより踏み切ってしまったのだ。民間への就職を断念したのは、ふつうの学生と伍《ご》してビジネスの一線で働いてゆく自信がなかったからである。

自分では思ってもみなかった以上に自衛隊の色に染まっていたのかもしれない。彼は淡々とそう言った。

だがほんとうにそうだろうか。あなたが考えているほど、あなたは自衛隊的じゃないかもしれないし、一般大の学生もふつうじゃないかもしれない。線引きをあまりしているとますますそちら側にのめりこんでゆく心配はないのかな。だが、彼はその問いかけには語尾を濁したまま答えなかった。未練はないのかとたずねると、彼は一瞬口ごもった。

「ないと言えば嘘《うそ》になるでしょうね。でもいまは未練より、将来の仕事への不安の方が強い。自衛隊はおもしろいところで、中に入れば入るほど何をやっているのかわからなくなってくる」

防大生は部隊実習や定期訓練を通じて断片ながら自衛隊の内情にふれることができる。すると、うわべからではうかがいしれなかった内部のあらが少しずつ見えてくる。第一線の下士官からは、定員割れで思うように訓練がはかどらないことや、せっかくの最新兵器も使いこなせる隊員が足りなかったりアメリカが特許を握っているプログラムのせいで張り子の虎《とら》になりそうなことを愚痴まじりに聞かされる。そのたびに彼は「おもちゃをおもちゃのような人間が動かしている」と思わないわけにはゆかなかった。ものものしい装備やぎらぎらとした兵器だけを見て、外部の人間はここを軍隊だと思う。でもそれは買《か》い被《かぶ》りなのではないか。彼の見る限り、ここは軍隊と言うにはあまりにも軍隊でなさすぎる。そうした曖昧《あいまい》さが自衛隊の中身を見えにくくし、それがまた、ここははたして自分の人生を託すにふさわしいところなのかという疑問をつのらせる。

「でも、もし自衛隊が米軍だったら、いまの迷いはなくなる？」

冗談半分でヤクザな問いを発すると、彼の友人がきっぱりうなずいてみせた。

「自衛隊と軍隊とでは重みが違いますから」

しかし商社マンになることをあきらめた彼は、うーんと腕組みをしてじっと考えこみながら、やがてひとり言のようにつぶやいた。

「やっぱり、自衛隊だから安心して入れるのかもしれないな」

彼が民間企業をめざしたのは、売り上げの数字を伸ばすにせよ、プロジェクトのとりあいで他社を打ち負かすにせよ、自分の仕事の実績が形となってあらわれると考えたからだ。しかし商社マンと違って戦う相手の見えない自衛官では、どんなに頑張ってみたところで仕事の成果が形になることはないし、それが昇進や昇給となって自分にはね返ってくることもまずない。そんな職場でこの先どうやって自分を納得させて仕事をしていけばよいのか、彼は計りかねている。だが、自衛隊の仕事が形として見えてこないものだとしたら、それは、軍隊であって軍隊でない自衛隊そのものが見えにくいせいなのだ。

自衛隊以外に行くところがないから自衛隊に入るというのではむなしすぎる。でも何のために入るのか、入ってから何がやりたいのか、正面切って問《と》い質《ただ》されるとわからなくなってしまう。よどみなく答えが出てくる防大生がいたとしても、たいていは学生のお目付役である指導官のお気に入りか、防大だけをめざしてきたような変わり種だという。

防大の四年生に限らず社会に乗りだしてゆく若者にとって、桜が北上する季節は惑《まど》いの季節でもある。だが、職業自衛官としての未来が確実に待ち受けている彼らの迷いは、多くの新卒者が感じるであろう新生活へのとまどいや不安とはある部分異質のものである。それは、彼らがこれから身を置こうとしている自衛隊そのものが、PKO派遣でいくら脚光を浴びようとも依然としてこの社会にしっかり根をはったものではなく、政治の思惑《おもわく》や世間からの評価の間でたえず揺れつづけていることと無縁ではない。つまり防大生の迷いも突きつめてゆけば、最終的には彼らのよすがとなる自衛隊の存在という根源的な問題にぶちあたってしまうのだ。

パラドックス

護衛艦の取材で僕が一週間あまり最新鋭ミサイル艦「はたかぜ」に乗りこんでいたとき、ブリッジで始終顔をあわせていた乗組員の一人は、遠洋航海の途中立ち寄ったアメリカでネイビーの水兵に自衛隊を〈Self-defense Force〉と紹介して、逆に「きみらは沿岸警備隊なのか」と聞きかえされたという。乗組員は一瞬、アメリカ兵一流のジョークかと思ったが、水兵たちのにこりともしない表情に、どうやらほんとうに自衛隊のことを沿岸警備隊と取り違えたのだと知って情けなくなってしまった。その話をまるで笑い話のように僕にしてくれたあとで、護衛艦の乗組員はふと寂しそうにつぶやいた。「ミサイル持っているのに、沿岸警備隊ですからね」

自衛隊のそうしたとらえどころのない曖昧《あいまい》さが自衛官の仕事をわかりにくくしている。逆に言えば自衛官でいる限り、その仕事には、軍人ともシビリアンとも言えない、だから自衛官の仕事としか言いようのない、曖昧さがつきまとうのである。そしてこのことが未来の将校としての期待をかけられる防大生たちに、ここははたして自分の人生を託すにふさわしいところなのかという疑問を抱かせるのだ。

僕は兵士の声を聞きに行くという今回の取材をはじめるにあたって、彼らとの会話が少しでもスムーズに運ぶようにある程度の予備知識は頭に入れておいた方がよさそうな気がして、一人の退役将軍にこの未知なる世界の玄関先まで案内役を乞《こ》うことにした。その人物は旧軍で言えば陸軍大将に相当するようなポストを最後に退官して、いまはパソコンから光ケーブルまで扱う世界有数の巨大情報機器メーカーの顧問に収まっている。その会社にとって自衛隊はベスト5に入る大事なお得意様だし、そこで位をきわめた人なのだから、さぞや豪華な執務室をあてがわれ、下にも置かないもてなしを受けているのだろうと、元将軍に会う当日は、めったに着ないスーツを洋服だんすからとりだしネクタイもしめて家を出た。

それというのも、駐英大使を辞めたり大蔵省の高官を退いたりして大企業の顧問や重役に転身した天下り組を訪ねてみると、物腰の柔らかな男性秘書の丁重な出迎えを受けたあと、靴の踵《かかと》も沈みこみそうなぶ厚い絨毯《じゅうたん》の上をえんえんと歩かされ、やっとのことで当人の部屋に通されるのが常だったからだ。たいていの執務室は趣味のよい調度がさりげなくおかれ、中には専用のトイレまで備えつけてある部屋もあった。秘書の手で木の扉が閉められてしまうと、ほどよい温度に保たれた室内には書棚に置かれた年代物の時計の時を刻むかすかな音の他、何の物音もしない。クッションのきいたソファの向こうでは毛並みの良い紳士たちが、こちらがおずおずとインタビューを切り出すのをゆったりと待っている。まずはお手並み拝見というわけだ。

　ところが退役将軍に教えられた通りに道をたどってゆくと、目当ての住所は、その会社の贅《ぜい》をこらした本社ビルとはまた別の場所で、そこから数ブロックはずれにある、その界隈《かいわい》ではいささか見劣りのするビルの一室をさしていた。小さなエレベーターを降りた先にはたしかに顧問室のプレートがかかっている。しかしそこは顧問室という割には簡単な間仕切りで分けられたブースのような小部屋がいくつかあるだけで、さしずめていよく一線を追われ定年を間近に控えた部長クラスが、身の振り方が決まるまでの間身を寄せておく待避所といった感じだった。僕がその顧問室の隣りの会議室と応接室を兼ねたような部屋で待っていると、元将軍は「いやあ、狭いもんで、こんなところしかないんですよ」とすまなそうな顔をしながら入ってきた。

　僕はそのとき自衛隊については無知も同然だったから、目の前の、元将軍というよりどこか地方の名門校の校長先生と言ったほうがぴったりくる初老の人物が、自衛隊で位をきわめた高官だとは知っていても、じっさいどれほど「偉い」存在だったのかまるで見当がつかなかった。それに元将軍はちっともえらぶったところのない人で、僕の初歩的な質問にも嫌がる顔をみせず、こちらが納得するまで辛抱強くていねいに、しかも素人《しろうと》にわかる言葉で答えてくれていたから、よけいそのことが想像できなかったのかもしれない。

だが、のちに元将軍の後任をつとめている現役の将軍とじかに接触してみて、僕は自分の認識不足を思い知ることになった。現役の将軍は深紅の絨毯を敷きつめた長い廊下のつきあたりに広々とした執務室を構え、副官や数十人の幕僚たちにかしずかれていた。部下たちの将軍への接し方は尋常ではなかった。将軍が黒塗りの公用車で登退庁するさいには、門衛の兵士が捧《ささ》げ銃《つつ》をしてみせるだけでなく、たまたまその場を通りかかった将校や兵士までいっせいに車に向かい直立不動の姿勢をとって敬礼する。そして将軍の奥さんにインタビューを申し込んだときの周囲の気のつかいようはこれまた端《はた》で見ていても気の毒なくらいだった。撮影にはどんな服装で臨めばよいのか、一枚はどんなシーンでもう一枚はどんなアングルで撮るのかと、部下の人たちは事細かに事前の打合せを繰り返した。人に会って話を聞くことを生業《なりわい》とするようになってほぼ十年、僕はいままで祖国フィリピンを追われハワイに亡命中の独裁者夫妻から政治家、大企業のトップ、テレビのＣＭに出ずっぱりの人気女優、変わったところでは東京駅をねぐらにしている浮浪者と、実にさまざまな人々にインタビューしてきたが、仕事にあたって側近の人がそこまで気をつかってみせたのははじめての経験だった。将軍のプライベートな部分に取材が入ることは滅多になかったからという面もたしかにあるだろう。でも将軍のご家族に何か失礼があってはいけないと周囲が慮《おもんぱか》る気配はひしひしとこちらにも伝わってきた。そうした気づかいに接していると、つい自分たちがどこかの王族に取材しているのではという気にさせられてしまう。

そして僕は、あの元将軍も制服を着ていた頃はこんな風に部下の人たちにかしずかれていたのかと、大企業の顧問とは言え本社からはずれた小さなビルの一室に収まっている現在の姿を思い浮かべながら、その取り巻く環境の変わりように驚かされた。もっともうがった見方をすれば仕事の性質上わざと人目につかない場所にいるのかもしれないが、それにしては毎日出勤して会社の用に追いまくられているようにも見受けられないのだ。どこの世界でも高い地位にあった人がその座から去ったときには境遇が一変する。しかし自衛隊ほどその極端なところも珍しい。どんなに自衛隊で位をきわめて退官しても、その後の活躍の場は大蔵や通産などの官僚ＯＢに比べるとはるかに限定され、運よく自衛隊のお陰を蒙《こうむ》っているような会社に天下った場合でも経営陣に加えられることはまずない。そうした元将軍たちの「それから」の姿は、二十五万の兵を擁する巨大集団がこの社会で掛け値なしにどれほどの地位を占め影響力を持っているかの、あぶりだしのような気もするのだ。

だが、僕がその元将軍をビルの小さな一室にたずねたときはもとよりそんな感慨も抱かず、もっぱら自衛隊の組織や仕事の内容に関して思いついた疑問をぶつけていた。元将軍がその話を持ちだしてきたのは、僕が元将軍の温厚そうな人柄をいいことにいささか失礼にあたる質問をしたときだった。ただそれは、僕がずっと以前から自衛隊の人々に対して抱いていた疑問で、機会があったらどうしても聞いておきたいと心の中で温めつづけてきたとっておきの質問だった。

「正直言って、どこか他の国が日本に攻め入ってくる可能性は限りなくゼロに近いと思うんです。でも自衛隊の人は、いつか来るいつか来ると思って、入隊から三十年以上もそのいつかのために訓練に励むわけでしょう。空《むな》しくなることってありませんでしたか」

しかし元将軍は別に気分を害した風もなく、逆にその手の素朴な質問はこれまで山ほど受けてきたかのようにいかにもものの馴《な》れた様子で僕の疑問にしきりに相槌《あいづち》を打っていた。やがて元将軍は、僕が自己紹介するとき名刺代わりにさしだした僕の本を手にとりながらおもむろに口を開いた。

「あなたは物書きだから、原稿を書くのは、それを本にして誰かに読んでもらうためですよね。でも自衛隊というところは、本にならない原稿を書きつづけるところなんですよ。原稿を書いて、活字に組んで、ゲラにする。しかしそれでおしまい。せっかく原稿が書き上がっても本にはならず、したがって本屋の店先におかれて読者の目にふれることもまず永遠にない」

元将軍の言葉は何の違和感もなく水のようにすうっと僕の中にしみ入ってくる感じだった。話はつづいていた。

「私たち自衛隊の金庫の中には、そうした本になることなく終った原稿が積み上げられてゆくわけです。それらは誰の目にもふれることはない。でも私たちは自ら納得できる仕事ができたのなら、別に形にならなくてもそのことだけで満足するんです。いや正確に言えば満足しなくてはならない。そりゃあ戦場で自分たちの実力のほどを示したいという思いも若い時分はありましたよ。でも私たちの仕事は、本にならない原稿を書くこと、つまり出番はきっとないだろうけど、いざという有事に備えて準備を完璧《かんぺき》にすることです。そのために日夜訓練に励むわけです。しかしそれは人知れずに行なわれている。だからその成果については誰も評価してくれない。知らないことを評価してくれという方が無理ですからね」

僕はうなずくことも忘れて元将軍の話にじっと聞き入っていた。元将軍は穏やかな表情を浮かべたまま先をつづけた。

「でもね、私たちにとって評価というのはあまり問題ではないのです。私たちの仕事は日の目を見ない原稿を書きつづけることですから、最初から評価や評判をあてにしていないのです。ただ、自分はやるべき最善のことをやったんだという充実感が支えになるわけです。第一この仕事に終りはありません。先輩を越えることが私たちに与えられた使命ですからね。射撃の命中精度を上げるとか、隠れた敵に対する探知能力を向上させるとか。むろん民間と違ってそれをやったからと言って別に給料が上がるわけじゃない。あくまで万一の備えですから何かを生み出すということもない。しかし技倆《ぎりょう》を磨きつづけ、それを何代にもわたり持続してゆくことが自衛隊の目に見えない財産になるわけです」

自衛隊とは本にならない原稿を書きつづけるところ、という元将軍の比喩《ひゆ》はミットのど真ん中めがけて投げこまれた直球のストライクのようにすっぽり僕の中に収まった。実にうまい言い方をするものだなと聞きほれてしまったほどだ。でもきれいに収まりすぎて、逆にほんとうかなという疑問もわいてきた。人間誰しもどこかで自分のことを認めてもらいたいと願っているはずだし、その思いはなかなかふっきれない。もし他人の評価をいっさい気にしなくなったら、それは自分の文章にひとりで酔いしれるような自己陶酔に陥ることにもなりかねない。それはそれでまた、危ういことのようにも思えるのだ。

「お話はすごくよくわかりました。でもそれって、ひとりよがりになる恐れはありませんか」

「おっしゃる通りです。ですから独善に走らないように自分を律することが大事なわけです」

「しんどそうですね。まるで修行僧みたいだ」

僕は正直に言った。僕なら金庫にしまいこむことがわかっている原稿を何十年にもわたって書きつづけることはできない。

元将軍は僕の感想を微笑《ほほえ》みで受けとめて、それから口を開いた。

「自衛隊は楽だと言う人もいます。出番は永遠にこないかもしれないし、人知れずに仕事をするわけだからなまけようと思えばいくらだってなまけられる。でも床の間の刀も手入れを怠っていたらいずれ錆《さ》びて抜けなくなってしまう。毎日欠かさず磨きつづけてはじめて刀になるんです」

自衛官になるということは、ある意味で自衛隊の持っている曖昧さをのみこんだ上で、仕事の張りあいを、売り上げを伸ばして昇給のチャンスをものにするとか手柄を立てるとかいったこととは別の何かに見いだすことなのだろう。元将軍の言う、日の目を見ない原稿を書きつづけるということは、きっとそういうことなのだ。

それができない限り、たとえば僕が防大の卒業式の直前に酒を酌《く》みかわした彼のようにビジネスマンへの切符をいったん手に入れながらもそれを捨てて自衛隊入りを決意した防大生は、仕事に精を出そうが出すまいが、階級章の桜の数だけが年数に応じて確実に増えてゆくという毎日に味気なさばかり感じることになるだろう。もちろん彼に対しては、あまり自分のことを自衛隊色に染まったとか言って気にしない方がいいのではと言った手前、正反対なことを口にするのは気が引けるけれど、やはりここは自衛隊以外の何ものでもないと思えてくるのだ。

だが防大の卒業式で挨拶《あいさつ》に立った作家の塩野七生は、そうしたさまざまな迷いをしよいこんだまま防大を巣立ってゆく若者たちに、「あなた方はシビリアンコントロールの必要を感じさせない一級の武人になってください」と呼びかける一方で、もっと肩の力を抜いてみたらと諭しているような励ましのメッセージも送っていた。

フィレンツェで暮らす塩野七生《ななみ》のもとをある日、自衛隊の若者が訪れた。彼は日本に帰れば戦闘機乗り《ファイターパイロット》としての訓練がいよいよスタートするというパイロットの卵だった。その若者は自衛隊のこれからに不安を抱いていたらしく、戦乱の世に生きた男たちの物語を書きつづける作家に「自衛隊の立場は将来どうなるのだろう」とたずねた。塩野七生は「いまの日本でそれに確答を与えられる人は一人もいない」と答えながら、「しかしあなたはなぜトップガンを志望したのか」と問いかえしてみた。若者の答えは「小さい頃からの夢だったから」というものだった。塩野七生はそんな彼に向かって「ならばそのままおつづけなさい」とすすめたという。

　この話を披露した塩野七生は防大生たちにこう語りかけた。

「私はあなた方に日本のためと思って防衛にたずさわれなどとは言いたくありません。でも、あなた方自身の才能を発揮するのに防衛にたずさわるのが適していると思えば、それに人生をかける価値があるとは言いたい」

　塩野七生は少し間をおいてさらに話をつづけた。

「相手のためであるという思いだけでやるとその相手が認めてくれなかったりすると悲しくなるものだし、また腹が立つものです。しかし考え方を変えて自分のためにこれをやっているのだと思えば腹の立つことも悲しくなることもなくなる」

　その上で塩野七生は、自分自身のためにやるという「私益の追求」も「良き形」でなされればいつのまにか「公益」につながってゆくのだと強調してみせた。ふだんから使命とか奉仕とかいった大きな言葉ばかり聞かされてきた防大生にとって、塩野七生の言葉は、誰だって自分自身のためと思って仕事をしているのだから心配しないでやりたいことをつづけなさい、とぽんと肩でも叩《たた》いて元気づけてくれたように感じられたかもしれない。

　そして塩野七生は、彼女をたずねてフィレンツェの家にまでやってきたあのパイロットの卵の後日談もあわせて紹介していた。戦闘機乗りとしての訓練に入る直前になって「自衛隊の立場は将来どうなるのだろう」と塩野七生に不安をもらしたその若者からは、ふた月ほどして奈良の学校で同期のパイロット候補生と一緒に撮った写真が送られてきたというのである。そうなるのが自分の夢ならその通りに「おつづけなさい」と塩野七生から言われた言葉をなぞるかのように若者はファイターパイロットへの道を歩みだしたのだった。

　そんな塩野七生のスピーチを聞きながら僕もまたひとりの戦闘機乗りのことを思い浮かべていた。いや正確に言えば戦闘機に乗っていたパイロットということになる。数年前までファントムの名で知られるF４EJ要撃戦闘機の花形パイロットだった彼も、いまはファントムを降りて、かつての同僚たちが事故で戦闘機から緊急脱出したときや、漁船が沈没したり冬山でパーティが遭難したときに救助に向かう航空自衛隊の救難ヘリコプターのパイロットをつとめている。彼の愛機であるV１０７、通称バートルという巨大な回転翼を機体の前後に二つのせた大型ヘリコプターには僕自身何度か搭乗して、操縦席のすぐうしろから彼の操縦ぶりをじっくり見させてもらったが、左右の手足にまったく別々の動きをさせながら熊蜂《くまばち》の化け物のような巨体を巧みに操る様は名人芸と言うにふさわしいものだった。コンピュータが主役のような最新鋭の戦闘機と違い、バートルにはいかにも人間が手作業で飛ばしているという味わいが端から見ていても感じられて、結構玄人《くろうと》受けする飛行機ではないかと僕は勝手に思っていた。

だが自衛隊のパイロットにとって花形はやはり戦闘機《ファイター》のようで、F15やファントムから救難ヘリコプターのパイロットに鞍替《くらが》えする「F転」は都落ちのように受け取られている。僕が取材で知りあったその彼の場合も、上官からヘリへの転属を言い渡されたときは、パイロットそのものをやめようかとさえ思ったという。ところがしぶしぶながらも救難隊《レスキュー》の仕事を手がけるようになって、彼は自分の中で自衛隊での仕事に対する考え方が少しずつ変わっていくのを感じていた。

ファントムに乗っていたときは、毎日、急降下や急旋回といった危険と背中合わせの飛行を繰り返しながら戦闘技術に磨きをかける訓練に明け暮れていた。同じパイロットの中には、苛酷《かこく》な訓練の末隊内の戦技競技会で良い成績を収めたり、敵に見立てた標的を見事落したりしても、それがいったい何につながっていくのだろうと、ゴールの見えないもどかしさや手ごたえのなさを口にする者もいた。しかし彼には格別不満もなかった。小さい頃からの夢だった戦闘機のパイロットとして大空を自由にかけめぐる。この上何を望むというのだろう。そう思っていた。それに、ごくたまにホット・スクランブルがあった。緊急発進を告げるけたたましいベルと同時に滑走路を蹴《け》って領空に侵入してくるソ連軍機を追尾するときは、痺《しび》れるような緊張感を味わうことができた。ただ興奮したのもはじめのうちだけだった。自衛隊機の反応をたしかめるようにちょっと領空侵犯してみたり偵察飛行することが目的のソ連側が攻撃をしかけてこないのは十分わかっているから、回を重ねるごとにバジャーやベアーを間近で目にしても大して驚かなくなってしまった。馴れてくるとむしろパイロットの関心は、フォーカスやフライデーのカメラマンさながら被写体に接近してソ連軍機の機体や武器を撮影することに移っていく。どれだけ鮮明なソ連軍機の写真を撮ったとか、同じベアーでもまだ誰も目にしたことのない新しいシリーズをカメラに収めて新聞やテレビで紹介されたといったことが、彼らの「勲章」になる。

これに対して救難隊に来てからの仕事は、毎回がスクランブル以上に待ったなしの真剣勝負だった。一秒でも早く現場に到着し一秒でも早く遭難者を救出する。自分の操縦に人の生死がかかっているという実感を痛いほど感じるのである。

ある日、妊娠中毒で一刻の猶予《ゆうよ》もないという女性をバートルに乗せて佐渡から新潟まで緊急空輸することになった。自衛隊の救難隊に出動要請がかかるのはたいてい警察や海上保安庁のヘリが二次遭難を心配してフライトを断念するような荒天下とか危険な場所での救出作業と相場が決まっている。その日も空港が閉鎖されるほどの猛吹雪だった。新潟の雪は操縦席の風防越しに見ていると、降るというより雪の塊が突っ込んでくるという感じである。視界のまったくきかないその中をかいくぐるようにして飛ばなければならない。しかも北海道あたりのさらさらとしたパウダースノーと違い、湿り気をたっぷり含んでいるため、ローターに凍りついて、それが回転翼のまわりこむ左側のエンジンに入りこんで片肺飛行に陥る恐れもある。彼は、雲海の中に突っこんだようにどこを向いても白一色に塗りつぶされた上空で、自分のまわりから少しずつ現実感が吸いとられ、自分がいま上を向いているのか下を向いているのか上下左右の感覚が失われていくのを感じながら計器だけをたよりに新潟空港に急いだ。

二週間後、その女性の母親がわざわざ救難隊を訪れて、無事赤ちゃんが産まれ母子ともども元気でいることを伝えた。同僚からその話を聞かされた彼は「救難っていいな」と心から思ったという。自分のやっていることが、誰かのためになっているんだという確かな手ごたえを感じたのである。その手ごたえは、戦闘機乗りだったときにはまず感じることのないものだった。そうした思いは何も彼に限ったものではない。花形の戦闘機から救難隊に移ったF転と呼ばれるパイロットに会って話を聞くと、決まって「救難は違う。ここの仕事には手ごたえがある」という感想が口をついて出る。ただF転組のパイロットにしても、戦闘機に乗っていた頃は、自分がやっていることは国を守るという崇高な目的につながっているのだと考えていた。しかしそれはあくまで頭の中で理解していることで、それを実感できる場面というのはなかなかめぐってこない。逆にナイトフライトに出るときなどは、自分たちの立てる騒音がまた大勢の人の反感を買っているのだろうなと思いながら、でもこれも国防のためなんだと自分自身を納得させるしかなかったという。

ファントムを降りてから三年が過ぎた彼に、最近あらためて、救難っていいなと思わせる出来事があった。いまも戦闘機に乗っている先輩のパイロットと呑《の》んでいて、こう言われたのである。

「おまえはいいよな、やっていることが目に見えて……」

自衛隊の基地をたずねては兵士たちとともに語り食べ呑み汗を流すという取材をつづける中で、階級年齢にかかわりなくどんな隊員にも必ず聞こうと心がけていた質問がひとつだけあった。それは、仕事に手ごたえを感じるのはどんなときですか、というものである。

同じ質問をサラリーマンにしても即座に答えられる人はそう多くはないだろう。でも「生きがい」と違って「仕事の手ごたえ」という質問なら、ポイントもある程度絞りこめるし、たとえ「そんなの感じたことないです」とか「だらだらやってますから」と躱《かわ》されても、その小さな糸口から仕事への思いとか不満とか仕事場での姿のようなものが投影されてくるかもしれなかった。とりあえず僕が興味があるのは自衛隊で国防という「仕事」をしている人々なのだから。それにあの日、自衛隊を定年退官した元将軍に会って、自衛隊の仕事は日の目を見ない原稿を書きつづけるようなもの、という言葉を耳にしてからなおのこと、その質問だけはどうしても外すわけにはいかなくなったのだ。食べられないフルコースをつくりつづける料理人や、公開されない映画を撮りつづける映画監督がいたとしたら、そんな仕事のどこに張りあいを見いだしているのか、本人についたしかめたくもなるだろう。

案の定、僕の質問にたいていの隊員は「手ごたえ？　何だろう」と言って考えこむか口ごもってしまう。その上で、やっぱりないな、と否定する隊員もいれば、残りの隊員からは「射撃なんかの競技会でいい成績をとったときぐらいかな」という答えが返ってくる。ただそれにも、ただし、がつく。

「手ごたえと言ってもそれほど大げさなもんじゃないんですよ。運動会で一等賞をもらうようなもんですから」

そのあたりから隊員たちは彼ら自身が日々感じている自衛隊の問題点を語りはじめる。と言って別に話しにくそうにするわけではない。むしろこれまで喋《しゃべ》りたくても誰も耳を貸してくれなかったと言わんばかりに熱っぽく語るのである。安全上の制約や世論対策から両手を縛られたままで行なっているような訓練への不満、人手不足の深刻さ、性能は立派でも重すぎて橋を渡るのにいちいち分解しなければならない新型戦車などの装備に対する疑問。そんな彼らに、国の守りについていると感じることがあるかどうかたずねると、あっけないほどあっさり、ないですねと答えるのだった。

そして、自分の現在の仕事と国防という大義名分との間の距離は、階級が上がったからと言って、縮まるわけではない。僕がこの人たちからは軍人らしいもっと勇ましい答えが返ってくるだろうと勝手に思いこんでいた第一線のエリート将校も、手ごたえという質問にはとまどいをみせていた。サブマリンハンターの異名をとるキャリア二十年の対潜ヘリパイロットは、しばらく考えたあとで離島から病人を運んだことをあげた。患者の空輸は幾度となく経験してきたが、はじめて救援に向かった夜のことは、彼の瞼《まぶた》にしっかり灼《や》きついている。上空からサーチライトで照らすと、光の中に青年団の若者が竿《さお》に手ぬぐいを巻きつけてそれを必死に振りまわしているのが見えたこと、どこかのおかみさんが「自衛隊に五年前に助けられた子がこんなに大きくなりました」と言って傍らの子供をそっと前の方へ促したこと、患者の家族が手にブリを二本下げて「頼みます」と何度も頭を下げていたこと、そして大勢の島の人たちがへりを拝むようにして見送っている姿を目にしながら、俺はこの人たちのためになってるんだと胸が熱くなったことも忘れないという。そのサブマリンハンターに「訓練や演習では充実感は得られませんか」とたずねると、彼は、「あくまで訓練ですからね。それに訓練とは言え戦争を想定しているわけだし、そんな中でヤッタ！　と感じるのも……」と言葉をにごらせた。

「日の目を見ない原稿を書きつづける」自衛官にとって、災害派遣や救助活動は、自分たちの仕事が「公益」につながっていると実感できる、唯一《ゆいいつ》のステージなのかもしれない。百四十人の歩兵を率いるある中隊長は、山で行方不明になったハイカーを捜索しに出動するとき、隊員たちの表情が訓練とは一変すると言う。

「部隊が燃えるんです」

自衛隊の花形、戦闘機パイロットが救難隊に移った後輩のことを「おまえはいいよな、やっていることが目に見えて」とうらやましがったという話、災害派遣に出動した歩兵部隊の隊員たちが「燃える」という話、これらのエピソードは自衛隊が抱えるパラドックスを的確に言い表している。それは、自衛隊ほんらいの仕事でない仕事が社会に理解され、隊員を燃えさせるというパラドックスである。

社会の理解を得ているかどうかはともかく、自衛隊という武装集団の中で日のあたらない仕事が逆に世間の注目を集めている点は、PKOにも相通じるものがある。PKOで陸上自衛隊からカンボジアに派遣されているのは、歩兵や戦車、空挺《くうてい》といった第一線の戦闘部隊と違って演習ではつねに縁の下の力持ちに徹している施設科部隊だし、初の国際貢献として海外に派遣された掃海部隊は部内ではいく分のからかいもこめてどぶ浚《さら》いと呼ばれ、防大から海上自衛隊をめざす学生の間ではもっとも人気のないセクションの一つにあげられている。空は空で地味な輸送部隊にお声がかかり、花形のF15やファントムのパイロットはいっさい出番がない。自衛隊の存在を世界に知らしめる檜《ひのき》舞台へのデビューを飾ったのは、皮肉にも何千億という豪壮な装備で飾りたてられたエリート部隊ではなく、自衛隊のパレードや紹介パンフレットではほとんどスポットライトを浴びることのない自衛隊の裏方たちだった。その裏方たちが、カンボジア情勢の行方しだいでは憲法の禁を破って内戦下の異国で「敵」と銃火を交えることになるかもしれなかった。だが、迫撃砲一つ持っていない施設科部隊の彼らは戦うプロとして育てられたわけではない。自衛隊創設以来はじめての戦闘行動が、来るか来ないかわからない「もしも」に備えて連日苛酷《かこく》な訓練を重ねている空挺部隊や、最新鋭の戦車を備えた機甲部隊といったプロの戦闘集団によってなされるのではなく、しかも「国を守るため」の戦いでもないとしたら、それは二重の皮肉と言うべきものだろう。自衛隊ほんらいの仕事でない仕事に狩り出された裏方の施設科部隊の隊員たちが、彼らほんらいの仕事でない戦闘に引きずりこまれる。だが、そうしたことは何も今にはじまったことではない。自衛隊はこの四十年の間つねに政治の思惑《おもわく》でボタンのかけちがいを重ねてきたのである。

国を守るための組織のはずの自衛隊にとって、ＰＫＯがほんらいの仕事ではないように、災害派遣も遭難者の救助も、極端なことを言えば自衛隊にとっては副業に過ぎない。戦闘機乗りから救難のパイロットに移ることがパイロットの仲間うちでは口にこそ出さないけれど「格下げ」とみられていることからうかがえるように、レスキューを専門に扱う救難隊の自衛隊での地位は決して高いものではない。航空自衛隊のどこの基地をたずねても救難隊の隊舎や格納庫は滑走路の端におかれ、戦闘機部隊に比べて古ぼけて傷《いた》みのひどい建物が多い。特に格納庫の狭さは格別である。全長二十五メートルの大型ヘリコプター、バートルを収めようとすると回転翼がつかえて扉がしまらなくなってしまう。このため整備員が竹ざおの先端にとりつけた首輪のようなものを回転翼に引っかけて、翼の方向を微妙に変えながらバートルを格納する。

そうした恵まれない環境に反して隊員の士気は高かった。今回の取材で会って話を聞いた自衛隊の兵士のうち、救難隊の隊員だけは誰ひとりとして仕事への疑問や迷いを口にしなかった。戦闘機から転出したパイロットも、ヘリコプターから身一つで荒れ狂う海上や吹雪逆巻く山頂に降りて遭難者の救助にあたる救難員も、仕事に手ごたえを感じるのはどんなときかという質問に考える間もなく「人を助けたときです」ときっぱり答えていた。それは裏方の整備員も変わらない。自分たちが直接救助に加わる場面はこなくてもこの手で整備したヘリコプターが救出された人を乗せて帰ってくると、潮をたっぷりかぶって薄汚れたヘリの機体に、ご苦労さんと声をかけてやりたくなるという。だが危険を冒して人命を救ったからと言って、救難隊の隊員に報奨金が出るわけではない。それでも彼らは危険に見合うだけの手ごたえを感じとっている。どんなに危ない目にあっても、自分が助け上げた相手が帰りのヘリコプターの中で毛布にくるまりながらさしだされたコーヒーをうまそうに飲んでいる姿をながめたり、二十年近くも前に救出した人から毎年欠かさず年賀状が送られてくることだけで彼らは満足する。救難パイロットの一人は、「人の命は地球より重たいと言いますよね。すると自分はこれまで地球を何個分か助けたことになるのかなって時々考えるんです。もちろんこんな話、かみさんや子供にはしませんけど」と言って、小さく笑ってみせた。

来るか来ないかわからない「いつか」に備えつづける自衛隊の中で、救難隊だけはその「いつか」が、きょうでもあるし、あしたでもある。演習では米軍機を何機も「撃墜」したドッグファイトの名手も、自衛隊のマリーンの異名をとる空挺部隊の兵士たちも、実戦の場で自分たちの実力のほどをみせつけるチャンスはまずめぐってこない。彼らが自衛隊で送る三十年あまりの日々は、文字通り訓練に明け訓練に暮れる毎日となる。役者であれば観客のいない舞台で来る日も来る日も稽古《けいこ》だけを繰り返すのである。そして本番のこないうちに舞台を降りてゆく。航空ショーや観閲式で主役を張るような花形であればあるほど本番のステージに立てる可能性は永久に遠ざかる。これに対して、自衛隊の中で裏方の座に甘んじている救難隊の隊員にとってはむしろ「本番」が日常茶飯事である。北アルプスと日本海にはさまれた小松基地の救難隊では冬になると二つや三つの救出ミッションを同時に手がけることも珍しくない。転覆した漁船から乗組員を助け出したと思ったら休む間もなく剣岳《つるぎだけ》で雪崩《なだれ》に巻きこまれたパーティの救出に向かう。だから彼らは、使命感とか国防の任務といった大義名分をわざわざ持ち出さなくても、自分たちがこの社会からいかに必要とされているかを、理屈でなく体で感じとることができる。そして以前助けあげた相手からいつまでも送られてくる年賀状や、救出劇のあと届いた一通の礼状が、自衛隊という組織の中で本流からはずれた彼らにとってはどんな勲章よりも重みのある、自分たちの仕事が確実に誰かのためになっているという何よりの証《あか》しとなるのだ。

F15やファントムのパイロットは華やかな航空ショーの場で若い女の子からファンレターをもらったり戦闘機マニアの子供から憧《あこが》れの眼差《まなざ》しでみつめられることもあるけれど、その一方で自分たちの戦闘機が騒音をまきちらしながら飛び立つたびに苦々しげに空を見上げている人々の存在も意識しないわけにはいかない。その点、救難隊の隊員が視《み》られていることを意識するのは体を張って救出ミッションの本番に臨むときである。同じように体が資本の仕事でも、ホストクラブからの誘いを断ってこの道に入ったという二十七歳の救難員は、五十メートル下の遭難現場にワイヤーで降りていこうとするとき、テレビの取材ヘリが周辺の上空を飛んでいたりすると、カッコいいところを見せなくちゃとますます張り切ってしまうのだと言う。

「やっぱり観客が多い方が燃えますよ」

　そんな彼らからは、自衛隊の人々が折りにふれて口にする「理解してくれる人がいなくても、自分たちは黙々と任務に励むだけ」といった悲壮感に満ちた台詞《せりふ》は聞かれない。彼らに屈折した言葉を吐かせないのは、日々の仕事を通じて自分たちが必要とされているという確固とした実感があるからだろう。

　一方、自衛隊の人々がその手の台詞をある種のやりきれなさをこめてつぶやくのは、たいてい外部との摩擦という場面に立ちあって自分たちが理解されていないことをいまさらながらのように思い知らされたときである。

　たとえば塩野七生のスピーチが防大の卒業式で流れた半年ほど前、F15戦闘機の基地がある宮崎で自衛隊をめぐるちょっとした「事件」が持ちあがった。もっとも事件と呼ぶほどの大げさなものではなく、じっさいは、基地の航空祭で地元の男女高校生十一人がF15戦闘機の後部座席に乗せてもらい、滑走路を走りまわるタクシーランを体験しただけの話だった。ところがこの話題がマスコミに大々的にとりあげられたことから、自衛隊に激しい拒絶反応をみせる県の教職員組合や社会党県本部などが、「平和教育を逆行させるものだ」と抗議行動に乗りだし、さらに高校生の体験搭乗そのものを「事件」として書きたてた新聞の報道ぶりが騒ぎに輪をかけていった。

僕が「事件」の舞台となった新田原《にゅうたばる》基地をたずねたのは、ちょうどこの問題をめぐる県内の反応が新聞に報じられていたさ中だった。中でも「朝日」は、〈「平和教育」とは何か……〉という見出しを地方面に大きく掲げて〈ＰＫＯで自衛隊が海外に派遣される時代の中で、平和教育とは、平和意識とは何かをこの事件は改めて突き付けている〉と、高校生が戦闘機に体験搭乗したことを「平和教育」とからませる観点から問題視していた。そして今回の体験搭乗の参加者は一般の高校生に呼びかけたわけではなく期日が迫っていたため自衛隊関係者のつてを頼って集められたこと、さらに参加者の通う高校に事前に自衛隊から連絡が行っていたのは九校のうち一校に過ぎなかったことなど「事件」のいきさつを明らかにしていた。その上で記事は、教職員組合の抗議や、それに対して参加者本人と親が同意したことだから「問題はない」とする県教委の反応、体験搭乗の目的は「日常業務を理解してもらうため」という自衛隊側のコメントをひと通り紹介しながら、最後に社会、共産両党の県議員団が〈事実解明を進め、県民世論を盛り上げていく方針だ〉と、「事件」が政治問題化しそうな気配をにおわせて終っていた。

紙面の三分の一近くを割いたこの記事に目を通すと、Ｆ15の飛行隊長市原二佐は、午前のフライトを終えた直後らしく飛行マスクの跡がくっきりと残る顔に苦笑を浮かべてつぶやいた。

「どうしていつもこんな風にしか見てもらえないんですかねえ」

彼は今回の体験搭乗の企画をはじめに打ち出した、いわば「事件」の一方の主役で、当日は現場の受け入れ責任者として、もしものことがないようにと高校生に終始付き添っていた。その市原二佐が「これはないですよ」とテーブルにおいた記事の中ほどを何度も指先で叩《たた》きながら不服そうに口をとがらせた。そこには、高校教職員組合の幹部が寄せた〈一回の体験搭乗だけで「平和教育」が五年は逆戻りする〉というコメントが載っていた。

「戦闘機に乗ったぐらいで逆行するような〈平和教育〉なら、それは教え方が悪いのと違いますか」

たしかにこのコメントには首をかしげさせるものがあった。一回の体験搭乗で五年は平和教育が逆行すると言うけれど、その五年という数字はどうやって割り出されてきたのか。単なるものたとえなのだろうが、僕には、逆にその断定的なもの言いに、自衛隊と聞くだけで思考停止に陥って、かかわりのあるすべてを排除しようとする、「坊主《ぼうず》憎けりゃ袈裟《けさ》まで」式の硬直したものの見方が見え隠れしているように思えてならなかった。記事に登場する教組幹部は、戦闘機や護衛艦に〈一般人が乗ることに慣れっこになるのが危険〉とも述べていたが、兵器にじかに触れてその量感や冷たい金属の感触をたしかめるのも生きた「平和教育」のはずだ。銃弾一つとっても、ナイフのように鋭く尖《とが》った銃弾の先端にじっさい指先で触れるまでは、これが体を刺し貫くときの痛みのようなものはなかなかイメージできない。体験することと認めることは別物である。むしろ体験したからこそその恐《こわ》さを知ることもある。だいたいいまどきの高校生は戦闘機に一度乗ったくらいで感激して自衛隊に憧れるほど「単純」ではないだろう。

高校生をF15に乗せたあとで、彼らの中から、防大や戦闘機乗りをめざしたいと言ってくれる生徒が一人くらい出てくれるかなと飛行隊長は内心期待していた。だが彼らが送ってきた体験搭乗の感想文にそうした抱負を綴《つづ》った生徒はいなかった。あっけなくふられてしまったという。

「いまの子はそのへん割り切ってますから」

飛行隊長の市原二佐が自ら企画した体験搭乗は後味の悪さを残して終ったが、隊長自身は懲《こ》りているようには見受けられなかった。かつて部下がヤクザとのトラブルに巻きこまれたとき相手の親分のもとに単身話をつけに乗りこんだという武勇伝の持ち主だけあって、あくまで強気で来年も高校生を招く考えでいる。

だが航空祭の当日、高校生を戦闘機に乗せたりしてあれこれ面倒をみた隊員たちは、せっかくの体験搭乗が「事件」としてマスコミにとりあげられ教育関係者の批判にさらされたことをあきらめ顔で受けとめていた。怒るわけでもないし失望するわけでもない。ただ、「何を言われようと毎度のことですから……」といささか自嘲《じちょう》気味に語るときの隊員たちは、ついさっきまで愛車の４ＷＤや女の子のことを話していたときの表情とは打って変わって、ひどく老《ふ》けこんで見えた。

「日の目を見ない原稿を書きつづける」のが自衛官なら、彼らのことを「裏方」と呼べばよい。だが、「毎度のことですから」と言う隊員たちの表情には「裏方」という言葉では収まりきらない屈折したものがある。おそらく隊員の先輩たちもまた、自衛隊が引きあいに出されるたびに「毎度のこと」と言いつづけながら黙々と日の目を見ない原稿を書いてきたのだろう。しかし四十年たっても結局かんじんなことは何一つ変わっていない。隊員たちの表情が歪《ゆが》んで映るのは、そうしたことへの深い諦念《ていねん》というか、もっていき場のない思いが複雑に重なりあっているからだ。

そしてその屈折したものが、防大の学校長をして、未来の将校たちを送りだすはなむけにあえて「日蔭者《ひかげもの》」という言葉を口にさせたのかもしれない。

もう一つの自画像

ふつう卒業式での校長の挨拶《あいさつ》と言えば、新しい人生の第一歩を踏みだす若者へのご祝儀《しゅうぎ》と応援歌の両方を兼ねそなえた内容と相場が決まっている。希望、挑戦、無限の可能性、といった口あたりのよい決まり文句に、苦難、忍耐、不断の努力、などの多少スパイスを効かせた言葉をかけあわせて、最後は「頑張ってください」のエールでしめくくる。その点は防大でも変わらないだろうと卒業式に参列する前の僕は決めつけていた。ましてこの年、一九九三年は、防大にとって誕生から四十年を数え、人生で言えば折りかえし点を曲った節目にあたる。その記念すべき年に防大が送りだす卒業生は、同時に、ＰＫＯという新たな任務を与えられ海外に活動の場を広げた自衛隊がはじめて迎える士官候補生でもある。それだけに学校長の挨拶は例年に比べ一段と熱がこもっているはずだった。国際平和に貢献することの尊さを説いて、世界にはばたく幹部自衛官たれ、と高らかに謳《うた》いあげる。さぞかし威勢のいい内容となるにちがいなかった。

だが、壇上の夏目晴雄学校長の口をついて出た言葉は僕の予想とは似ても似つかないものだった。学校長は、たったいま自らその一人一人に卒業証書を手渡したばかりの三百八十八名の卒業生と、会場を埋めつくした来賓や父兄に向かって、「国民の自衛隊に対する理解、認識は十分ではありません」と言い切ったのである。その上で、防大の生みの親である吉田茂元首相が諸君の先輩にこう言われたことがあります、と前置きして、防大ＯＢの間で長年にわたり語り継がれてきたその言葉を紹介した。

「……君たちは自衛隊在職中決して国民から感謝されたり歓迎されることなく自衛隊を終るかもしれない。きっと非難とか誹謗《ひぼう》ばかりの一生かもしれない。ご苦労なことだと思う。しかし、自衛隊が国民から歓迎され、ちやほやされる事態とは外国から攻撃されて国家存亡のときとか、災害派遣のときとか、国民が困窮し国家が混乱に直面しているときだけなのだ。言葉をかえれば、君たちが『日蔭者《ひかげもの》』であるときの方が、国民や日本は幸せなのだ。耐えてもらいたい。……諸君の先輩は、この言葉に心を打たれ、自らを励まし、逆風をはねのけながら、ひそやかな誇りを持ち、報われることの少ない自衛官としての道を歩んだのであります」

草稿を見ながらうつむいてしゃべる学校長のやや甲高い声はマイクを通して多少ひび割れて聞こえていたが、それでも、日蔭者という言葉ははっきり耳に残った。

壇上の上手《かみて》では、肩から金モールを下げた在日米軍の将官やオリーブグリーンの解放軍の制服に身を固めた中国の武官など、来賓の外国軍人が同時通訳のイヤホーンを耳にあてて学校長の式辞に聞き入っていた。学校長の言葉を通訳がどんなニュアンスで訳しているのか知るよしもないが、ただイヤホーン越しに入ってくる話の内容は、軍隊が揺るぎない存在となっている彼らの母国では間違っても耳にすることのないものだった。見てくれは世界有数の軍隊なのに、首相以下内外の要人が居並ぶ公《おおや》けの場でこうした話を持ちださなければならない自衛隊のちぐはぐさを、正真正銘の軍人である彼らはどう見ているのだろう。同じミリタリーの仲間として、いつまでたっても肩身の狭い自衛官の境遇に同情を覚えるのだろうか。それとも姿形は似ていても自らを軍人と名乗れないどっちつかずの自衛官のことは内心では自分たちと対等な武人とみなしていないのだろうか。学校長の言葉に来賓の外国軍人が眉《まゆ》をひそめるなり首をかしげるなり、何か反応を示さないかと目を凝らして見ていたが、軍服の上にのったどの顔も前方を向いたままで、そこには何の感情も浮かんでいなかった。

それは壇上の中央に座った自衛隊の最高指揮官も変わらなかった。宮沢首相は椅子《いす》から投げだした両足を靴の先の部分で交叉《こうさ》させるように軽く組みながら、いつものとりとめのない表情で宙をみつめていた。

静まりかえった会場の中に学校長の声がさらにつづいた。

「ほんとうのプロフェッショナルというものは、地道な努力を怠らないものです。迷いや苦しみを外にあらわさず、言い訳もせず、他人に理解される戦いを最後までつづけるのが、プロフェッショナルであります。新しい時代は時流に乗って動く賢《さか》しらな青年の手によってではなく、逆境の中で祖国への献身と国民への奉仕を内心の喜びとする、愚直で勇気ある青年の手によってもたらされるものであります。諸君は……自信を持ち、まっすぐ前を見すえて、この遠い道のりを歩んでもらいたいと思います」

それにしても学校長のスピーチは、暗く、重く、ひと昔前の根性ドラマも顔を赤らめてしまうほど深刻ぶったものだった。「迷いや苦しみを外にあらわさず」「言い訳もせず」「逆境の中で」とくれば、思わず、それが男の生きる道、とでも合いの手を入れたくなってしまう。その底に一貫して流れているのは、世に容《い》れられなくても自分だけは、という気負いである。だが、自衛隊というどこかすっきりと割り切れない曖《あい》昧《まい》な存在の中で、国を守るという「日の目を見ない」仕事をつづけるためには、この種の気負いが支えでありバネにもなるのだろう。

将来を約束された防大生と言えどもじっさい自衛隊の現場で将校としての道を歩むうちに、部下の借金の尻《しり》ぬぐいでサラ金業者に頭を下げたり、よかれと思って高校生を招いたイベントが平和教育の逆行だと叩《たた》かれたり、世間の無理解を思い知らされたりと、こんなはずじゃなかったのにという思いにかられるときが必ずくる。そのとき彼らを踏みとどまらせるのは、この仕事は自分のためにやっているのだという思いより、むしろ俺がやらなければ誰がやるんだという、端からみれば馬鹿馬鹿《ばかばか》しいほどの自負なのだろう。報われることは少ないし認めてくれる人もまずいない。それでも自分はやる。やらねばならないのだ。そう思いこむことで自分の存在意義を再確認し、国を守るという使命へ自らをかりたてていく。日々の仕事ではなかなか手ごたえを得られなくても、自分は人知れず逆境の中で黙々と頑張っているという気負いが、逆に彼らの励みになる。

学校長が人生の門出を祝う卒業式という場で、若者のやる気を挫《くじ》くような深刻な内容のスピーチを行なったのも、へたに希望を持たせるより、報われることの少ない自衛官の現実に目を向けさせて逆風に耐え抜く覚悟を迫った方が、彼らのためになるという、長年防衛官僚として自衛官の素顔に接してきた学校長ならではの親心だったのかもしれない。

じっさい彼らは、まだ防大生のうちから自分たちが逆境の身であることを多かれ少なかれ思い知らされている。卒業を控えた四年生の中でも、軍事研究のサークルに所属したりしてひときわ国防問題に高い関心を示す防大生たちと話していたときのことだ。話題は、自然とPKOがらみの話になり、学生たちは、ソマリアに飛んで米兵を激励したブッシュ大統領と、現地入りもせず逆に自衛隊員をバンコクまで呼びつけた宮沢首相とを比較しながら、口々に政府の対応はつれなさすぎると不満を洩《も》らしていた。そんな中で一人の学生が、「PKOにはじまったことじゃないですよ」とつぶやいて、自衛隊がこの社会からどんな扱いを受けているのか身をもって知ることになった彼自身の原体験を話しはじめた。

毎年十月に朝霞《あさか》の駐屯地で開かれる観閲式は、自衛隊の最高指揮官である首相が自ら視閲台に立って隊員や戦車のパレードを閲兵するところから、自衛隊の年間行事の中でもとりわけ重要視されている。その点は一年生を除く全学生がパレードに参加する防大にとっても同じだった。防大生が現役の自衛官に混じって公けの場でパレードを行なう機会はこの観閲式くらいなものである。それだけに事前の訓練は他の訓練とは熱の入れ方が違っていた。

彼が二年生に進級したその年、九〇年の観閲式のさいも本番の一カ月近く前から学生たちは連日パレードの訓練に狩り出された。当日が近づいてくると、グラウンドに夜間照明をつけて、煌々《こうこう》とした明かりに照らされながら学生たちは隊列を組んで行進を繰り返し、そのたびに目の位置や腕の振り方といった動作の一つ一つについて指導官から細かなチェックを受けていた。予行演習が自習時間を割いて夜の九時過ぎまでつづくこともまれではなかった。防大ではふだんから週一度グラウンドでパレードの訓練を行なうが、せいぜいやって一時間である。いくら訓練に慣れている防大生でも長時間小銃を肩にかけたままでいるとさすがに銃の重みがこたえてくる。腕が痺《しび》れてしまう。そんな中でグラウンドをただひたすら行進するだけの単調な訓練に耐えていられるのも、晴れ舞台に立てるという思いがあるからだ。彼の場合、一年前は上級生の訓練風景を寮の窓からうらやましそうにながめていた。しかしことしは晴れて観閲式へのデビューを飾れるのだ。初舞台である。期待感はひとしおだった。いまグラウンドに観衆の姿はないけれど、当日は会場のスタンドが人で埋まり、正面のお立ち台には首相が立って、万を越す熱い視線にみつめられる中を、紺の制服に身をつつんだ自分たちの隊列が勇壮なマーチに乗って行進していく。彼は、遠足が待ち遠しくて仕方ない小学生のように観閲式の来る日を指折り数えていた。

当日、彼が期待した通り朝霞駐屯地の会場は内外の来賓や一般の観客で埋めつくされ、胸の高鳴るようなマーチが響きわたる中、自動小銃を肩に担《にな》った第一師団の歩兵部隊、迷彩色の野戦服を着た第一空挺《くうてい》団の落下傘《らっかさん》兵、婦人自衛官の部隊などと一糸乱れぬパレードがつづいていた。やがて防大生の隊列が正面スタンドにさしかかると、先頭を行く学生長の「頭《かしら》アー、右イッ！」の号令で学生たちはいっせいにスタンド前のお立ち台の方に顔を向けた。

だが、お立ち台にかんじんの首相海部俊樹《かいふとしき》の姿はなかった。首相が欠席するという話は直前になって防大生にも知らされていた。しかし彼はかすかな望みを抱いていた。いやしくも最高指揮官としての自覚があるなら、自分が統《す》べる軍隊の、年に一度の式典には予定を変更してでも来るだろう。いや来なければ駄目なのだ。そうでなければいったい何のために毎日辛《つら》い訓練を重ねてきたのかわからなくなってしまう。

それだけにじっさい最高指揮官の不在をたしかめたときの落胆は大きかった。お立ち台には一応モーニングを着た男の姿があった。しかしそれも首相の代役かと思うと、緊張感がすっかり緩んで、「もうどうでもいいや」という投げやりな気分になってしまった。自衛隊ってこんなものなんだ。どのみちこの程度にしか思われていないのだ。彼にはその動かぬ証拠をみせつけられたように思えた。憤《いきどお》りと悔しさと諦《あきら》めがごっちゃになったような気分の中で、彼は、そのあとのパレードをふてくされたように行進したことを覚えている。

観閲式の話を聞いている間、僕とのインタビューに集まってくれた他の防大生たちは話の随所で当時のことを思い出したようにうなずいたり、そう、そう、と相槌《あいづち》を打ったりしていた。彼の話に割りこんできて、ほんと頭にきましたよ、と感想を述べる学生もいた。そして、首相が観閲式を欠席したのは、と彼が言って、その理由を「子供サミット」と口にしたとき、防大生の間からは笑い声がもれた。言った本人の彼もつられて口もとにうっすらと笑いを浮かべていた。でも、そのいかにも弱々しげな笑いは、観閲式と子供サミットという奇妙なとりあわせをおかしく思ってのものではなかった。自衛隊最大のセレモニーが、というより、防大生になってはじめて参加する記念すべき観閲式のパレードが、あろうことか子供サミットより軽く見られてしまった。そのことへの、たぶんに自嘲《じちょう》的な笑いのように僕の目には映った。

彼から聞かされるまで僕は観閲式をめぐってそんな出来事があったとは知らなかった。言われてみればひと頃首相が観閲式を欠席したとして話題になったような気もするが、子供サミットのせいだったという記憶はまるでなかった。だいいち子供サミットなるものが僕には初耳だったし、そのとってつけたようなネーミングから、大方、政府がマスコミの受けを狙《ねら》って開催したイベントくらいにしか考えていなかったのである。だからそんな行事のために首相が観閲式を欠席したとあっては、せっかくの初舞台を心待ちにしていた防大生が憤ったり落胆したりするのも無理ないように思えたのだ。

でも気になって、縮刷版をひらいて愕然《がくぜん》とした。僕はとんでもない思い違いをしていた。子供サミットは、ブッシュ米大統領やソ連のシェワルナゼ外相、カナダのマルルーニ首相ら世界七十三カ国の首脳クラスがニューヨークの国連本部に一堂に会した一大外交セレモニーだったのだ。そしてこの点は僕に話をしてくれた防大生が多少事実関係をとり違えていたのだが、首相が観閲式を欠席した直接の理由は子供サミットの帰途、イラクと多国籍軍が睨《にら》みあいをつづける中東を歴訪するためだった。当日は、首相は紅海に面したサウジアラビアのジッダに滞在していた。国内にいながら観閲式に顔を出さなかったわけではなかった。もっとも、当時日本の国際貢献のあり方を問う試金石とも言われた「国連平和協力法」の法案づくりが難航する中で、首相が、政府与党内の混乱を前にリーダーシップを発揮せず問題を棚上げにしたまま外遊に出たことには単なるパフォーマンス外交という批判が浴びせられていた。中東歴訪にしても、手詰まり状態に追いこまれていた湾岸危機を打開するような独自の構想を抱いて現地に乗りこんだわけでもなかった。

だが一国の首相の仕事として、外遊と観閲式を秤《はかり》にかければやはり外遊の方が重たいと考えるのがふつうだろう。大した成果は期待できないにしても各国首脳と会って話をすることは、少なくともお立ち台から変わり映えのしないパレードをながめているだけより何か得るところがあるはずだ。

　しかし観閲式の話を持ちだした彼や、しきりに相槌を打っていた防大生たちはそうとらなかった。外遊ならまあ仕方ないか、と受け流さずに、むしろ首相が欠席したことで頭に来たり、自衛隊はどのみちこの程度にしか扱われていない、と自分が「逆境」の身であることに思い至ったりするのだ。だが僕には、そう思いこんでしまう彼らの屈折した自意識が気になった。

　防大の学校長は卒業式のスピーチの中で、「国民の自衛隊に対する理解、認識は十分ではありません」と言い切った。「日蔭者」という言葉まで引いて、未来の将校たちに、報われることの少ない「逆境」に生きる覚悟を迫った。その言葉通り自衛隊の人々は、「日の目を見ない原稿」を人知れぬところで黙々と書きつづけている。書きながらもその背中で、彼らは鏡を気にする若い女性のように世間の目を気にしている。制服で固めたいかつい外見とは裏腹に、その自意識は感じやすく傷つきやすい。

　しかし彼らが気にしているほど、世間は自衛隊の人々を気にしていないのだ。知らないものは存在しないという言葉に従って言えば、自衛隊のことを知らない世間の人々の目に彼らの姿は映らない。そう、僕らはあまりにも兵士たちを知らなさすぎる。

三島由紀夫が、「魂の死んだ巨大な武器庫」と自ら呼んだ自衛隊で自刃《じじん》したあのうららかな小春日和《びより》の日に十八歳になった僕も、三年前の冬で四十を越えた。不惑である。自分の顔に責任を持たなければならない年齢である。もちろん顔のつくりと同じくらい年齢の感じ方は人さまざまなのだから、そこに何か特別な意味をもたせようとすること自体、あまり意味のないことかもしれない。にもかかわらず、四十にはどこかしら中間決算期とでも言える響きがある。いよいよ待ったなしの本番だなと思わせるところがある。孔子やリンカーンが生きた時代に比べればはるかに人間の平均寿命が伸びた今日でも、やはり四十は人生の大きな境目なのである。

なのに、いまの僕はと言えば、自分の年齢を素直に口にできない。気おくれのようなものを感じるのだ。十代、二十代の頃は三十を越えた人たちがとんでもないおじさんのように見えて、三十二、三だろうが四十半ばだろうが構わず中年という色褪《いろあ》せたイメージでひと括《くく》りにしていたのに、自分がその三十を過ぎると勝手なもので中年の境界線を四十まで先送りにしてしまう。だから一年一年歳《とし》をとって確実に四十に近づいている割りには安心して自分の実年齢とつきあってゆけたわけだ。ところが四十はさすがにもう逃げ場がない。どう取り繕ってみても四十は立派な中年である。となると、今度はそんな年齢に自分が達してしまったことを認めることにひどく抵抗を感じるようになるのだ。

だが僕が自分の年齢を素直に受け入れられないわけはそれだけではない。四十という響きには若さやみずみずしさが消え失《う》せた反面、それぞれの職場で若手を引っ張って仕事をどんどんこなしていく中堅としての精気のようなものが感じられる。うわべりではなく、こつこつと積み上げてきた実績からにじみでてくる自信のようなものが感じとれる。そしてそれらの隙間《すきま》からはその精気と自信を何とか持続させようとする激しい息づかいや呻《うめ》き声が聞こえてきそうである。目が疲労で落ちくぼんでいようが、ビール一本で酔ってしまう肉体に衰えを感じはじめていようが、四十という年齢にはそれぞれの世界で第一線を支えている確固とした存在感のようなものが感じられるのだ。それなのに、この僕はいまだに腰が定まらず、ああでもない、こうでもないと相変わらず手さぐりをつづけている。そんな僕からすると、四十歳の人間は自分より年下のはずなのにいまでもはるかに年上のように思えてしまう。

だからかもしれない、自衛隊のことが妙に気になりだしたのは。

僕が生きてきたのとちょうど同じ時代を、この武装集団も生きてきた。しかし彼らもまた不惑を過ぎても自分の年齢にふさわしい顔を持てずにいる。重ねてきた歳月の割りに大地にしっかり根をはっているという存在感がどこか希薄なのである。

〈……私は変な気持がして来た。予備隊員が警官であるか、兵隊であるか、などと誰がいうのであろうか。予備隊は立派な軍隊で、隊員はまごうかたなき兵隊だ。しかし、その明確なことを妖怪《ようかい》じみた言葉の衣裳《いしょう》に包まねばならぬのは、恐らく現在の日本が暗黒の時期にあるためだろう。ヤミの軍隊を作って、極力無駄をしている。しかし、今の日本は独立国でもなんでもないから、迂闊《うかつ》な批判は出来ないのである。複雑怪奇な政治と外交のからくりは私にはまるでわからない。しかし、この曖昧さが若い隊員たちの素直さに、たしかに、なにかの障害をあたえていると思われた。悪い時代である〉

これは、自衛隊の前身である警察予備隊をルポした「予備隊一日入隊記」の一節である。筆者は火野葦平《あしへい》、日中戦争に従軍して戦場での兵士の姿を一個のレンズとなって赤裸々に描いた『麦と兵隊』など数多くの兵隊もので知られる作家である。その彼が〈ヤミの軍隊〉に迫ったこのルポは、僕が生まれた昭和二十七年十一月の「文藝春秋」に寄せられている。

それから四十年、人々の目を欺《あざむ》くかのように警察の名を冠した予備隊という名称は、火野葦平が「なんだか頼りない気持になる」とケチをつけた保安隊から、さらに自衛隊へとめまぐるしく書き変えられた。「中尉《ちゅうい》」と呼ばれる階級も軍隊のイメージを払拭《ふっしょく》するために予備隊では「二等警察士」と改められ、自衛隊では「二尉」になった。

だがいちばんの変化は兵力である。当時七万に過ぎなかった隊員は二十五万に増え、カービン銃とバズーカ砲がせいぜいだった武器は、いまや千二百両の戦車、七十四隻《せき》の護衛艦及び潜水艦、三百四十機あまりの戦闘機、それに湾岸戦争で威力を発揮したパトリオットなどの最新鋭ミサイルを有するまでになった。

それでもここは依然として軍隊ではないし、隊員も兵隊とは呼ばれない。〈明確なことを妖怪じみた言葉の衣裳に包まねばならぬ〉点は、火野葦平が予備隊をルポした頃と何ひとつ変わっていないのである。

防大の卒業式に参列したある月刊誌の編集長は、学校長の場違いとも思えるはなむけの言葉がやはり耳に残ったらしく、式のあとの謝恩パーティの席で「四十年たってもここでは日蔭者という言葉が出てくるのですね」と感慨深げに話していた。

そして「四十年たっても」という思いは、実は僕ら以上に、軍人になれない軍人たちが切実に感じとっている。同じパーティで卒業生を前に挨拶《あいさつ》した防大同窓会の会長という元将軍は、自分が自衛隊にいる間に実現するだろうと思って実現しなかったことが二つある、と言って、自衛隊が新国軍として認知される日が来なかったことと、一度も実戦に参加せず定年の日を迎えたことをあげていた。もっともここまで本音をぶちまけることができるのは自衛隊を離れた身だからである。現役の将校はこの手の話題には神経を尖《とが》らせる。不用意なひと言が思わぬ波紋を引きおこすことを恐れて、つい慎重な口ぶりになってしまい、なかなか本音を明かさないのである。ただ、仕事から解放されてくつろいだ雰囲気で呑《の》むアルコールがそうした気づかいを忘れさせるようになると、ちょっとしたきっかけで心にわだかまっていた思いが一気に吐き出されてくる。

七百人の兵士を率いる歩兵部隊の連隊長の口から、この四十年に対する心の叫びのようなものを聞くことができたのは、彼の母校、防大のダンスパーティをめぐるエピソードを話したことが引き金だった。それは、ダンスパーティの写真を撮るにあたって大学側から、防大生を快く思っていない女性の親が万一問題にすると困るからという理由で、女性の顔はわからないように写してほしいと頼まれた、あの話である。僕がいきさつをかいつまんで話すと、連隊長は、そうですか、いまでもそんなことがあるんですか、とひとり言のようにつぶやきながら、全然変わっていないんですねえ、と言って大きくため息をついた。

連隊長にとって防大を出てからの四半世紀あまりの日々は、自衛隊が変わることを念じつづけてきた日々でもあった。彼はその望みを防大一期や二期の先輩たちに託していた。いまは肩身の狭い思いをしていても、防大生え抜きの彼らが、将官の地位にのぼりつめ自衛官のトップに立つようになれば、きっと自衛隊は変わるだろう、いや変えてくれるはずだと思って、その日のくるのを待ち焦《こ》がれたのである。

　連隊長は以前、一線の部隊から離れて地方連絡部の仕事についていたことがある。隊員の間では略して地連と呼ばれるここは、中小企業のリクルーターよろしく地域の高校をまわって進路のまだ決まっていない三年生に自衛隊に入ることをすすめたり新隊員の獲得をおもな仕事にしている。慢性的な人手不足に悩む自衛隊では兵力確保のために欠かせないセクションだが、街中でぶらぶらしている若者をみつけては誰彼かまわず声をかけて甘い言葉で入隊を勧誘するところから「手配師」というあまりありがたくない異名を授かっている。ただ、ここの仕事にはかなりの地域差がある。これといった地場産業がなく職場が限られている北海道や九州では、自衛隊が就職にさいして選択肢の一つに数えられているため、地連の隊員が高校をたずねても、学校の方がわざわざ脈のありそうな生徒を紹介してくれたり面談の機会を設けてくれたりとさまざまに便宜をはかってもらえる。しかし大都市はそうはいかない。教師が自衛隊に決していい感情を持っていないこともあって玄関払いを食わされるケースが珍しくないのだ。連隊長が配属されたのは、そうした大都市の中でも大阪とならんでもっとも風当りの強い東京の地連だった。

高校生からは見向きもされず学校には白い目で見られながら、辛抱強く勧誘活動をつづけていたある日、マスコミから大型選手として注目されていた高校野球のエースが自衛隊に入りたいと地連をたずねてきた。勧誘の網にかかったわけではなく自分から志願したのである。高校野球でファンを沸かせた名投手がプロ野球や六大学を蹴《け》って自衛隊に入ったとなれば、これ以上の宣伝効果はない。連隊長はさっそく親の説得に乗りだした。本人がいくら自衛隊入りを希望していても、未成年である以上やはり親の許しがないと入隊はむずかしい。だが、母親に会って本人の意志を伝えた連隊長はいきなり冷水を浴びせられたような思いをした。開口一番こう言われたのである。

「うちの子はそこまで落ちぶれちゃいませんよ」

連隊長は、地連にいる間に自衛隊の「底辺」をのぞいたような気がするという。そしてこの「底辺」は、自衛隊の社会的地位が変わらない限り底上げされることはない。

防大時代の仲間が集まって酒が入るとどうしても湿っぽくなってしまう。先輩たちのことに触れないわけにはいかないからだ。連隊長と同じように彼らの先輩を見る目は、かつては期待感にあふれていた。旧軍の影を曳《ひ》きずらずに自分たちの手でまったく新しい軍人像を描こうと意気に燃えて防大に入った一期、二期の人たちは、開拓者の宿命として辛《つら》い思いを味わってきた。のちのノーベル賞作家から「同世代の恥辱」

と口汚なく呼ばれたのも、通りすがりの人に「税金泥棒」と罵声《ばせい》を浴びせられたのもあの人たちだ。だからこそ自衛隊の「底辺」をいやというほど見せつけられてきたあの人たちが自衛隊の中枢《ちゅうすう》を占めた日には、それまでの思いをバネにしてこの矛盾に満ちた自衛隊を変えてくれるにちがいないとひそかな期待を抱いてきたのだった。しかし防大一期が師団長になり、やがて将軍にのぼりつめ、戦争を知らないジェネラルの出現と騒がれても、本体の自衛隊は何ひとつ変わらなかった。変わらないまま、連隊長や同期の仲間が望みを託した防大生え抜きの先人たちはとうに自衛隊を去り、たった一人統幕議長として残っている将軍も遠からず退場する。

「あの人たちなら、もっとやってくれると思ったのに……」

話が先輩たちのことに向かうと、同期の中の誰からともなく愚痴が口をついて出る。期待が大きかっただけに裏切られたという思いが残るのである。彼らの責任だ、なんとしても頑張るべきだった、とつい口調も激しくなってしまう。しかしどんなに先輩たちへの愚痴をならべたところで制服の自衛官にできることがせいぜいどの程度のことなのか、みんなわかっているのだ。

「結局、あの人たちに期待した俺たちが馬鹿《ばか》だったんだよな」

同期の一人が腹立ちまぎれにもらした言葉に、連隊長も他の仲間もうなずくしかなかった。

「悔しいです。ほんとに悔しいですよ……」

酒が少しまわってきたのか、自衛隊の「底辺」をのぞいた苦い思い出や、防大の先輩への思いを語る連隊長の口からは、吐息のようなつぶやきが聞こえてくる。そこには、使命のために邁進《まいしん》してきた自分の半生への、ひと言では言いあらわせない、さまざまな感情が詰まっているかのようであった。

そんな連隊長の顔を見て、僕は胸を衝《つ》かれた。眼鏡の奥の小さな目にあふれるものがあったのだ。

大学生になったばかりの子供の写真が飾ってある単身赴任先の官舎の居間で、もう五十に手が届こうとする連隊長がほんの一瞬かいまみせたむきだしの感情に触れたとき、僕は、彼の存在が急に身近に感じられたような気がした。そして、連隊長が自衛隊とともに歩んできたこの何十年かの間に、彼の胸の奥に発散されることなく積み重なっていった、やりきれなさ、歯がみする思い、ふがいなさ、いらだち、割り切れなさといったもやもやとしたものについても、なぜか自分自身とまったく無縁のものではないような気がしたのだ。それは、連隊長が自衛官として味わわねばならなかった矛盾や苦悩やうしろ暗さは、ほんらい僕ら自身、というより戦後の日本がしょいこんできたものではなかったのかと思えてきたからだ。繁栄や豊かさや素敵な生活といった衣裳にくるんでしまって僕らは気づかずにいるけれど、一枚めくればその下にはいまも戦後日本の矛盾やうしろ暗さが曖昧《あいまい》なまま残されているのではないか。そしてそれらはＰＫＯなどで外の冷たい風に否応《いやおう》なくさらされたとき不意に透けて見えてくるのである。

不思議なことに、防大の卒業式で学校長が述べた、「歓迎されることなく」「理解、認識は十分では」なく「迷いや苦しみを外にあらわさず」「言い訳もせず」「逆風をはねのけ」といった悲壮感に満ちた台詞《せりふ》は、戦後の世界の中で逆境に耐え黙々と仕事に励んできた日本人の姿にもそっくりあてはまってしまう。

ぎらぎらとした武器に囲まれおどろおどろしい制服を着こんだこの巨大な武装集団は、豊かで平和な平成の日本に生きる僕らとはまるで別世界のもののように思えてくる。たしかにそうには違いない。しかしそうではありながら、制服の裏に隠された彼らの素顔には、僕らが忘れてきた、忘れようとしてきた戦後の日本がいまも生きつづけている。

兵士に聞く旅は、だから、自衛隊という鏡が映し出すもうひとりの自分を見に行く旅なのである。

第二部　さもなくば名誉を

幹部レンジャー課程

「非常呼集！」

御殿場から須走《すばしり》に抜ける国道一三八号線は週末や連休の前夜ともなると山中湖方面に向かうカップルの車で埋めつくされる。それをあてこんでか、道路の両側には赤や青や黄色のけばけばしい光を点滅させるモーテルのネオンがずらりとならんでいる。信号待ちや渋滞で車の流れがとまると、連なった車列の先の方で、もう待ちきれないというように赤いテールランプがふいに右や左に折れて、ネオンのさし招く木立ちの中へと消えていく。むんむん体温のたちのぼりそうな気配である。

「目の毒だな」

僕がつぶやくと、ミラーの中でタクシーの運転手が苦笑してみせた。

「休みの前はいつだってこうだよ。何しろここはモーテル街道だからね」

僕は、樹々《きぎ》の間から時折もれてくるモーテルの妙に生々しい明かりをながめながら、この一帯を上空から偵察衛星でのぞいたらさぞかし奇妙な眺めに映るだろうと考えていた。ベッドの中で快楽をむさぼりあっている若者がいるかと思えば、彼らとほんの目と鼻の先には、セックスはおろか飲まず食わず眠らずの苦行に耐えながら自分の肉体と精神の限界に挑戦しようと歯を食いしばっている若者がいる。僕がこれから会いに行こうとしているその青年将校たちは、欲望渦巻くこうしたモーテル群と背中あわせの場所で、じっさい欲望に背を向けた毎日を送っているのだ。

でも情けないもので、彼らと行動をともにするのはたった一日かそこいらとわかっていても、モーテルのネオンがしだいにうしろへ遠のき、かわってフロントグラスの向こうに青年将校たちのいる駐屯地の営門の明かりがうっすらと見えはじめると、このまま門をくぐってあちら側に入ったら最後、俗世界には二度と戻ってこられないような、実にたよりない気分になってくる。

僕は早くも自分の浅はかさを後悔しはじめていた。そもそもこの同行取材は僕がふとした気まぐれからもらしたひと言がきっかけだったのだ。青年将校を取材するにあたってあくまで参考にと、彼らの先輩たちが八十メートルの崖《がけ》をよじ登ったり伊豆《いず》の山中を不眠不休で歩きまわる苛酷《かこく》な訓練の模様をビデオでながめていたとき、やはりインタビューだけでなく彼らの苦行の千分の一でも万分の一でも同時体験しなければ心情はなかなかつかめないでしょうね、などとわかった風なことをつい口にしたために引くに引けない羽目に陥ってしまったのである。しかしそんな取材が柄《がら》にもないことは運動神経が切れていると自他ともに認めるこの僕自身が何より承知している。

そのへんの思いは僕だけでなく、取材につきあってくれるカメラマンの三島さんも、高校時代バスケットで鳴らしたとは言え日頃《ひごろ》の不摂生から腹の出具合が気になりだした編集者のSさんも大差ないのだろう。タクシーを降りた三人は急に口数が少なくなり、心の整理をつけるかのようにしばらくその場にたたずんでいた。やがて互いに顔を見合わせて、仕方ないかというように小さく笑うと、うしろ髪引かれる思いをそれぞれの笑顔の底にしまいこんだまま、衛兵が待ち受ける営門へと歩きだした。

陸上自衛隊富士学校はその名の通り自衛隊の教育機関である。自衛隊ほど職場に配属されたのちのちまで教育や研修が頻繁に行なわれるところは珍しい。階級ごとあるいは歩兵や戦車や通信といった職種ごとにさまざまなコースが用意されている。たとえばこの三月に防大を卒業して自衛隊に入隊した未来の将校たちはすぐさま全国各地の部隊に振り分けられて自衛官としての仕事につけるわけではない。陸の場合は久留《くる》米《め》の幹部候補生学校で約半年にわたって号令のかけ方などの基本動作からもう一度みっちり鍛え直されるとともに、防大でほとんど教わらなかった戦術面の知識が詰めこまれる。ここで晴れて部隊に配属されるのだが、じっさいは隊付教育という名目の見習い期間である。部下もいないし仕事もない。強いて言えばとりあえず現場の雰囲気を肌で感じとるくらいである。そして部隊に腰を落ち着ける間もなくすぐにBOC、幹部初級課程と呼ばれるコースに送られて、歩兵、戦車、施設などの職種に分かれた専門教育が七カ月あまりほどこされる。部隊に戻ると今度は小隊長となって二十人ほどの部下を持たされる。防大卒業から二年あまり、言わばインターンを終えてようやく将校らしい仕事がスタートするのである。第一線での経験を五、六年積んだあとは、近い将来中隊長として百数十人からの隊員を統率できるようにリーダーシップにさらなる磨きをかけるための幹部上級課程が待っている。その後も能力や進路に応じて指揮幕僚課程、幹部高級課程といったコースをこなしていく。星を重ねるにつれて新しいカリキュラムが用意されるわけである。つまりエリートであればあるほど学校と部隊の間を足繁《あししげ》く往復することになる。人によっては民間会社の部長職にあたる一佐クラスまで学校通いをつづけるのである。

僕らがこれから会いに行く青年将校たちが入っているコースはそうした自衛隊のさまざまな教育課程の中でもちょっと異彩を放つ存在である。他の教育課程はたいてい階級や職種によって入校が義務づけられていたり、中にはCGSと呼ばれる指揮幕僚課程のように高級幹部の登龍門《とうりゅうもん》とされているものなど、そこに入るかどうかで今後の昇進や昇給が大きく左右されるコースもある。これに対して青年将校たちがいま昼夜を分かたず厳しい訓練の中に身をおいている幹部レンジャー課程は、部下を持って間もない、言ってみれば将校になりたての二十代半ばの若手幹部自衛官のうち自らすすんで志願した者だけが参加するコースである。しかもここを終えたからと言ってそれがキャリアにはねかえってくるわけではない。手当はいっさいつかないし、出世の条件というわけでもない。得られるものと言えば、せいぜいが月桂樹《げっけいじゅ》の冠の中央にダイヤモンドをあしらったレンジャーの徽章《きしょう》くらいなものである。命を賭《か》けてという表現が決して大げさでないほど体力気力の限界に自らを追い詰めるその訓練の苛酷さに比べたら、あまりにも報われることの少ないコースである。その意味で彼らがめざすレンジャーバッジは「日の目を見ない原稿を書きつづける」自衛隊の中ではもっとも自衛隊らしいしるしと言える。

営門脇《わき》の詰め所で待っていると、約束の午後六時きっかりに広報担当官の山本三佐がマイカーであらわれ、とりあえずBOQに参りましょうかと僕ら一行を車に乗せた。リアシートに座ったカメラマンの三島さんと編集者のSさんはきょとんとした顔で運転席をみつめている。BOQといきなり言われ、面喰《めんく》らったのである。幹部初級課程を意味するBOCと何やら間違えそうだが、Boarding Quarterの略、外来者宿舎のことである。自衛隊はその世界だけに通用する独特の言いまわしや符牒《ふちょう》を数多く持った世界でもある。たとえばフェンスに囲まれた自衛隊の施設を僕らは何げなく「基地」

と呼んでしまうが、この呼称を使っているのは航空自衛隊だけで、陸上自衛隊では「駐屯地」という言葉で言い表わしている。アルファベット三文字や二文字の略語もこうした自衛隊ならではの用語なのである。

レンジャー課程に参加している青年将校の名簿に2ｉ3Coとか6ｉ2Coといった符牒のような記号がならんでいるので不審に思って聞いてみると、これが所属部隊を示す略語だった。2ｉ3Coは2 Infantry Regiment 3 Company、直訳すれば第二歩兵連隊第三中隊のことである。だが自衛隊では自らを軍隊でないと言い張っている手前、「兵」や「軍」といった軍隊を連想させる用語が口にできない。だから歩兵のことは普通科、工兵のことは施設科というわけのわからない言葉で言い表すことになる。しかし英語で普通科と言っても何のことやらさっぱり意味が通じないから、横文字にするときは正直に歩兵と呼ぶのである。英語でしかほんとうのことが言い表せないとは考えてみれば情けない話である。もっとも、軍隊を連想させる用語が駄目というのなら戦車や師団や連隊といった言葉も別の言葉に言い換えればよさそうなものをこれらは旧軍の用語がそのままに生き残っている。要するに兵や軍という言葉がつかなければよいのだ。黒を白と言いくるめる牽強付会《けんきょうふかい》の見本のようなものである。

日本語の名称より英語の略語の方がきちんと体を表している点は陸に限ったことで

はない。海上自衛隊ではミサイルや大砲を搭載した軍艦を護衛艦と総称しているが、これが略語になるとDDとなる。Destroyerのことである。だが辞書をひいてもこの単語に護衛という意味はない。あてはまる訳語と言えば旧帝国海軍が使っていた駆逐艦という言葉なのである。

自衛隊の人々が職場で何げなく交している会話の中にアルファベット三文字や二文字の英語の略語がしょっちゅうまざっているのを耳にしていると、つい自衛隊は米軍の別働隊かと皮肉りたくなるほど、冷戦の落し子とも言えるこの組織がいかにアメリカの強い影響を受けてきたかをあらためて思い知らされる。そうした点でも自衛隊は戦後の日本の姿を映しだす鏡のような存在なのだろう。だが僕には、彼らが英語の略語ばかり頻繁に使うのは、必ずしも簡潔で便利だとか、自衛隊がアメリカ軍を手本にしてきたからといった理由だけではないように思えてくる。むしろ、普通科や護衛艦といった、軍隊色を薄めようとして苦心の末ひねりだされた自衛隊ならではの、正体をごまかすような言い方に、自衛隊の人々自身が心のどこかでうしろめたさを感じているから、知らず知らずのうちに嘘偽《うそ》りのない英語の方を口にしているのではないかと思えて仕方ないのだ。

ベッドが三つならんだBOQの部屋には僕らが身につけるヘルメットや戦闘服や半《はん》

長靴《ちょうか》、それに装備一式がテーブルの上にきれいにならべてあった。打ち合せの段階ではハイキングに行くような格好でも大丈夫という話だったが、やはり足場を考えると隊員と同じにした方が安心だろうということで僕らのサイズにあった大中小三様の服を用意してくれたのだった。

出発前にとまどうといけないからと山本三佐に教わりながら、生まれてはじめて自衛隊の戦闘服や装備を身につけてみる。戦闘服の上着はブルゾンのようにファスナーをおろして前をとめるのにどうしたわけかズボンのそれはボタンである。ズボンの前がファスナーだと地面を這《は》いずりまわっているうちに壊れてしまう恐れがあるからだ。でもつくりを頑丈にしたためかボタンは固くてなかなかしまらない。これではいざというときはズボンをおろして用を足した方が早いのではないかと思えるほどだ。じっさい山中を歩いていたさいには固いボタンをいちいちはずしたりとめたりするのがしまいに面倒臭くなってズボンの前を半開きにしていた。ちなみに女性の自衛官の場合はズボンの右腰にファスナーがつけてある。戦闘服の上に弾帯と呼ばれるベルトをしめて、水をいっぱいに入れた水筒を下げると意外にずしりとくる。レンジャー課程の青年将校たちはさらに食料やヤッケ、下着などを詰めこんだ背嚢《はいのう》を背負い、左右の胸に模擬手榴弾《しゅりゅうだん》を一つずつ下げ、弾帯には五万分の一の作戦地図などを入れた書類バッグに二十発入りの弾嚢《だんのう》を六つぶら下げて、仕上げは重さ四・三キロの64式小銃を肩にかけるのである。64式という名称は自衛隊の制式小銃に採用された一九六四年の年号からきている。ここでも、昭和ではなく西暦の年号が用いられている。装備一式を身につけると重量は三十キロを優に越す。僕もあとで青年将校たちが訓練前のブリーフィングを受けている間に彼らの装備をひと通り装着させてもらったが足元がよろけて思うように前に進めない。しかし彼らはこの格好で垂直に切り立った岩壁をよじ登ったり暗夜の山中をかけまわったりするのである。

訓練に参加している青年将校は決してがっしりとした屈強そのものの若者ばかりではない。中には僕とさほど体格の変わらない小柄でひ弱そうな隊員もいる。僕らが訓練に同行する一カ月ほど前もハンドボールの日本代表選手がこのレンジャー課程の訓練に飛び入り参加したが、さすがに日本代表に選ばれるだけあって選手たちはいずれも膂力《りょりょく》にすぐれた粒揃《つぶぞろ》いで見た目は青年将校よりはるかに鍛え抜かれている感じだった。ところが隊員たちにまじって往復十二キロの山道を小銃を抱えて走るハイポートを体験させたところ両者の体力の差は思いがけない形であらわれた。民間人に本物の小銃というわけにはいかないから代りに選手には軽目の木銃を持ってもらった。それでも連日猛特訓に明け暮れているはずの選手たちが木銃を手に息を切らしながらまだ上りを走っているときに、青年将校の一団はすでに折り返し点を過ぎて山道の途中で彼らとすれ違ったのである。一週間のレンジャー体験訓練を終えたあと世界大会に備えて強化合宿に入った選手たちからレンジャーの教官のもとに礼状が送られてきた。貴重な体験をさせてもらったことへの感謝の言葉の横には、「あんな苦しい思いは二度とごめんです」という彼らの感想が書き添えられていた。

ＢＯＱで四時間ほどの仮眠をとってから、僕らは暗く静まりかえった駐屯地の中を、そこだけぽつんと明かりのついたレンジャーの教官室に向かった。この時間青年将校たちはまだ床の中に入っている。訓練がはじまる時間は毎回彼らには知らされていない。ぐっすり寝入っている中を、いきなり教官に「非常呼集！」と起こされるのである。教官室でしばらく待機するうちに定刻の午前二時、〇二〇〇《マルフタマルマル》がやってきた。腕時計を無言でみつめていた今回の訓練の担当教官である高山二尉《い》が命令書を入れたアタッシェケースを持って廊下に飛び出した。僕らも急いであとを追いかける。しかし廊下はすっかり照明を落としている。部屋の明るさに馴《な》れた目には廊下と階段の区別がつかない。距離感がつかめない。いっさいが闇《やみ》に溶けこんでいる。その間にも教官たちがすさまじい勢いで階段を駈《か》けおりていく靴音だけが聞こえてくる。まるで闇を貫く視力を持っているかのような速さである。「杉山さん、早くッ！」

下からレンジャー課程の指揮官山口二佐の鋭い声が飛んだ。取材を通じて自衛隊の将校には数多く会ってきたが、佐官クラスでありながら頭を五分刈りに短く刈りこんでいる将校は護衛艦の艦長をつとめる二佐と、この山口二佐だけだった。戦場でこの人のもとにいれば間違いないだろうという安心感を抱かせる、いまの自衛隊では珍しい武人タイプの将校である。

しかしいくら早くと言われても、目は暗さに馴れるどころか、自分の五感がしだいにこの暗さの中で奪われていくような気がする。半長靴の固い靴底を這わせながら階段がどこからはじまっているかたしかめて、一段一段恐る恐る降りていく。そして手すりをつかもうと手をのばした瞬間、階段を踏みはずした。尻《しり》をしたたかに打った。後悔の苦々しさが口の中いっぱいに広がった。でも、引き返すにはもう遅い。取材ははじまってしまったのだ。

レンジャー訓練に参加している青年将校たちが寝泊りしている部屋は教官室と道一つへだてた隣りの隊舎にあった。ここも建物の明かりがすべて消してある。保安上の理由からか駐屯地内の道路には街路灯のようなものがほとんど見当らないし、窓から月明かりでもさしこんでいればまだ夜目がきくのだろうが、この日は夜半まで小雨が降りつづいていて、それがやんだいまも上空にはうっすらと雲がかかって月をさえぎっていた。

僕は、こっち、こっちと山口二佐のひそひそ声のする方向に大体のあたりをつけて廊下の壁を伝いながら、やっとのことで青年将校たちの部屋にたどりついた。寝息は聞こえてこないが、僕ら一行が部屋に入ってきた気配にも気づかず彼らはまだぐっすり眠りについているようだった。ここ数日、深夜から早朝にかけて駐屯地を出て山中を歩きまわり橋の爆破や敵への襲撃を想定した行動訓練と呼ばれるトレーニングを繰り返してきたために、疲労が体にたまって少々の物音くらいでは反応しないのだろう。

レンジャー訓練そのものは二カ月前からはじまっていたが、いままでの訓練はこの行動訓練に備えてのいわば下地づくりのようなものであった。持久走、障害走といった運動でまず足腰を鍛え、レンジャーに耐える強靭《きょうじん》な体をつくってから、立木の間にはりわたしたロープを腹這いになって伝っていくモンキー渡りやロッククライミングなどのレンジャーに必要な技術を身につけていく。コンパスを使って自分の現在地を割り出す方法も教わるし、食料が尽きたときのことを考えてヘビやカエルの食べ方もじっさい試してみる。

これに対して行動訓練はレンジャーの実践篇ともいうべき内容となっていた。任務の内容は教官から与えられるが、それをどうやりとげるか、つまりどのように敵陣地に潜入して首尾よく目的を達成し無事帰還するか、軍事用語でいえば偵察から離脱までのそのすべてを青年将校たちが自ら作戦をたててその都度リーダーを決めリーダーの指示する役割分担に従って行動するのである。任務は、敵の通信所にみたてたテントを襲撃するという初歩的なものからはじまって、戦車の待ち伏せ攻撃、敵に囚《とら》われた人質の救出と、順を追って複雑になり、野山で過ごす日数も増えていく。二週間後に予定されている最終の行動訓練では、横須賀《よこすか》から掃海艇で伊豆にわたりボートで上陸後天城《あまぎ》の深い山中に入りこみ、三日三晩にわたって沢をよじ登ったり急峻《きゅうしゅん》な崖《がけ》をザイルで降りたりして移動をつづける。だが、ここまででまだ行程の半分にすぎない。隊員たちはこのあとヘリコプターで富士山麓《さんろく》に戻り、ホバリングするヘリからロープ伝いに地上に降りて再び三日三晩山中を歩きまわるのである。徒歩での移動距離はのべ五十キロにおよび、駐屯地に帰ってくるまでの六日間というもの、掃海艇とヘリコプターに乗っているわずかな時間以外、睡眠はいっさいとれない。食事もレトルトのパック食が一日一回支給されるだけで後半は絶食に近い状態にまで切り詰められる。

　こうした行動訓練の中で僕らが同行しようとしている訓練は任務の難しさやきつさから言って全体のちょうど真ん中あたりのレベルにあたっていた。たとえばいままでは隊員各人に三度の食事が支給されていたのが、今回からは朝昼晩とも二人で一人分の食事を分け合うようになる。訓練の時間も大幅に増える。前回までは朝一番で駐屯地を発《た》っても遅くとも次の日の明け方には訓練を終えていたのが、今度は二夜三日にわたって山中を歩きまわり、その間眠ることは許されない。これまでの初歩的な訓練とは違って肉体的にも精神的にもかなりの負担になるはずだった。今回の訓練を終えて隊員たちが駐屯地に帰れるのは三日目の夜である。しかしそこで休養のため中一日おくというほど、このレンジャー訓練は甘くはない。次の日の明け方にはまた訓練に狩り出され再び二夜三日の間歩きつづける。そして疲労困憊《こんぱい》の果てにベッドにもぐりこんだと思ったら三時間もたたないうちにすぐ叩《たた》き起こされるというパターンは最終の行動訓練までつづくのである。つまり最終訓練にのぞむ前に隊員たちの気力体力は、それまでの二週間の訓練による睡眠不足と疲労が積み重なってすでに限界ぎりぎりに達しているはずだった。しかし彼らはその上さらに六日にわたって徹夜と絶食に近い状態がつづく苛酷な訓練に身を投じようとする。

　彼らをそこまでかりたてるものとはいったい何なのだろう。少なくとも出世欲や金銭欲でないことはたしかなようだ。ここで十三週間に及ぶ責め苦に耐えた代償として晴れてレンジャーバッジを手にしても、レンジャーに対する評価が必ずしも高くない自衛隊では昇進や昇給につながることはまずありえない。それどころか日々の仕事にもなかなかむすびつかないのだ。専門が歩兵ならまだしも山中での訓練のさいにここで学びとった技術や経験を生かせるチャンスもあるのだろうが、戦車や通信といった部隊から志願してきた隊員にとっては、師団ごとに設置されている下士官クラスを対象にしたレンジャースクールの教官にでもならない限り、せっかくの技術も宝の持ち腐れで終ってしまい、胸もとの徽章が単にひとつ増えただけということにもなりかねない。そしてそのことは他ならぬ青年将校自身がよく承知しているはずなのだ。としたら、なぜ……。

僕がこのレンジャースクールをたずねようと思ったのは、いまどきの二十五、六の若者で、こんな割りのあわない、ことによったらとりかえしのつかないダメージを被《こうむ》るかもしれない無謀な荒行に自ら志願した男たちとはいったいどんな連中なのか、ともかく会ってこの目でたしかめたかったからである。出世や昇給のことが頭にないとしても、自分を鍛えたいからとか、そこに山があるから式のありがちな理由だけで、冒険家でも登山家でもない彼らがそこまで自分の体に鞭《むち》打ち歯を喰いしばっていられるものなのだろうか。僕には、レンジャー訓練に自らをかりたてる青年将校たちの行為の裏にはスポーツライターが好んで文字にしそうな「冒険のシジュフォス」とか「宿命」とか「不可能への挑戦」といった見映えのよい美しい言葉では収まりきらないものがあるように思えてならなかった。それが何なのか彼らの口から聞くことができたとき、あるいは彼らの、野戦服に身を固めた勇姿とは別の姿が見えてくるかもしれなかった。

「非常呼集！　ただちに作戦室に集まれ」

暗がりに教官の高山二尉の号令が響きわたった。それと同時に三島さんのストロボが光を放った。目の前で闇が裂けて、シャツとパンツだけの十二人の若者の姿が浮かびあがる。髪はどうやら五分刈りかGIカットに短く刈りあげているようだ。ストロボはたてつづけに光り、まるでコマ送りのスローモーションビデオでも見ているように、立ってズボンをはこうとしたりベッドの上で戦闘服に着替えはじめている隊員たちの動きが次々とうつしだされた。あまりの眩《まぶ》しさに手をかざす隊員がいる。たしかに起き抜けにストロボの直撃を食らったら目がくらんでしばらくは動きがとれなくなる。だが山口二佐は「気にするな！」と怒鳴りつけた。ここでふつうの若者なら、というより僕でも、だって目がくらくらしちゃってと、つい言い訳の一つも口にしてしまうだろう。しかし怒られた隊員はひと言、レンジャー、と答えただけだった。口答えや弁解はいっさい許されない。教官に何を言われても、隊員はただ「レンジャー」と答えて命令に服従しなければならないのだ。

部屋のあちこちでロッカーを開ける音がする。暗闇の中でもどこに何があるかすべて頭に叩きこまれているらしく、物音はそれだけで、彼らはパントマイムの役者のように黙々と準備を進めていた。早々と着替えをすませ半長靴をはき終った隊員たちはベッドのふとんをたたみにかかっている。毛布の四隅をきちんとあわせていねいに折りたたんでベッドの上にそろえ枕《まくら》をのせる。ここでは自衛隊に入りたての新隊員を教育するとき以上に整理整頓《せいとん》が厳しく言われる。ロッカーから服をとりだすさいにあせってハンガーにかけていた別の服を落していないか、サンダルをぬいでベッドの下に入れたとき洗面用具を散らかしたのではないかといった実に細々とした点にまで隊員は気をつかう。暗がりだろうとぬかりがあってはならないのである。隊員たちが部屋から出ていったあとには教官がベッドやロッカーの整頓具合をチェックしてまわる。目についた点があればまたしても叱声《しっせい》が飛び、腕立て伏せとかランニングといったペナルティが科せられる。

やがて身仕度を整えた十二人の隊員たちはわれ先に部屋の入口においてある冷蔵庫にかけよった。冷凍室にはチョコレートが、下の段にはミネラルウォーターやドリンク剤、パック入りの牛乳が入っていて、ラベルに持ち主の名前がきちんと書いてある。個人で買いおきしたものもあるが、ケース入りのビタミン剤などはたいてい出身部隊の連隊長や中隊長からの差し入れである。隊員は銘々の飲みものをとりだすと、口の端から中身がこぼれるのを拭《ぬぐ》おうともしないでひと息に飲み干した。中には手にしたパンを思いきり頰張《ほおば》って、ろくに嚙《か》みもせず牛乳で流しこむ隊員もいた。割り大福をまるごと口に放りこんだ隊員もいた。駐屯地をいったん出たら、彼らはれたもの以外口にすることはできない。もちろんその気になれば、ポケットに菓子りを忍ばせておいて夜間行動のときに教官の目を盗んで食べるようなことは造作だがここではそうしたことがもっとも恥ずべきこととされている。少なくとも幹部レンジャー課程の隊員に限って言えばいままでそんな不心得者は一人もいなかったと指揮官の山口二佐は言う。もしいたらどうなりますと聞くと、そうした人間はまずこんな苛酷《かこく》な訓練には志願してこないでしょうがと断った上で、「万一の場合は即刻所属部隊に帰します、それが彼らにとってはどんな罰よりいちばん応《こた》えることなのです」と言い切った。だから隊員たちは訓練に入る間際《まぎわ》のほんの一瞬を惜しんで、できるだけ多くのものを腹に詰めこんでおこうとするのである。その間、誰一人として口をきく者はいない。ただしゃにむに飲み、かぶりつく。暗がりにドリンク剤をラッパ飲みする音だけが聞こえている。

作戦室でのミーティングは夜空に青みがきざす頃までつづけられた。高山二尉から言い渡された「任務」は、富士学校から北西に二十五キロほど行った、富士山の眺めが素晴らしいことで知られる三ツ峠山《みとうげやま》と峰つづきの御巣鷹《おすたか》山に設置された「敵通信所」を日没までに襲撃することと、その後、尾根伝いに山中を移動しながら二日目の夜明けまでに御坂《みさか》峠にかかる橋を破壊、再び山に入ってまる一日歩きつづけることであった。第一の任務とされた通信所襲撃まで総勢十二人の「部隊」を指揮する戦闘隊長には、小倉の第四十普通科連隊からきている塚本三尉が選ばれた。このリーダー役は襲撃や爆破といった大きな任務ごとに隊員に割りふられる。行動訓練の全期間を通じて隊員たちは二回から三回戦闘隊長の指名を受けるが、自分にいつお鉢がまわって
かはわからない。教官から「お前やれ」と言われたらその場で任務達成のた
隊」をどのように動かせばよいのか作戦を立てて、隊員の役割分担を決ればならない。隊員の中には隊長に指名された塚本三尉より階級が一つ上の二尉が二人いる。そのうち山崎二尉の場合は四つほど年かさだし、防大の先輩でもある。しかしこのレンジャー訓練の間中、階級や先輩後輩の関係はいっさい無視される。隊員同士は名前の頭に「レンジャー」をつけて、レンジャー塚本とか、レンジャー山崎と呼び合

教官のアシスタントをつとめる助教は全員、隊員より階級が下の一曹《そう》や二曹といった下士官だが、将校である隊員たちを呼び捨てにするのである。

ミーティングを終えた隊員たちは駐屯地でとる最後の朝食をものの五分とたたないうちにかきこむと、武器庫で64式小銃を一丁ずつ受け取り、崖を登るさいに使うカラビナやハーケンなどの用具を点検してからレンジャー訓練専用のグラウンドに集合した。

空は爽《さわ》やかに晴れ上がっていた。雨あがりの朝の空気は粒立ったように冷たく、その澄明《ちょうめい》さのせいか、富士山が驚くほどの近さで眼前に迫っている。富士山をバックに野戦服姿の隊員たちが整列している光景をながめながら、カメラマンの三島さんが「なんだか絵に描いたような構図だなあ、はまりすぎちゃって写真にしにくいですよ」と苦笑していた。

二十四歳、バイクでツーリングに出かけたり、98ノートでパソコンをいじるのが趣味の塚本戦闘隊長は背すじをぴんと伸ばし、きびきびとした口調で隊員たちに号令をかけている。教官や助教は少し離れたところからその様子をじっと見守っていた。命にかかわるようなよほどのことがない限り教官たちは戦闘隊長の采配《さいはい》ぶりに口出しをしない。むしろ隊員のリーダーシップにまかせることで、任務が成功しても失敗してもその成否の分かれ目がどこにあったのか体得させようというのである。

グラウンドの端には隊員や教官、それに訓練を支援するために他の部隊から派遣されてきた兵士をのせるカーキ色に着色された軍用トラックが二台すでに待ち構えている。だが僕らは隊員たちが山に入る地点までひと足先に向かうことになっていた。やがて山口二佐がマイカーで迎えにきてくれた。取材の移動にはタクシーをチャーターしますと申し出たのだが、いや私の車でいきましょう、その方が運転中もお話しできますからという山口二佐の好意に甘えることにしたのである。正直なところ僕自身、生粋《きっすい》の軍人という表現がぴったりの山口二佐についてもっと知りたいと思っていたのだ。

〇八〇〇、河口湖をめざす家族連れやカップルの車とは分かれて、僕らは国道一三八号線を東に折れた。

達磨《だるま》石は、太宰治《だざいおさむ》の『富嶽《ふがく》百景』に登場する天下茶屋とは反対側の富士吉田《ふじよしだ》方面から標高一七八六メートルの三ツ峠山をめざす登山道の起点となっている。レンジャー訓練に臨む隊員たちの到着を待つ間、〈三ツ峠は水峠との説もあるほど水に恵まれた山である〉と書かれた案内板を読んだり、達磨石という地名の由来とされている大きな石をながめたりしていると、リュックを背負った家族連れが何組か道標《みちしるべ》に従って登山道の方へ歩いていった。ヘルメットに戦闘服姿の僕たちに気づいても特に驚いた顔もせず、山ですれちがったハイカー同士がするように軽く会釈《えしゃく》して通り過ぎていく。やがて軍用トラックが唸《うな》り声を上げて坂道をのぼってきた。トラックがとまりきらないうちに隊員たちが次々と小銃を肩から下げたまま飛び降りる。彼らの顔を見て、おやと思った。いつのまにか顔に墨が塗られているのだ。額から瞼《まぶた》の下、頬、首すじにかけてまるで歌舞伎《かぶき》役者の隈取《くまど》りのように墨が引かれている。目と口だけ残して顔のほとんどを黒く塗りつぶした隊員もいる。表情の読みとれない、目の動きだけがやけに誇張された黒い顔はどことなく凄《すご》みを帯びている。

隊員たちがトラックから降ろした装備品の点検や地図を広げながらのルートの確認に忙しく立ち働いているところに、ハイキングの一行が通りかかった。五十代から六十がらみのおばさんばかりのグループである。おばさんたちは、顔を黒く塗りたくって銃を携行した迷彩服の一団に興味をそそられたらしく物珍しそうに立ち止まってながめている。その中のアルペン帽をかぶった一人が、山に登るのですかとたずねてきた。指揮官の山口二佐が、訓練なんですよと答えて、ふだん隊員の前でみせる、ごまかしも甘えもいっさい許さない、厳しい冷徹さを線に刻んだ表情とは打って変わって、柔和な笑みを浮かべながらおばさんの一行に話しかけている。後日、隊員の一人が、僕らの前ではあんなやさしい顔をみせたことがないと苦笑していたが、たしかに、登山道に向かうおばさんたちに、いたわるような声をかけていた二佐の姿は訓練に臨むときとは別人のようであった。

今回の訓練の第一の任務である御巣鷹山の「敵通信所」襲撃にあたって隊員たちが選んだルートは、登山道とは別の、三ツ峠東側の峰までほとんど一直線に山の斜面をよじ登り、そこから稜線《りょうせん》伝いに歩いて頂上をめざすというものだった。三ツ峠山の頂上まで行けば目的の場所は目と鼻の先にある。隊員が一列縦隊をつくって山を登っていく様子を前方からカメラに収めるため僕らは先行することにした。隊員たちは三十キロを越える装備を背負っている。脚力にいくら自信のある彼らでもそんなに早くは山道を登れまい。つねに彼らの先まわりをしていれば、登ってくるシーンは難なく撮影できると考えていたのだ。だがそもそもこれが甘い考えだった。隊員たちの足どりは恐ろしく早く、彼らのひと足先を行くためには僕らはのぼり道を走るしかなかった。しかし走っても走っても彼らはどんどん迫ってくる。しまいに隊員の先頭集団に追い抜かれ、足の遅い僕らが割りこんだことで彼らの隊列を乱してしまった。結局、僕ら三人は教官、助教のあとに従うことになり、編集者のSさん、僕、カメラマンの三島さんの順でつづき、さらにその後ろに山口二佐、若手の助教、救護の赤十字のマークが入ったヘルメットをかぶっている教官の佐伯《さえき》一尉《い》らがぴったりついた。僕らは前後を教官や助教にはさまれ掩護《えんご》される形となった。

林道はやがて切れ、樹木の間を縫うようにして進むうちに水の涸《か》れた沢に出た。最初のうちは大き目の石を見つけては飛び石代わりにそこを伝って歩いていたが、傾斜はきつくなり、小一時間ほど登ったところで前を行く隊員たちの歩みが止まった。巨大な石の壁がごつごつとした表面を浮き立たせて十メートルほどの高さでそそり立っている。じっさいはそれほどの高さでもなかったのかもしれないが、山登りの経験がないことに加え、高い所に立っている自分を想像しただけでもう血の気が引いて足もとがさわさわしてしまう僕の目には、恐怖心が先に立ってとてつもなく高いものに思えたのだった。それに水が落ちていればまた眺めは違ってくるのだろうが、涸れた滝はさながら石の墓場のように寒々として近寄りがたいものに映った。

隊員たちはどうやらロープを使ってこの壁を登るらしく、背嚢《はいのう》を降ろして道具をとりだしている。僕らはどうやって登るのだろうと思いながら涸れ滝の周囲を見まわしてみた。そそり立つ石の壁の両側は結構な急斜面になっていて、鬱蒼《うっそう》と生い茂った樹木がぎりぎりまで迫っている。ただ一カ所だけあたりの木が削《そ》ぎ落されたように岩肌が剥《む》きだしになっている部分があり、その幅にして五、六メートルの斜面を横這《ば》いになって進めば涸れ滝の上部にたどりつけそうであった。でも下から見る限りでは、そこには斜面に沿って進む小径《こみち》はむろんのこと、足がかりにできるようなものは見当らなかった。しばらく思案顔でいた山口二佐が、あそこを行きましょうとその急斜面を指さした。山口二佐は、口数が急に少なくなって視線を問題の斜面にはりつけたままでいる僕の表情に不安を読みとったのか、「大丈夫です、危ないようであればロープを使いますから」と笑顔で請けあってくれた。二佐の先導で僕らはいったん沢を少し下って傾斜に灌木《かんぼく》が生えているところを登ってから目標の場所にたどりついた。

山口二佐は斜面にぴったりはりついて、伸ばした手で木の株をつかみ突き出た小さな岩に足をかけ、崩れないかどうかたしかめてから、またその次の手がかりや足がかりを探るというように、一歩ずつ判断を重ねながら体を這わせていった。そして、このままあとにつづいてください、と僕の前に立っているSさんに声をかけた。てっきりロープを使うものと思って安心しきっていた僕は顔がこわばるのが自分でもわかった。動揺のあまり、おい、おいと意味もないつぶやきを口にしている。しかし冬山の経験もあるSさんはためらう様子もなく斜面を進みだした。そうなるとあとにつづくしかない。僕のうしろにはカメラマンの三島さんが控えているし、ここを通り過ぎなければどう考えても上には行けないのである。僕はふとレンジャースクールを下見に訪れたさい隊員の一人から聞いた話を思い出した。

それは、訓練がしだいに体にこたえはじめたある日、同期の一人が障害走という種目で立ち往生してしまったときの話である。この障害走という訓練は富士学校のレンジャー専用グラウンドの横に設けられた障害コースを二周してさらに五キロを走り抜くというものである。障害コースには十数カ所のハードルがあり、隊員たちは丸太を走って渡ったり、ロープを足を使わずに昇ったり、高さ三メートルほどの板塀にとりついて反対側に越えたりする。ひとつひとつのハードルはそれ自体筋力トレーニングを積んだ人間なら決して苦になるほどのものではないが、全力疾走しながらつづけてこなすとなると、かなりきついメニューなのだという。その隊員は、他の隊員たちがふらつく足を踏みしめながらハードルに次々と挑んでいく中、ひとりコースの途中で突然立ち止まってしまった。教官が「何やってるんだ！」と怒鳴りつけても彼は動こうとしない。肩を大きくはずませて荒い息を吐きながら、うつむいたままじっと立ちつくしている。その間にも仲間の隊員たちは彼の横を走り過ぎて最後のランニングに向かっていく。

山口二佐が駈《か》け寄って、なぜ走らないと厳しい口調で問い詰めた。だが彼はいまにも泣きだしそうな顔で、もうできませんと弱々しくつぶやくばかりだった。ふだん隊員を叱《しか》りつけるさいには平手打ちを浴びせることも辞さない山口二佐だが、その彼に対しては力に訴えることをしなかった。彼の前に立ち、汗なのか涙なのか区別がつかないものにぐっしょり濡《ぬ》れたその顔から視線をはずさず、走れ、走るんだ、とただ命令を繰り返した。しかし彼は立ちつくしている。しまいには、僕はもうやめます、とさえ口にした。訓練の当初からこの隊員については教官や助教の間で基礎体力や精神面に脆《もろ》さがみられ果たしてこのまま訓練についてこられるか危ぶまれていたのである。長い距離を走らせると熱が出るし、次の日の訓練のことをあれこれ考えてなかなか寝つかれない様子でいたこともしばしばだった。教官や助教の目には、息を切らせているものの赤みを帯びている顔色やその立ち姿から彼が精も根もつきはてているようにはとうてい見えなかった。ほんとうに体力の限界ならまず立っていられるはずがないのである。むしろ絶対服従であるはずの教官の命令にも背いて一歩も動こうとしない彼の頑《かたく》なさは、『長距離走者の孤独』のスミス少年のように何ものかへの抵抗をあらわしているようにさえ見えた。

他の十一人の隊員全員がメニューをこなしスタート地点に戻ってきてもまだ彼は立ちつくしたままだった。隊員たちは固唾《かたず》をのんで彼の様子を見守っている。やがて西日のさしはじめたグラウンドに山口二佐の鋭い声が響きわたった。

「おまえがやるまで、全員メシを食わせない！」

それは言わば最後通牒《つうちょう》のようなものだった。このままでは確実に彼は部隊に帰される。ケガや病気といったやむをえぬ理由からではなく、不適格という不名誉な烙印《らくいん》を捺《お》されて……。彼を遠巻きにしていた仲間たちがたまりかねたように「頑張れ！」「男じゃないか」と叫びはじめた。隊員の名前を連呼する者もいる。立ち止まってからすでに二十分が経過しようとしていた。

彼は走りだした。だが障害走の訓練は何とかやり終えてもその隊員は立ち直れずにいた。隊舎に戻ったあとで彼は、同期の仲間たちに帰れるものならこのまま帰りたいと思いつめた表情で打ち明けている。ほうっておけば荷物をまとめかねない気配の彼のことを仲間たちは懸命に説得した。そうした同期の励ましの中でも、ロープ・ダウンした彼に、体勢を立て直してもう一度リングの中央に出ていこうという気を起こさせたのは、バディとしてその隊員とつねに行動をともにしている相棒のひと言だった。

レンジャー訓練の期間中、十二人の隊員たちは二人一組のバディをつくってトイレに行くとき以外ほとんど一緒の行動をとる。食事も入浴も外出もバディの相方と一緒だし、バディが装備の装着に手まどっているときはすかさず相方が手を貸す。互いの体をロープで縛りつけバディを背負って絶壁を降りていく訓練もある。文字通り命を預けあう仲となるのだ。バディの二人はそれぞれ表バディ、裏バディと呼ばれるが、表裏の言葉そのままに教官がバディの組合わせを考えるさいには性格が対照的だったり経歴が違うといった者同士をできるだけ組ませるようにしている。たとえば問題の彼は学生時代文学を専攻した一般大出身者なのに対して彼のバディは防大の空手部で主将をつとめた猛者《もさ》。暇さえあればバディがベッドで寝転んでいるのに、彼の方はアイロンがけや洗濯をしたりレンジャーの教本をとりだして課題のレポートを書いたりとこまめに動いている。レポートの提出期限が迫ってくるとバディはむくっとベッドから起き上がり彼のレポートを拝借してせっせと書き写すのである。

そんなバディが、帰るという言葉をしきりに口にしはじめた彼にまず言ったのは、ここまできたらもう部隊になんか帰れないぜということだった。その上でバディは、うつろな目を向ける彼にこう言ったのである。

「前もうしろも詰まっているのなら、いっそ前に進むしかないよ」

あたりまえなことをあたりまえに言ったに過ぎないのだが、心が挫《くじ》けそうになったときはかえってそんな単純で直截《ちょくせつ》な言葉の方が力を与えてくれるのだろう。

僕もその言葉に押しだされるようにして急斜面に向かっていった。前を行くSさんが傾斜にはりついたまま手がかりの岩の位置を顎《あご》でしゃくってみせ、「その横の方は崩れやすいですよ」と注意を与えてくれる。さすが経験者は余裕である。彼のあとをたどるようにして僕も少しずつ体を這わせていく。こういうとき下を見てはいけないとどこかで言われたことを思いだして極力自分のめざす方向だけに目を向けていたのだが、足がかりを探すうちについ下に目が行ってしまった。巨大な石がごろごろと転がる川床でロープをとりだしている隊員たちの姿が小さく見える。足を踏み外してあれに直撃したら、と考えるだけで手足が固まってしまう。でも、前に進むしかないのだと気持ちを奮い立たせ、Sさんが手がかりにした岩に僕も手をかけようと腕を伸ばしてみた。ところが届かない。一八五センチの彼と一六〇センチの僕とではコンパスが違うのである。足がかりになるものは、と探しても、とりあえずその岩を手がかりにしなければ足をかけられるようなものは近くには見当らない。

意を決して僕は跳んだ。瞬間、斜面から全身が離れたような気がした。いやたしかに離れたのである。そして僕の手はしっかりと岩をつかんでいた。しかし足の方はズリッという不気味な音を立てて宙を掻《か》いている。夢中で足を動かし、やっとのことで支えになるものに行きあたった。斜面を渡り終えたとき、僕は下着を着替えなければならないほどぐっしょり汗をかいていた。

だが僕は涸れ滝の頂きで人心地がついたのだが、カメラマンの三島さんは、隊員がロープで石の壁を登ってくる様子を撮影するため、命綱をつけ山口二佐の背中に乗って岩場を降りていった。大きな石の上から恐る恐るのぞいてみると、三島さんがロープを体に結わいつけ足場のおぼつかないところでシャッターを切っている。隊員たちは涸れ滝の上部にくくりつけたロープを伝って一人一人登ってきて、上がり終わると手を上げ、下にいる者に合図を送る。二十分ほどして撮影を終えた三島さんが戻ってきた。レンズをのぞいていると不思議とこわくないのだという。

その三島さんに、顔どうしたんですかと聞かれた。小休止をとっている隊員も僕の顔を見て、にやにや笑い、隣りの隊員の肘《ひじ》をつついて、ほらほらと僕の方を目顔で示している間に笑いが伝染していく。何だろうと怪訝《けげん》な思いで顔をさわってもわからない。ところがその手に何げなく目が行って、ようやく気がついた。手のひらに血がついているのだ。どうやら樹木の間を歩いている間に枝で顔を傷つけたらしい。ハンカチを顔にあててみると、結構血がにじんでいるのがわかる。沢を登ったり斜面を這うのに夢中で気づかなかったのだろう。でも、そうとわかったとたんに、急に顔がひりひりしてきた。

戦争ごっこ

「いままでのはウォーミングアップ、これからが本番ですよ」

麻袋のようになってしゃがみこんでいる僕に笑いかけながら言った助教の言葉通り、沢からはずれると、あとはただひたすら傾斜のきつい斜面を登るだけの行程となった。Sさんの巨大な足と尻《しり》を真上に見ながら、木の枝や幹をつかんでは体を押し上げる。毎日スポーツクラブで一キロは泳いでいるはずなのにしだいに膝《ひざ》の筋肉がパンパンに張ってきて足が思うように持ち上がらなくなる。時折「ラック！」という鋭い声が上の方でして、小さな岩や石が落ちてくる。全員の動きがいっとき停まるその間だけがひと息つけるときだ。振りかえると右手の方向に裾《すそ》野を大きく広げた富士山がすっきりと立っている。だがいまはせっかくの眺めを楽しむゆとりもない。手がかりを支えにして足を目いっぱい持ち上げ、一歩一歩高さをかせいでいくという目先のことしか頭に浮かばない。だから後続の三島さんの姿がいつのまにか消えていたことにもまるで気がつかなかった。

峰を登りきったところで小休止の声がかかった。どっと土の上にへたりこみ、弾帯の水筒をはずして喉《のど》に流しこんでいると、三十すぎの兵士が、すまないというように片手で拝む格好をしながら僕の水筒を指さした。

「自分のは全部飲んじゃって、空なんだよ」

そんなのは知ったことかと思いながらも、仕方なく水筒をさしだす。遠慮してせいぜいひと口、口をつけるくらいかなと思っていたらとんでもない。ごくごく飲みだした。戻ってきた水筒は半分くらいの軽さになっている。戦闘服に縫いつけられた部隊名は彼が訓練の支援に狩り出された一般の隊員であることを示している。階級は三曹《そう》、平均年齢の低い自衛隊では中堅の部類に入る下士官である。彼は僕だけでなくどうやら他の隊員からも水をねだっているらしく、別の場所でも水筒を口にしていた。しばらくすると喉の渇きはとりあえず癒《いや》されたのか、同じ部隊の仲間たちと大声を立てながら世間話に興じている。そんな彼の姿を眺めているとレンジャー訓練の隊員や助教とつい見比べてしまう。

レンジャーの隊員たちは木々の下に腰をおろし静かに息を整えている。中には座らずに木の幹に寄りかかっているだけの隊員も何人かいる。しかしどんな姿勢をとろうが小銃は肌身離さない。装備も背中から降ろさない。バディ同士で私語を交す者もいない。これからの訓練に備えて体力の温存を図るかのようにじっとしている。水筒をとりだす隊員がいても、二夜三日の訓練中、水筒ひとつですませるためほんのひと口かふた口、口にしただけですぐにしまってしまう。その点は助教も同じだった。彼らはそれぞれの部隊にいるときにやはり自ら志願して下士官をおもな対象にした九週間にわたるレンジャー教育を受けレンジャーバッジを手にした兵士たちで、幹部レンジャー教育の助教に選ばれるだけあって、いずれもよく訓練されているような敏捷《びんしょう》そうな身のこなしと折り目正しい立ち居振舞の持ち主だった。小休止の間も助教たちは隊員の様子をうかがったり、疲れているときは甘いものが一番とキャンディを僕にすすめてくれたりとたえまなく周囲に気を配っていた。三島さんの姿が見当らないことにようやく気づいてあたりをきょろきょろしている僕に、山口二佐とともに少し遅れると教えてくれたのも助教の一人だった。同じ下士官でも僕のところに水をねだりにきた例の彼とはえらい違いである。

もっとも、その点に関しては彼の方でレンジャーと一緒にされるのを迷惑がるだろう。同じ水筒を「分けあった」気安さからか、彼は、小休止が終って僕ら一行が稜線《りょうせん》伝いに歩きだしてからも僕のところにやってきて、「こんな訓練に同行するなんてあんたらよっぽど物好きだよ」としきりに油を売っていた。彼の胸にダイヤモンドをあしらったレンジャーの徽章《きしょう》はついていない。レンジャーバッジは欲しくないんですかとたずねると、まさかという顔をして、頼まれたってこんなシゴキみたいな訓練は御免だね、わざわざ好き好んでレンジャーになる奴《やつ》の気が知れないよと呆《あき》れたように首を振った。そしてすぐそばを助教が歩いているのにも構わず、彼は苦笑して言った。

「あいつら人間じゃねえよ」

達磨《だるま》石を出発して五時間あまり、御巣鷹《おすたか》山の頂上にたどりついたときはすでに午後二時をまわっていた。十二人の隊員たちは目的地にすぐには向かわず、一帯を偵察するため散り散りになって頂上付近の雑木林の中に入っていった。やがて三島さんや山口二佐と合流した僕らは御巣鷹山と峰つづきの三ツ峠山の山荘で遅い昼食をとった。ここはレンジャースクールの隊員たちがロッククライミングを中心とした山岳訓練を五日間にわたって行なうさい必ず宿舎に使うところで、山口二佐によれば毎年春と秋にレンジャーバッジめざして訪れる若い隊員のことを山荘の人たちは親身になって世話してくれるとのことだった。「敵通信所襲撃」の訓練が終り僕ら三人を麓《ふもと》まで案内するために教官の佐伯《さえき》一尉《い》や助教が山荘に立ち寄ったときも、山荘の人たちは夕食どきの忙しいさなかにもかかわらず温かいコーヒーや味噌汁《みそしる》をわざわざ用意してふるまっていた。

山荘での昼食で僕らはこの日隊員がバディと分けあって食べるレトルトのご飯を口

にしてみた。山口二佐は昔に比べて大分味が良くなりましたとうまそうに食べていたが、ひからびた餅《もち》のようにもさもさするばかりで味も薄くスープがわりに頼んだラーメンと一緒に流しこもうとしたが、どうしても口が受けつけない。残った分は山口二佐が席を立ったすきにポケットにしまいこんでしまった。

山口二佐は、訓練以外でもしばしばこの山荘を訪れている。前にここに泊ったときはたまたま登山家の長谷川恒男《はせがわつねお》が逗留《とうりゅう》していて、夜遅くまでじっくり話を聞くことができたという。絶壁登りの天才とも言われアイガー北壁をはじめ史上初のアルプス三大北壁冬季単独登頂に成功したこの世界的アルピニストと過ごした夜のことを、山口二佐はまるで憧《あこが》れのスポーツプレイヤーに出会えた少年のように目を輝かせて話していた。その瞬間、彼の表情からはいかにも職業軍人らしい自己抑制にたけた冷静さはすっかり影をひそめ、眼差《まなざ》しにも遠くをみつめているような別な光が宿っていた。

じっさい山口二佐もまた山にとり憑《つ》かれた一人なのである。防大時代、山岳部に所属していた彼はまとまった休みがあると必ず山登りに出かけた。秋に開かれる防大の学園祭についての話題を持ちだすと、「恥ずかしい話一度も見たことがないんですよ。大学祭のときはいつも前の晩から山に行ってましたからね」と少し照れくさそうな笑いを浮かべて答えた。

自衛隊に入ってからも山への思いはたちがたく、インドのシックルムーン峰の登山隊に加わったのを皮切りに海外の山々への挑戦を重ねていった。八一年夏には標高七五九五メートルの中国のコングル・チュビエ峰遠征に参加してクレバスに転落しそうになる危険な目をくぐり抜けながら登山を成功に導き、さらに八七年には山を愛する者が一度は夢見る世界最高峰チョモランマ、別名エベレスト登頂をめざして防大山岳会の仲間二十五人とともに長期遠征へ旅立ったのである。山口二佐はいったんは体調を崩しベースキャンプに戻されながらも再びアタックメンバーの一員として風速三十メートルを越すブリザードが吹き荒れ砂塵《さじん》のように舞い上がる雪煙で視界がほとんどきかない中を頂上をめざした。メンバーは八一〇〇メートルの高さまでザイルを伸ばした。強風のため雪が飛ばされて黒々とした岩肌を剝《む》きだしにした頂きも目前に迫っていた。しかし六十年ぶりの豪雪に行く手を阻《はば》まれ、結局登頂を断念、登攀《とうはん》隊長を事故で失うという大きな犠牲を払っての遠征は終った。

そしてこのチョモランマへの遠征は、山口二佐自身が認めるように「家族に相当の負担をかけて」はじめて実現したものであった。日本を離れていた三カ月だけでなく登山の準備に追われていた期間も含めてその二年あまり、彼はほとんど家族のことにかかずらわなかった。ちょうど子供が病に倒れ、山口家にとっては夫として父として彼の支えが他のどんなときよりも求められていた時期だったのに、彼は家を空けていたのである。妻は子供の看病と他の二人の子供たちの世話をたった一人で引き受けなければならなかった。しかし彼女は家を顧みない夫に向かって、たまに愚痴めいたことを言うことはあっても、「山と家族のどちらが大事なんですか」というような、喉もとに刃《やいば》を突きつけるような台詞《せりふ》は決して口にしなかった。彼と同郷の鹿児島の女性らしく心細さや辛《つら》い思いを内にしまって黙々と留守を守りつづけた。それだけにかえって山口二佐は自分の我儘《わがまま》が家族に強いている負担の大きさを思い知らされたのだった。

チョモランマから帰国して、彼は、もう遠征には行くまいと心に誓う。しかしだからと言って山を諦《あきら》めたわけではなかった。それどころか富士山を間近に望めるこの富士学校にレンジャー指揮官として赴任したことをきっかけに山口二佐は、すでに六十回以上の回数を数えていた富士登頂のレコードをこの地に勤務している間に百回まで伸ばそうと新たな目標を自らに課したのである。再び彼が家を空けるときが多くなった。こどもの日には男の子ばかり三人の子供を連れて富士に登ったが、それ以外は休みの日がくるたびにまだ寝静まっている朝の官舎をひとり出て登山口に向かっていく。休日をできるだけ登山に割こうとするのはいつも頂上まで登れるとは限らないからだ。

さすがに日本一の山だけあって富士山は容易に人を頂上に立たせてはくれない。アイゼンが靴に合わず途中で引き返すことも、九合目付近まで登って頂上がすぐそこに見えているのに断念するしかないこともある。氷の斜面に四《よ》つん這《ば》いになりながら何とか進もうとしても強風に体をあおられて危うく滑落しそうにもなる。それでも訓練の合間を縫うようにして登りつづけた富士登頂の回数は目標の百回まで残り十五回を切った。

だが山口二佐が心惹《ひ》かれるのは実は山だけではなかった。スキューバダイビングをやれば海の蒼《あお》さに惹かれるし、ハンググライダーをやれば空を舞うことの魅力にとりつかれる。そんな彼の話を聞いていると、山口二佐のことをいまの自衛隊には珍しい生粋《きっすい》の軍人タイプと決めてかかっていた僕の先入観をまず改めなければならないように思えてくる。たしかに頭を短く刈りあげレンジャーの隊員たちに鋭い口調で号令を飛ばしている戦闘服姿の山口二佐には、映画『地獄の黙示録』で「ワルキューレの騎行」の勇壮な調べに乗って登場し迫撃砲弾が炸裂《さくれつ》する戦場を平然と歩いていたヘリ部隊の指揮官をなんとなく彷彿《ほうふつ》とさせるところがある。しかしアウトドアスポーツの道具がどうしても欲しくてそのためにしぶる妻を何とか口説《くど》きおとし六十万の大金を引き出してもらったという山口二佐の話からは、不屈の闘志をみなぎらせたレンジャー将校というより、いまだに冒険少年の「夢」を見つづけている中年男性の像が浮かびあがってくる。

年に二度の幹部レンジャー訓練の後期課程は十二月の頭には終了する。それから年末までの三週間ほどはレンジャースクールの教官や助教にとって一年のうちでもっとも羽根を伸ばせるリフレッシュウィークにあたっている。休日出勤もないし、たまっていた休暇を消化して長期の旅行に出かける者もいる。九二年のこの時期は特に天候に恵まれ晴天の日がつづいていた。しかし富士登頂百回をめざす山口二佐は、土日が来ても富士山には登らず、自宅で妻の言うことを素直に聞いて、買物につきあったり掃除を手伝ったりと家庭サービスにこれ努めていた。彼には深謀遠慮があった。年末年始の休暇に入ったら毎日のように富士山に登るつもりでいたのだ。だからそれまではせいぜい奥さんのご機嫌をとっておこうとしたのである。もちろんそんなことくらい夫人はちゃんと見抜いていたのだが……。

三ツ峠山荘で山口二佐と話しこんでいる間に晴れわたっていた空にはうっすらと雲がかかり時間も午後四時近くになっていた。レンジャー訓練の隊員たちが襲撃する手はずになっている御巣鷹山山頂に行ってみると、雑草が生い茂ったくぼ地に「敵通信所」にみたてたテントがはられ、その中からピッピピッピッという通信機の発信音が間断なく聞こえてくる。テントのそばにはアンテナが立てられ、通信所を警備する歩《ほ》哨《しょう》役の支援隊員が暇をもてあましたようにあたりをうろついている。四方にたえず目を配り襲撃に備えて身構えているという緊張感はまるで感じられない。どうやら襲撃の大体の目安は知らされているようなのだ。しかも歩哨でありながら彼らは武装していない。気休めに銃剣道用の木銃を抱えているだけである。襲撃されたらどうするんですかと丸腰の隊員にたずねると、ひと言、逃げますと答えた。戦うわけではないんですかと重ねて聞くと、テントの設営をすませた助教が横から口をはさんだ。

「歩哨が手出ししたらレンジャーも応戦しなければならない。それではシナリオが狂っちゃうでしょう、この訓練は陣取り合戦ではないですからね」

僕はうーんと唸《うな》ってしまった。いくら襲撃を目的にした訓練とは言っても、襲われたら即逃げるような敵を想定した訓練にどれほどの意味があるのだろう。やはり守る側はレンジャーの裏をかくようなやり方で応戦するとか、レンジャーはそれに対して臨機応変に攻撃の方法を変えていくとか、不意打ちをねらえるように攻守ともシナリオなしの真剣勝負にするとか、より実戦に即した訓練でなければ自衛隊最難関の訓練と言われるレンジャーにはふさわしくないのではないか。少なくともいつだってそう期待通りに敵が逃げてくれるとは限らないのだから。そんなことをぼんやり考えながら茂みに寝転んでいるとついうとうとしてしまう。足もとの方からは野鳥の囀《さえず》りが聞こえ、見上げた空には雲がたなびき、休日の午後のあてどない時間がゆったりと流れている。

やがてテントの中から助教が「そろそろ来ますよ」と声をかけてくれた。僕らは目立たないように茂みの中で中腰の姿勢をとった。歩哨役の隊員も木銃を抱え直し真剣な表情をつくってあたりを巡回するように歩きだした。林道をへだてた木立ちの中からレンジャーの隊員が一人、また一人と姿をあらわし、足音を忍ばせて近づいてくる。そして先頭を行く隊長役の塚本三尉が「突撃！」と号令をかけるのと同時に全員がいっせいに走りだした。木銃で警備にあたっていた歩哨は、待ってましたとばかりに左右に散って姿を消した。

ところが次の瞬間、僕は耳を疑った。塚本三尉は小銃を構えながら、ダッダッダッダッダッと子供がやるように銃を撃つ口真似《くちまね》をはじめたのだ。

レンジャー訓練がいかに苛酷《かこく》なものか、それは、この訓練に志願してきた隊員を見る他の一般兵士の「あいつら人間じゃねえよ」という評言からも十分うかがえる。それに僕自身、自分が尻ごみするような岩場や急斜面を彼らが三十キロ以上の装備を背負いながら登る光景を目《ま》のあたりにしてきた。訓練に入っているときの彼らの真剣な眼差し、はりつめた表情は、この訓練がつねに生命の危険をはらんでいることを物語っている。ほんの一瞬の気の緩みが命取りになる。切り立った崖《がけ》を登っているときも急斜面を這っているときも、いま自分の命をつなぎとめておけるのは、他の誰でもない、この自分自身しかいないのだという思いをいやというほど味わわされる。だからこそ彼らは真剣にならざるをえないのだ。しかしその真剣さと、いま目の前で繰り広げられているこの光景とはどうしても結びつかない。同じレンジャーの訓練というにはあまりにも落差がありすぎる。

隊員たちの口真似はまだつづいている。ダッダッダッダッダッ。妙に間のびした声がひっそりとした山頂に響きわたっている。僕はふと思った。これじゃまるでガキの戦争ごっこじゃないか……。

二夜三日にわたるレンジャー訓練の前半のヤマ場ともいうべき「敵通信所襲撃」はものの五分もたたないうちにあっけなく終ってしまった。再び木立ちの中に消えていく隊員たちをぼんやりながめていると、助教の一人が話しかけてきた。「どうです？がっかりされたでしょう。迫力なくて」

考えていたことをあまりにずばり言いあてられたので、僕は返答に窮してしまった。手にしているのは本物の自動小銃、なのに「突撃！」の号令一下いっせいに突っこむときは、戦争ごっこに夢中になっている幼稚園児のように、ダッダッダッダッダッ、と銃の音を口真似しなければならない。そのへんのちぐはぐさは、端でながめている僕より、訓練の中に身をおいている隊員や教官、助教の方がはるかに痛切に感じとっているのだろう。

幹部レンジャー課程の行動訓練の大半は山中を歩いたり崖をよじ登ったりすることである。彼らが登る山に三千メートル級の山はない。最終想定の舞台となる伊豆《いず》では標高がせいぜい千メートル前後の山々に入って訓練を行なう。だからその点だけに目が行く人はつい重装備で槍《やり》ヶ岳や剣《つるぎ》岳に登ることに比べれば大したことはないだろうと軽く見がちである。だがレンジャー訓練の困難さは登る山にあるわけではない。クライマーは登るという目的を達成するために心身の状態をできるだけベストに保とうとする。彼らにとってすべての努力、そこで流す汗、そして冒す危険は、山頂につながっている。逆に言えば、山頂を極めるという目的にかなわないことは彼らは試みない。装備を軽くするために食料を切り詰めることはあっても、夜を徹して行動をつづけるということは決してしない。そんなことをすれば遭難するのは目に見えているからだ。危険を回避するにはそれなりの理性が必要である。そして理性を保つためには体力の消耗を極力防がねばならない。だいいち彼らには登ることにもまして体力と神経を使う下山がいずれ待ち受けているのだ。だから彼らはいたずらに体力の消耗を招く無意味なこと、無謀なことを忌《い》み嫌う。日が落ちれば岩棚でビバークしたりテントを張って仮眠をとり次の日の登攀に備えるのである。

ところがレンジャー訓練の隊員たちは夜間も歩きつづける。しかも明かりをいっさいつけずにである。暗闇《くらやみ》の中で、彼らは前を行く仲間のヘルメットのうしろについている蛍光塗料のマークだけをかすかな目印に起伏に富んだ山中を歩きつづける。僕ら三人が三ツ峠山の山道を下りたときあたりはいちめんの闇だったが、さすがに付き添いの教官が懐中電灯で足元を照らしてくれた。しかしライトに照らされるとそこだけが不自然に浮かびあがり、出っぱりもくぼみもすべて明るさに溶けこんでのっぺりと均一に見えてしまう。多少凸凹《でこぼこ》しているかなと思うとそうではなくて、平らと思ってそのまま足をおろすと穴だったりする。それでも明かりがあるのとないのとではやはり天国と地獄ほどの違いがある。

翌日の夜明け前に行なわれた御坂《みさか》峠での橋梁《きょうりょう》爆破訓練のさいは、山口二佐に少しだけ山に入ってみましょうと誘われるままに道路脇《わき》から山中に足を踏み入れた。ところがたちまち穴に足をとられた。靴底で地面を感じながら歩くのがコツと言われていたので、足を前に出すときはいきなり踏みこまず、何かあたるものはないかと靴先で探りながら一歩一歩進んでいたのである。そして何歩目かに、靴先に岩のようなたしかな感触があったので、大丈夫と体重をかけたとたん、ズリッと足場を崩してそのまま穴に転げ落ちてしまった。まさか岩のすぐ横に穴が口を開けているとは思いもしなかったのだ。しかしいったんそうなると腰が引けてしまうのか、前に進むたびに転びだした。何に当ったわけでもないのに体のバランスを崩して尻《しり》もちはつく、木の根につまずいて向こうずねはすりむく。やがて上の方から枯れ枝を踏みしだく音や落石の合図である「ラック！」というかけ声が聞こえてきた。見上げると距離感のない夜の闇の中に山の輪郭がかろうじて見分けられる。声はするけれど隊員たちがどのへんまで近づいてきているのかは見当もつかない。突然、その黒ぐろとした山影の方で「アーッ」という切なげな叫び声がしたかと思ったら、つづいて枝の折れる荒々しい音とともに、ドサッという重量感のある鈍い音が響きわたった。隊員の一人が足を踏みはずして傾斜を滑り落ちたのである。その音だけで僕はすっかりおじけづいてしまった。先頭を行く山口二佐に、引き返しますからと一方的に告げると、ごつごつした地面に尻をつけたぶざまな格好で斜面を擦《こす》るようにして退却をはじめた。自分の朦朧《もうろう》ぶりを情けなく思いながら、僕は、水筒の水をねだられたあの一般隊員から「こんな訓練に同行するなんてあんたらよっぽど物好きだよ」と言われたことを思い起こしていた。そして、その彼がレンジャー訓練の隊員たちを評して言った「あいつら人間じゃねえよ」という言葉がはじめて僕の中で実感をともなってきた。

　レンジャー訓練の困難さは、しかし真夜中に山の中を明かりなしで歩くことだけではない。一睡もできない状態はいく日にもわたってつづくし、食事や水分までぎりぎりに削られる。頻繁に襲いかかる睡魔は判断能力を鈍らせ、極端な栄養不足や喉《のど》の渇きがさらなる体力の消耗を招き虚脱感を深めていく。それでもまだ昼間はうしろからついてくる教官や助教の目が気になるので隊員たちは気をはって歩いているが、あたりが暗くなると、周囲の目が気にならなくなることに加え、自分自身でも目を開けているのか瞑《と》じているのかわからなくなる。いつのまにか瞼《まぶた》が重たくなって、眠りに引きこまれてしまう。仲間の隊員に肩を叩《たた》かれて、はっとわれに返ることもあるし、膝《ひざ》ががクッとなって目を覚ますこともある。隊員たちは靴底で足場の固さをたしかめながら歩いているが、足に疲労がたまっていることと、何日間も靴を履きっぱなしでいることで足の裏の感覚が麻痺《まひ》して、知らぬ間に木立ちとは逆の崖の方に向かっていたりする。だが何より危険なのはうつろな意識の中で錯覚を起こすことである。

その「事故」は伊豆の山中を行く最終想定三日目の夜に起きた。それは一瞬の出来事にはちがいなかったが、三ツ峠をはじめ富士五湖周辺の山々を歩いてきた二週間以上に及ぶ行動訓練の疲労の蓄積がついに頂点に達して、堰《せき》を切ったようにあふれでたようなものだった。しかもこの最終想定では初日に横須賀《よこすか》から伊豆沖まで小さな掃海艇に乗ることになっていた。船底で八時間あまり揺られている間に隊員のほとんどが食べていたものを吐きだし、沖合の掃海艇からさらにゴムボートに乗り継いで西海岸の雲見に上陸したときには船酔いと疲労から隊員の顔色は冴《さ》えず頭痛に苦しむ者もいた。事故の下地は十分つくられていたのである。

こういう場合も連鎖反応があるのか、「事故」の起きた夜には三人の隊員が立て続けに足を踏みはずして崖を転げ落ちていた。それから一時間もたたないうちに問題の「事故」は発生した。隊員の一人が偵察を命じられて、樹々《きぎ》が隙間《すきま》なく生い茂っている山の中から少し開けた場所に出たときであった。暗がりの向こうに何か白い構造物がぼんやりと浮かびあがっているのが見えた。眠気と疲労で隊員の意識はすでに朦朧としている。彼は自分が目にしている白いものをガードレールだと直感した。夢と現実の間をさまよっているような頭では、周囲の状況を判断するとか、じかに触って確認するといった手順を踏むことまで思いつかなかった。ガードレールだからその向こうに行けば道路がある。彼はそう思いこんで何ものかに導かれるようにしてふらふらと歩きだした。感覚の鈍った彼の耳にはかすかなせせらぎの音も入ってこなかった。

迷わずガードレールをまたいだ瞬間、彼は、ああっと思った。足をつくものがない。当然道路だと思って足をおろしたら、足場になるものが何もなかったのだ。彼は音もなく吸いこまれるように落ちていった。それは時間にしてほんの一、二秒のことだったが、皮肉にも眠気がすっかり消えて霧が晴れたようにすっきりとした意識の中で、彼はこのままどこまで落ちつづけるのだろうと考えていた。と、尻にドーンと衝撃があって、落下が止まった。着いた、と彼は思った。すぐに彼は手足を動かしてみた。したたかに打った尻は多少痛みがあったが、幸い骨折とか傷を受けた箇所《かしょ》はないようだった。ケガがなかったことより、ともかくこれで訓練がつづけられることに彼は安《あん》堵《ど》していた。

隊員のすぐうしろを歩いていた仲間は、彼が川原に落ちた鈍い衝撃音ではじめて「事故」に気がついた。教官や助教もかけつけてライトで照らしだす。七、八メートルほど下に彼の姿はあった。大丈夫か、と声をかけると、手を振って応答があった。自力で斜面を這いあがってきた彼は、自分がガードレールだと錯覚したものをあらためて見た。それはコンクリート製の橋の欄干《らんかん》だった。暗がりの中とは言え、欄干をまたいで身投げするように川原に墜落したのかと思うと、はじめて恐怖に足がすくんだ。

登山と同じくレンジャー訓練の厳しさ辛《つら》さは目標にたどりつくまでの過程にある。だがその間の移動が体を張った命がけのものであればあるほど、訓練のハイライトシーンともいうべき場面との落差が際立《きわだ》ってしまう。それはちょうど寒さに震え転落の恐怖と戦いながら一歩一歩高さを足元に押えこんでやっとのことで登りつめた山頂が、登ったとたん張りぼての山に変わってしまったようなものである。レンジャー訓練の場合は、武器が登場するそのヤマ場で、訓練の中身が一転、子供の戦争ごっこと大差ないものになる。三ツ峠での訓練のように演習場から一歩外に出たら、そこがどんなに人里離れた深い山の中であろうとも火薬類を使った訓練はご法度《はっと》である。空包《くうほう》も許されない。だから「敵通信所」に向かって突撃する隊員たちは本物の銃を構えながらも、ダッダダッダッと口真似で撃っているつもりになり、片や通信所を守る敵役の兵士たちは「襲撃」がはじまったとたん木銃を手にしたまま一目散に逃げるのである。僕らが同行した想定訓練のもうひとつのハイライトである橋梁爆破訓練でも起爆装置に回線をつなぎ電気的に作動したかどうかをみただけで訓練は終了した。そうした点は演習場の中での訓練でもほとんど変わらない。じっさいの爆弾を使った実爆訓練は最終想定のヤマ場の一度きり、そのさいも爆弾を持って突撃するというシーンでは万一事故があってはいけないと隊員たちは模型の爆弾を持たされて走ったのである。

レンジャーと聞くと、大方の人は、その語感からヴェトナム戦争やアフガン紛争で悪名を轟《とどろ》かせたアメリカのグリーンベレーやソ連軍のスペッツナズといった精鋭ぞろいの特殊部隊を連想して、さぞかし実戦さながらのハードな訓練を連日繰り広げているのだろうとつい想像しがちである。じっさいここに志願してきた十二人の青年将校の中にもふだん部隊では経験できないその手の訓練を期待していた隊員もいる。そうした彼らは、ひとたび武器を使う段になったとたんに尻すぼみになってしまう、臨場感のまるで感じられない訓練内容に物足りなさを覚えていた。

想定訓練の中にはレンジャーならではの要人救出という場面があった。敵方にさらわれてビルの一室に閉じこめられた師団長をヘリコプターから降下して救い出すというものである。訓練は演習場の一角にある市街地訓練場で行なわれた。市街地と言っても映画のオープンセットのように本物に似せた街並みがあるわけではない。二階建ての小さなビルがぽつんと一つ立っているだけである。予算がないのか、建物はかなり使い古された代物《しろもの》らしく、コンクリートはあちこちひび割れて傷《いた》みが目立ち、ビルの外壁についている階段も安アパートを思わせる、昇り降りするたびにぎしぎしと音をたてるものだった。

訓練をはじめるにあたって隊員の一人が、師団長はどんな方ですかと教官にたずねた。人質を助けだすのだからまず目当ての人物を知っておかなければならない。写真を見せてしっかり人相や容貌《ようぼう》を頭に叩きこむとか、声を聞かせて本人の特徴をあらかじめつかんでおくとか、人違いをしないための入念なブリーフィングがあって然《しか》るべきとその隊員は考えていた。ところが教官は、人質は日本人、と答えただけだった。隊員は思わず、そんなことはわかってますよ、日本人しか自衛官になれないのだから、と言い返したかったが、教官が端《はな》から人質の人相や特徴を問題にしていない様子なのを見てやめた。しかしその隊員も、訓練がはじまって間もなく人質を見分ける必要などまったくないわけがわかった。

訓練は四人一組で行なわれた。ホバリングしているヘリコプターから四人全員がロープを伝っていっせいにビルの屋上に降りたあと、まず二人の隊員が人質が監禁されている二階の部屋に突入して師団長を救出し、残りの二人が一階から彼らを掩護《えんご》するという筋書きだった。その隊員は救出役を言いつかった。屋上に降下して赤錆《あかさ》びた階段をかけおりると、彼は呼吸を整える間もなくビルの外壁に背をつけて部屋のドアを開けるなり向き直って銃を構えた。中では男が倒れていた。とっさに彼は引き金に手をかけようとした。死んだふりをした敵の兵かもしれないと思ったのだ。

しかしその男の他、部屋には誰もいなかった。人質の師団長を置き去りにして、どうしたわけか監視の敵兵は姿を消してしまったのだ。これでは人質を特定する必要などあるわけがなかった。彼はもう一人の隊員と師団長を助け起こし階下に降りて仲間たちの掩護を受けながら脱出にとりかかった。そのとき口真似ではなく空包の発射音がはじめてビルの前に広がる茂みの方から鳴りだした。人質をとっていたはずの敵方の兵は救出チームが屋上に降りたった時点で全員ビルの外に出ていたのである。敵の追撃をかわしながら彼は無事人質とともに脱出に成功した。訓練の首尾は上々で、教官からも「よし」と声をかけられたが、彼は素直には喜べなかった。それどころかこんな訓練がいったい何になるのだろうという疑問にかられていた。

そもそも訓練のシナリオからして現実離れしていると彼は考えていた。人質を救出するのなら、まずこちらの気配を敵にさとられないようにすることが肝要なのは素人《しろうと》でもわかりそうなことである。監視の目を潜《くぐ》り抜けてビル内に忍びこみ監視兵を一人ずつ始末するか、部屋の中に一時的に人間の聴覚や視覚を麻痺させる音響閃光弾《せんこうだん》を撃ちこんで敵がひるんだ隙《すき》に人質を奪還する。まちがってもヘリで降下するなどしないはずだ。そんなことをすれば救出活動が本格化する前に人質は殺されてしまう。

だがそれ以上に彼が意外だったのは救出の場面で敵が人質を置き去りにしていなく

なってしまった点である。人質にとるくらい彼らにとって重要な人物なら逃げるさいに口封じのため殺害するか一緒に連れていくだろう。ところがそれをしないで監視兵は一人残らずビルから出てしまう。人質を救出した隊員たちが姿をあらわしたところを待ち伏せ攻撃しようというわけではなかった。訓練とは言え、狭いビルの中で敵味方に分かれて戦闘を交えれば不慮の事故が起こるかもしれない。それを避けるためのあくまで安全管理上の理由からだった。つまり訓練中の事故を防ぐために敵はビルの外に逃れるという設定にしたのだ。その話を聞いて救出役の彼は拍子抜けしてしまった。

自衛隊がことさら安全管理に気をつかうのは、一つには訓練による人身事故がマスコミにとりあげられるたびに自衛隊の危険なイメージを増幅してきたという苦い思いがあるからなのだろう。だが真夜中に険しい山中を明かりもつけずに歩いているレンジャー訓練はもうそれだけで十分に危険な訓練である。なのに武器を持って戦う場面になったとたん、実弾を使うわけでもないのに、訓練は隊員が張りあいをなくすほど安全の名の下に手かせ足かせになってしまう。戦うことが目的であるはずのレンジャーが、戦うための訓練をまともにできない。それは、軍隊になりきれない自衛隊の、どっちつかずの姿をいかにも象徴しているかのようであった。

大卒自衛官

　レンジャー訓練に参加している二十代の幹部自衛官は、ひと口に青年将校と言っても大きく二つのグループに分けられる。高校を出てすぐに自衛隊の士官学校ともいうべき防大に入り四年間みっちり自衛隊のエリートとなるための下地を仕込まれた「純血」組と、一般大学から自衛隊に就職した言わば「外様《とざま》」組の二つである。これに、曹《そう》クラスの下士官から幹部登用試験にパスして将校に昇進した「叩《たた》き上げ」組を入れると、自衛隊の三万八千人あまりいる将校の色分けがほぼできるが、このうち将校の中で防大出より数が多く、全体の半分を占める叩き上げ組が幹部レンジャー訓練に志願してくることはめったにない。年齢的な問題もあるが、叩き上げの将校でレンジャーバッジをとりたいと考えるような隊員はたいてい下士官のときに彼らを対象にした部隊レンジャー訓練に参加しているのである。

　僕が取材した第五十期幹部レンジャー課程の十二人の青年将校の色分けは防大出の純血組が七人なのに対して、一般大から自衛隊を就職先に選んだ外様組の隊員が五人を数えていた。この両者の割合は自衛隊にいる防大出の全将校と一般大出のそれとの割合にほぼ添っている。ただここで目を引くのは一般大出身の五人のレンジャーのうち三人までが、大学から自衛隊の幹部をめざす者に与えられている特典を利用せず、あえて高校を出たばかりの十八歳の新隊員と一緒に、いちばん下《した》っ端《ぱ》の二等陸士として兵隊経験を積んでから幹部になっていることである。一般大から自衛隊に就職する場合、ふつうは一般幹部候補生試験と呼ばれるキャリア登用試験を受けて入ってくる。この試験にパスすると久留米《くるめ》の幹部候補生学校で十カ月の教育を受けただけで一年後には外国の軍隊の少尉《しょうい》にあたる三尉に昇進する。防大出と同じく兵隊生活はいっさい送らずにいきなり自衛隊の幹部として兵士たちの上に立つ。一兵卒からこつこつと叩きあげてきた下士官が登用試験をへて将校になるのに入隊して十年あまりかかるのに比べると、新幹線なみのスピード出世である。しかしレンジャーのその三人はそうした特権を利用せずにわざわざ鈍行列車に乗るというまわり道を選んでいる。

大学四年になり会社訪問の季節が近づいてきたとき、就職先として自衛隊を思い浮かべる学生はまずほとんどいないと言ってよい。自衛隊を職場として見たことがないだろうし、大学の講義で自衛隊について一度くらい習ったことはあっても、それは憲法や国際法と同じように、自分たちのふだんの生活とは直接かかわりのない、あくまで六法全書や新聞の中だけの存在のようにしか感じられなかったはずである。自衛隊の募集パンフレットが謳《うた》い文句にしている「安定性」と「ゆとりのある余暇」を求める学生なら、たいていは地方公務員をめざすだろう。だから大学の仲間たちが少しでも待遇のいい会社に採用してもらおうと躍起になっている中、きつい、汚い、カッコ悪い、の3Kの典型と言われる自衛隊にすすんで入ったその三人はもうそのことだけで十分異色の存在と言える。だが彼らは単に自衛隊に就職しただけでなく、ランクを下げて高卒と同じ待遇で「二等兵」という振りだしから自衛隊生活をスタートさせている。異色の上にさらに輪をかけた変わり者と見られても不思議はない。じっさい彼らのことを、駐屯地の隊舎で寝起きをともにする十八、十九の同僚や先輩は奇異の目でながめていた。大学出であることがわかると、決まって「なんでこんなところにいるんだ」とまるで問い詰めるような言い方で聞いてくる。同僚や先輩とのつきあいの中では大学卒という肩書きが邪魔になることはあってもプラスになることはまずなかった。大方は場違いな人間がやってきたという冷ややかな受けとめ方だったし、中には大卒という肩書きがよほど腹に据えかねるのか、何かにつけてそのことを引き合いに出して「だいたいおまえは生意気なんだ」といびる先輩もいた。

そんな新兵としての苦労も経験している大卒レンジャーの一人、A三尉がそもそも自衛隊に入ろうと思ったのは、本人の言葉によれば「自分を高めなければいけないという向上心に目覚めたから」である。彼は中学の頃からずっと落ちこぼれの生徒だったという。勉強も自分からすすんでやったためしがないし、机に向かっていてもいつも身が入らなかった。大学に進学したのもまわりの人間が行ったから行っただけで、英文学を専攻したのもたまたまその学科に受かったというだけのことだった。だがそれは彼に限った話ではないだろう。大して考えもなしに大学に入りなんとなくモラトリアムの四年間を過ごす学生の方がはるかに多い。それでも大半の学生は、大学生活なんてしょせんこんなもんだろうと思いながら、だからどうするというわけでもなく、日が昇りまた日が沈むようなその単調な毎日の繰り返しの中に身をまかせていられるのである。だがAは物事を突き詰めて考えないと気がすまない質《たち》なのだ。卒業間近になって突然神の啓示でも受けたかのように、このままじゃ駄目だ、自分を鍛え直さなければと、惰性で流されてきたいままでの生き方を省みて再出発を心に誓うのである。

そんなときAはジョン・ウェインが主演したヴェトナム戦争映画『グリーン・ベレー』のビデオを見る。ヴェトナムのジャングルで暑熱とマラリアとブッシュの奥にひそむ目に見えぬ敵への恐怖に耐えながら、ただひたすら任務のために身を挺《てい》して戦う特殊部隊の隊員たちの姿に、彼はこういう人間がいるんだという新鮮な驚きを覚えた。もし彼が見たのが、同じヴェトナムものでも戦争のプロたちの戦争ではなく、兵士たちの戦争を描いた『プラトーン』だったら、どうだったろう。敵襲に浮き足立ち戦友の死に混乱する小隊《プラトーン》の姿を通じて、彼はアメリカの都会や片田舎から徴兵でむりやり戦地に連れてこられた若い兵士たちの苦悩や狂気をみつめたかもしれない。だが『プラトーン』はまだ公開されていなかった。そしてAは、はためく星条旗とジョン・ウエインの勇姿だけがやたらと目立つ『グリーン・ベレー』を見たのだ。彼は街中の本屋を歩きまわっては店先でグリーンベレーに関する書物を読みあさり、彼らが単に強靭《きょうじん》な肉体の持ち主というだけでなく、頭脳明晰《めいせき》で語学に優れ、苛酷《かこく》な訓練を通じてどんな極限状況でも生き残れるように精神を鍛え抜かれた文字通り軍人の中の軍人であることを知った。自分が求めていたものに出会ったような気がした。彼らのように自分も「向上」できたらいいのに……。Aの場合はどういうわけかいつだって「向上」が殺し文句なのだ。

グリーンベレーに憧《あこが》れる彼が自衛隊を就職先に選択したのには少年の頃の記憶に灼《や》きついていた父親の姿も大きく影響していた。彼の父は運輸省航空局の職員として空港の仕事をしていて、Aが小学生のときは成田空港に勤務していた。ちょうど開港を控えて空港反対を叫ぶ過激派の妨害事件が連日のように起きていた時期である。昔気質《かたぎ》の父は仕事の内容については家でほとんど口にしなかったけれど、毎朝出勤するときの固い表情と、帰宅したときの張りつめていた緊張が緩《ゆる》んだような疲れきった様子とをそばで見ているだけで、いつ過激派の襲撃にあって鉄パイプが頭上に振り下ろされるかもしれない危険の中、父が体を張って仕事に打ちこんでいることが、そのことの重さのようなものが、小学生の彼にも伝わってきた。そして就職の選択を迫られたとき、そんな父の姿が脳裏によみがえったのである。自分もまた父のように「命がけで何か公共のために」働きたい。グリーンベレーのように「自分を鍛えあげ向上できる」仕事についてみたい。その二つがかなえられる職業として彼はためらうことなく自衛隊を選びとる。

彼の選択に大学の友だちは驚きを隠さなかった。A三尉だけでなく、彼とレンジャー訓練をともにしている一般大出身の青年将校たちも、自衛隊に進むことを大学の仲間に打ち明けたときは一様に意外な顔をされている。それは決して好意的な受けとめ方ではなかった。眉《まゆ》をひそめるとか、信じられないというように首を振ってみせる。関西の私立大学で法律を学んでいたC三尉の場合は、ゼミの女子学生に「自衛官になるんやて？」と呼びとめられ、冗談まじりで「戦争はせんといてや」と言われている。その隊員は、自衛隊が戦争をするわけじゃない、戦争をするかどうかは内閣総理大臣が決めることだと内心では思っていたが、そんなことはおくびにも出さず、愛想笑いを浮かべながら「うん、戦争はしないよ」と調子をあわせていた。どうせ自衛隊への理解なんてせいぜいそんなものなのだろうとあきらめながらも、心にもないことを言って女子学生のご機嫌をとっている自分が情けなかった。だが無理解がゼミで顔をあわせる程度の同級生でとどまっていたら、彼もさほど応《こた》えなかったろう。Cの場合は、大学に入ったときからつきあっていた彼女が彼の自衛隊入りに反対していたのである。彼女は自衛隊のことを人殺し集団だと言って聞かなかった。Cは俺の気持ちを何とか汲《く》みとってほしいと説得を重ねたが、彼女の自衛隊嫌いはどんな理屈も歯が立たないほど根深いものだった。不潔なものでも見るようにしか自衛官を見られない彼女との隔たりは広がるばかりで、結局説得するつもりがそのまま別れ話になってしまった。

その点、Aの周囲には彼の自衛隊入りを引き留める人はいなかった。ただ、まる二年英文学のゼミで世話になった指導教授が、ゼミに所属していた他の学生と同じくAもまた教師になるものとばかり思っていたらしく、自衛隊への入隊を伝えると、ひと言「惜しいなあ」と感想を洩《も》らした。

大学の卒業式が終り同級生が真新しい背広に身をつつんでそれぞれの新しい職場で社会人としてのスタートを切った頃、Aは仙台から十キロほど北に行った多賀城にある第一教育連隊のグラウンドで戦闘服に身を固め、十八、十九といった年下の新隊員にまじって「気をつけ」「前へ進め」の号令に黙々と従いながら整列や行進の練習を繰り返していた。「自分を鍛えるため」と意気ごんで入隊したものの、いままで暮らしてきた世界とのあまりの違いに彼は正直面喰らっていた。Aがまず驚いたのは「世の中には実にいろいろな人間がいる」ということだった。

二等陸士として入隊した新兵は駐屯地内の隊舎で朝六時半の起床から夜十時の消灯まで一日のスケジュールがきっちり時間で刻まれた合宿生活を送らなければならない。Aの当面の生活の巣となったのは、二段ベッドが六つに個人用ロッカーがあるだけの殺風景な部屋だった。ロッカーの上には身のまわりの品物を入れておく収納ケースがのせてあり、入隊した日にすぐ指導曹と呼ばれる教育係の下士官から備えつけの荷札に実家の住所と親の名前を書きこむように言われた。部隊に防衛出動の命令が下ったら直ちに私物を郷里に送りかえすための準備だった。彼は、ここが自衛隊であることをはじめて実感した。

同じ部屋で寝起きをともにする十一人の新隊員は全員、Aより三つや四つ年下だった。だがどう見ても彼より年かさのような若者もいた。面構《つらがま》えがしっかりしているというか、肝《きも》が据わっているというか、ともかく落ち着いているのである。親元で何不自由なく暮らしてきた彼と違ってどうやら苦労を重ねてきたらしく、言葉の一つ一つにどことなく経験による裏づけがあるような重みを感じさせていた。頭も切れるし人を引っ張っていく力もある。訓練で後れをとるような仲間にも気配りをする。学歴とか成績とか関係なく、こいつはすごい奴《やつ》だと思わせる人物に出会ったのはAにとってはじめての経験だった。もちろん逆の意味で高校や大学では決して目にすることのなかったタイプもいた。思考や行動に変わったところはないのである。ただ、喋《しゃべ》り方にな特徴がある。呂律《ろれつ》がまわらないというか、口の周囲の筋肉がこわばってしまったようなに動かない。本人の話では高校時代シンナーをやりすぎた後遺症で言葉をうまく発音できないのである。高校を中退して仕事についていたのだけれど結局ものにならなくて自衛隊に入隊したという。そうかと思えば指導曹に何度注意されても身のまわりのことさえまともにできない隊員もいた。だがAは、周囲にどんな人間がいても自分は彼らと同等なんだ、すべて一からやり直さなければいけないんだと自分自身に言い聞かせていた。

多賀城で三カ月間の基礎教育を受けたあと、彼は自衛隊のマリーンとも呼ばれ精鋭ぞろいで知られる習志野《ならしの》の第一空挺団《くうていだん》でいよいよ本格的な自衛官生活をスタートさせた。訓練は厳しく、課業が終り夕食と入浴をすませると、ベッドの上で横になるだけという毎日がつづいた。それでも同じ部屋の隊員たちと馬鹿《ばか》話でもいいから冗談を言い合ったりしていればまだうさ晴らしになるのだろうが、やはり年が離れていることと大卒の学歴が邪魔しているのか、どうしてもうちとけた雰囲気にならないのである。階級は同じなのに敬語を使ってきたり、どこか一線を引いているようなのだ。Aが話の輪に加わろうとするとそれまで盛りあがっていた会話が潮が引くように静かになってしまう。彼は自分ひとりが取り残されているような寂しさを味わっていた。しかも覚悟していたとは言え、下っ端の兵士として雑用も多かった。伝令という当番がまわってくると、消灯を過ぎても上官の靴を磨いたり制服にアイロンをかけなければならない。そんな生活に耐えられなくなったAは幹部候補生試験を受験することを決意する。だが訓練とさまざまな当番に追われながら受験勉強をつづけるのは並み大抵のことではなかった。試験の結果は二回連続して惨憺《さんたん》たるものだった。一曹や二曹といった下士官から将校に昇進するための幹部登用試験と違い、彼が受験した大卒者を対象にした幹部候補生試験は配点の半分以上を一般常識問題が占めている。ところが自己採点してみると、その一般常識で合格ラインをはるかに下回る点しかとっていないのがわかった。Aは、他の隊員たちが寝静まってから隊舎の中にある自習室で毎晩一時過ぎまで実家から取り寄せた高校時代の数学や物理の教科書をもう一度開いて机に向かった。将校への切符を手にすることに彼をそこまでかりたてたのは、皮肉にも、このままじゃ駄目だと自らを鍛え直すつもりで入った自衛隊での兵士としての毎日に、あらためてこのままじゃ駄目だと思ったからであった。Aは再び「向上心」に目覚めたのである。

「ここで負けたらいけん、負けたら一生こんな生活をせにゃならんと自分に言い聞かせたんです。必死でした」

眠い目をこすりながら勉強をつづけていると、酔っ払って隊舎に帰ってきた先輩がからみにくる。だがAは、もうこの頃にはそうした嫌がらせを適当にあしらう術《すべ》を身につけるようになっていた。兵隊暮らしの中で彼は確実に打たれ強くなっていた。

将校になりたての若い幹部自衛官が現場の部隊に配属されて真っ先にとまどうのは、自分より十も二十も歳上《としうえ》でしかも仕事もできる下士官に対してどんな言葉遣いをしたらよいかという点である。そのとまどいは、防大や一般大を卒業してすぐに将校になろうが、中卒や高卒の隊員と一緒に自衛隊に入り二等兵として下積み生活の苦労を経験していようが、それほど大した変わりはない。

レンジャー訓練に参加している十二人の青年将校の場合、それぞれの所属部隊に帰ると、全員が小隊長として少人数ながら十数人から二十人あまりの部下を抱えている。

ただ部下の半数以上は年長者だし、将校と言っても名ばかりで場数をほとんど踏んでいない小隊長にとっては、逆に仕事の面でさまざまに教えを請わなければならない先輩にあたる。それこそ塹壕《ざんごう》の掘り方から銃火器の取り扱いのコツ、訓練の手順や不測の事態が起きたときの対処の仕方まで、下士官は豊富な現場経験に支えられたノウハウを持っている。このうち小隊長の女房役をつとめる小隊陸曹《りくそう》と呼ばれる下士官は、若い兵士たちにもっともたよりにされ、ひと癖《くせ》もふた癖もあるようなベテラン下士官からも一目おかれている存在だ。三十代や四十代の男性ならたぶんなじみのテレビドラマ「コンバット」で言えば、さしずめビック・モロー扮《ふん》するサンダース軍曹の役どころだろう。戦場では敵を匂《にお》いで嗅《か》ぎつけるタイプである。

新米の小隊長が部下をきちんと掌握できるかどうかは、この小隊陸曹との関係をうまく保てるかどうかにかかっている。幹部候補生学校で知識は頭に叩《たた》きこんであっても現場のことは右も左もわからない。勢い小隊陸曹に助言を仰がなければならなくなる。もちろんそのへんはベテランの下士官だけあって心得たもので、頃合いをみはからって「ここはこうやったらどうでしょうか」とさりげなく耳打ちしてくれる。ただ小隊長と小隊陸曹の意見が嚙《か》みあわないで調整に手まどったりしていると、事態はこじれてしまう。もたもたしている小隊長にしびれを切らした下士官たちが、命令を待たずに勝手に動きだしたりするのだ。レンジャー訓練の取材で出会った青年将校の一人も部隊でそんな目にあっている。小隊長の存在を無視するくらいだから嫌味を言うときも下士官たちは面と向かっては言わない。かわりに小隊長に背を向けてわざと聞こえるような声で言うのである。

「小隊長なんかいなくたって、部隊は動くんだよな」

そうした類《たぐ》いの話を、なりたての小隊長はたいてい部隊に配属される前に先輩などから聞かされているだけに、小隊陸曹を筆頭にした下士官とどう接したらよいのか、どう間合いをとればよいのか、あれこれと思い煩《わずら》うのである。レンジャー訓練に参加している防大出のある青年将校の場合も、ご多分にもれず自分の下で小隊陸曹をつとめる一曹とはじめて顔をあわせたときどんな風に口をきいたらよいものか困ってしまったという。何しろ相手は父親くらいの年齢なのである。防大時代はことのほか礼儀作法にやかましい少林寺拳法《けんぽう》部で四年間長幼の序を叩きこまれてきただけに年長者に向かって命令するというのは抵抗があった。しかしどんなに歳上であろうと部下であることに変わりはない。その点は相手の一曹にしても息子くらいの年齢の若僧《わかぞう》からあれしろこれしろと言われても仕事だからと割り切っているはずだ。やはりここは命令口調にしようと上官を気どって話しはじめた。ところが無数の皺《しわ》を刻みこんだ赤銅色《あかがねいろ》の顔と向き合い、いかにも古手の下士官らしいしぶとそうな光を静かにたたえた目にみつめられながら話しているうちに、自然と口調がていねいになっていくのが自分でもわかった。しばらくの間「……ですか」とか「……でしょうね」といった敬語を使いながら話をつづけてみたが、どうにもしっくりこない。その点は相手も同じようで、受け答えはぎこちなく会話はなめらかには進まなかった。仕方なく青年将校は仕事の場では命令口調で通すことにした。小隊陸曹に命令を言い渡すさいには「……せよ」と言い、他の隊員がいる前でベテランの下士官に接するときは努めて上下のけじめをつけた言葉遣いにしようと心がけた。

ところがいざ命令口調で喋ろうとするとやはりうまくいかないのだ。つっかえたり口ごもったりしてしまう。無理をしているなという感じが自分でもわかるだけによけいぎこちなくなってしまう。ほんとうはためらう気持ちを振り切って構わず命令口調で押し通していくべきなのだろうが、小隊陸曹やベテランの下士官と面と向かうと、彼ら叩き上げの人たちが持っている一種独特の存在感に気圧《けお》されるのである。

言葉遣いを気にするあまり仕事の場でも部下に声をかけにくいという状態がつづく中で、彼はふと会話の語尾に「ね」をつけることを思いつく。「こうだろう」とか「こうでしょうか」と言うところを、仲間うちで喋っているように「こうだよね」と軽いのりで言ってみたらどうだろうか。命令口調のきつさも和らぐし、部下に対してていねい言葉を使っているちぐはぐさもなくなる。相手を歳上とか部下とか思わずに防大の仲間のつもりで接すれば、かえってうちとけた雰囲気になるような気がしたのだ。駄目でもともとと実行してみると意外にこれがうまく行った。「ね」をつけることで下士官とも気軽に話ができるようになったし、相手もそれまでのどこか他人行儀な構えがとれて軽口を叩くようにさえなった。そしてそんな工夫を意識してつづけているうちに、いつのまにか「ね」を省いて自分がごく自然に命令口調で喋っていることに気づいたのである。

その彼とレンジャー訓練でバディを組んでいる村田三尉《い》は、大学を出るといったん丁稚《でっち》奉公のつもりで二年間の兵隊暮らしを経験しているが、それでも青年将校として部隊に配属されたとき下士官の人たちとどう口をきいたらよいものか言葉遣いをめぐって苦労させられた点は変わらない。ただ彼の場合は、歳が大きく離れている小隊陸曹やベテランの下士官に対してより、むしろ自分と同年配かせいぜい上でも兄にあたるくらいの二曹、三曹クラスの若手下士官を相手にしたもの言いに神経を使ったという。駐屯地内の隊舎で生活している平《ひら》の隊員たちは寝起きする部屋ごとに班としてグループ分けされているが、二曹や三曹と言えばこの班の班長をつとめ現場で直接一兵卒を束ねる立場にある。村田三尉からすれば、部隊や顔ぶれこそ違ってもついこの間まで仕事の上だけでなく服装の乱れやシーツのたたみ方など生活上の事柄についてこまごまとした注意を受けていた人たちに向かって逆に命令することになるのだ。相手とは初対面なのに、村田三尉はやりづらくて仕方なかった。

若手の人材不足に悩む自衛隊ではどこの部隊を訪ねても平の隊員が目立って少ない。北海道のごく平均的な普通科連隊、いわゆる歩兵部隊を例にとってみると、下士官の充足率が一一〇パーセント、中でも三曹は定員の一・七倍も頭数があるのに対して、入隊二年未満の一士、二士といった一兵卒の充足率はわずか一七パーセントで、これに一士を一年間つとめた隊員が自動的につくポストの士長を加えても、いわゆる平隊員とされている士クラス全体の人数は定員の半分にも満たない。自衛隊の階級別の人員構成はピラミッド型ではなく、真ん中あたりが異様なふくらみをみせて下におりればおりるほど極端に細くなっていく壺《つぼ》のような形をしている。下士官がやけに目立つのも、見方を変えれば人員確保に躍起になる自衛隊の窮余の一策と言えなくもなかった。つまり若い平隊員のことを、民間への色気が出てくる前に下士官にかさ上げして正社員としてとりこみ、自衛隊に何とか引き留めておこうという算段である。じっさい一線の部隊を歩いていると、古参の下士官からは「昔なら曹と言えば一人前の兵隊がなったもんだが、いまは半人前の隊員を簡単に昇進させてしまう」と下士官の質の低下を嘆く声が少なからず聞かれる。

そして平隊員より下士官の数の方が多いという逆転現象が起こった結果、ほんらい兵隊のやるべき仕事に二曹、三曹クラスの若手下士官が狩り出されることも珍しくなくなった。敵から身を隠しながらなおかつ機関銃や小銃を撃てるように掘った穴のことを自衛隊では掩体《えんたい》と呼んでいるが、村田三尉の部隊でこの掩体掘りをするのはもっぱら若手下士官の仕事である。陸士もいるのだが数が少ないので、二曹や三曹が中心になって穴掘りにかからなければならないのだ。

素人《しろうと》からすると穴掘りなどどこをどう掘っても大して変わりないように思えるが、これがそうではない。その場の地形を頭に入れながらできるだけ敵から見えにくい場所を選び、短時間のうちに穴を掘らなければならない。穴の深さにも一応の目安がある。自衛隊に入って十年以上のキャリアを持つ二曹、三曹クラスの下士官ならまかせておいても教本通りの穴を掘ってみせるが、そうした掩体掘りの訓練のときたまたま小隊長の村田三尉が考えていた穴より心持ち浅いものがあった。その穴を掘った若手の三曹に向かって彼はもう少し深めに掘るように指示を出そうとした。だが言葉が出てこない。「……三曹、掘れ」とストレートに言ってしまえばいいのだが、どうしても引っかかる。ここ掘れワンワンみたいで、いくら相手が上官でも同年配の奴から、掘れなどと言われたらカチンとくるだろう。何かうまい言い方はないだろうかと思案にくれていると、教本の中でよく見かける「実施」という用語が頭に思い浮かんだ。実施なら無味乾燥な用語なだけに、掘れ、といったどこか尖《とが》った響きをもつ言葉と違って、感情のつけいる隙《すき》がない。こいつはいけるぞ、と思った村田三尉は、穴を指さしながら「……三曹、実施」と口に出してみた。意思は通じて三曹は再び黙々と穴を掘りはじめた。それ以降彼は命令口調ではどうしても言いづらい場面に行きあたると、この実施というどんな動作にもあてはまる重宝な用語でその場をしのぐことにしている。

言葉遣いに限らず新米の小隊長は何かと苦労が多い。仕事が半人前以下であることは下士官や隊員たちもある程度仕方ないことと大目に見ていてくれるが、経験不足からくる不手際《ふてぎわ》や段取りの悪さがトラブルとなって直接隊員の身にふりかかってくると、新米だからという部下たちの遠慮はなくなり一気に不満が噴き出してくる。たとえば風呂《ふろ》であり食事である。

訓練で汗をかいたり土まみれになれば誰だってひと風呂浴びてさっぱりしたくなる。ところが他の職場に比べてはるかに汗をかく仕事の多い自衛隊なのに駐屯地内の風呂を利用できるのは一日のうちわずか二時間半である。いつ行ってもお湯が出るというわけではないのだ。入浴のタイムリミットは夜七時半、それ以降は当番兵が風呂の栓を抜いてしまい、シャワーさえ使えない。もちろん訓練や演習のためやむをえず時間を延長して風呂を使いたいときには前もって部隊に連絡しておけばよいのだが、問題は駐屯地に戻る時間が予定より遅れて七時半を過ぎてしまったときである。ある程度場数を踏んだ小隊長であれば帰還が遅れそうとわかった段階で機転を利《き》かせて駐屯地に連絡をとり風呂の栓を抜かずにおいてもらう。しかし新米の小隊長はとてもそこまで気がまわらない。結局、駐屯地に戻り汗まみれの隊員たちがひと風呂浴びようと浴場に行って大騒ぎとなるのである。

一方、食事の方もこれまた訓練のさいには隊員にとって唯一《ゆいいつ》の楽しみなだけに、手を抜くとたちまち彼らの反感を買うことになる。レンジャー訓練ではレトルト食品による食事があたり前だが、若い隊員を抱える現場の部隊ではなかなかそういうわけにはいかない。自衛隊の駐屯地で口にする食事は若い胃袋を満たすだけあってたしかにボリュームの点では申し分ないし、そこいらのファミリーレストランとは比べものにならないほど栄養のバランスもとれている。ただ味となるとお世辞にもおいしいとは言えない。それでも時々バイキング形式の昼食を出したり金曜は人気メニューのカレーライスにしたりと美食に馴《な》れた若い隊員の気を引くようなそれなりの工夫がなされている。訓練での食事も一週間くらい前までに申し込んでおけば温食《おんしょく》と言って缶入りの温かいご飯を口にすることができる。ところが新米の小隊長がうっかりして温食の手配が間に合わずレトルトの食事になったりすると隊員たちは不満をあらわにする。その点、C三尉の部下たちは露骨だった。少し離れた場所でぶつぶつ文句を言うとか、小隊長のいないところで悪口を口にするといった遠回しなやり方はとらなかった。彼らはC三尉本人の見ている目の前で怒りだしたのだ。

「何でレトルトなんだ」「こんなまずい飯、食えるかよ」

C三尉は、自分の存在などまるで目に入らないかのように怒りをぶつける部下たちの姿に、自分が完璧《かんぺき》に彼らになめられていることを見せつけられたような気がした。少なくとも叩き上げで将校になった百戦練磨の小隊長が相手なら彼らもあそこまでストレートに不満を表に出すことはしないだろう。しかしC三尉は、部下たちのことを苦々しく思っても、技量や経験やあらゆる点で自分が下の者からなめられても仕方ないことを十分すぎるくらい承知していた。それだけになおさら自分自身が歯がゆくてならなかった。

そんなとき、彼は部隊の中でレンジャーバッジを胸にしている隊員が他の隊員とは違う独特の位置を占めていることに気づくようになる。目に見える形としてはあらわれないのだけれど、階級や年齢を越えてダイヤモンドをあしらったレンジャーの徽《き》章《しょう》をつけているだけでその隊員を見る周囲の目がどことなく違うようなのである。自衛隊をただの腰かけと割り切って任期が満了になったときの退職金をあてにしているような若い隊員でさえ、レンジャー訓練の苛酷《かこく》さはわかっているらしく、そこをくぐり抜けてきた先輩に対しては一目おいているような気配が感じられるのだ。

自分もレンジャーバッジを手にしたら、ひょっとしたら部下の一人くらいは、あいつも頑張っているんだなと認めてくれるかもしれない。ほう、と言って見直してくれるかもしれない。そう思ったCは、誰にすすめられたわけでもないのに、自分からレンジャー訓練に参加させてほしいと上官に願い出た。

レンジャー訓練に参加している青年将校の中でも防大や一般大を出ていきなり将校になった者と違って、大卒ながら兵隊生活をくぐり抜けてきた隊員は、月並みな言い方だが一兵卒の辛《つら》さが身にしみてわかっている。そうした異色のキャリアをもつ将校はレンジャー教官にもいる。里中一尉は三十五歳、同い歳の将校に比べて昇進は決して早いとは言えない。彼の場合、かなりのまわり道をしているからである。里中一尉は、兵隊暮らしをつづけながら夜学に通って大卒の資格をとり将校への切符を手にしている。

その彼が自衛隊に入ったきっかけは、三島由紀夫が自決した場所でもある東京市ケ谷《いちや》の駐屯地に面した歩道をたまたま歩いていて、正門の門扉《もんぴ》の脇《わき》に立つ衛兵の姿が目にとまったからだった。衛兵は磨きあげられた小銃を手に正面の一点をぴたと見据えたまま微動だにしない。衛兵のかぶっているヘルメットと手袋の白さがひどく鮮やかに見えた。おれが求めているのはこれかな、と閃《ひらめ》くものがあった彼は、その足で衛兵の傍らを通って駐屯地の中に入りすぐ横にある受付に声をかけた。「自衛隊に入りたいんですけど、どうしたらいいでしょう」

彼のそのときの身分はいちおう大学をめざす予備校生ということになっていたが、浪人生活も三年目に入って受験勉強にはほとんど身が入らなくなっていた。予備校の授業にもろくに顔を出さず、パチンコ屋で景品稼ぎをしたり、親に内緒で池袋のキャバレーの呼びこみをしたりして毎日を過ごしていた。しかし彼自身は、そんな気ままだけれど、どこかやるせない生活に格別いらだちもうしろめたい思いも感じていなかった。それどころか呼びこみのバイトをつづけているうちに自分でも不思議なくらい客の気を引くような言葉が口から出まかせでぽんぽん飛び出してくるようになり、案外この世界の水が合っているのかもしれないと思うことさえあったほどである。

里中一尉は、長嶋茂雄がプロ野球に華やかなデビューを飾り東京タワーが完成した、つまり高度成長を絵に描いたような昭和三十三年に、東京の大手商社に勤めるエリートサラリーマンの家に生まれている。住まいは東急沿線の瀟洒《しょうしゃ》な家々がたちならぶ閑静な住宅街の一角にあった。文字通り山の手の空気をたっぷり吸って育ったシティボーイである。高校は進学校の都立田園調布高に進んだ。クラスに就職する者はいない。そうした環境の中で彼も、大学になぜ行くのか、大学で何をしたいのかといったことについてはとりたてて考えることもしないで、ただ敷かれたレールの上を走るようにして大学を受験し、失敗し浪人生活に入っていった。キャバレーの呼びこみをつづけながら冗談半分のように水商売への転身を考えることがあっても、大学に行かないとはっきり思い定めたわけではなかった。要するにまるで他人事のように自分からは何ひとつ決めようとしなかったのである。

だから彼が自衛隊に入りたいと言いだしたとき周囲は耳を疑った。両親は反対する以前に、団体生活がつとまるわけがないと本気にしなかった。高校時代の友人たちは妙に同情するようにして心配してくれた。

「おまえが投げやりな気持ちになるのもわからないわけじゃないけどさ、だからって自衛隊ってことはないんじゃない」

だが彼にしてみれば別に投げやりや捨てばちな思いで自衛隊に入ろうとしたのではない。自衛隊に行けばいまとはまるで違う新しい自分を見つけられる、新境地がひらけるのではないかと思えたからだ。でも彼ははじめから周囲に自分の思いをわかってもらうことをあきらめていた。こうした気持ちはいくら言葉をならべてみたところで相手にうまく伝わらない。結局人間は自分のものさしでしか相手を見ることはできないのだ。そしてものさしからはずれると、変わり者という便利な言葉で片づけられてしまう。

だが彼の自衛隊入りをもっとも驚いたのは他ならぬ自衛隊だったようだ。里中一尉が留守なときをみはからって自衛隊の募集係が自宅に母親をたずねて「お宅の息子さんをほんとうに自衛隊に入れてもいいんですね」とくどいほど何度もたしかめている。卒業を控えた高校三年生や未成年の若者の親に承諾をもらうというのならまだ話はわかるが、彼は親元にいるとは言えすでに二十一を数えている。選挙権を持つ、法律上は立派な大人である。おそらくその募集係は、東京山の手の一流商社マンの家に育ち進学校を出た若者が、なぜ自衛隊に入って二等兵としての兵隊生活をはじめたがっているのか、腑《ふ》に落ちなかったのだろう。あるいは一時の気まぐれで自衛隊への入隊を口にしているのではないかと不安になったのかもしれない。地方と違って都内で自衛官を志望する若者は滅多にいない。まして自衛隊の底辺を支える兵士たちの中に山の手育ちのシティボーイはまず見かけない。募集係が彼の母親に繰り返し「ほんとうに自衛隊に入れてもいいんですね」と念押ししたというのも無理ない話だった。

昭和五十四年、里中一尉は二等陸士として陸上自衛隊に入隊し練馬《ねりま》の歩兵部隊に配属された。現在の自衛隊は大企業なみに完全週休二日制が敷かれている。隊舎に寝起きしている隊員も土日は外泊を含めて自由に外出が許されている。もっともこれはあくまで建前で、入隊して一年くらいまでは隊舎内の清掃やワックスがけを言いつけられ、休めるのは日曜だけというのがじっさいのところだ。それでもまる一日休めるだけでもましである。彼が自衛隊に入った当時は休日だろうが隊員のうち三分の一は警戒要員として隊舎の中に居残りを命じられていた。ひと部屋十二人としたら四人は必ず在室していなければならない。当然階級の下の者や入隊して日も浅い兵士が居残ることになる。ところが隊舎に残っていればいたでまた面倒がある。酔った先輩が帰ってくると寝ている一兵卒の隊員たちを手あたりしだいに起こしてはからむのである。そうした酒ぐせの悪い隊員の中に三曹や二曹といった下士官はさすがにいなかった。札つきの彼らのほとんどは下士官にもならず自衛隊に居座りを決めこんでいる古参兵だった。下士官にならないのはそれなりのメリットがあるからだ。

「二等兵」として自衛隊に入ってくる隊員は任期制隊員と呼ばれ、二年ごとに自衛隊と「雇用契約」を結んでいる言わば「契約社員」である。彼らの恩典は約十六万円の月給や年間七十万のボーナスとは別に、任期が満了になるたびに「特例の退職手当」がもらえる点である。退職金というのは天下りの役人でもない限りふつう生涯一度きりだろう。ところが自衛隊の兵士の場合は任期を重ねるごとに新たに退職金が転がりこむ。入隊して最初の二年間を我慢して勤めあげるとまず五十五万円が入ってくる。

ちなみに十七年前、僕が二年三カ月勤めた新聞社をやめたときもらった退職金は五万円に満たなかった。当時といまでは貨幣価値も違うし、給与の額面も変わっているだろうが、それにしてもたった二年勤めただけで五十万もの退職金を支払うような気前のいい民間企業はどこを探してもないはずだ。しかも自衛隊ではさらにもう二年勤めると、二度目の退職金が百二十万円支給される。任期制隊員には原則として定年がないため二年おきの退職金は当人が自衛隊に居座りをつづける限り支払われることになる。ただし退職金の額は二度目の百二十万をピークにして三度目はその四分の三、四度目はさらにそのまた半分に減らされていく。それ以降は勤続年数をいくら重ねても退職金の額は変わらない。このため自衛隊に居座りを決めこむ古参兵の大半は退職金が下げどまる四任期八年目で去っていく。それでも手もとには四回分の退職金がしめて三百万近く残る。民間企業を中途退職したときのことを考えればこれほどおいしい話はない。しかしこれらの退職金は下士官の選抜試験にパスして三曹に昇進し自衛隊の「正社員」になってしまうともらえなくなる。加えていままで支給された額の四分の一は国に返還しなければならない。だから隊員の中には、そろそろ三曹になったらどうだという上官の誘いにも耳を貸さず、この二年ごとの退職金をあてに目一杯、平の兵士でいつづける者が出てくるのだ。いくら利にさといいまどきの若者を獲得するのがむずかしいとは言え、退職金を何度も上乗せするという民間の常識とあまりにもかけ離れた、見えすいた人気とりをしてまで兵隊の頭数を増やす必要があるのか、納税者には大いに異論があるところだろう。

そうした退職金目当てに長々と兵隊暮らしをつづける古参兵から里中一尉《い》は生意気な奴《やつ》と睨《にら》まれていた。酔っぱらってからんでくる先輩など相手にしなければいいものを、彼はどうしても我慢できずつい口答えしてしまうのだ。

「酔った勢いで言われても全然効果ありませんよ。言いたいことがあるのならしらふのときに言ってください」

それをいかにも東京の山の手育ちらしい冷静なもの言いでやるから、相手はますます頭に血がのぼる。「おれは酔ってるから言ってるんじゃないんだぞ」とさらにからむ先輩に、彼はとどめの一撃を加えるのである。

「あなた方のことなんか、私は眼中にないんですよ。あなた方のようにいつまでも兵隊をつづけるつもりはありませんから。私は三曹をめざしているんです」

そこまで憎まれ口を叩《たた》けばただですむわけがない。暴力を振るわれることこそなかったが、外出している先輩の靴磨きを命じられたりこまごまとした用を言いつけられたりと先輩からの嫌がらせは日常茶飯事だった。そんな毎日をつづけるうちに彼は古参兵相手の不毛な隊舎生活から抜け出すことを真剣に考えはじめた。そして今度こそほんとうに大学に行こうと決意する。何ひとつとして束縛を受けることのない浪人生活を送っていた間は、大学に行くことに目的らしいものを見いだせず、だから大学に行きたいという意欲もさほど湧《わ》いてこなかった。ところが気ままな暮らしから一転、制約だらけの兵隊生活を過ごす中で身動きがとれなくなったときはじめて大学に行く目的が切実なものとして感じられるようになったのだ。勉強がしたかったわけではない。自衛隊に身をおきながら一時的にせよ先輩たちとのわずらわしいやりとりから逃《のが》れられる場は大学しかなかったのである。

入隊して二年目の春、里中一尉は国士舘《こくしかん》大学の二部に通いはじめる。だが彼が夕方から大学の授業に出ている間、誰かが彼の代りに隊舎に居残っていなければならない。そのとばっちりを食うのはたいてい一年上の先輩だった。大学に通いたいと言いだした後輩の身勝手のために、飲みに行くこともできないし彼女を誘って映画を見にいくわけにもいかない。当然おもしろいはずがない。ますます隊舎の中で彼は居づらくなった。だがそうした肩身の狭い思いを引き換えにしても「おつりがくるくらい外に出ている方がよかった」と当時を振り返って里中一尉は言う。部隊では夕食は午後五時からの四十分間、入浴は同じく五時から七時半までと決められている。大学の授業に間に合わせるためには夕食か入浴のどちらかを犠牲にしなければならない。このため訓練でよほど土まみれになったとき以外は風呂に入らないことにした。汗臭い体で電車に乗り学校に行くのは気が引けたが、空腹を我慢しながら授業に出ることを考えれば仕方なかった。予備校の授業をさぼってはパチンコ屋通いやキャバレーの呼びこみをしていた頃のことが信じられないほど彼は四年間律義《りちぎ》に夜学に通いつづけ、卒業見込のまま幹部候補生試験を受けた。将校になりたいという気持ちはそれほど強くはなかった。ただ幹部の試験をいずれ受けることが夜学に通わせてくれる条件だったのだ。上官もそのことをしっかり覚えていて卒業が近づいてきたとき、「お前、幹候の試験受けると言っていただろう」と四年前の条件を持ちだされたのである。試験には合格し里中一尉はまる五年の兵隊生活にピリオドを打った。

　市ヶ谷の駐屯地の前を通って衛兵の姿が目にとまっていなければあのまま水商売の道に入っていたかもしれないし、隊舎で古参兵の嫌がらせにあっていなければ将校になっていなかったかもしれない。節目節目での自分の選択は目的意識をきちんと持って選びとったものではなく、むしろ単なる思いつきやその場逃れのようなものだったけれど、期せずして歩んできたそうしたまわり道が結果的にはいまの自分にとってプラスになっているように里中一尉には思えていた。

　大卒ながら自分を鍛え直すために一兵卒から自衛隊生活をはじめたA三尉は部隊の宴会で入隊して間もない若い隊員たちからよく親しげに話しかけられるという。

「小隊長は他の幹部とは違いますね。やっぱりわたしら陸士の気持ちもわかってくれてますよ」

　そんな言葉を聞くと、下積みの兵隊暮らしを味わったことが決して無駄ではなかったような気がして、つい表情もゆるみがちになってしまう。そしてこのへんが、いつも自分を高めることを心がけているいかにもAらしいところなのだが、部下たちの「そういう気持ちに報いるようにしなければなと思う」のだという。たしかに防大や一般大から将校に直行した幹部と違って、二等兵として隊舎での窮屈な暮らしを経験したり先輩のいびりにも耐えてきたといったことは、同じような思いを味わっている若い隊員に何かしら共鳴するものを感じさせるのだろう。

だがキャリアを積んでいる下士官たちの将校を見る目にはもっと厳しいものがある。リーダーとして信頼に足る男かどうか、彼らは経験に裏打ちされた冷静な目でみつめている。たかだか五年程度の兵隊経験など彼らの前では何の箔《はく》にもならないのだ。

勲　章

自衛官の誰がレンジャーで、誰がそうでないかは、一目で見分けがつく。レンジャーの資格を持っている隊員は必ず制服やオリーブグリーンの作業着の胸もとにダイヤモンドをあしらったレンジャーの徽章《きしょう》を縫いつけているからだ。この徽章をつけている若い隊員に「おっ、レンジャーですね」と声をかけると、例外なくよくぞ気がついてくれたというように相好《そうごう》を崩して、明らかにそれまでとは違った親しみをこめた態度で接してくる。そうした彼らの晴れやかな表情を見ていると、出世や昇給の手助けに何ひとつならない、だから部外者の目には単なるアクセサリーとしか映らないこのバッジのことを、彼らがどれほど誇りに思っているかがよくわかる。そしてレンジャーバッジを持っている隊員たちの間に、苛酷《かこく》な訓練をくぐり抜け自分との闘いに打ち克《か》った者だけが入会を許されるメンバーズクラブの一員のような一種の選良意識がひそんでいることもまたうかがえる。じっさい部隊によってはレンジャー有資格者だけの飲み会が開かれていて、ここには連隊長クラスから二十代の三曹《そう》まで階級や年齢、所属にかかわりなくレンジャーバッジを胸にした隊員が集まり、その場の雰囲気は隊内で開かれる他の飲み会よりはるかにうちとけたものだという。

傍目《はため》には何のご利益《りやく》もないように見えるこのダイヤのバッジが持っている重みはどうやら国境を越えて軍人の世界に共通なもののようである。いやより正確に言えば、徹底した軍隊であればあるほどバッジの重みも増してくるようなのだ。防大出の青年将校の一人は部隊に配属されて間もなく参加した日米共同訓練で米軍の指揮官の通訳を仰《おお》せつかりその副官をつとめていた中尉《ちゅうい》と親しくなった。年格好も同じくらいだし、たぶん士官学校を出たエリート軍人なのだろうと思って話していると、その中尉はいくぶん寂しげな表情でこの訓練が自分の軍隊生活最後の訓練になるとつぶやいた。除隊してアメリカ本土に帰り学校の先生になるというのである。わけをたずねると、体が丈夫じゃないので自分はレンジャーバッジをとれない、だから軍隊にはいられないと言葉少なに語った。レンジャーのバッジがそこまで大きな意味を持っていようとはその青年将校にとって思いもよらないことだった。米軍との共同訓練を通して彼はさらに興味深いことに気がついた。米軍の部隊はハワイから派遣されているためか、自衛隊の階級章がなかなかのみこめずにいるらしく兵士たちは日本人の将校とすれ違ってもまず敬礼したためしがなかった。ところがそんな彼らが、レンジャーバッジを胸につけている自衛官にだけは階級などお構いなしにしっかり敬礼するのである。国境を越えてもレンジャーの徽章が兵士の間で敬意を払う共通の対象となっていること、そして星の数よりレンジャーバッジの方が重んじられている気配がありありと感じられる光景だった。その青年将校は、レンジャーバッジを持っていなければ正真正銘の兵士たちから一人前の軍人として扱ってもらえないことを思い知らされたような気がして、レンジャー訓練に志願する決意を固めたという。

しかしレンジャーの一員でありながら大木秀一一尉の場合は、米軍の兵士と顔を合わせてもたぶん敬礼を交わしてもらえないだろう。それどころか彼が自衛官であるということさえ気づかれないはずである。白衣を着ているからだ。大木一尉は自衛官であると同時に、自衛隊に九百人いる防衛医官の一人で、ほんらいは歯科医なのである。ふだんは白衣姿で仕事場にいるそんな彼も、公式の行事などに出席するため制服を着るときには胸もとにレンジャーバッジをつけ、さらにもう一つ、パラシュートをかたどったバッジをつけることにしている。これは基本降下課程修了バッジと呼ばれ、習志野《ならしの》の第一空挺《くうてい》団で約一カ月半にわたってパラシュートによる降下訓練を受けた者に与えられる。レンジャーバッジとこの基本降下バッジの二つを持っている隊員は自衛隊の中でそうありふれた存在ではない。中隊を歩いていても、いかにも膂力《りょりょく》にすぐれていそうな引き締まった体の若手下士官の胸にこの二つの徽章が縫いつけられているのを見かける程度である。それを、肩書こそ将校でも、兵士を率いるわけではなく、毎日駐屯地内の診療所で隊員たちの歯の治療にあたっている歯科医が持っている。レンジャーと基本降下の二つあわせて半年近い訓練に耐え抜いたからと言って、出世や昇給につながるどころか仕事の上で直接役に立つようなことはまず期待できない。部下の中に自分の父親ほどの年長者や筋金入りのベテランを抱えている青年将校と違って、隊員の歯と向きあっていればよい大木一尉には、レンジャーバッジを手にすることによって下士官や兵士への押えがきくようになりたいとか一目おかれるようになりたいといった切実な欲求はないはずであった。ほんとうなら彼は二つのバッジからいちばん遠い場所にいる自衛官だったのである。

九州歯科大学を卒業した大木一尉が歯科医としての活動の舞台を自衛隊に求めたのは、在学中に自衛隊から奨学金をもらっていたこともあったが、直接には民間で歯科医療をつづけることに不安や疑問を抱いたからだった。彼が奨学金をもらっていた自衛隊の衛生貸費学生制度というのは、大学の医学部や歯学部に通う学生に月額四万円の学費を支給するかわりに、晴れて医師になったあとは奨学金を受け取っていた期間の一・五倍を「軍医」として自衛隊の病院や診療所で働いてもらうというものである。ただ大木一尉がもらっていた奨学金は総額で二百万にも満たなかったから、新卒とは言えサラリーマンに比べればはるかに給与水準の高い歯科医にとって決して返せない金額ではなかった。それに自衛隊の奨学金制度を利用したのも学資のことであまり親に負担をかけたくないと思ったからで、将来についてはごくふつうの歯科医として民間病院で医療にたずさわることを漠然と思い描いていた。ところが開業医や病院で研修を重ねるにつれて、歯科医の数が増え過ぎたことから生じる医療現場のさまざまな歪《ひず》みを目のあたりにするようになった。

彼が訪れた病院は個人経営や法人の別なくそのすべてが過当競争に喘《あえ》いでいた。歯医者だからと左団扇《ひだりうちわ》でいられたのは昔の話である。歯科医院が雨後のタケノコのように乱立しているいまは、医師を何人も抱えて患者の待ち時間を少なくしたり最新鋭の設備を揃《そろ》えたりしなければ客はどんどん離れてゆく。しかしそうした設備や人手にかける費用を賄《まかな》うためにはともかく患者の数をこなして実入りを増やすしかない。自然と医療の質は二の次になってしまう。もちろん歯科医がいくら過剰気味だとは言っても民間の病院に勤めればかなりの高収入を得ることはできる。ただ大木一尉としては、質より量が優先される民間の歯科医療の現場に身をおくうちに、いつしか自分自身がそうした治療のやり方に何の疑問も感じずノルマの達成に血道を上げるセールスマンのようにただ患者の数ばかり気にする歯科医になってしまうような恐れを抱いたのだった。そんなとき彼は防衛医官の先輩から自衛隊にこないかと誘いを受ける。民間のようにノルマはないし患者は隊員とその家族だけだから治療にじっくり時間をかけられる。保険の点数稼ぎをするために患者を薬づけにする必要もない。自分で納得のゆく治療ができるよという言葉に彼は魅《ひ》かれた。

八八年春、大木一尉は自衛隊に入隊し御殿場の自衛隊富士病院で歯科医生活の第一歩を踏みだした。歯医者になったのだから当然のこととは言え病院の中に閉じこもって診療に明け暮れる日々がつづいた。もちろん歯の痛みを訴えてやってくる隊員たちとはすぐ顔馴染《かおなじ》みになり治療の傍らに言葉を交わすようになった。そんな彼らから訓練や野営の話を聞くうちに、彼は、自分がいままで過ごしてきた世界とはまるで違う自衛隊という未知の世界に不思議と興味を覚えはじめた。だが自衛隊への興味がつのればつのるほど病院に閉じこもったままのいまの自分がひとり温室でぬくぬくと暮らしているようで、そんな毎日に物足りなさを感じるようになっていった。やはり自衛官になった以上、自衛隊にいなければ味わえないような体験もしてみたい。彼はふと自分を自衛隊に誘ってくれた先輩のことを思い起こした。その先輩は、自衛隊の医者は優秀な臨床医であるだけでなく、第一線の隊員に引けをとらないくらい自衛官としても一級でなければならないと常日頃から口にしていた。しかも彼の先輩の場合はそのことを自らに課していた。歯科医官ではじめてパラシュート降下訓練とレンジャー訓練の二つに参加してバッジをものにしたのである。ただ大木一尉が先輩の後につづくようにして習志野でのパラシュート降下訓練に志願したのは、何も一人前の自衛官になろうとか他の隊員に引けをとりたくないといった大仰な思いからではなく、単に大空を舞うようにパラシュートで降下する姿が「カッコよく」映ったというだけのことだった。消毒薬の匂《にお》いに包まれた病院から抜け出して未知の世界をほんの少しのぞいてみたいと思っていた彼にとってはパラシュート訓練も好奇心をくすぐる類《たぐ》いのものでしかなかったのである。

病院から二カ月の暇をもらい習志野に向かった大木一尉は彼が入校する空挺教育隊の助教と顔あわせの意味もあって酒を酌《く》み交わした。精鋭部隊の空挺団の中からパラシュート教育の指導係をつとめる助教として選ばれるだけあって、三曹のその助教は若手ながら経験に裏づけられた言葉を持っていた。訓練がいったんはじまればその三曹とはろくに口がきけなくなる。教育期間中は階級も職種もすべてはずされ、病院にいれば佐官クラスの幹部からさえ「先生」と呼ばれていた大木一尉も地方の部隊からやってきた二十一、二の兵隊と同じ扱いを受け大部屋暮らしを余儀なくされる。教える者と教わる者との上下関係がやかましい、そうした厳格な雰囲気の中にあって訓練が本格的にスタートする前ではあっても助教の下士官がこれから自分の生徒になろうという将校相手に酒を呑《の》めたというのは、やはり大木一尉のことを、白衣の下に制服ではなく、制服の下に白衣を着こんだ自衛官とみなしていたせいだろう。

その三曹は、空挺部隊での生活が文字通り訓練に次ぐ訓練の毎日であることやパラシュートの醍醐味《だいごみ》についてアドバイスも含めた話を聞かせてくれたあと、ふと思いついたようにつぶやいた。

「僕らは階級章だけの幹部なんて幹部と思っちゃいません」

大木一尉は、自分のことを言われたのかとはっとして傍らの三曹を振りかえった。だがその穏やかな表情からは特別誰かを難じているという様子はうかがえなかった。

三曹は淡々とした口調で言葉をつづけた。

「もちろんここでパラシュート訓練を終えれば空挺のバッジはもらえます。その中には幹部の方もおられます。でも生意気なようですが、僕らにとってはそれだけの幹部じゃ物足りない気がするのです。やはりパラシュートよりもっと苛酷なレンジャー訓練をやり抜いた人でなければ、将校としては尊敬できないのですよ。レンジャーと空挺のバッジを二つとって、はじめてここでは一人前の自衛官とみなされるのです」

陸の兵士たちの憧《あこが》れである空挺部隊のパラシュート訓練にいよいよ自分も挑戦する

のだとやる気をみなぎらせていただけに、大木一尉は三曹の話にいきなり出鼻を挫《くじ》かれたような思いがした。だがそれ以上に、面と向かっておまえは半人前以下だと言われているようで、その言葉の一つ一つが鋭く胸に突き刺さった。ただ冷静になって考えてみると、三曹の言うこともっともなような気がしてきた。上に立つ者にはそれ相応の資質が求められる。下の者をしてこの人のあとならついていこうと思わせるだけの、口先でない、実力の裏づけが必要なのだ。そして歯科医であるとは言っても幹部自衛官の一員である自分もまたそこから逃れられない。ならば彼らの言う一人前の自衛官とやらになってやろうじゃないか。彼の中で生来の負けん気がむらむらと頭をもたげてきた。

だが制服の下に白衣をのぞかせているような、自衛官とは名ばかりの大木一尉にとって、一人前の自衛官になる道のりはそうたやすいものではなかった。医官として自衛隊に入隊した人たちには一応、久留米《くるめ》の幹部候補生学校で六週間の教育が施されることになっているが、これは一般大の卒業生をふつうの将校に育てあげる教育期間のわずか七分の一に過ぎない。その教育内容も訓練らしい訓練はほとんど行なわれず、体を動かすことと言えばランニングなどの教練の真似《まね》ごとをやるだけである。このため大木一尉にとって全国の部隊から志願してきた七十人の兵士たちと大部屋で寝起きをともにしながらパラシュート訓練をはじめた当初は、訓練ばかりか隊舎の中での生活の些細《ささい》なことまでとまどうことばかりだった。

　訓練に参加している兵士たちは、彼をのぞくと全員が、入隊して三、四年の、下士官への昇進試験を控えた陸士長クラスである。自衛隊最強の呼び声高い空挺部隊での訓練に自らすすんで参加するだけに、彼らは部隊でも最良の部類に属する兵士なのだろう。教官や助教の命令が下ると即座に体が動き動作もきびきびとしていた。隊内生活の要領もひと通り身についているらしく、大木一尉が馴《な》れない戦闘服のアイロンがけや半長靴《はんちょうか》を磨くのに手まどっていると、見かねて「ここはこうやるんですよ」と教えてくれたりもした。階級も年齢も大木一尉の方がはるかに上なのに、経験を積んだ兵士の方がはるかに自衛官になりきっている。ところが身のまわりのことも満足にできないその大木一尉が、学生長を命じられ、七十人の同期を引っ張っていく立場に立たされた。隊員が整列したり行進するときに号令をかけるのも彼の役目となった。だが大木一尉が号令をかけると、不馴れなせいや照れ臭さもあってか、棒読みになってしまう。右向け右、と言うときには、まだ動作をつづけているうちに、右向けー、と伸ばし気味に声をかけながら心の準備をさせておいて、間髪を入れず、右ッ、と大声でピシッと締める。そうしたメリハリを効かせた号令だと自然と隊員の動作も決まるのだが、大木一尉の号令では七十人の動きが揃うところまでいかなかった。歳下《としした》の隊員たちは、彼のふがいない指揮ぶりに接してもあきらめたように嫌味一つ口にしなかった。だがかえってそのことが彼にはこたえた。自衛官として一人前にみられていない、何よりの証《あか》しのように思えたからだ。

空挺部隊で七週間に及ぶパラシュート訓練をやり遂げた大木一尉は、再び消毒薬の匂いに包まれた職場に戻った。彼の制服の胸もとには厳しい訓練を耐え抜いた唯一《ゆいいつ》の報酬とも言うべき落下傘《らっかさん》をかたどった真新しいバッジが飾られていたが、それが人目にふれることはほとんどなかった。制服は行き帰りに着用する以外、日中は職場のロッカーにしまいこんだままだった。かわりに彼は肌に馴染んだ白衣に袖《そで》を通した。そして診察室にとじこもって患者の隊員と冗談を言い合いながらふつうの歯医者とほとんど変わりのない治療に明け暮れる日々をいままで通り過ごすようになった。職場復帰から最初の一週間が過ぎ、さらに日数をへるにつれて彼の中で微妙な変化が起こりはじめた。あれほど物足りなさを覚えていた患者を診るだけの毎日に何の違和感も感じないようになってきたのだ。毎日が単調な繰り返しである点はいままでとちっとも変わっていないのに、そうした平穏な生活に浸りきっていることにむしろ居心地の良ささえ感じるようになった。

　パラシュート訓練に入っている間はたしかに何かに向かって自分をかりたてているようなところがあった。空挺部隊の下士官から「階級章だけの幹部は幹部と認めない」と言われたときの歯がみする思い。その口惜《くや》しさをバネにして一人前の自衛官になってやろうと胸をたぎらせた熱い思い。だがいまになって冷静に考えてみると、それらの思いは空挺部隊という異質の世界にひとり飛びこみ緊張を強いられる訓練にのぞんで神経がいつになく昂《たか》ぶっていたための、一種の熱病だったような気がするのである。だから緊張から解き放たれ生活のリズムが元通りになると、憑《つ》きものがとれたようにいつのまにかそれらの思いもどこかへ消え失《う》せていた。人間がいちばん恐怖心を感じる高さ十一メートルの鉄塔からワイヤーで宙吊《ちゅうづ》りになったりする特殊な訓練の中で、気分がハイになっていたとは言え、屈強の兵士たちを見返してやるんだなどと柄にもないことを考えていた自分が信じられないほどだった。

　空挺部隊のあの下士官は、パラシュートバッジだけでなくレンジャーバッジもつけていなければ一人前の自衛官とは言えないと決めつけた。その言葉を聞いた当座はそれが至言であるように思えて、自分もまた一人前の自衛官になるためにパラシュート訓練を終えたあとはレンジャーに挑戦しようと心に誓ったのである。だがいままではむしろレンジャー訓練に志願することにいったいどれほどの意味があるのだろうかと大木一尉《い》は疑問さえ感じはじめていた。苛酷な訓練に耐え抜いてレンジャーバッジを得たところで給料が上がるわけでもないし昇進にプラスになるわけでもない。もし彼が現実に小隊のリーダーとして、自分よりはるかに経験豊富で年齢も上の隊員たちを率いていかなければならない立場にあったら、「階級章だけの幹部は幹部と認めない」という下士官の言葉はより切実に響いたであろう。しかし同じ青年将校でも大木一尉には部下がいない。部下になめられては困るという差し迫った問題は抱えていないのである。たとえ苦労してレンジャーバッジをとったとしても、そのことに気づいて、あいつもなかなかやるじゃないかと見直してくれる人も周囲にはいない。その分、彼には地獄の特訓の異名をとる訓練に自らをかりたてる肝心の動機が欠けていた。だいいちふだん白衣で通している大木一尉の場合、せっかくのレンジャーバッジを制服の胸もとに飾ってもパラシュートバッジと同じくロッカーの中にしまいこんだままで隊員の目にふれるチャンスはやってきそうになかった。

　大木一尉が自衛隊に入ったのは、自衛官になるためではなく、ここが歯科医としての自分をより生かせる職場と考えたからである。そしてその期待は裏切られはしなかった。医師の立場から言えば自衛隊は申し分のない職場だった。大学にいた頃彼が望んでいた民間では得られない納得のいく医療がここではそれなりにかなえられていたし、学会や外部との交流も盛んで歯科医としてじっくり勉強する余裕もあった。この上いったい何を望むというのだろう。彼はそう思った。空挺隊員の務めがひたすらパラシュート訓練に励むことにあるように歯科医官である自分に与えられた職務は隊員の歯の治療にあたることだ。何も第一線で銃を構えてハードな訓練に明け暮れているばかりが自衛官ではないだろう。それぞれの持ち場で与えられた職務に最善を尽くせばそれでも十分に一人前の自衛官と言えるのではないだろうか。

基本降下課程を終えて三月に職場復帰した大木一尉がレンジャー訓練に参加するとしたら、年二回行なわれる幹部レンジャー訓練のうちとりあえず八月末からスタートする後期の部ということになる。その場合は前もって部隊を通じて中央の陸上幕僚監部に申請を出さなければならない。受け入れ枠が限られているので、誰を今期の訓練に参加させるか、人数の調整が必要なのだ。そしてその申請の期限は迫ってきていた。パラシュート訓練のさいに世話になった空挺部隊の教官や助教は、空挺で頑張れたのだからレンジャーだって大丈夫としきりに参加をすすめてくれたが、試みに両親に相談すると、即座に「やめておけ」という返事が返ってきた。自分の気持ちにケリをつける意味でも心のどこかで両親の反対を期待していたのかもしれない。大木一尉は申請を見送る。

　習志野から帰ってきて三カ月とたたない間に、いっときは空挺部隊の兵士からも認められるような「一人前の自衛官」をめざした彼は、百八十度考えを改めた。そんな心変わりを自分自身いいかげんに思わないわけでもなかった。しかし結局、人間は環境に支配される生き物なのだと、大木一尉は自らを納得させていた。

　夏が終り秋がやってきた。診察室の窓から見える富士の山々はそろそろ色づきはじめ、隊員たちの制服には新しい季節の匂いがした。そして彼の身辺にも一つの変化が訪れていた。妻と別れたのである。だが彼の様子からは身辺に大きな変化があったことなど少しもうかがえなかった。医者だからと言ってもちっともえらぶったところがなく、人あたりのよいことで通っている大木一尉はいつものように隊員たちと軽口を叩《たた》きながら歯の治療にあたっていた。しかし離婚にのぞんで心の安らかな人間などいるわけがない。彼も表には決して出さなかったが、内心ではいらつく日々を送っていたのである。

　そんなときユーミンのニューアルバム『Dawn Purple』が発売された。大木一尉は自らを「ユーミンという宗教の信者」と呼ぶほど松任谷《まつとうや》由実の世界にのめりこんでいる。彼がユーミンの存在を知ったのは中学二年だった一九七四年、美大に通っていた彼女が旧姓の荒井由実でアルバム『ひこうき雲』を引っさげデビューを飾った翌年のことである。この七四年はユーミンの数あるスタンダードナンバーの中でもとりわけ時代を超えて根強い人気を保っている「12月の雨」「魔法の鏡」「ルージュの伝言」などが立てつづけに発表され、フォークソングや歌謡曲といったそれまでのジャンル分けでは括《くく》れない、まったく新しいポップスの登場を強く印象づけた年でもあった。

たしかに僕も含めてユーミンとほぼ同世代の若者にとって彼女の歌は実に新鮮な響きを持って聞こえてきた。七〇年代前半と言えば、井上陽水、かぐや姫、吉田拓郎に代表される団塊世代の歌い手たちが圧倒的な人気をかちえていた時代である。彼らの歌は、学生運動の担《にな》い手だった若者たちの間でそのほんの少し前まで盛んに唄《うた》われていた政治や社会への反発を前面に押し出したプロテストソングとは一線を画しているようにみえながら、依然としてそれらの暗い影を引きずっているようなところがあった。唄われている内容は「夢の中」や「下駄」や「横丁の風呂《ふろ》屋」だったりするのだけれど、それが彼らの口からメロディに乗せて歌われると、そこには学生運動が終息したことでスポイルされてしまったような世代のやるせない「気分」が漂っていた。これに対してユーミンの歌はそうした気分とはまるで無縁だった。ちょっとアンニュイな詩と素直に耳に入ってくる心地好《よ》いメロディライン、夜の都会の中空を走るハイウェイで聞くのが似合いそうな彼女の小粋《こいき》な世界は、学生運動の火の粉を直接かぶらずにすんだ世代だからこそ持ちえたものであった。それは、社会など入りこむ余地のない、「私」と「あなた」だけの徹底した私小説のバックグラウンドミュージックとも言えた。

だが大木一尉にとってユーミンの歌は単なる背景ではなかった。彼はユーミンのインタビューや記事が掲載されている雑誌を片っ端から買ったりコンサートに通ったりして彼女のおしゃべりや言葉の切れはしからメッセージを読みとろうとしていた。大木一尉がこれまでに行ったコンサートは七十回あまり、歯学生だったときにはコンサート通いが昂《こう》じて授業への出席日数が足りず、三年間留年を繰り返したほどだった。彼はユーミンを自分にとっての「金字塔」であり「道しるべ」と呼んで憚《はばか》らない。それどころか彼女を中心にして生きてきたとまで言い切ってみせる。もちろんユーミンというステージの上の存在にそこまで自分を託してしまうことがまわりの人々の目にどれほど奇異なものとして映るか彼自身十分承知している。しかし家が歯医者でもないのにあえて歯科医という道のりの険しい進路を選んだり、自衛隊という未知の世界に飛びこんだり、これまでの自分が何事にも困難を恐れず積極的に取り組んでこられたのは、〈人生につねにPositive〉なユーミンならきっとこうするにちがいないと思ったやり方に従って進んできたからだと彼は解釈していた。そして、ユーミンの新作

『Dawn Purple』からも大木一尉はあらためて強く引きつけられるものを感じとっていたのである。

　ドーン・パープルとは、日が昇る直前、東の空がほんの数瞬の間、鮮やかな紫に染まるときの、その色のことをさしている。この言葉をタイトルに掲げたアルバムにユーミンがどのようなメッセージをこめているのか、大木一尉はアルバムの発売と機を合わせて彼女のインタビューが掲載された雑誌をまたいつものように片っ端から買っては、彼女自身の言葉をお告げ文のようにして読みふけった。その中で彼はこのアルバムのメインテーマがタイトルそのままに新しい夜明けを迎える歌、つまり〈第二の誕生日〉であるということを知った。人は、人と出会ったり未知の世界に自ら飛びこんだりすることで、いままでの殻を打ち破って新しく生まれ変わっていく。ただしそこには肉体的にせよ精神的にせよ激しい痛みがともなう。ユーミンもアルバムの冒頭の曲で歌っている。〈Dear Friend　もうすぐ激しい痛みが来るわ　呼吸を整え立ち向かって〉と。失恋から立ち直ろうとするとき、受験の失敗を克服して再び机に向かおうとするとき、そして出産のときもそれは変わらない。新しい「生命」の誕生とはそういうものだ。陣痛はつきものである。ただその痛みを克服したとき、人はきのうまでの自分とは違う新しい自分を生み出せるのである。女は、痛みに打ち克《か》ってはじめて母という新しい世界を獲得できるのだ。そして女性が子供を産んだ日、それは子供にとっての誕生日であると同時に、産んだ女性にとっても、きのうまでの自分とは違う、母という新しい自分を自らの力で生み出した日なのである。そんな彼女自身の、親からもらった誕生日ではない、自分が自分で新しく生まれ変わった日のことをユーミンは「第二の誕生日」と呼んだ。そしてそうした新たな自分の可能性にチャレンジして苦しみ抜く人たちに向けて、おめでとう、と贈る、これはセカンド・バースデイソングというのである。

大木一尉はユーミンのこのメッセージに大きく目を見開かされたような気がした。いまの自分に必要なのはこの「第二の誕生日」ではないだろうか。結婚生活が破綻《はたん》したのにはむろんさまざまな理由があるにせよ、その中で互いに投げあった言葉や感情は最終的にはブーメランのように自分にはね返ってくる。一人になった彼は、いまははじめて自分の人間としての未熟さ、至らなさを思い返すようになっていた。そこに、彼が人生の指南役と仰ぐユーミンの「苦しむ人よ、おめでとう」というメッセージが天の啓示のように降ってきたのである。そう、自分も苦しみ、苦しみ抜いてその果てに生まれ変わろう。離婚という精神的なぬかるみの中ですっかり落ちこんでいた彼には、再出発、と自分を納得させる何かが必要だったのだ。そんな彼の脳裏に忘れかけていたレンジャー訓練のことが再び甦《よみがえ》ってきた。ひょっとしたら自分にとっての新しいきっかけとはこれなのかもしれない。自衛隊でいちばんきついと言われる訓練を通じて肉体的にも精神的にも徹底的に己をいじめ抜き、追いつめた向こう側に、あるいは何かが見えてくるような気がしたのだ。胸もとに誇らしげにつけるレンジャーバッジがほしいわけではなかった。以前のように、一人前の自衛官として認めてもらいたいなどという気持ちも少しもなかった。あくまで自分自身だけのために大木一尉は訓練に参加することを決意する。

幹部レンジャー訓練は聞きしに勝る内容だった。肉体的な苛酷《かこく》さもさることながら、将校としてふさわしい態度や行動が要求されるだけにパラシュート訓練のとき以上に動作の一つ一つにまでやかましいことが言われた。毎朝の服務点検で教官から何かミスを指摘されると、その場で腕立て伏せ十回が科せられる。それも粗《あら》さがしのような点検の仕方である。糸屑《いとくず》一本どころか、よほど目を凝らして見なければわからない程度のささいな皺《しわ》でも教官は見逃さない。罰には相棒のバディもつきあわされる。ことに最年長という理由でまたしても学生長を命じられた大木一尉へのチェックは厳しかった。訓練に入る前に百回の腕立て伏せをすることがほとんど日課のようになった。

同期のレンジャー学生は九割方が防大出のエリート将校である。プロの軍人をめざしている彼らは、大木一尉が歯科医官だからと言って大目に見てくれるようなところはなかった。号令を間違えれば、なんだ、こいつは、という顔で睨《にら》みつけてくるし、面と向かって「学生長のあなたがみんなの足を引っ張っている。しっかりしてくれなければ困る」とかなりきつい口調で言われたこともあった。だが大木一尉は、教官から張り手を食らおうが訓練の辛《つら》さに思わず涙が滲《にじ》んでこようが、『青べか物語』の主人公が「苦しみつつ、なおはたらけ、安住を求めるな、この世は巡礼である」とつぶやきつづけたように、苦しみ苦しみ抜いた末に開けてくるものがあると信じて歯を食いしばっていた。

レンジャー訓練の最終日、一週間近くにわたって飢えと渇きに耐え一睡もしないで伊豆《いず》の山中や富士山麓《さんろく》の原野を歩き抜いた隊員たちを、教官や隊員の家族、友人が訓練の終着点にあたる富士学校のゲートで出迎えた。二列縦隊の隊列を組んだ隊員たちが駈《か》け足で姿をみせると、トランペットが聞き覚えのあるイントロを高らかに歌いあげ、晴れてレンジャーバッジを手にする彼らへのはなむけに、自衛隊の音楽隊が映画『ロッキー』の勇壮なテーマ曲を演奏しだした。だが先頭を走る大木一尉の耳にはそれは聞こえてこなかった。彼の耳もとではユーミンの力強い歌声が響いていた。

〈前へ　前へ　前へ進むのよ　勇気だして

あなただけの歴史切り拓《ひら》く
Happy Birthday to you〉
その日、六月二十五日が、大木秀一一尉の「第二の誕生日」となった。

男なら、誰にも子供の頃「……しなきゃ仲間に入れてあげない」と言われたことが一度や二度はあっただろう。それはたいてい高い所から飛び降りてみせることだったり立入禁止の札が立っている穴の奥にまで入っていって何かをとってくることだったり、いかにもガキ大将が思いつきそうな、しかし言われた本人からすれば尻込《しりご》みしたくなるような内容ばかりなのだが、仲間の一員として認めてもらうためにはどうしても越えなければならないハードルだった。その年頃の男の子にとっては、女の子にすげなくされるより、同性の仲間から、それでも男かよ、と突き放される方がはるかにこたえるのである。だから内心は恐《こわ》くてたまらないくせに、でも仲間はずれにされるのが嫌で、勇気を奮い立たせて生まれてはじめての試練に立ち向かっていくのである。

レンジャー訓練にはこの子供の頃の度胸試しに通じるものがある。幹部レンジャー訓練に参加している青年将校の多くがレンジャーを志《こころざ》した動機に一人前の自衛官として認められたいことをあげている。自衛隊は階級社会であり年齢や経験のあるなしに関係なく階級がすべてに優先される。大学を出てまだ二、三年しかたっていない若者でも将校の階級章をつけたそのときから自分の父親くらいの年齢の隊員たちを命令一つで動かすようになる。しかしじっさい現場に出て部下を持たされてみると、星の数など何の役にも立たないことを彼らは身をもって思い知らされる。十年二十年の経験の差はどのようにも埋めようがないけれど、かと言って理屈や言葉ではベテランの下士官から一目おかれることは決してない。やはり自分が階級章だけの将校ではない証《あか》しを兵士にわかる形で示す必要にかられるのである。そこで彼らはレンジャー訓練という高い所から飛び降りてみせるわけだ。

そんな彼らがレンジャーの訓練中教官から幾度となく聞かされる言葉に、指揮官が三カ月たっても部下を掌握しきれないのに対して、部下はたったの三日で指揮官を知ってしまうというのがある。たしかに下士官たちは将校を実に細かく観察している。たとえばレンジャー訓練で教官よりもっと身近に生徒の青年将校たちと接して彼らの相談相手になったり隊舎での生活指導にあたるのは助教と呼ばれる下士官だが、その助教は青年将校のことを生徒としてではなく、どうしても上官を見るような目でながめてしまうという。

レンジャー訓練のうち山野を何日もかけて歩きまわる想定訓練では回を重ねるごと

に食事の量が減らされ、隊員たちは二人一組のバディを組んだ相方とレトルトの携行食を分け合うようになる。特に最終想定の食事は一日一回で、そのワンパックのレトルト食をバディ同士で半分こするのである。睡眠不足と極度の疲労から隊員たちの神経はそれでなくてもささくれ立っている。こんなとき人間の眠っていた本性がむきだしになる。ふだん教官の前ではウマがあっているように取り繕っていたバディも食べ物がからんでくると、背に腹はかえられないとばかりつい本音が出て、いがみあうのである。おまえの取り分の方が多いと言って他のバディたちが唖然《あぜん》としている前で言い争いをはじめる。そうかと思えば相方が体調を崩したり足を痛めたりして装備を満足にかつげない状態でいるのに手も貸さず見て見ぬ振りをしていたり、仲間が教官に怒られているのを、あいつが怒られている間は少しは休めるとほくそ笑んでみせたりする隊員もいる。人間、極限状態に追い詰められたらまわりのことはいっさい目に入らず自分のことしか考えられなくなる。むしろそうなるのが自然のような気もするが、レンジャー訓練が求めるのはそれをぐっとこらえる強烈な自己抑制である。まして幹部レンジャーは自ら兵士の先頭に立つ「フォロー・ミー」の精神が要求されている。だから、自分のことを抑えきれずにまわりに当ったり、教官の見ているところとそうでないところで自分を使い分けているような青年将校に出会うと、つい助教は立場を忘れて、こんな奴《やつ》には仕えたくないなと思ってしまうのである。

レンジャー訓練最後の難関である、まる六日に及ぶ想定訓練に出発する前夜、隊員たちは教官から替えの戦闘服を各自一着ずつ助教に渡しておくよう指示された。替えの戦闘服はつねに自分たちでアイロンがけしていつでも着られるようにロッカーにしまっておく。いまさら洗濯でもないだろうにと思った隊員の一人が、どうしてですかとたずねると、教官からは、訓練中にケガや病気で倒れたときに備えての着替えだという答えが返ってきた。病院に連れていくのに泥まみれの服をそのまま着せておくわけにもいかないだろうというのである。しかし緊急のさいには服の汚れなどいちいち構っていられないのではないか。それに入院してからの着替えならあとで隊舎の方から送ればそれですむはずだ、とその隊員はなお腑《ふ》に落ちない様子だったが、秒読み段階に入った最後の訓練のことにすっかり心を奪われていた他の隊員たちはそれ以上気にもとめず、不審がっていた隊員も結局指示通りに戦闘服を渡して隊舎を出ていった。

訓練は日を追うごとに厳しさを増し、彼らは戦闘服を預けたことすら忘れていた。横須賀《よこすか》から伊豆に向かう掃海艇の狭いキャビンでは船酔いに悩まされ、闇《やみ》にとざされた伊豆の急峻《きゅうしゅん》な山中を明かりもつけずに歩いている間は睡眠不足と疲労から夢遊病者のように足もとがふらついた。そして六日後、富士学校にたどりついた彼らの姿は、ヘルメットをかぶり戦闘服を着ていなければ、何日間も消息を絶ったまま山中をさまよい歩いていた遭難者の一行と見分けがつかなかったはずである。目はくぼみ、こけた頬には垢《あか》や汚れがかさぶたのようにこびりついて黒光りしている。彼らはその格好でレンジャーバッジ授与式に臨み、ふだんは制服の胸もとを飾るバッジを六日間の汗がしみついた戦闘服につけてもらってから荷物の整理のために隊舎に戻ってきた。

それぞれのベッドの上にはすでに着替え用の戦闘服が襟もとだけを出す形でていねいに折り畳んでのせてあった。そこではじめて彼らは戦闘服を助教に預けていたことを思い出した。万一病院送りになったときの備えということだったけれど何とかお世話にならずにすんだなと互いに苦笑しながら隊員たちは畳んだままの戦闘服を小脇《こわき》に抱えて浴場に向かった。汚れきった服をほぼ一週間ぶりに脱いで久しぶりの湯につかり垢を流して伸びきった髭《ひげ》に剃刀《かみそり》をあてた。自衛隊員の風呂は早い。ほとんどカラスの行水である。それでも人心地ついた彼らは湯上がりの火照《ほて》った体の上にじかに新しい服を着ようと脱衣籠《かご》に入れておいた着替えをとりだした。洗いたての戦闘服はまだのりが効いて少し固めである。

その畳んであった着替えを広げたとき、彼らの間から、おうーという歓声が上がった。畳まれているときはわからなかったのだが、皺ひとつないオリーブグリーンの戦闘服の胸もとに、ダイヤモンドの形をくっきりと浮き立たせて真新しいレンジャーの徽章《きしょう》が縫いつけられていたのである。

　教官がなぜ最終想定の出発前に戦闘服を出すように命じたのか、その理由がようやく隊員たちにも呑《の》みこめた。しかしついさっきバッジの授与式を終えて隊員がいったん隊舎に戻ってきたときには教官はベッドの上の戦闘服に徽章がつけてあることなどおくびにも出さなかった。今夜はきみたちのためにお祝いのご馳走《ちそう》を用意しているから風呂に行って新しい服に着替えさっぱりしてこいと言っただけである。しかしあらかじめ隊員から替えの戦闘服を出させたのはレンジャーの徽章を縫いつけておくためだったのだ。しかも徽章をつけた戦闘服はかんじんの胸もとが見えないようにベッドの上にわざわざ畳んであった。風呂上がりの隊員たちに着替えるときはじめて気づかせるという算段である。

　教官からの思いがけない贈りものに、隊員たちは、教官も味なことをしてくれるねとうれしそうに言いあった。部隊とは比べものにならないくらい上下関係がやかましく命令には絶対服従のレンジャー訓練を三カ月つづけてきた隊員にとって山口二佐をはじめとする教官の恐《こわ》さは骨身にしみていた。ふだんは厳格そのもので滅多な口もきけないほど近寄りがたい存在の教官たちである。「根性なし！　おまえ、それでも男か」と罵詈雑言《ばりぞうごん》を浴びせられた隊員もいる。弁解も許されずいきなり張り倒されて、この歳《とし》になってなんでこんな思いをしなくちゃいけないのかと悔し涙にくれた隊員もいる。しかしそんな鬼のように思えていた教官が、祝いの席に着ていけるようにとわざわざレンジャー徽章のついた服を用意しておいてくれたのである。レンジャー訓練では事前に説明らしい説明も聞かされないままただ命令されるだけで何かをさせられるということがしばしばあった。隊員が理由を質《ただ》そうとでもしようものなら、たちまち、おまえらが知る必要はないのひと言で片づけられた。隊員たちはそのたびに教官の頭ごなしのやり方に割り切れないものを感じていた。しかし今回だけは違っていた。隊員たちに納得のいく説明もなく前もって戦闘服を出させたことに、いまとなってはかえって教官のこまやかな心づかいが伝わってくるようだった。教官や助教が自分たちのためにこんなにまで親身になってくれていたのかと思うと、いままでの訓練の辛い思いがすべて報われるような気がした。

風呂《ふろ》から出たあとも隊員たちは会食までの間、用具の点検や装備の手入れに追われていたが、食事をすませるとようやく隊舎の自分のベッドで久しぶりに体を伸ばしてくつろげるひと時を持てた。そして家族に電話をかけたりトイレに行くために廊下を通るとき、廊下の壁に備えつけてある大きな鏡の前でふと立ち止まり、戦闘服の胸もとに眼をやった。これで終ったんだなという安堵感《あんどかん》が柔らかな感触のシーツのように優しく体をつつみこむ。ひとりでに顔がほころんでしまったという隊員もいた。だが中にはレンジャー徽章を鏡に映して見なかった隊員もいる。「畏《おそ》れ多くて」しなかったというのである。部隊にいるとき胸にレンジャーバッジをつけている将校や下士官を眼にすると、すごい人たちだなと彼自身が恐れ入っていた。ひと回りもふた回りも大きな人間に思えていたのである。それほど重みのあるバッジを自分がつける段になって、ほんとうにつけていいのだろうか、自分はつけるにふさわしい人間なのだろうかという不安が急速に頭をもたげてきたのだ。

そして胸のバッジを鏡に映してためつすがめつしながら興奮や感動にひたっていた隊員たちも、一日たち二日たつにつれて山の頂きをきわめたと思っていたものが必ずしもそうではないことを冷静に振りかえるようになっていた。訓練のさまざまなシーンでしくじったことや、戦闘隊長という役目を与えられながらも思うようにリーダーシップがとれなかったことが次々と苦い記憶として思い起こされた。レンジャー訓練の期間は、ある意味で自分自身がどんどん裸にされていく三カ月であった。小銃を抱えて十二キロの道のりを駆け抜けたり、三十キロ近い装備を背負い何日間も夜通しで山中を歩きまわったり、肉体的にも精神的にも追い詰められる中で、彼らは苦難に直面したときの、自分の思ってもみなかったような無様な姿やひよわな心といやでも真正面から向きあわなければならなかった。兵士から一目おかれるような一人前の自衛官をめざしてはじめた訓練で、逆に自分の限界や器を思い知ることになろうとは、十二人の青年将校の誰ひとりとして予想もしなかったことなのだ。

レンジャー教官の一人は、無意味と思われることに意味を見いだすのがレンジャー訓練なのだと言い切っている。じっさいレンジャー訓練の中で教わってきた事柄が部隊に戻って日々の仕事に直接生かされるという場面は滅多にめぐってこない。米軍のグリーンベレーやドイツのGSG9、英軍のSASに代表されるようにほんとうの軍隊ではレンジャーは花形だが、自衛隊における評価はいたって低いのである。そのことはお金の面に端的にあらわれている。たとえばパラシュートバッジをいったん取得してその後も勘が錆《さ》びつかないように年に一回習志野での訓練に参加すれば、飛行機からパラシュートを使って降下するたびに四千円から八千円近い手当がつく。これに対してレンジャー訓練の場合は、教官や助教としてどんなに危険な岩登りに挑もうが隊員と一緒に何日にもわたって山中を歩きまわろうが手当はいっさいつかない。自衛隊もまたはじめに予算ありきの官庁である。その予算は日本の防衛にとってより価値があると自衛隊が判断した順序に沿って配分されていく。予算が多いか少ないかは自衛隊の中における地位のバロメーターと言える。逆に言えばレンジャー手当そのものがないということは、自衛隊がレンジャーという役割にさほど期待していないことの何よりの証しなのである。だが三カ月に及ぶ忍耐の結晶ともいうべきレンジャーバッジが中央では単なるお飾りのようにしか評価されていないことについて、訓練に参加していた十二人の青年将校は冷静に受け止めていた。下士官を対象にしたレンジャー訓練の教官にでもなる以外、ここで学んだ知識を生かせるチャンスが少ないことも割り切っていた。

　彼らと話をしていて意外だったのは、青年将校たちが実に醒《さ》めた目で自分の仕事や自衛隊をみつめていることだった。青年将校と言うと何か「二・二六事件」を引き起こした一群の若者たちのように、まなじりを決した、いかにも血気にはやりそうな軍人像を思い浮かべてしまいそうになるが、少なくとも十二人は違っていた。休日には車を四時間飛ばしてサーフィンに出かけたり愛用のパソコンをいじったりする、仕事と私生活の切りかえが巧みな点はまさしくいまどきの若者である。もちろん同世代の人たちに比べて生真面目《きまじめ》なところはあるものの、彼らは、第一線の部隊で年齢も学歴も育った環境もさまざまな部下を抱えているだけに自衛隊という巨大組織の末端がどのようなものかその実態を身をもって知りつくしていた。自衛隊を国際貢献の切り札にしようなどと目論《もくろ》む一部の政治家や外務官僚などよりはるかにその「分」をよくわきまえていた。

何億もの金をかけて立派な武器を揃《そろ》えながら動かす人が足りなくてせっかくの装備も半分は倉庫に入ったままになっていること、隊員の頭数がそれでなくても足りないのに、体面ばかり気にする組織なため中央から偉い人がくると言っては、芝刈りや清掃に部下が狩り出され訓練が思うようにできないこと、その訓練にしても果たして実戦になったときどこまで役に立つのか疑わしいような内容であること、そして自衛隊は紙で動くと言われるほど、何をするにも書類が必要な、がんじがらめに縛られた官僚組織であること。彼らはそんな中で、自分たちのやっていることがシジュフォスの石のように無駄な努力なのではないかという疑問をつねに感じながら、それでも一日も早く部下に信頼される将校になりたいと願っている。いまの仕事が何の役に立っているのか、ほんとうに自分たちは社会から必要とされているのだろうかと日々自問自答を繰り返している彼らは、同世代のどんな職業についている若者よりはるかに自分をみつめていると言えるかもしれない。そんな彼らだからこそ、無意味な中に意味を見いだそうとするレンジャー訓練にも耐え抜くことができたのだろう。エリートでありながら、彼らは悩めるエリートである。防大で指揮官というものに素朴な憧《あこが》れを抱いていればよかったときと違って、現実に自衛隊で指揮官をめざすということは自衛隊が抱える矛盾や問題点の中を生き抜いていくことでもある。その意味で彼らのほんとうの試練はむしろこれからはじまる。

自衛隊が軍隊にならない限り、レンジャーバッジに光があてられることはまずない。そのバッジがなお兵士の中で重みを持っているとしたら、それはバッジそのものの威光ではなく、それを持った人間がバッジにふさわしい自衛官になろうと自分自身に言いきかせ日々鍛練をつづけているからなのだろう。昇給にも昇進にも仕事にもつながらない、だから無意味なレンジャーバッジは、あくまで自分にとってだけの勲章である。しかしそれはそれで、鏡の中の自分とつねに対話しているような自衛隊にとって、もっともふさわしい勲章と言えるのかもしれない。

第三部　護衛艦「はたかぜ」

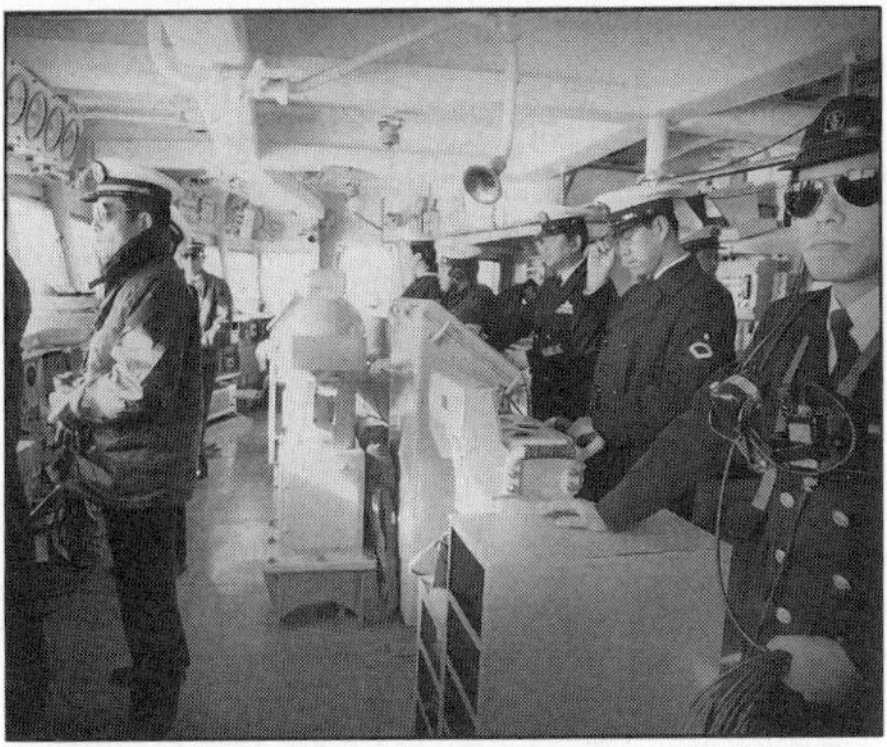

「はたかぜ」の艦橋

遺産相続人

かつてのソビエトならレーニン、オーナー企業ならさしずめ創業者と、部屋の壁に肖像画として飾られるのは、たいていその組織が崇《あが》める指導者か、鑑《かがみ》とすべき英雄と決まっている。だから共産主義政権が崩壊した新生ロシアではレーニンの肖像画は旧時代の遺物としてあっさり片づけられた。心の中ではたぶん曳《ひ》きずるものがあるのだろうけれど、ともかく形の上ではそれまでの歴史ときっぱり訣別《けつべつ》してみせたのである。

ところが海上自衛隊の未来のリーダーを育てる幹部候補生学校の校長室に飾られている肖像画は、半世紀も前にその歴史を閉じたはずの大日本帝国海軍の英雄、東郷平八郎のそれである。肖像画だけではない。校長室の入口の扉の上には、いかにもバルチック艦隊を撃ち破った軍人らしい雄渾《ゆうこん》な筆づかいでしたためられた東郷元帥《げんすい》の揮毫《きごう》が額に入れられて掛けてある。右から順に、制、機、先、と読める。機先を制す。旧海軍では迎えて撃つのが伝統的な対米戦略だったと言われるが、真珠湾ではむしろ東郷のこのモットーを忠実に実行して奇襲攻撃を敢行しアメリカという眠れる獅子《しし》を叩《たた》き起こしたのだろう。

　しかしこれで驚くのはまだ早い。海上自衛隊の幹部候補生学校は旧海軍の士官を養成した江田島《えたじま》の海軍兵学校の敷地と建物をそっくり受け継いでいるが、このうち校長室の入っている建物は百年前に立てられたもので、外壁に積み上げられた赤煉瓦《あかれんが》のすべてをイギリスから輸入したという明治の残り香をいまにとどめるノスタルジックな建物である。このうしろに古代ギリシア神殿を模したような、正面に六本の円柱を配した建物がある。教育参考館と呼ばれ、つくられたのは「二・二六事件」が起きた昭和十一年だが、連合軍に接収されていた一時期を除いてその当時から海軍関係の史料を展示している建物である。玄関を抜け、天窓からさしこむ外光に明るく照らしだされた赤絨毯《あかじゅうたん》の正面階段をのぼりきると、アーチ型にくりぬいた入口の向こうにさほど広くない部屋がある。床から四方の壁まで大理石に覆《おお》われているせいか、ここでは天窓からの光線もどことなく重みを帯びて、荘厳《そうごん》な雰囲気をかもしだしている一室である。じっさい部屋の中央には、三角形の屋根を左右のギリシア様式の柱で支えた、神殿というより霊廟《れいびょう》といった趣《おもむ》きの構造物が壁からせりだすようにしてつくられ、その正面は、奥に何かを祀《まつ》っていることをうかがわせるような頑丈そのもののブロンズの扉で固く閉ざされている。ここまで大層な仕掛けをして祀っているものとはいったい何なのだろう。

その答えはブロンズの扉にほどこされた六つのレリーフが教えてくれる。そのレリーフには、ある人物の生涯のハイライトシーンが彫られているのだ。軍艦のマストの前で首から双眼鏡を下げている立ち姿、負傷した敵将を見舞っているシーン、夫人を伴って明治神宮への御参りを欠かさなかったというシーン。そう、校長室に飾られていた肖像画の軍服姿の人物、東郷平八郎である。そして大理石の砦《とりで》に守られるようにして扉の奥に大切に保管されているものとは、実はこの東郷元帥の遺髪なのである。

遺髪は扉の奥でも二重三重に守られている。まず遺髪そのものは元帥がいつも使っていたガラスのコップを溶かしてつくったというカプセルの中に密封され、さらにそのカプセルが八角形の木箱に収めてある。この木箱も単なる木箱ではない。きちんとした謂《いわれ》がある。ロシアのバルチック艦隊を潰滅《かいめつ》させた日本海海戦のさい元帥が乗り組んで指揮をとっていた戦艦三笠《みかさ》のチーク材からつくったものである。そしてこの木箱のまわりに、三笠の真鍮《しんちゅう》から鋳造したという球形の容器がかぶせられ、台座に留め金で固定してある。結局遺髪は、カプセル、木箱、真鍮製の容器、さらに大理石の収納庫と、四重の防護をほどこされてしまいこまれているわけだ。国宝でさえ及びもつかない厳重な保管ぶりである。東郷元帥の遺髪を収めた容器の両横には露払いと太刀持ちを従えたように桐《きり》の箱がならべてある。いまも旧海軍のスター的存在として語られることの多い山本五十六《いそろく》と、トラファルガー海戦でナポレオンのフランス艦隊を撃ち破ったイギリスのネルソン提督の、それぞれ遺髪が収納された木箱である。

しかし東郷元帥の遺髪にしても残る二人の遺髪にしても、それがほんとうにこのブロンズの扉の奥に収められているのか、現物を目にした人は江田島の自衛隊関係者の中にはいない。収納庫の扉は年に一回だけこの参考館を管理している防衛庁の事務官の手で開けられ、彼一人の手で内部の掃除が行なわれる。だがその彼にしても遺髪を見たことはないと言う。ネルソン提督の遺髪について言えば戦前から保管してあったものが終戦の混乱で紛失したためイギリス海軍を表敬訪問した海上自衛隊のトップが英国側とかけあい特別のはからいで再び分けてもらったという経緯がある。したがってイギリス側から遺髪を受け取った海上自衛隊の関係者が中身を改めたという可能性はある。だが少なくとも東郷元帥の遺髪を収めた容器が開けられたことは自分の知る限り一度もないと、この霊廟を長年管理してきた墓守りともいうべき事務官は言い切る。中身を改めるなんてとんでもないといった口ぶりである。

参考館には、日露戦争の旅順口閉塞《へいそく》をめぐる戦闘で戦死した広瀬武夫《たけお》少佐の血しぶきを浴びた軍服や、ミッドウェー海戦で空母「飛竜《ひりゅう》」と運命をともにした山口多聞《たもん》提督が死の直前までかぶっていた形見の帽子など、戦意高揚の目的で戦時中、国民学校の教科書にも登場した戦争美談の主人公ゆかりの品々が、特攻隊員の遺書などとともにガラスケースの中に陳列されている。

　しかし東郷元帥らの遺髪だけは扱いが違うのである。しかも単に桐の箱に入れられている山本五十六とネルソンの遺髪に比べて、東郷元帥の遺髪の保管の仕方にはちょっと計りしれないところがある。いくら歴史上の人物の遺髪と言っても、大理石の蔵の中に収めた上、さらに容器を何重にも重ねてしまいこんでいるというのは、陳列品というよりは何かを祀っているという感覚である。管理にあたっている人間でさえ現物を目にしたことがない点は御神体を思わせる。伊勢《いせ》神宮でもどこの神社でも御神体なるものは祠《ほこら》の奥の方に大切にしまいこまれ、それが人の目にふれることは決してない。だからこそ冒しがたい聖域の匂《にお》いがたちこめる。

　幹部候補生学校の教官をつとめる将校たちと何げない雑談を交わしていたとき、ふと東郷元帥の遺髪を収めたブロンズの扉が開かずの扉になっていることを話題に持ちだしてみた。やはり教官のみなさんでもあの扉の中をのぞいたことはないのでしょうね、と念を押すようにたずねると、将校の一人はきっぱりうなずいて「わたしたちはただこうするだけですよ」と両手を合わせて拝む格好をしてみせた。強制されるわけではないけれど、海上自衛隊の将校をして思わず手を合わせたくさせるような厳《おごそ》かなものがここにはあるのだろう。

幹部候補生学校の校長は自衛隊特有の階級名では海将補、ふつうの軍隊の位で言えば少将にあたる将官が就くポストである。現在の校長は海上自衛隊の将官と言っても船乗りではなく、三十年近く前の飛行機ながらネプチューンの愛称でいまも航空機マニアの一部から熱い視線を向けられている対潜哨戒機《しょうかいき》P—2Jのパイロットを長くつとめてきた飛行機野郎である。海より空に生きてきたそんな彼も、航空自衛隊のパイロットとはひと味違って、やはり海上自衛隊の伝統の気風を強くにじませていた。校長は江田島に着任して八カ月の間にこの教育参考館をすでに四、五回訪れているという。参観するさいは必ず玄関のところで立ちどまり、制帽をとって一礼する。校長が礼をした先には、赤絨毯を敷きつめた階段がつづいていて、その向こうには東郷元帥の遺髪を収めた大理石の収納庫がブロンズの扉をのぞかせている。それは神社の本殿が仰ぎ見える石段の下で一礼している風景をどことなく連想させる。

何重もの覆いに守られて安置されている東郷元帥の遺髪と言い、校長室に飾られている東郷元帥の肖像画と言い、そこから透けてくるのは、郷愁と片づけるには半世紀という歳月の隔たりを感じさせないほど色濃く残っている帝国海軍の影である。幹部候補生学校の校長は海上自衛隊を「旧海軍の末裔《まつえい》」と呼んでみせる。

　しかし、その一方で「戦前の古い建物がならんでいるからと言って別に旧軍の亡霊が棲《す》んでいるわけではありませんよ」と釘《くぎ》を刺すことを忘れない。ただ、旧海軍の「嫡子《ちゃくし》」ではないけれど、「末裔」としてよき美風は継承していくべきだというのである。候補生学校にはクラスごとにオフィスにあるようなスチール机をならべた自習室があるが、この部屋の黒板の上に「五省」と書かれた額が掛かっていて、五箇条の文句が連ねてある。五省とは五つの「反省」の意味である。至誠に悖《もと》るなかりしか、にはじまって、言行に恥づるなかりしか、気力に缺《か》くるなかりしか、努力に憾《うら》みなかりしか、そして、不精に亘《わた》るなかりしか、で終わるこれら五つの言葉は、自らを省みるさいの自分への問いかけの言葉なのである。学生たちは夜八時から九時四十五分までの自習時間が終わったあと、この「五省」を頭の中で唱えながら、きょう一日の自分の行動を振り返って、至らないところがなかったかどうか自問自答するのだという。ほんの数年前まではクラス全員でこの五省の文句をお経のように唱和していたのだが、さすがにいまは銘々で唱える形をとっている。

　この「五省」も海軍兵学校で日課として学生たちが行なっていたものをそっくりそのまま受け継いでいる。内容も一字一句たがわず昔のままである。なるほど言い回しが古めかしいはずである。言行に恥づるなかりしか、とか、気力に缺くるなかりしか、などはまだ字句通り呑《の》みこめるし、努力に憾みなかりしか、というのもなんとなくニュアンスとしてわかる。しかしこれが、「至誠に悖る」とか「不精に亘る」となると、もはや日本語として死語になってしまったような言葉で、辞書を引いてみてはじめて、「至誠に悖るなかりしか」とは、要するに、誠実であったかということだし、「不精に亘るなかりしか」は、やるべきことをやらないでズルズルしてこなかったか、という意味だとわかるのだが、それでもいま一つしっくりこない。文語体の文章が頭の中で空回りしている格好である。自衛隊の士官候補生とは言え、やはり学生たちは劇画とテレビで育ってきた「いま」の若者である。その彼らが果たしてこれらの文句を単なる棒暗記の言葉としてではなく、どこまで自分のものとして唱えているのか、少なからず不安になる。

海上自衛隊の将校たちと話をしていると、「スマートで、目先が利《き》いて、几帳面《きちょうめん》……」という言葉をしばしば耳にする。海の将校はこうあらねばならないという自らに課した指針のようなものなのだが、これも旧海軍から引き継いだ言葉である。幹部候補生学校の校長は海上自衛隊を旧軍の「末裔」と呼んでみせたが、儀式における所作から日常何げなく交わされる会話の端ばしにまで「旧海軍」が顔をのぞかせているのを目にすると、少なくともソフトの面では海上自衛隊は大日本帝国海軍の「末裔」どころか「遺産相続人」のような気がしてならない。

護衛艦に乗りこんでの取材の前に、海上自衛隊の広報官が、護衛艦乗りの気質や艦内での生活について知るさいの参考になればと、一冊の本を貸してくれた。タイトルもそのものずばり『海軍勤務心得の條《くだり》』と銘打った、帝国海軍士官のモットーやマナーについて書かれた本だった。


自衛隊という組織は一つでも、自分たちのことを「旧軍の末裔」と呼ぶか呼ばないかをめぐって、陸と海とには大きな隔たりがある。それは、世間一般の旧陸軍と旧海軍に対する評価の差と必ずしも無関係ではないだろう。

東京裁判で処刑された軍人の全員が陸軍だったことや、満州事変以降の暴走ぶり、さらに南京大虐殺《ナンキンだいぎゃくさつ》をはじめとする数々の残虐行為から、日本を戦争に引きずりこみ破滅させたまさにA級戦犯として「帝国陸軍」は戦後一貫して糾弾の的となり人々の憎悪《ぞうお》を一身に集めてきた。戦争は僕の生まれるはるか前に終わってしまい、旧軍のことについては、徴兵で狩り出され二十代の大半を中国やビルマの戦場で過ごした父から少年の頃《ころ》聞かされたさまざまな話やものの本を通してでしか知ることができないけれど、それらの知識から漠然と頭の中で像を結ぶ「帝国陸軍」のイメージは、横暴で傍若無人、従わぬ者には軍刀のつかに手をかけて相手を黙らせ、そのくせあと先考えずアクセルを吹かしっ放しにしている間にブレーキが効かなくなったら他人に責任をなすりつけていち早く車から逃れようとした巨大組織というものである。軍隊だから当然とは言え、そこにはたえず血腥《ちなまぐさ》さがこびりついている。日本人の欠点を掛け合わせていくと、こういう奇怪な組織ができあがるという見本がまさに帝国陸軍だったような気がする。だがそうした負のイメージは戦争を知らない世代の日本人にとってもおそらく共通のものだろう。

もし陸上自衛隊の幹部が、そんな悪の権化《ごんげ》のように言われている「帝国陸軍の末裔」と自らを称したらどうなるか、彼らとてわからないはずはない。自衛隊を「軍国主義の復活」ととらえている人々に格好の追及材料を提供するか、戦争の癒《いや》しがたい傷を心の中に負っている人々から新たな憎しみを買うのがおちである。それでなくても自衛隊は創設当初から軍隊でないことを表看板にしてきた。それが白を黒と言いくるめる法解釈のトリックでしかないことは誰の目にも明らかなのに、なお軍隊でないことを証拠だてるために旧軍にまつわるものや軍隊をイメージさせるものを拭《ぬぐ》い去るのに懸命だった。階級を、旧軍が使っていた大佐や中尉《ちゅうい》から一佐や二尉に言い替えたのも、苦しまぎれに歩兵を普通科と言い替えたのも、すべて旧軍についてまわる忌《いま》わしい記憶を振り払い、この組織が軍の名を用いないまったく新しい理念の上に生まれた組織であることを印象づけたいためであった。

じっさい今回の取材を通じて出会った陸の幹部は、自分たちのことを旧軍とむすびつけて言われることにいらだちを隠そうとはしなかった。またか、という感じに眉《まゆ》をひそめるのである。彼らが旧軍についてふれるのは、いじめと鉄拳《てっけん》制裁が日常茶飯事だった旧軍の内務班と現在の自衛隊の営内班を比較してみせながら、旧軍のような「陰湿」で「無茶苦茶」なことは行なわれていないというように、自衛隊が旧軍とは違う、別ものの集団であることを際立《きわだ》たせる例として持ち出してくるときに限られていた。旧軍を反面教師としているそうした姿勢には、旧軍と一緒くたにされてはかなわないという思いとともに、旧軍のおかげで自分たちはしなくてもいい苦労をさせられているといったある種の被害者意識すら感じられるほどだ。ましてそれが誰であろうと帝国軍人の肖像画が江田島の校長室のように飾られている幹部の執務室は、僕が訪ねた限りでは陸上自衛隊にも航空自衛隊にもなかった。

もっとも航空自衛隊の浜松基地のように旧軍の施設をそのまま引き継いで使用していたり近くに旧軍の師団や連隊があった基地には、たいてい江田島の教育参考館のような旧軍の史料を展示している史料館がある。そこでは、軍人遺族から提供された日露戦争当時の軍服をマネキンに着せて地元出身の特攻隊員の遺書とならべて陳列したり、自衛隊の武器や制服の移り変わりを展示するコーナーが設けられていたりする。ただそれらの施設はいずれも木造の粗末なつくりの建物で基地の片隅に取り残されたようにおかれ、たまに一般の見学者が案内されてくる他、隊員が訪れることはほとんどない。これに対して江田島の教育参考館には幹部候補生学校の学生や同じ敷地内にある術科学校の生徒たちが数カ月から一年にわたるそれぞれの教育期間の間に何回か足を運ぶという。僕が訪れたさいにも団体の見学者にまじってセーラー服を着た水兵の姿があった。ちなみに江田島の施設を紹介した海上自衛隊のパンフレットは、この教育参考館について〈学生達も学業訓練のあい間にここを訪れ、先輩の偉業を偲《しの》んで心の安らぎを得ると共に明日からの訓練の糧《かて》としています〉と謳《うた》っている。何を「偉業」と呼ぶのか、ここでは述べられていないが、しかし「先輩」が帝国海軍の軍人のことを指していることは間違いない。東郷元帥や特攻隊員のことを先輩と呼び、彼らが手がけてきたことを「偉業」と位置づけて、そこから心の安らぎを得る、と書くところに海上自衛隊の歴史認識の一端がかいまみられる。

事実、海上自衛隊は帝国海軍とのつながりを断とうとはしなかった。不沈と謳われた世界最大の戦艦「大和」「武蔵《むさし》」をはじめとしてほとんどの戦艦と全空母を失い名実ともに矢尽き刀折れた帝国海軍にとって遺《のこ》されたものと言えば、八十年に及ぶ海軍の歴史の間に培《つちか》われた伝統だった。その海軍伝統の血が脈々と流れる規律や儀式、用語といったソフトの遺産を、海上自衛隊は美風を受け継ぐのに何をためらうことがあるとして積極的に取りこんだのである。自衛隊の船の中ではいまも旧海軍そのままに「総員起シ五分前」の儀式が毎朝とり行なわれている。夏なら午前六時五分前、冬なら六時二十五分、スピーカーからサイドパイプと呼ばれる笛のピーッという音色とともに「総員起シ五分前」の号令が流れると、乗組員全員が目を覚まし、次の号令がかかるのをベッドの中で待ち構える。中には横になったまま早くも着替えをはじめる要領のいい隊員もいる。そして本鈴の「総員起シ」ではじめていっせいに飛び起きるという寸法である。起床の合図なら一度ですませばいいものを、そこは海軍伝統の五分前の精神を踏襲しているのである。転勤で艦を離れる人と、艦に残る乗組員の双方が、岸壁をはさんで帽子を頭上でぐるぐるまわしながら別れを惜しむという「帽振レ」の儀式も健在だ。戦艦や巡洋艦の名称は護衛艦に変わり、外部との無線交信には英語が使われるようになっても、こと船の中での生活では旧海軍から引き継いだ有形無形の不文律や儀式が昔ながらに隊員たちを動かしている。

そして、かつて海軍兵学校があった江田島で当時の校舎をそのまま使って自衛隊の

「海兵」ともいうべき幹部候補生学校の教育がはじまったことで旧軍との目に見えないつながりはいっそう強まった。江田島という地名には一種独特の響きがある。この僕でさえ、海軍兵学校出身だった中学の担任が時折口にした思い出話や、叔父が視力が悪くて海兵を断念したという話を聞かされていたこともあって江田島という地名は戦争や海軍に結びつくものとして記憶に残っている。まして海軍に生きた人々にとって江田島は郷愁という甘い言葉ではくくりきれない特別な意味を持っている。江田島と聞くだけでさまざまな感傷や戦争にまつわる思いが脳裏をよぎる、それは彼らの過去をいまに甦《よみがえ》らせる点火剤のようなものなのだろう。江田島で受けた教育とこの地で過ごした日々が帝国海軍の士官を形づくっていった。とすればこの地には旧海軍の原酒《モルト》がたっぷりしみこんでいることになる。海上自衛隊が創設された当初、この新しい組織の基礎をつくる人材には軍艦を動かすという特殊なノウハウをそなえている人間が不可欠だったことから、軍隊ではないと言いながら背に腹は代えられず、幹部の七割までを海軍出身者に求める結果となった。そうした海軍ＯＢが旧海軍の影を曳《ひ》きずる江田島で旧海軍の伝統をたっぷり吸った教育を施せば、自分たちのことを「旧海軍の末裔」と呼ぶ海の自衛官が生まれてきても不思議はない。

何しろ海上自衛隊の次代のリーダーを育てるこの幹部候補生学校では校長室で見か

けた東郷元帥《げんすい》の肖像画が、ほんの数年前まで学生の自習室の黒板の上に「五省」の額とともに飾ってあったほどだ。つまり学生たちは毎日消灯の前にはこの「五省」の額と東郷元帥の肖像画に向きあいながら全員で「五省」の文句を唱和していたことになる。その光景は僕にひとつのシーンを思い起こさせる。それは、「話せばわかる」と言った犬養毅《いぬかいつよし》首相を「問答無用！」と射殺して日本のデモクラシーに止《とど》めを刺した五・一五事件を引き起こす海軍青年将校のリーダー的存在だった藤井斉《ひとし》中尉が、宿舎の壁に東郷元帥の肖像画を飾り、毎晩ベッドに入る前にはこの海軍の神に向かって祈りを捧《ささ》げるようにしばし瞑目《めいもく》していたというエピソードである。むろん未来の海上自衛隊を背負って立つ士官候補生の自習室に、軍事クーデターをめざした六十年前の青年将校の部屋と同じく東郷元帥の肖像画が飾ってあったからと言って、その一点だけで彼らをそうした青年将校の「末裔」などと決めつけるつもりはない。ただ、東郷元帥の顔はおろかその名前を聞いても首をかしげてしまう若者がむしろあたり前な平成の日本で、東郷元帥の存在が妙に身近に感じられるこの江田島にだけは、どうやら違う時間が流れているようなのである。自衛隊の将校に「広い視野と豊かな常識」を求め、社会からかけ離れた存在に決してならないよう戒めていたのは、自らも憲兵隊に逮捕され軍人たちの偏狭でものの道理のわからない体質をいやというほど思い知らされていた自衛隊の生みの親、吉田茂であった。だからこそ彼は、昔のような帝国軍人をつくらないために防大の初代校長には旧軍とは縁もゆかりもないオックスフォード大出身の槇智雄《まきともお》を起用して、偏《かたよ》った旧軍思想の一掃に努めたのである。その実態はともかく旧軍を否定するところに自衛隊の出発点はあったはずなのである。

　だが、帝国海軍の記憶をいまだにとどめてその伝統を受け継いでいこうとしている江田島は平成の日本からどこか浮き上がった存在に映る。呉《くれ》から船で二十分あまり、僕が江田島をはじめて訪れて何か別世界に迷いこんだような錯覚にとらわれたのは、たちならぶ古風な建物のせいだけでなく、校長室に掛けられた東郷元帥の肖像画やブロンズの扉の向こうにしまいこまれた東郷元帥の遺髪、自習室の「五省」の額といったものの中に、僕らがいま吸っている時代の空気とは違う匂いを嗅《か》ぎとったからである。地理的にも時間の流れという意味においても、外の世界から切り離されたこの江田島でまる一年間、日課に追われながら、「スマートで、目先が利いて、几帳面……」とか五分前の精神や五省の教えといった、海の将校はかくあるべしとした旧海軍伝来の精神を注入され純粋培養されていく士官候補生たちが、はたして吉田茂の描く「広い視野と豊かな常識」を持った偏りのないリーダーに育っていくのか。この点は常日頃から彼らの一挙手一投足を見守っている兵士たち、水兵に聞くしかないだろう。指揮官は三カ月たっても自分の部下を把握できないが、兵士はたった三日で指揮官を見抜いてしまうものなのだから。

僕が以前新聞記者をしていたとき、よく先輩から朝日、毎日、読売の記者のカラーを皮肉った言葉を聞かされた。朝日「ニセ紳士」、毎日「眉《まゆ》つば」、読売「よた者」というもので、ふた昔以上も前に仲間うちで盛んに言われていた、いささか黴《かび》の生えた言葉なのだが、それでも支局の先輩や記者クラブの同業者を見回してみると、たしかにぴったり当てはまる人が意外に多いことに気づいて、誰が言いだしたものなのか、その特徴のとらえ方のうまさに妙に感心したものである。それと同じく、陸海空三自衛隊のそれぞれのカラーを皮肉をまじえて対句にした言葉が、長年自衛隊員の間で語り継がれている。自衛隊の取材をはじめた頃は第一線の空気にあまり触れていなかったせいもあって、単なる業界話の延長と大して気にも留めていなかったのだが、取材を重ねさまざまな部隊を渡り歩くうちに、これらの言葉が実に的確に陸海空それぞれの特徴をとらえているというか、言い得て妙なところがあることに思い当たるようになった。

まず陸上自衛隊を評して言われているのが、〈用意周到　一歩後退〉。良きにつけ悪《あ》しきにつけ何ごとにも慎重であるところを皮肉ったもので、じっさい取材の場面では綿密な打ち合わせを何度も繰り返すという形になってあらわれる。ある指揮官の場合は「ミリ、ミリと詰めて仕事をしろ」というのが部下への口癖で、ちょっとした打ち合わせに入るさいでも、あらかじめ分刻みの計画を立てておかなければ気がすまないというように、ヒト、ロク、サン、マルまでこれについて検討し、ヒト、ロク、ゴ、マルでこの点について話し合いましょうといちいちタイムスケジュールを組んで、それに沿って話を進めていた。これが一線の部隊に行くと、慎重さは安全第一主義と遵《じゅん》法《ぽう》の精神となっていかんなく発揮される。たとえば演習で何百人という隊員をトラックに分乗させて移動するさい駐屯地から演習場までの道のりを自衛隊の車両はすべて法定速度で走る。どんなに人里離れた場所でも道が空《す》いていてもスピードを上げることはない。このため自衛隊の車列が国道などの通行量の多い道路に入っていくとたちまち渋滞が起きてしまう。痺《しび》れを切らした民間の車が後ろからクラクションを鳴らすと、そのたびに自衛隊のトラックは路肩に寄って道を譲り、数珠《じゅず》つなぎになっていた後続の車をやり過ごしてから再びのろのろと走りだすのである。

一方、航空自衛隊は〈勇猛果敢　支離滅裂〉という言葉を授かっている。良く言えば、こだわらない、悪く言うと、場当り主義、たぶんにパイロット気質を念頭においた言葉だが、航空自衛隊の仕事や組織の特性をとらえた言葉でもある。航空は陸上のように部隊としてまとまった作戦行動が求められたり海上のようにさまざまな職種の隊員が一つ船の中で寝起きをともにするということはない。パイロットに限らず、レーダー、管制、整備、ミサイルと仕事の機能がはっきり分かれ、それぞれの城を守っている。その分、職人気質が強いのである。

陸海空の三自衛隊が同じ舞台に揃《そろ》う機会はめったにないが、たまに災害派遣などで顔を合わせると一つのことをやるのにもそれぞれの手法の違いが浮かび上がってくる。たとえば奥尻《おくしり》島の救援に函館《はこだて》から派遣された陸上自衛隊は遺体収容や道路の復旧にあたる実働部隊の他に広報班をともなっていた。彼らは現地入りすると、報道陣が詰めかけている町役場の正面玄関にどこからか借りてきた掲示板を立てかけ、救援活動の様子を写した写真を貼《は》りだして、陸の活躍ぶりを盛んにアピールしていた。そればかりか夫や父親たちが奥尻に派遣された隊員の留守家族に彼らの活動の様子をいち早く伝えるため現地からファックス送稿して広報紙の号外を出す手まわしのよさである。まさに〈用意周到〉なのである。一方、奥尻にレーダー基地を抱える航空自衛隊はと言えば、地元の強みを生かしてここぞとばかりに空の存在を宣伝する格好の場なのに、陸に比べあまり組織立った広報活動を展開しないで、かんじんの写真やビデオの撮影については山の基地に勤務するビデオマニアの隊員にまかせきりだった。その隊員は、別に広報の係ではなく整備の部署を任されているれっきとした上級の下士官である。ただ趣味が高じてプロ顔負けの機材を自前で揃え、腕前もたしかなことから、にわか広報マンとして狩り出されたのである。その彼が、陸の部隊が引き揚げたあとも町役場の玄関先に立てかけてあった掲示板に少し手を加えた。掲示板には陸の隊員たちの活躍ぶりを伝える写真がならべてあるのだが、そのうち陸の部隊名などが書かれたキャプションの張り紙を裏返しにしてしまったのだ。「こうすれば陸の隊員の写真か空の隊員の写真かわからないよね」と彼は悪戯《いたずら》っぽく笑ってみせた。たしかに役場を訪れた島民の目には、それはいかにも島のレーダー基地に所属する空の隊員たちの救援活動の様子を掲示してあるように見える。何ともいい加減だが、要するにこだわらないというか、要領がいいのである。そんな航空自衛隊の幹部の一人は海上自衛隊を「金太郎飴《あめ》」と呼ぶ。〈支離滅裂〉の空と違い、ひと色に染まっているというのだ。例の三自衛隊のカラーを皮肉った言葉からもその点は読みとれる。海上自衛隊が授かった言葉は〈伝統墨守　唯我独尊《ゆいがどくそん》〉。どこから切っても旧海軍の伝統が顔をのぞかせるということなのだろう。

旧軍を否定するところから出発したはずの自衛隊の中で、海上自衛隊だけがことさら帝国海軍の「伝統」にこだわり、旧軍とのつながりを強調していられる背景には、世間の、旧陸軍に対するのとは違った、旧海軍へのたぶんに好意的なとらえ方がある。たしかに戦後数多く書かれた軍人の伝記小説や戦記物にほぼ一貫して流れているのは、海軍は山本五十六をはじめとしてアメリカとの戦争に終始反対だったが、陸軍に引きずられて心ならずも開戦に踏み切ったという見方であり、海軍は陸軍と違って国際的視野を育《はぐく》む教育を施していたため米内光政《よないみつまさ》や井上成美《しげよし》などの優秀な人材を輩出したといった前向きの評価である。この結果、戦争に敗れたとは言え、旧海軍の人材育成やその底に流れていた伝統が否定されたわけではないというとらえ方が生まれ、江田島や海軍での生活に郷愁を抱いたり海軍の空気を吸って戦後社会に羽搏《はばた》いた人々によってそうした考えは増幅されいつのまにか定着していった。社会の目が、旧陸軍に対してのように旧海軍に対しても仮借なく冷たいものであったら、海上自衛隊が憚《はばか》ることなく〈伝統墨守〉の路線を打ち出すことは決してできなかったはずである。

だが「伝統」という言葉をもちだしてくるとき、そこでは、日本人にありがちな、耳ざわりのよい部分だけが美化され、耳をふさぎたくなるような欠陥や失敗は忘れられていくという過去の濾過《ろか》が行なわれている。

帝国海軍にあったのは伝統だけではない。千人以上の乗組員がいる大型戦艦の場合、将校は全体の五パーセントにも満たない。書き継がれ読み継がれていく帝国海軍の歴史の中で栄光という名のスポットライトを浴びているヒーローは艦橋で双眼鏡を握っていたほんのひと握りで、油にまみれた作業服でうごめいている大多数の下士官や水兵たちの姿は僕らが目にする歴史の表舞台にはほとんど浮かんでこない。だが、美しい言葉で飾りたてられた帝国海軍の伝統の裏では、軍隊の秩序の中に押しこめられた彼らがどろどろとした人間臭い社会を形づくっていたのである。

たとえばあのブロンズの扉の奥で東郷元帥の遺髪を護《まも》る容器にその一部が使われている帝国海軍の栄光の象徴ともいうべき戦艦「三笠《みかさ》」は、水兵の放火によって爆発を起こしている。江田島のグラウンドにいまもその砲塔が置かれている戦艦「陸奥《むつ》」もまた爆発を起こして千百人の乗員を艦内に閉じこめたまま沈没したが、原因は乗組員による放火の疑いが濃厚とされている。

しかし東郷元帥の遺髪を祀《まつ》っている江田島の教育参考館に、帝国海軍のそうした暗部に光を当てた展示物はない。海上自衛隊が、旧海軍の暗部に蓋《ふた》をしたまま伝統を受け継いだとしたら、おそらくその暗部はいまもなお伝統の陰で息づいていることになる。

それをたしかめに、雪雲にとざされた冬の日、僕は仙台港の埠頭《ふとう》に鉛色の船体を横たえた護衛艦「はたかぜ」に乗りこんだ。艦長から手渡された「はたかぜ」の紹介パンフレットには、本艦は「三代目で……初代は太平洋戦争末期までの二十年間、常に作戦の先陣争いの一番艦として名誉ある名を残した」駆逐艦としるされていた。

やはり海上自衛隊は帝国海軍の血を引く遺産相続人なのである。

厚化粧

非常灯の赤い明かりだけが薄暗く点《とも》っている艦内に、ピーッと長く尾を引いてサイドパイプの甲高い音色が鳴り渡った。「総員起シ五分前」の合図である。ベッドの中で肘《ひじ》を突いて、恐る恐る上体を起してみる。二日酔いのあとのように頭が重くこわっている感じがするが、絶え間なく襲ってきた吐き気は何とか収まったようだった。

きのうはさんざんだった。朝の八時半に仙台の新港埠頭を出港した護衛艦「はたかぜ」は洋上で対空射撃訓練をつづけながら針路を北にとって函館《はこだて》をめざしていた。おだやかだった海は金華山《きんかざん》沖から太平洋上に乗りだすにつれてしだいにうねりを増し、皺《しわ》の寄ったような鉛色の海面にはあちこちで白く盛り上がった波頭がのぞきだした。昼食をすませた頃には士官食堂の椅子《いす》が部屋の端から端へ音をたてすべっていくほど揺れが激しくなった。

「これでうまい具合に昼めしがカクテルされるぞ」

艦長の山村洋行二佐は、両足を床に踏ん張って体のバランスを器用にとりながらうねりが大きくなっていくのをおもしろがっているように頰の端の方で軽く笑ってみせめていた。スマートさを重んじる海上自衛隊の将校にしては珍しく頭を五分刈りに短く丸めている。その頭と言いグリスをかましたように潮焼けで黒光りした顔と言い、袖《そで》に三本の金筋の入った黒の制服より、ねじり鉢巻きにゴム長靴といった漁船の船長のいでたちの方がはるかに似合いそうである。じっさい艦長の鉢巻き姿はなかなか様になっている。宴会の席で酒がほどよくまわってくると、決まって艦長はズボンのベルトを抜いて頭に巻き、その両端に割り箸《ばし》を立てて石川さゆりの「天城越《あまぎ》え」を唄《うた》いながら踊り出す。山村艦長の十八番のことは「はたかぜ」の乗組員ならたいてい耳にしているが、じかに彼の鉢巻き姿を目にした隊員は曹長《そうちょう》、一曹といったほんのひと握りの上級下士官にすぎない。乗組員が総勢四十人に満たないような掃海艇ならまだしも下士官と水兵をあわせると百八十人は越す大所帯の「はたかぜ」では艦長と下っ端《したっぱ》の水兵が呑《の》む機会などたまたま店で顔を合わせるようなことでもない限りまず考えられない。それどころか船の全長が山手線の車両七両分に匹敵し、内部の構造は六階建てのビルに相当する巨大な護衛艦の中では、艦長の顔を拝むこともめったにない。むろん船の大きさのせいばかりではない。

これが陸上自衛隊に行けば百四十人近い部下を抱える歩兵部隊の中隊長と言えども訓練では入隊したての若い隊員や下士官とまじって塹壕《ざんごう》にもぐりこみ泥まみれになる

し、駐屯地にいてもグラウンドを一緒に走ったりして兵士たちの汗臭さが伝わってくる距離で常日頃から彼らと接している。というより中隊長のオフィス自体、隊舎の中におかれ、兵士が毎日寝起きする部屋と狭い廊下一つ隔てて向き合っているのがふつうなのである。これに対して護衛艦の艦長は、訓練の最中ならＣＩＣ、Combat Information Centerと呼ばれる戦闘指揮所、ふだんならブリッジか、床に絨毯《じゅうたん》が敷きつめられ白いレースカバーのかかった応接セットがおかれた小ぎれいな艦長室に詰めている。将校の生活する区画と兵隊の生活する区画が見事なまでにはっきりと分かれているこの護衛艦の中では、艦長とほとんど口をきいたことがないという水兵も珍しくはないのである。

士官食堂で「はたかぜ」の性能や搭載している武器について山村艦長から簡単なブリーフィングを受けたあと、ＣＩＣをお目にかけましょうという艦長のせっかくの申し出を断って、僕は対空射撃訓練がはじまるまでのしばらくの間、前部甲板のすぐ下にある士官寝室で休ませてもらうことにした。函館を経由して六日後に横須賀《よこすか》に戻ってくるまでこの部屋が寝室として割り当てられている。八畳ほどの広さの部屋には二段ベッドが二つに、簡単な書きものができるライティングビューロー式のスチール机とロッカーが四つ、それに洗面台と必要なものがコンパクトに収められている。四人が寝泊りしている部屋という割りにはかなり手狭だが、それでもこの士官寝室のさらに一階下に位置する下士官や水兵たちの大部屋に比べればはるかに居住環境は恵まれている。水兵たちの寝床は三段ベッドで上下の間隔は六十センチほどしか開いていない。横になると、目の前に上のベッドの底板が迫ってきて、息苦しいほどの圧迫感がある。狭い分、ベッドから起きるのにもそれなりのコツがいる。まず上の段に頭をぶつけないか用心しながら体を斜めにして転がり出るようにしなければならない。しかもベッドは蚕棚《かいこだな》のように通路を隔てて左右にぎっしりならべられ、その通路が狭いため、「総員起シ」の号令で両サイドからいっせいに隊員が飛び出すと、鉢合わせをしていやというほど頭をぶつけることになる。そして船底に近いだけあって揺れも激しいのだ。

そうした水兵たちのベッドより居心地のよいゆったりとした士官用のベッドに横になっていても気分はいっこうにすっきりしない。口の中が妙に渇き、額に脂汗《あぶらあせ》がにじんでいる。目を閉じて体を横たえていると、四千六百トンの船体をもたげては、ゆったりと落としていくその巨大なうねりの量感が伝わってくるようだ。ベッドの枠を両手で握りしめ歯を食いしばって縦揺れと横揺れが微妙にミックスされた動揺に何とかこらえようとするのだが、寄せては返す波のように胃の底の方から間歇《かんけつ》的にこみあげてくる吐き気の間合いは確実にせばまってきていた。

考えてみれば護衛艦は、甲板の上に客室を何層も積み上げている客船より船体の上部が軽い分、ヨットと同じで復原力が強いという構造上の特性をそなえている。その反面、横波を受けるとすぐにもとに戻そうとする力が加わって揺れの周期も小刻みになるはずなのである。だが僕は、最近の護衛艦はヘリコプターを甲板上に離着艦させるため、フェリーなどの民間の船より安定性を高める工夫がなされているという話を人づてに聞いて、そのことで揺れについてはすっかり安心しきっていたのだ。資料にあたってみると、「はたかぜ」をはじめヘリコプターが離着艦できる護衛艦にはフィン・スタビライザーというヒレのような装置が左右の船腹にとりつけられていてコンピュータの制御によって角度を調節し横揺れを軽減することが書かれている。広報官も船酔いを心配する僕にスタビライザーのことを持ちだして大丈夫ですよと請け合ってくれたのだ。仙台を発《た》つとき、出港の様子をながめるため甲板の三階上に位置する見晴らしのよいブリッジに入ってみると、操舵《そうだ》コンソールやレーダースコープといった機器がずらりとならんだその後方の壁に艦の動揺の度合いを示す機器と隣り合って、たしかにフィン・スタビライザーの制御盤が据えつけてあった。これが揺れ止めの強力兵器かと甲板上に不敵な面構《つらがま》えをさらしている大砲やミサイルの発射台よりはるかに頼もしい姿に映ったが、あらためてよく見るとスイッチがオフのままになっている。怪訝《けげん》な顔をする僕に乗組員は笑って答えた。

「ふだんは使いませんよ。こんなものがなくてもこの船はでかいから大して揺れないのです」

スタビライザーの効果のほどは、数日後、函館から横須賀に帰る航海の途中に最新鋭の対潜ヘリでこの装置を作動させている護衛艦「うみぎり」に乗り移ったさい体験してみたが、船の揺れ具合に関しては「はたかぜ」とほとんど違いがないように感じられた。むしろ完成してまだ一年もたっていない新造艦の「うみぎり」の艦内には真新しい塗装の臭《にお》いが残っていて、それが鼻についてかえってむかむかしたほどである。コンピュータをふんだんに使いハイテク機器で武装した護衛艦と言えども、波にもまれるという船の避けがたい宿命まで克服することはどうやらできなかったようである。結局、船酔いの最大の薬は言い古されたことだが、船から降りることしかないのかもしれない。

ベッドの中で何度も生唾《なまつば》を飲みこみながら吐き気をこらえている耳もとにブザーが聞こえてきた。つづいてスピーカーから抑揚のない声が流れてきて、「総員戦闘配置ニツケ」の号令を告げた。それでもなお横になったままでいると、今回の航海に同行している海幕広報室の三佐が「対空訓練がはじまるのでCICにこられませんか」と起しにきた。三佐に促されるようにして僕は士官寝室を出た。天井や隔壁にパイプをはりわたした迷路のような艦内の狭い通路では持ち場に急ぐ隊員たちが靴音を響かせて慌《あわただ》しく行き交っている。横波や追波を受けて艦が傾いても隊員たちは巧みにバランスをとりながら姿勢を保って駈《か》けていくが、僕は士官寝室からCICまでほんの短い距離なのにその間、動揺によろめいては何度も隔壁に体をぶつけた。

「はたかぜ」のCICは士官寝室と同じく甲板の一階下、艦のちょうど中央部に位置し、ブリッジや艦長室からはラッタルを降りてすぐの場所にある。武器と言えば大砲と魚雷だけの時代なら艦長はブリッジに詰めて各部署に戦闘の指示を出していればよかったが、目標の探知から武器の割り当て、僚艦や味方機との連係プレイ、さらにミサイルを発射して命中させるまでの誘導をすべて中央のコンピュータがコントロールするハイテク戦の現代では、そのコンピュータの端末装置やレーダーなどの機器を集めたこのCICが護衛艦の頭脳を司《つかさど》る神経中枢《ちゅうすう》とも言える。

CICの入口はひときわ頑丈そうな扉で守られ、防衛機密区画を示す立入禁止の表示が掲げてある。しかしじっさいこの部屋に足を踏み入れてここが実戦では「戦場」

と化すことを想像するのはむずかしい。厚手のカーテンをくぐって室内に入ると、まず驚かされるのはその暗さである。目を凝らしてもCIC全体がどのくらいの広さなのか、部屋の隅の方が薄闇《うすやみ》に溶けこんでしまって見当がつかない。洞窟《どうくつ》のようなその暗さの中で、さまざまなエレクトロニクス装置のディスプレイに点《とも》った赤や青の淡い光を受けて、人の顔や何もかもが輪郭を曖昧《あいまい》ににじませてぼんやりと浮かび上がっている。奥尻島のレーダードームをのぞいたときもSF映画のセットに迷いこんだような錯覚にとらわれたが、金に糸目をつけず買い揃《そろ》えたようなハイテク機器が惜しげもなくずらりとならんでいる点は、このCICには敵《かな》わないだろう。目標の位置や状況をあらわしているのか、数字や放射線状の画像が表示してある中央のスクリーンに、SF映画に出てくるような星をちりばめた深遠な闇を映しだせば、ここを宇宙船のコントロールルームと言っても通ってしまいそうである。

艦長はそれぞれの機器についてていねいに説明してくれるのだが、こみあげてくる吐き気に、いつもどす羽目になるか、そのことばかり気になって、せっかくの説明もほとんど頭に入らない。もっとも船酔いに苦しんでいなくてもやたらと横文字や軍事用語の飛び出してくる話の中身を理解できない点は同じだった。

後日CICをのぞく機会がもう一度あって、対空戦闘訓練の模様を見学した。レーダースコープをみつめる監視員の傍らに砲雷長が立って、刻一刻と変わっていく状況を回転椅子に座る艦長に報告する。艦長は中央のスクリーンや他のディスプレイに目を配りながら攻撃管制のコンソールに陣取るミサイル士官に「タータラーランチャー発射用意」「発射」と淡々とした口調で命令を発していく。ミサイル士官はコンソールの横についている水鉄砲のような形をしたミサイルの発射装置をとりあげて引き金を引く。それはまるで運動会のかけっこで「用意、ドン」とピストルを鳴らしている図柄を思わせる。いや、まだしも発射音でもすればミサイルが撃たれたという臨場感が出るのだろうが何の物音もしない。戦闘訓練と言ってもこのCICにいると、この船が「敵」の戦闘機や潜水艦と戦うためにつくられた軍艦であり、この船にはたった一発で数百人の生命を奪うことのできるミサイルなどの大量殺人兵器が搭載されているという事実をつい忘れてしまいそうになる。目の前にずらりとならんだハイテク機器からは戦争というものが何か遠い世界の出来事のようにしか感じられないのだ。それは実戦のときも大して変わりないのだろう。

だが、この窓ひとつない空調の効いた薄暗い密室の中でコンソールのボタンや操桿《かん》を動かすことによってミサイルは確実に発射されていく。その間、目に見えたり形としてあらわれたりするのはせいぜいレーダーディスプレイに映しだされる輝点《ブリップ》か発射台のモニター画面が映す煙くらいなものである。目標が撃ち落されても炎が見えるわけでもなければ、爆発音が聞こえるわけでもない。まして木っ端微塵《こっぱみじん》になって空中を舞う人間の肉片や血しぶきは想像力を働かせない限り浮かんでこない。CICの中では、戦闘という言葉にほんらいついてまわる血腥《ちなまぐさ》さはきれいに洗浄され、すべてが、パソコンのウォーゲームをプレイしているかのように現実感が薄らいでいく中で進行する。ここにいる限り手を汚さずに戦争ができるのだ。

CICで対空訓練の模様を見学していた僕のすぐうしろには暗幕が張りわたしてあった。ところが艦の動揺にふらついた僕は、暗幕の端を踏みつけてしまった。暗幕はどうやら黒いカーテンをつなぎあわせてつくったものだったらしく、僕が踏んだ拍子にクリップで留めた部分がはずれて、そばにいた広報官や隊員がもと通りに直すまでのしばらくの間、内部がのぞけるようになった。その一画にはランプの点ったハイテク機器がならんでいたが、素人《しろうと》の目にはCICにならんでいる他の機器とまるで区別がつかなかった。艦長から説明を受けた機器についてでさえ、どんな働きをするのかよく呑みこめなかったくらいだから、他の機器が似たり寄ったりに映るのは当然である。CICの一画に暗幕が張ってあったことはこの部屋にはじめて通されたときから気づいていたが、カーテンの仕切りがあることをさほど不自然に思わなかったし、むしろもともとそういう場所なのだろうという程度にしか考えていなかった。ただ、あとでその場に居あわせた隊員から意外な事実を知らされた。ふつうあの場所に暗幕は張られていないというのだ。僕たちが見学に来るというので急遽《きゅうきょ》暗幕を下げるように艦長から指示があったのである。隊員たちは、わざわざこんなところまで隠さなくてもいいのにとぶつくさ文句を言いながらカーテンを天井から吊《つ》る作業をしていたというし、ベテラン下士官の中にはなんでそう秘密主義になるのかと首をかしげる者もいたそうである。

だが僕からすれば、その暗幕の話を聞いたおかげで、一見、ハイテク機器がならぶSF映画のセットのように見えるCICが、紛れもなく一般の人々にはうかがいしれない殺人兵器を操る軍艦の神経中枢なのだということをはじめて実感できたような気がする。

船酔いにひと晩中苦しめられた翌朝、「総員起シ」の号令でベッドから這《は》い出た僕は、半日ぶりで甲板の上に出て外気にあたった。うねりは収まり、「はたかぜ」は、山肌を覆《おお》った雪が朝焼けの色に染まっている対岸の渡島《おしま》半島を望みながら凪《な》いだ海面をすべるように函館に向かっていた。津軽海峡を渡ってくる風に顔をさらしていると、氷の針を突きたてられたように頰が痛かったが、いまはかえってそれが心地よく感じられた。ラッタルを降りて艦内に戻ると、すれ違う乗組員が一様に僕の顔を見て、知ってるよとでもいうように、にやっと笑うことに気がついた。中には「少しは楽になったかい」と親しげに声をかけてくる年配の隊員もいる。どうやらきのう僕が艦長からの説明を聞いている途中で吐き気に耐え切れなくなってCICを飛び出し、そのままベッドの上でのたうちまわっていたことが、すっかり艦内に広まり、隊員たちの間で格好の話の種にされているらしかった。

護衛艦は広いようでいてやはり狭いのである。ここでは秘密は保てない。

函館に錨《いかり》を下ろしたのも束《つか》の間《ま》、三日後には「はたかぜ」は再び慌《あわただ》しく訓練海域に向けて出港することになった。その朝、函館は猛烈な吹雪に見舞われていた。冬型の気圧配置が一段と強まったこの日、北海道全域は宗谷《そうや》岬《みさき》付近に中心を持つ低気圧にすっぽりと覆われ、気象台が前日に出した「ふぶく」という予報は見事的中していた。鈍い色の空から隙間《すきま》なく落ちてくる雪は、十五メートルを越す強風にあおられて視界をふさぎ、埠頭《ふとう》にたちならぶ目の前の倉庫群さえ白く煙って靄《もや》がかったように時折見えなくなるほどだった。

乗組員たちは雪が吹きつける甲板上で、水兵帽や制帽を強風に飛ばされないようにしっかり顎《あご》ひもでとめて、船を岸壁に繋《つな》いでいた直径五インチのロープを収納する舫《もや》い作業に追われていた。実戦に参加するということがまず考えられない護衛艦での勤務の中で、出港時の舫い作業や、アンカーチェーンと呼ばれる錨を吊《つ》り下げている鎖を巻きとる作業はもっとも危険をともなう仕事である。舫い綱に足をとられて転倒したり機械に手を巻きこまれたりほんのちょっとした気のゆるみで事故を招いてしまう。それでなくても甲板は降り積もった雪がシャーベット状になって滑りやすくなっている。もたつく隊員を怒鳴りつけ、時には頭をこづきながら先頭立って舫い作業を進めているのは、いかにも海の男という称号がふさわしい、ぶ厚い胸板と切り株を思わせる頑丈そうな腕を持ったベテランの下士官だった。甲板士官にあたる若い将校は、舫い作業の監督をするというよりむしろ隊員たちの足手まといにならないように少し離れたところから、てきぱきと号令をかけるベテラン下士官の指揮ぶりをながめている。

舫い作業は、経験と、それによって培《つちか》われた勘が何よりものを言う仕事である。舫い綱一本とってもその太さや使用年数によってどこまで力をかけて引っ張ってよいかが決まってくる。舫い綱を張って船を埠頭に繋留《けいりゅう》しておく場合、あるいはタグボートに舫い綱を渡して曳《ひ》いてもらう場合、その都度綱の強度や張り具合をたしかめながら作業を進めなければならない。特にタグボートに曳かれているときは舫い綱にはすさまじい張力がかかっている。タグに曳かれている間に綱の余った部分が甲板上から船外に滑り出さないように、あるいは必要に応じて綱を長く延ばせるように、タグと舫い綱から目を離すわけにはいかない。たった一秒号令をかけるのが遅れたために舫いの張力の限界を越えて綱が切れてしまったりする。もちろん将校なら舫い作業がどのようなものか江田島の幹部候補生学校でひと通り教わってくる。しかし、いつ、どこで、どんな判断を下すかということは机上の学習で得られるわけではない。場数を踏むことによって体で覚えるしかないのだ。となるとこれはもう経験を積んできたベテラン下士官の独壇場なのである。

　将校の中でも、海上自衛隊で「A幹」と呼ばれる、防大や一般大を出ていきなり幹部になった人たちは、第一線での航海の経験もほとんどないままにこうした舫い作業の監督をする甲板士官の役職に就かされる。今回の航海で「はたかぜ」と行動をともにしている護衛艦「あさかぜ」の甲板士官は防大を卒業してまだ三年しかたっていない。その三年にしてからが、一年間は江田島の幹部候補生学校での学生生活だし、次の半年は海外への遠洋練習航海に参加する言わばインターン期間である。じっさい護衛艦に乗りこんで現場の仕事を身をもって体験したというのは一年半に満たない。もちろん士官は水兵と違ってロープを結んだりハンマーを振って錨鎖《びょうさ》を甲板上の止め金に固定したりといった細かな作業をするのがほんらいの仕事ではない。水兵に指図して仕事をさせればよいわけだが、経験が浅いことが災いして適切な指図自体がままならないのである。たとえば時化《しけ》に巻き込まれて艦が激しく動揺するようになると、甲板士官は水兵にてきぱき指示を与えて甲板上の道具や装備が波に流されないようにロープでくくりつけたり、艦内に収納するように命じなければならない。ところがいざ本番となると、どうしてももたついてしまう。その「あさかぜ」の甲板士官の場合はベテランの下士官がいてくれたからどうにか切り抜けられたようなものだった。彼が見落している点も、すかさず下士官が、ここはこうした方がいいと横からアドバイスしてくれる。本人にしてみれば、わからないままにただ指図しているだけというところも多かったのだが、それでも水兵たちは黙々と動いてくれる。

ただ水兵たちの目には、下士官の助けがなければ指図一つ満足にできないような若手将校の姿がいかにもふがいなく映ってしまう。それもこれも経験が足りないせい、下士官や水兵の視線に鍛えられながら将校もまた育っていくと言ってしまえばその通りなのだが、舫い作業のように号令をかけるのがほんの少し遅れただけで事故につながってしまう危険のともなう場面では、かえって士官にへたな手出しをしてもらうより黙って見ていてくれた方がやりやすいとベテラン下士官の一人は切実な感想を洩《も》らす。

甲板上にとりこまれ、足の踏み場もないくらい幾列にもならべられた舫い綱が見る間に雪をかぶっていく。水兵たちは、警察犬が調教師の方に向かって両耳をぴんと立て全神経を集中させるようにベテラン下士官の一挙手一投足をじっとみつめながら次の指示を待っている。一方、甲板士官は、甲板の各所でつづけられている舫い作業を見回りながら水兵たちに「危ないから注意しろ」としきりに声をかけていく。その様子を横目で見ながら入隊してまだ二年半の水兵は「どこをどう気をつけたらよいのか具体的に言ってくれなくちゃ注意のしようがないんだよね」と苦笑する。

一目でそれとわかる帽子をかぶっている水兵と違って、甲板で忙しく立ち働いている下士官たちは将校と同じ防寒コートに、これまた将校と同じひさしのついた制帽をかぶっている。近くでじっくり見ると、制帽の顎ひもが黒いのが下士官なのに対して、将校は金色の顎ひもをかけていることがわかるが、見た目にはほとんど区別がつかない。じっさい舫い作業が行なわれている甲板上にいる限り将校も下士官もない。少なくともここでは階級章より経験が重みを持っている。だが甲板から一歩護衛艦の中に足を踏み入れると、そこでは階級社会の歴然とした秩序が待ち受けている。ただそれでもなお、兵器を操ることも含めて護衛艦を動かすという仕事は、経験やそれに裏打ちされた勘に左右されるところが大きい。となると、階級章の線の数と、経験の豊かさとが、正比例しているかそうでないかは、どうやら陸《おか》以上に船の中では大きな意味あいを持ってくるようなのだ。

舫い作業が無事に終わり出港準備が整っても作業にあたっていた乗組員たちはヒーターのほどよく効いた暖かな艦内に戻ってこなかった。そのまま甲板上に居残り、艦首、艦橋下の二グループに分かれて、横なぐりの雪が吹きつける中、一列になって整列をはじめたのである。防寒コートの首すじや肩のあたりはたちまち雪に白く覆われ、こごめた背は小刻みに震えている。甲板上は水面がま近ということもあり冷気がはりつめて、軽く零度を割っている。じっと立ちつくしていると足の裏が凍りついたようにしだいに感覚が麻痺《まひ》してくる。整列した乗組員たちは寒さしのぎに一様に甲板上で足踏みを繰り返した。顔をこすりたくてもゴム手袋をはめた手は作業の間にすっかり濡《ぬ》れてしまっている。せめてコートの襟を立てて風がまともに頰に当るのを防ぐしかない。

それでもまだ左舷《さげん》艦橋下の甲板に整列している隊員たちは四階建てのビルに相当する艦橋部分の構造物が風除《よ》け代りになってくれるため少しは寒さをしのぐことができる。哀れなのは、周囲にさえぎるものがない艦首部分の甲板にならんでいる二十人近い隊員たちである。文字通りの吹きさらしの中で四方から容赦なく吹きつける雪が飛びこまないように、彼らは目をすぼめ、翼をたたんだ鳥の群れのようにひとかたまりになって体を寄せ合っている。冬の海は気まぐれである。何の前ぶれもなく吹雪がぴたと止《や》み、厚く空を覆っていた雲の切れ目から一瞬、薄日がさしたと思ったのも束の間、たちまちあたりはたそがれ時のように暗くなり再び雪まじりの強い北風が吹き荒れるようになる。しかし二十分が過ぎ、三十分近くたっても、甲板上に整列した乗組員たちは列を解かず、鳥肌立った顔を紫色に染めて立ちつくしていた。

「なんで艦内に戻らないの」と聞くと、隊員たちは「あいつらに聞いてみてよ」と艦長や佐官クラスの将校が詰めているブリッジの方を顎でしゃくってみせた。

「偉いさんが、別レ、の命令を出すまでこうして整列してるんですよ」

「はたかぜ」に乗り組んでいる百八十人あまりの下士官、兵は担当する仕事によって第一から第四までの分隊に振り分けられている。第一分隊には対空ミサイルや対潜水艦ロケット、五インチ砲といった兵器を操る隊員が属し、人数も八十人以上ともっとも多い。第二分隊の隊員はＣＩＣの中でレーダーを扱う電測と呼ばれる仕事や、ブリッジで船の運航に携わる航海、電信や整備を担当する電整といった仕事に就いている。第三分隊は船のエンジンを司る機関科の隊員、さらに第四分隊には経理、補給、そして乗組員たちの食事をつくる給養の隊員が所属している。彼らにはほんらいの仕事とは別に、たとえば湾内に錨泊したときの物資輸送や救難活動で使用する内火艇《ないかてい》と呼ばれる救命艇の操作係など船を支えるさまざまな作業が、言わば副業として分隊ごとに割り当てられ、このうち舫い作業は救命艇の操作とともに第一分隊が受け持っている。ただし舫い作業にはおまけがついている。作業が終ったあとも隊員たちは護衛艦が岸壁をはるか離れて港外に出るまでの間、威儀を正して甲板上に整列していなければならないのだ。軍艦としてとりおこなう出港時の儀式である。

それでもふつうはせいぜい二十分も我慢していれば、「別レ」の号令がかかるのだが、この日はあいにく荒天で大幅に出港が遅れているらしく、三十分を過ぎても「はたかぜ」は埠頭《ふとう》を少し離れただけで、港内にとどまって動きだす気配をみせなかった。寒さにふるえながら整列させられたままの隊員の間からは幹部への批判が次々と口をついて出るようになった。

「幹部にこの辛《つら》さはわからねえよな。そんなに整列が好きなら、命令するだけじゃなくて、一度くらいてめえらでやってみりゃいいんだよ」

同僚の愚痴にうなずいていた下士官の一人が僕の肩を叩《たた》いて、艦橋の方を指さした。

「ちょっと上へ行って、見てきてごらんよ。あいつら、どうせあったかいコーヒーでも飲みながら、ぐだぐだやってるんだから」

「そう、カッコつけてね」

とぼけた調子で隊員の一人が言うと、ひとしきり笑い声が起こった。上司の悪口で盛り上がる点はサラリーマン社会と変わらない。ただサラリーマン社会と決定的に違う点は、上司の悪口を言い合いながら、しかし下士官や兵たちが、自分もまたブリッジでコーヒーを飲んでいられるような身分になりたいとは決して思っていない点である。要するに将校への「出世」を望んでいないのである。それは陸上自衛隊でも航空自衛隊でも同じだが、特に海上自衛隊でその傾向が顕著だった。

航海中、僕が「間借り」していた士官室の二段ベッドを見て、「幹部はいいよな、こんなゆったりしたところでいつも眠れるんだから」とうらやましがり、セルフサービスの隊員食堂で順番待ちの長い列をつくりながら「士官食堂は座っていれば当番の水兵が食後のコーヒーまで全部給仕してくれるのに」と待遇の違いに不満を漏らしていたその割りに、「幹部になりたい？」と聞くと、まず例外なく下士官も水兵も、冗談でしょうという顔をして、きっぱり否定するのである。はじめのうちは、将校になりたくてもなれない僻《ひが》みからそんな強がりを言っているのではないかと隊員たちの真意をはかりかねていたのだが、どうもそうではないらしいのだ。

若手将校の一人は下士官あがりながら二十五歳になったと同時に江田島の幹部候補生学校の門をくぐっている。エスカレーターで江田島に入ることができる防大組と二年しか違わない。それだけにスピード出世を果たしたむしろ稀《まれ》なケースである。その三尉《い》に、将校になったということは少なくとも海上自衛隊という世界の中でエリートになったわけでしょうと言うと、彼は苦笑して、そう思われるのはこの世界のことがあまり見えていないからですよ、とつぶやいた。

高いフェンスや制服やこまごまとした規律にさえぎられて自衛隊の中のことは、ふだん外部の人間はかいまみることがまずできない。まして海の上で一般社会から隔離された乗組員だけの小宇宙が形づくられている護衛艦の内情についてはなおさらである。しかし少なくともこれだけははっきり言える。護衛艦に乗りこむさいはくれぐれもトム・クランシーの小説を読み過ぎないようにすることである。海軍の将校たちが物語のメイン・キャストとなって息もつかせぬ活躍をみせるレッド・オクトーバーやレッド・ストームの世界をそっくりこの護衛艦にあてはめようとすると、とんでもない思い違いをしでかすだけなのである。

寒さをまぎらわすように上官への悪口を口々に言いあっていた隊員たちはそれでも列を崩さずに吹雪の中を立ちつくしていたが、やがて一人の下士官が「寒ッ」と叫ぶなり、痺《しび》れを切らしたように艦内への入口にかけこんだ。すると他の隊員たちもわれ先に列をはずれ、士官室に通じる入口部分のほんのわずかなスペースに殺到した。年配の上級下士官たちも一人抜け、二人抜けというように列から離れ、暖をとりに艦内に逃れてきた。いつのまにか艦橋下の甲板に辛抱強く立っているのは若手の甲板士官と、艦橋との連絡に使う無電池電話のヘッドセットをかけた伝令役の隊員だけになってしまった。もちろんブリッジからまる見えの艦首で整列している隊員たちに逃げ場はなく、彼らは相変わらず寒さに震えながらその場で足踏みを繰り返している。

扉が開いたままになっていた入口付近はせっかくの暖房もあまり効いていない状態だったが、それでも甲板上で寒気にさらされているよりははるかにましだった。かじかんでいた手足の感覚がしだいに元に戻っていく。ほっとひと息ついた隊員たちの口をついて出るのはやはり幹部を皮肉ったり悪《あ》しざまに言う言葉だった。若手隊員の一人が通路の壁にかかっている斧《おの》に手をかけると、口もとに薄い笑いをただよわせて低くつぶやいた。

「こいつでブリッジに殴りこんでやろうか」

だがそんな悪い冗談が飛び交っても、先輩の二曹《そう》や三曹は別にたしなめることもせず、にやにや笑いながら聞いている。いくら艦橋から死角になっていると言っても、隊員たちがたむろしている通路のすぐ右手には士官食堂としても使われている士官専用のフロアがあり、階段を二つあがった先ではいま隊員が盛んに槍玉《やりだま》に上げている幹部たちが出港の打合せを重ねているはずである。隊員の笑い声や話し声がいつ彼らの耳に届かないとも限らなかった。年かさの下士官が「さ、もうそろそろいいだろう」と他の隊員をうながして自ら外に出ると、隊員たちも黙ってあとに従った。体が艦内の暖気になじんでいただけに小休止をとったあとの整列はかえって身にこたえる。隊員たちは歯をがちがちと鳴らしながら背中を丸めて大げさにふるえていた。

「要するにこうやって整列させておくのは誰か見ているかもしれないっていう自衛隊の見栄《みえ》なんだろうけど、こんな吹雪の日にながめてる奴《やつ》なんかいっこないんだよ」

でも、と僕は乱れ舞う雪の隙間から窓の明かりがかすんで見える函館海上保安部の建物を指さした。

「彼らはそんな暇じゃないよ。それに気がついても、どうせ自衛隊の連中がまた呑気《のんき》なことやってるくらいにしか思わないさ」

別の隊員が苦々しげにつぶやいた。

「ほんと、こういう意味のないことやらせるのが一番頭にくるんだぜ」

最新のイージス艦に次いでもっとも多くのハイテク兵器で武装した護衛艦は、同時にまた、一般の人々にはうかがいしれぬ「意味のない」儀式をさまざまにとり行なう海に浮かぶ神殿でもあるのだ。

「別レ」の号令がかかったのは、吹雪の中の整列をはじめて一時間近くたったあとだった。

護衛艦に乗りこんで気づくことのひとつにその独特の臭《にお》いがある。塗料の臭いである。つくられて間もない新造艦の「うみぎり」ほどではないにせよ、就役して七年を数えるこの「はたかぜ」の艦内でも塗料の臭いが結構鼻につくのは、度々塗り替えているためである。

船にとってこの塗り替え作業は車のワックスがけや洗車以上に重要な意味を持っている。訓練航海で外洋に出れば船の横腹にあたる舷側《げんそく》や甲板などは海水に洗われ塗装が剝《は》げたり錆《さ》びついたりしてかなり汚れてしまう。潮による腐食をそのまま放置しておくと、速力が落ちて船ほんらいの性能を発揮できなくなるばかりか、船体を傷《いた》めて外板の鋼材に穴が開く恐れがある。このため航海の都度、錆落としとペンキの塗り替えを行なうことは船の寿命をできるだけ保つメインテナンスとして必要不可欠な作業なのである。艦内についても窓をほとんど持たない護衛艦という特殊な構造から換気がどうしても悪くなり熱や湿気で陸上の建物より塗装ははるかに剥げやすい。

　しかし船の保全にとって必要なその塗り替えも程度問題である。護衛艦の場合、これが半端《はんぱ》ではないのだ。何しろドックできれいに化粧直しをすませた護衛艦が母港に帰ってきたとたん、上からの命令でせっかく塗られたばかりの艦内のワックスをわざわざ剥がしてもう一度塗り替え作業を行なったことさえあったという。同じ塗り替えでも船の保全のためと言うにはちょっと度を越しているそうした作業が、下士官や水兵たちの目には、吹雪の中でも甲板上に立っていなければならない出港時の甲板整列とともに、何とも「意味のない」儀式に映るのである。ドックでいったん汚れを落しきれいに磨き上げたばかりの艦内を再び塗り直したのは、どこかの「偉いさん」が艦を見学に訪れるためであった。

　護衛艦、中でも横須賀を母港に持ち「はたかぜ」よりひとまわり大きな五千二百トンのヘリコプター搭載護衛艦「しらね」を旗艦とする第一護衛隊群の八隻《せき》の艦船には、海上自衛隊が誇る最新の護衛艦が揃《そろ》っていることもあって「広報の一群」と呼ばれるほど内外の見学者が多い。言わば海上自衛隊の海に浮かぶ広告塔のような役割を仰《おお》せつかっているわけである。表舞台に登場することの多いこれら一群の船の中でも「はたかぜ」は、一千二百億円の巨費を投じたイージス艦「こんごう」の完成によっていささか影が薄くなったとは言え、海上自衛隊のハイテク戦に対するなみなみならぬ取り組みようをアピールする格好の護衛艦として何かにつけ引っ張り出されるのである。そして外国海軍の将官や自衛隊の高級幹部、内外の要人、マスコミ関係者などが艦を見学に訪れるというたびに前もって塗り替え作業のお達しが上から出されることになる。この訓練航海が終って横須賀に帰港しても四日後には オーストラリア海軍の参謀長が海上自衛隊のトップである海幕長に案内されて「はたかぜ」を表敬訪問する予定が伝えられており、乗組員たちは「これでまたペンキ塗りのために休みがつぶれる」と不平を洩《も》らしていた。四六時中海水にさらされ潮をかぶっている船体はまだしも、艦内はふだんから十分に清掃が行き届き、ワックスの塗られた床もつい先日磨いたばかりと思えるほどの光沢を放っている。陸上の建物に比べたら剝げやすいという通路や室内の隔壁のペンキにしても剝げたりひび割れたりしている箇所は特に見当らない。だが今回の表敬訪問の見学通路にあたっている食堂では床を石鹼《せっけん》で洗い流しワックスで磨き上げるようにとの指示がすでに出されていた。

「こんなにきれいでもやはり塗り替えるんでしょうかね」とたしかめると、勤続二十年を越えるベテラン下士官の一人はうなずいて、「きれい好きと言ったら聞こえはいいんですけど、やっぱり見た目にこだわるということじゃないですか」と船体のメインテナンスというほんらいの目的とは別のところにある塗り替え作業の意味について忖度《そんたく》してみせた。

じっさい海上自衛隊ではこうした塗り替え作業を、ふつうに「塗装」とは呼ばず、「塗粧」という耳なれない言葉をあてて呼んでいる。広辞苑《こうじえん》やその他の辞書をひいてもこの「塗粧」が載っていないのは、これまた帝国海軍から受け継いだ独特の用語だからである。「装」も「粧」も訓読みでは同じ「よそおう」だが、身支度という意味をふくんでいる「装」の字ではなく、わざわざ顔かたちを飾るという「粧」の字をあてているところに、旧海軍からの伝統として海上自衛隊がこの作業にこめている思いがうかがえるようである。単に塗るだけではなく、見映えがよくなるように化粧をする。「偉いさん」が来るたびに艦内のペンキを塗り替えるのも、女性が外出のたびに唇に紅を塗ったり眉《まゆ》に線を引いたりするのと同じ「化粧」なのである。意地悪く言えば、猛々《たけだけ》しい兵器で身を固めた戦いの道具であるはずの護衛艦は、一方で化粧に凝る女性のようにやたらと見た目を気にするのである。

艦の全長百五十メートルに及ぶ「はたかぜ」を、甲板から船体の外まわりの部分、さらに艦内の床や隔壁まですべて塗り替えるとなると、乗組員総出で一週間はかかるという。艦内の化粧直しだけでもまる一日はつぶれてしまう。ここでも作業にあたるのは下士官と兵である。「指揮官先頭、率先垂範」というのが旧海軍からの伝統と言う割りには士官は命令を下すばかりで自分からは何もやらない。いや、やらないどころか、せっかく水兵たちが苦労して汚れを落したばかりの場所を、「そこは靴じゃ駄目ですよ」と言っている先からとことこ靴で歩いてしまい、恨まれたりする。もっとも水兵たちが口に出して注意できるのは三尉や二尉といった若手幹部どまりで佐官クラスや一尉が相手だと塗り替えの作業中を横切られても黙ってながめているしかないという。こうした塗り替え作業の中で隊員に不評なのは外での作業となる船体のペンキ塗りよりむしろ通路のワックスがけや隔壁の塗り替えといった艦内での作業である。それでなくても窓のない甲板下の通路や室内は換気が悪い。ほとんど密閉された状態でペンキやシンナーを長時間扱うものだから塗料の刺激臭が充満することになる。「はたかぜ」の乗組員の中には、一緒に作業をしていた同僚がまるでシンナー中毒で「ラリッた」ように足もとがおぼつかなくなったり、急に「ハイ」になって口笛を吹いたり歌を唄《うた》いはじめ慌《あわ》てた先輩が外に連れ出したという光景を目にした者もいる。

吹雪の中で甲板整列をつづけさせるのも、「偉いさん」が見学に来ると言ってはペンキの塗り替えをさせるのも、命令する士官からすれば「海軍」の儀礼にかなったものとして何の疑いもなく受け止めているのだろうが、じっさい手足となって動かされる隊員たちはもっと醒《さ》めた目でそれらの「儀式」をみつめている。それはむしろ第三者の視線により近く、そうした儀式の内側に海上自衛隊の「見た目にこだわる」体質を彼らなりに感じとっている。

函館を出港した翌日、「はたかぜ」は僚艦の「あさかぜ」とともに、太平洋上で同じ第一護衛隊群に所属している三千五百トンのヘリコプター搭載護衛艦「うみぎり」と「はまぎり」に合流して、対潜ヘリコプターをまじえた四隻による戦術運動の訓練を行なった。軍艦は兵器である一方で、鍛え抜かれた水泳選手の肉体のように贅肉《ぜいにく》を削《そ》ぎ落したそのシルエットには、いまも多くの艦船ファンを魅《ひ》きつけてやまないことからもうかがえるように鋭さゆえの妍《けん》をおびた美しさがたしかにそなわっている。揃い踏みのように四隻の護衛艦が一堂に会して海の上を疾走する姿はとりわけヘリコプター上からながめてみると威風堂々として壮観でさえある。それら護衛艦四隻の姿は、見た目にはいかにも艦隊という言葉がふさわしい威圧感にみちた勇姿として映る。少なくともその外観からは勇ましさや猛々しさだけが強調され、巨大な鉄の塊《かたま》りの内部でうごめいている兵士たちの姿は浮かんでこない。ましてその内部でどのような艦内生活が繰り広げられ、彼らがどのような感情を抱いて毎日を送っているのかといったことは、見た目の勇姿に目を奪われて、まず思いつくことはない。軍艦というそれ自身が生命と意志を持っている巨大なマシンが動いているとしか感じられないのだ。だがそのマシンもまた人間が動かしているのである。それは護衛艦がどんなにハイテク兵器を搭載し内部のシステムがコンピュータ化されても変わらない。

通称DDG、Guided Missile Destroyerと呼ばれるミサイル護衛艦は昭和四十年に就役した「あまつかぜ」を一番艦に、その後「あさかぜ」と同タイプの「たちかぜ」型、「はたかぜ」型、イージス艦の「こんごう」に至るまでほぼ十年の間隔をおいて新しい世代の船が生み出されてきている。これらの護衛艦は世代を追うごとに船体がひとまわりずつ大きくなっていったにもかかわらず、コンピュータ化が進んだおかげで乗りこむ人間の数はほとんど増やさずにすんでいる。三千五十トンの「あまつかぜ」の定員は二百九十人なのに対して、ひとまわり大きな「あさかぜ」はむしろ定員を四十人も減らしているし、「はたかぜ」の次世代艦である「こんごう」も排水量は三千トン増ともう一隻船を付け足したくらい大きくなっているのに定員は四十人の増員で抑えられている。こうした数字だけを追っていると、コンピュータやハイテク機器の導入によってより少ない人数で巨大な船を動かせるようになっているのだなと単純にうなずいてしまいそうになる。しかし下士官や水兵に話を聞いていくと、これまたかなりニュアンスが違っていて、数字からは読みとれないさまざまな問題が浮かびあがってくる。

新しいタイプの護衛艦が生まれれば、まず必要なのは乗組員の手当てである。しかし船を新造したからと言って兵隊の数を新たに増やせるわけではない。海上自衛隊の隊員数にはこの十年あまりほとんど動きがなく、一九八八年の四万四千四百人をピークにして九一年は四万三千五百人、翌年は四百人減の四万三千百人とむしろ若干だが減少傾向をみせているほどだ。つまり限られた数の隊員の中でやりくりをして新造艦に乗組員を振り向けるしかないのである。ということは、いまある護衛艦の中から人手を割くということでもある。しかもハイテク化の進む新世代の艦にはそれを使いこなせるより優秀な隊員が集められるようになる。現役の護衛艦からすれば経験を積み技術にも優れている人材がとられてしまうことになる。「はたかぜ」が就役したときも乗組員たちの多くはひと世代前の「あさかぜ」や「たちかぜ」といった船から引き抜かれてきた。こうして新造艦はほぼ定員に近い人数を確保できるわけである。だが新造艦として優遇されているのも次の新しい船がデビューするまでのほんのわずかな期間である。「はたかぜ」が就役した二年後には同タイプの「しまかぜ」が新たにつくられ、つづいて新鋭のヘリコプター搭載護衛艦が続々登場するようになると、立場は逆転して「はたかぜ」は今度は乗組員を差し出す側に回るのだ。

たとえば「はたかぜ」が搭載している対空誘導弾ターターミサイルの部署には当初、発射機の管制や保守にあたるランチャー員が下士官、兵あわせて定員の四人を上回る六人も配置されていた。それが年を追うごとに減らされていき、ひと月前に佐世保から横須賀に母港を移籍した「たちかぜ」要員として一人が引き抜かれると、ついに定員割れの三人に半減してしまった。しかも残った三人のうちの一人は、一人前になるのに最低で五年はかかるというターターの担当になってまだ一年しかたっていない新人である。

ターターミサイルはじっさいの戦闘場面では「はたかぜ」が内蔵しているコンピュータシステムの下僕となる。目標の追尾を行なって解析値をはじきだし、ターターの射角を調整するのも、さらにミサイルが発射されてからの管制を行なうのも、CIC、戦闘指揮所内のハイテク機器の働きである。こう書くと、ターター員が定員を割ろうが経験のない新人だろうが、しょせんミサイルはコンピュータがコントロールするのだから特に支障はないように考えがちである。しかし最新兵器のミサイルもやはり機械である。故障したり船の動揺でエア漏れや油漏れを起こしたり、いざ発射という段になって機械の調子がおかしくなったりすることがある。そうしたトラブルに関してはコンピュータは何の役にも立たない。結局は経験に裏づけられた技術を持った人間が対処するしかないのである。兵器にじかに触れることのほとんどない士官が隊員たちからほとんど頼りにされていない点はここでも同じである。ターターの場合なら「ターターの神様」の異名をとる二十五年以上この対空ミサイルひと筋に歩んできたベテラン下士官の腕一本にかかっている。

トラブルに即応することはターター員の重要な役割の一つだが、より大切なのはつねに機械をシステムゴーの状態に保っておくことである。サラブレッドの競走馬と同じでコンピュータ制御の繊細な精密機械だからなおのことふだんからの念入りな手入れが必要なのである。「はたかぜ」が搭載している五インチ砲は目標の位置を割り出したり照準を決めたりするところまではコンピュータの助けを借りているが、弾が放たれたら最後、どこへ飛んでいくかわからない点は昔ながらの大砲と大差ない。砲弾自体に誘導装置が内蔵されているわけではないから隊員たちもふだん砲弾をいちいちとりだして磨いたり整備したりはしない。その点、ミサイルは弾そのものが電子兵器である。弾頭に内蔵されたレーダーが目標からの反射波をキャッチして目標を追いつづけるとともに艦から照射される誘導電波にも導かれて軌道を修正する。したがって弾自体の整備も欠かせないわけだ。そしてこれまた人手が必要な作業なのである。自衛隊の高官が何かにつけ持ち出す言葉に、名刀はつねに磨いておかなければならないというのがあるが、ハイテク兵器もまさにその言葉があてはまる。常日頃から整備を怠りなくしていなければせっかくのコンピュータ制御も機能しなくなる。つまりいくら兵器の省人化を図ったと言ってもそれがフルに能力を発揮できるかどうかは、ミサイルというサラブレッドに毎日かいばをやり調教をほどこす人間しだいということになる。

ミサイル護衛艦の第一線ともいうべき部署で定員割れを生じているとは言え、それでも「はたかぜ」は「広報の一群」の花形護衛艦だけあって他の護衛艦に比べれば人の手当てという点においてはまだまだ恵まれている。「はたかぜ」とともに今回の訓練航海に参加した護衛艦の乗組員、Y隊員が半年前まで乗りこんでいた船は、やはり横須賀を母港にしている護衛艦だが、定員二百七十人に対してじっさい配置されていた下士官、兵はわずか百二十人にすぎなかったという。この三千トンクラスの護衛艦で彼は「はたかぜ」にも搭載されているハープーンと呼ばれる対艦ミサイルを担当していた。ハープーンはほんらいなら三人の隊員で面倒をみるミサイルである。ところが深刻な人手不足のあおりを食ってこの護衛艦ではY隊員一人で受け持たなければならなかった。文字通りの一人三役である。整備から何からすべて一人でこなさなければばならない中にあって彼がもっとも四苦八苦させられたのはメインテナンスのときだった。ふつうハープーンの担当員は、ＣＩＣとそこから離れた場所にあるＣＩＣ機器室に分かれて艦内電話で互いに連絡をとりあいながら制御盤を操作したり機械の状態を監視する。ただ、Ｙ隊員の艦ではハープーンの担当がたった一人しかいないため、ＣＩＣで操作していても機器室の機械がきちんと反応してくれているかどうかはわからない。そのたびにＹ隊員が機器室まで足を運ばなければならない。ＣＩＣは艦橋のすぐ裏手にあったが、機器室はその三層下、しかも百メートル近く離れていた。ＣＩＣでスイッチを押すと、彼はラッタルを駈《か》け降りさらに機器室に走って行ってランプが点《とも》っているのをたしかめる。山ほどあるスイッチの操作ごとにラッタルを降りては百メートル走るという確認作業をいちいち繰り返すのである。メインテナンスでそれほど大変なのだから、実射訓練ではさぞや苦労したのではと思ってたずねると、彼は首を振った。

「それが実射はほとんどしないんです」

怪訝《けげん》な顔をする僕に、Ｙ隊員はあっさり言ってのけた。

「ハープーンは日本の近海では撃てないんですよ。射程が百十キロもありますからね、撃ったらたちまち訓練水域の外に飛んでっちゃう」

僕は呆《あき》れて返す言葉がなかった。Y隊員は少し含むような微笑をみせた。

「まあ、武器としてはあってないようなものですよ」

あってないような武器だからたった一人に担当させているのか、それにしても実射訓練さえ満足にできない兵器では単なるお飾りにすぎないのではないか。頭の中を疑問が渦巻いた。見た目は猛々しい護衛艦も、その「塗粧」を剝《は》いでみると、訓練もままならないアクセサリーのような兵器や深刻な人手不足といった悩みを抱えた素顔があらわになる。化粧に目を奪われてはいけないのである。

直　訴

　定年の五十三歳まであと半年もないS曹長《そうちょう》は、「ジッちゃん」の愛称で乗組員から慕われている「はたかぜ」の舵長《だちょう》である。舵の長と書いて、だちょう、その名の通り船の舵《かじ》とりをまかされている。「はたかぜ」が港に出入りするさいには、必ず彼はマドロスものの石原裕次郎を気どったように制帽を心持ち斜めにかぶった姿で、ブリッジの中央に置かれた操舵機の前に立ちハンドルを握っている。操舵機のコンソールの上には舵の角度や針路を示す表示盤などさまざまな計器がならんでいる。その右端にワインのコルク抜きに似た小さなスイッチがあるが、そのスイッチに彼は「S・T」と自分のネームを貼《は》りつけてある。官品である護衛艦の備品に自分のネームをつけていられるのは「はたかぜ」で最長老のジッちゃんゆえに黙認されていることなのだろう。そしてそれは、道具に自分の名前を刻みつけておく大工のように、自分の領分には誰にも手をつけさせないといった、三十年以上護衛艦の舵を守りつづけてきた船乗りとしての職人気質《かたぎ》のあらわれであるのかもしれない。

　ジッちゃんが海上自衛隊に入った昭和三十六年と言えば、艦長の山村二佐はまだ鹿児島で中学校に通っていたし、「はたかぜ」が所属している第一護衛隊群の司令にしてもようやく防大に入学した年である。護衛艦も国産の船より、太平洋戦争で敵方の駆逐艦として帝国海軍と戦ったキャリアを持つアメリカ海軍からの貰《もら》いものの船の方が多いほどだった。新兵教育にあたる教官のほとんどは旧海軍出身の人たちで、昔ながらに「精神吹き込み」と称して拳《こぶし》で殴られたり小銃の台尻《だいじり》でこづかれることは日常茶飯事だった。カッター訓練では全速で三十分漕《こ》いで十分休みまた三十分漕ぐというトレーニングを尻の皮がむけるまで繰り返した。もっとも新兵教育につきものだったリンチまがいの鉄拳《てっけん》制裁は以前に比べれば影をひそめたというものの、カッター訓練の厳しさや躾《しつけ》についてやかましく教育する点は三十年の歳月の流れに関係なく海上自衛隊の伝統として現在に至るまで連綿と受け継がれているようである。

たとえば二十代のある下士官にはこの躾教育についての鮮烈な記憶がある。彼は一般の隊員と違って海上自衛隊での生活をいわゆる「二等兵」からはじめずに、二年間の教育期間を終えるといきなり三曹に昇任する曹候補生としてスタートさせた。曹候補生への教育はプロの軍艦乗りを育てるというコースなだけに、身だしなみや礼儀作法といった躾に関してはふつうの新兵教育以上にネイビー魂が徹底して叩《たた》きこまれ、その内容も便所掃除のやり方にまで及んでいた。高校を出たばかりの彼が「これはとんでもないところにきた」と強烈なカルチャーショックを覚えたというのは、担当教官のベテラン下士官から便器の磨き方について教わったときのことだった。その教官は、便器は中にたまった水を口で舐《な》められるくらいきれいに磨かなければいけないと言って、生徒たちが見ている前で、磨かれた便器の中の水をじっさいに手で掬《すく》って口につけてみせたのである。

入隊したての隊員にとって教育期間が辛《つら》く感じられるのは昔もいまも変わらない。ただS曹長が新兵だった頃は、帝国海軍の生き残りたちによるスパルタ式教育の試練をくぐり抜けやっとのことで護衛艦に配属されたあとも先輩たちの容赦ないしごきが待っていた。ことに水兵の日常生活に目を光らせる班長は艦長以上に権威のある存在で、どんなに理不尽なことであっても口答えのできる雰囲気にはなかった。加えて現在とは比べものにならないくらい劣悪な艦内の居住環境である。初期の護衛艦はクーラーはおろか空気調整の設備さえ満足に備えつけておらず、夏ともなれば換気の悪い艦内には蒸し風呂《ぶろ》のようにすさまじい暑熱がたちこめ、それでなくても寝心地の悪いハンモックの中で下着を汗で濡《ぬ》らしながら寝苦しい夜を過ごさなければならなかった。

それでもジッちゃんが護衛艦を下りなかったのは海が好きだったからである。

東北訛《なま》りの朴訥《ぼくとつ》なアクセントが言葉の端はしに残るS曹長ももともとは東京の生ま

れである。空襲で父の実家があった角館《かくのだて》に疎開《そかい》してそのまま秋田で少年時代を過ごした。高校を出たあとしばらくは秋田の工場に勤めていたが給料が安く、これでは一生結婚もできないと思っていたとき自衛官募集の貼り紙が目にとまった。彼の父は帝国海軍の軍人だったが、上海《シャンハイ》事変の陸戦で肺から左腕に抜ける貫通銃創を負い、その傷がもとで海軍をやめ、ふつうの勤め人生活を送っていた。しかし海とのつながりを断つことは忍びなかったらしく、第二の人生を送ることになった日本電気では水深を測る測深機の開発に携わっていた。その父親から海や船についての話を幼い頃繰り返し聞かされていたS曹長の中のどこかで、本人も気づかなかった船乗りへの憧《あこが》れのようなものが消えずにずっと息づいていたのかもしれない。地元の自衛官募集事務所を訪れた彼は脇目《わきめ》もふらず海上自衛隊だけを志願した。

護衛艦に乗りこみだしてから彼は船の上での生活が自分の性にあっていることに気づくようになった。海にロマンがあるとまでは言わないけれど、少なくとも海に出ればあのごみごみした通勤ラッシュから逃れられる。人波にもみくちゃにされることもない。そして何より満員電車で出勤して夜また満員電車に揺られて帰ってくるという判で捺《お》したような毎日を送らなくてもすむ。むろん陸に上がれば人並みの生活が待っているのだけれど、見渡す限りの大海原を前にしていると、こせこせしたことにあまりとらわれず何か自分の気持ちが広く大きくなっていくような気分を味わえるのだ。海の上での生活にすっかりなじんでしまったS曹長としては、定年で自衛隊を辞めてからもいまさらどこかの会社にもぐりこんで勤め人生活をはじめようとは思っていない。幸い知りあいにクルーザーの操縦をまかせてもいいと言ってくれる人がいる。父親がそうだったように結局彼の第二の人生も海からは離れられないようである。

ところがそのジッちゃんが、あとほんの少し待っていれば満額の退職金を手にできるのにそれが目減りしてしまうのを承知の上で定年目前に海上自衛隊を辞めてしまおうと本気で考えたことがあった。護衛艦に乗っていることがあれほど楽しかった彼が、もうやっていられないと思ったのである。

「はたかぜ」の舵とりをまかされているS曹長が所属する航海科は定員が十三名である。しかし六年前までは定員の枠通り十三人いた航海科の隊員が新造艦への転出などで少しずつ減らされていった。当時のいきさつを知る別の乗組員によれば、そうした人員カットにはPKO部隊の要員確保による皺寄《しわよ》せを食った部分もあったという。

ＰＫＯ部隊は呉《くれ》に司令部がある第一掃海隊群を中心に編成されたが、定員充足率が六割や七割に甘んじている通常の護衛艦のような人員構成で現地に赴くわけにはいかなかった。何しろ海上自衛隊四十年の歴史ではじめて実任務での海外派遣を行なうのである。ペルシャ湾までの長い航海を乗り切り、さらに一瞬の油断も許されない死の危険がつねにつきまとう掃海作業を無事にやり遂げるには、人員の面でも万全の体制で臨むことが何より求められた。今回は訓練などではない、文字通りの本番なのである。隊員が百パーセントの力を発揮するためには交代要員も含め完璧《かんぺき》な人員の布陣を敷いておかなければならなかった。専門技術を必要とする掃海作業に一般の隊員を割り当てることはできないけれど、同行する八千トンの補給艦の操船を扱う航海や隊員たちの胃袋を預かる調理といった部署には他の部隊からも人員の供出を仰ぐことになった。ただどこの部隊も人手不足に悩んでいるお家の事情は同じである。それでなくても余裕のない人員構成から新たに人を割くわけだから当然穴埋めは期待できない。人が減った分の皺寄せは末端の隊員たちがもろにかぶることになるのである。

こうして一人抜け二人抜けしている間に「はたかぜ」の航海科は、十三人いた隊員がついに三人にまでカットされてしまった。半減どころの騒ぎではない。四分の一以下になったのである。つまりは仕事量が四倍になるということだが、深夜も含めてほぼ六時間から七時間おきくらいに勤務がまわってくる護衛艦の場合、隊員にかかる負担はそうした単純計算では割り切れない部分がある。ことに船の航行の安全を司《つかさど》る航海科は船が岸を離れるときからつねに「実戦」の緊張感にさらされているようなものである。ブリッジに詰めて舵をとることはもちろん、進路上や周囲に近づいてくる船がいないかどうか、レーダーに目を光らせながら衝突予防の見張りを四六時中つづけていなければならない。双方の船の衝突防止策に大きな手抜きがあった点が問われた潜水艦「なだしお」と釣り船「第一富士丸」の衝突事故でも明らかなように、船は方向の転換がすぐにはきかない。相手のコースと速度を読みとりながら衝突の危険を察知して早目早目に手を打たなければ間に合わないのである。そのためにも見張りは穴を開けることの決して許されないポジションである。そして海は瞬時のうちにその表情を一変させる。刻々と移り変わる気象状況をチェックするのはこれまた航海科の隊員たちの任務である。マストに信号旗を掲げるのもそうだ。

しかしこうした航海科の仕事が、ＣＩＣや機関科といった他の部署の仕事と決定的に違う点は、見張りも舵も気象もすべて立って仕事をするという点である。三時間から四時間は立ちっぱなしでいるわけだから勤務を交代する頃には足が棒のようになっている。新入りの隊員には屋外での信号旗の仕事が待っている。信号旗を頻繁に取り替える出入港時や訓練行動中は吹雪になろうが雨が降ろうがブリッジの後方に位置する旗甲板上に出ていなければならない。このため隊員の間では「航海科に行くと後悔する」という駄洒落《だじゃれ》が生まれるほど航海科の仕事のきつさは知れ渡っていて、当然のことながらこの職種を希望する若手の隊員は少ない。

その航海の仕事をたった三人でこなそうというのである。勤務のシフトを組むのもぎりぎりである。通常の訓練航海では「三直」と言って、隊員を三グループに分けて勤務をまわしていく。つまり非番の隊員まで全員が勤務に狩り出される「総員配置」のとき以外は、艦長や航海士官らの命令をたった一人でさばきながら航海の仕事をこなすことになるわけだ。訓練のない場合ふつうなら勤務のシフトはより緩やかな「四直」に移行する。勤務の間隔が開く分、余裕をもって休めるわけだ。しかし隊員が三人ではそれもできない。まして気分が悪いからと言ってCICから逃げ出した僕のようにベッドの上でのたうちまわっていることなどとうてい許されない。一人抜けたら、残りの二人で船の安全を司る航海の仕事を引き受けなければならなくなる。風邪もおちおち引いていられないのである。

ジッちゃんことS曹長は、上司の航海長や艦のナンバー2である副長相手に「喧嘩《けんか》をした」と本人が言うほど強い調子で「とても三人ではやっていけない」ことを訴えた。艦長にも直訴した。しかし反応ははかばかしくなかった。訴えに耳を貸さないというのではない。現場の苦しさはわかってくれているのだが、かき集めたくてもかんじんの人間がいないのだからどうしようもない。「はたかぜ」レベルの問題ではなく、海上自衛隊という組織全体を蝕《むしば》んでいる深刻な問題なのである。

航海と言えば船のパイロット、民間の客船や商船では花形のポジションである。しかし海上自衛隊では航行の安全を左右するという仕事の重要さの割りに必ずしも評価は高くない。護衛艦は戦うことが目的の船である。だから兵器を扱う部署がどうしても重んじられてしまう。ソーナー員や大砲の砲手なら訓練でいち早く潜水艦を探知したり標的に命中させたりすれば艦長からおほめの言葉に与《あずか》りさまざまな査定にもプラスに働く。「はたかぜ」の隊員食堂の壁には護衛艦同士の戦技大会で優勝し「射撃優秀艦」として表彰されたときの賞状が飾ってある。タイトルをものにしたからと言って乗組員に金一封が出るわけではない。ただ水兵から下士官への昇進や三曹から二曹にランクアップするといった進級には艦ごとにあらかじめ枠が設けてあるのだが、「射撃優秀艦」に選ばれると恩典としてこの枠が増やされるのである。これに対して航海科の場合は実績がなかなか評価に結びつきにくい。うまくやってあたり前の世界である。そのくせ仕事はきつい。要するに割りが合わないのである。だからますます来ては少なくなる。

上官に直訴を重ねてもいっこうに埒《らち》があかないことに痺《しび》れを切らしたジッちゃんは、最後の切り札を使った。肉を切らして骨を断つ。捨て身の戦法に出たのである。

「私はもう辞めさせてもらいます。こんな状態では私は責任を果たせない。だから、三人でも航海をやっていけるという人を誰か連れてきて下さい」

ブラフではない。三十年舵をとってきた船乗りとしての誇りがあるからこそ、三人のままで航海の仕事をつづけるような無茶なことをするくらいなら船を下りた方がましだと真剣に考えたのである。もちろん現場の下士官が尻をまくってみせたからと言ってただちに増員が認められるほど組織は甘くはない。ジッちゃんにしてもそんなことは百も承知だった。それでも口に出さずにはいられない、やむにやまれぬ思いがあったのだ。しかし結局S曹長は船を下りなかった。上官に説得されたということもあるが、自分が抜けたあと、残された二人の隊員が背負いこまなければならない負担を考えると、やはり仕事を放り出すわけにはいかなかったのだ。ただ彼の捨て身の直談《じか》判が結果として功を奏したのか、その後、「はたかぜ」の航海科は二人の増員が認められ、「四直」が何とか組める五人の体制になった。それでも定員の半分に満たない状態は依然としてつづいている。

ジッちゃんは「はたかぜ」から下りようとまでいったんは思い詰めながら結局思いとどまったわけだが、別の事情から船を下りようとしてその一歩が踏みきれずに我慢をつづけているというケースもある。海上自衛隊では隊内の健康診断で「A」のマークをもらえなければ「艦船不適当」とされて護衛艦などに乗りこめないことになっている。視力がレベル以下だったり内臓の具合が悪かったり、足腰を痛めてスポーツをするのも差し障《さわ》りがあるような体の場合は「B」マーク、さらに症状が重いと「C」マークとなって、地上勤務につかざるを得なくなる。ところが「B」マークでいながら護衛艦に乗りこんでいる隊員がいるのである。彼はできれば船を下りて体の状態をある程度元通りにしたいと望んでいるのだが、自分が下りた場合のことを考えるとなかなか自分の都合ばかりを押し通せないでいるのだ。人手は足りず、辞めたあとの補充は望み薄となれば、当然その部署は欠員になってしまい、残った隊員に皺寄せがくる。もちろん病気の程度や内容によっては船を下りて長期療養に入る隊員もいる。そうした隊員の中にはやはり護衛艦に憧れて海上自衛隊に入った以上、健康が回復したら再び船に乗りたいという希望を持っている人間もいる。ただ病気を理由にいったん船を下りてしまうと、今度は船に戻ることがきわめてむずかしくなる。自分が船を下りたあとの人の手当てのこと、さらに体は元に戻っても船に戻れるかということ。それらを考え合わせると、体に無理を強いてでも船にとどまっているしかない。

　人手不足は隊員の健康という思いがけないところにもひずみとなってあらわれている。だが、その人手不足がいっこうに解消されないのに、数百億や一千億の巨費を投じた護衛艦は次々につくられていく。

海上自衛隊には、陸上自衛隊という図体《ずうたい》の大きな「兄」と、航空自衛隊というやんちゃな「弟」の陰に隠れて、親にあまりかまってもらえない少年時代を送った次男坊のようなところがある。防衛予算という親の愛情がもっぱら兄と弟に注がれ、次男だけはどういうわけか後まわしにされてきたのだ。

朝鮮戦争の日本への波及を恐れるマッカーサーから届けられた一通の書簡でろくに準備も整わないまま、わずか一カ月の間に警察予備隊として発足させられた陸上自衛隊が、寄せ集め集団の様相を呈していたのと違って、海上保安庁の「養子」として産《うぶ》声《ごえ》を上げた海上自衛隊は、帝国海軍の将校たちがメンバーでその中にはのちに海上幕僚長となる人間も加わっていたY委員会が組織づくりに大きな役割を果たしたこともあり、誕生して間もない頃からこぢんまりながらまとまりの良さをみせていた。同じ「軍隊」をつくるにしても海の場合は陸のように頭数が揃《そろ》えばいいというものではない。船を操るには特殊なノウハウが必要であり、そうなると人材は限られてくる。この結果、ポストの大半は旧海軍の軍人で占められることになり、組織としてのまとまりはできた反面、旧海軍との連続性が保たれ、有形無形の「伝統」もそのまま引き継がれたのである。

しかし人は集まっても船がなければ「海軍」はつくれない。その点でも海上自衛隊のすべりだしは順調だった。開戦直前のぎりぎりまで駐米大使として対米交渉に臨みアメリカに知己の多かった海軍大将野村吉三郎などが米海軍との橋わたし役をつとめ、アメリカ側から艦艇を供与してもらう道すじがつけられた。日米協定に基づいて日本側に渡された艦艇は最終的に二百七十隻《せき》、十万八千トンに及んだが、数が多い割りにそのほとんどは「艦」の名にも値しない沿岸警備に使うのがせいぜいなちっぽけな船ばかりだった。米軍が「日本海軍」の再建に力を貸しながら実質的な戦力を持たせなかった裏には「海上自衛隊があまり強力になりすぎて将来帝国海軍が復活するのを恐れたアメリカ側の深謀遠慮があったのではないか」とみる関係者もいる。海上自衛隊が提供を受けた航空機にしても第二次大戦でさんざん使い古したスクラップ同然のプロペラ機を手あたりしだいにかきあつめてきたといった感じで、ペンキを剝《は》がしてみたらフランス海軍のマークが顔をのぞかせたこともあったという。

年を追うごとにふくらんでいく防衛予算とともに、米軍からの「お貸し下げ」兵器にたよっていた自衛隊の「戦力」は強化されていったが、その重点は当初陸上戦力の増強に置かれ、海の誕生から後れること二年、米軍の肝煎《きもい》りで航空自衛隊が生まれるとそのウェイトはしだいに空に移っていき、海は取り残されてしまった。第一次主力戦闘機FXの選定をめぐって、グラマンF―11とロッキード社のF―104の間で政財官を巻きこんだ激しい売り込み工作が繰り広げられ「一千億円の空中戦」と騒がれていた頃、護衛艦や潜水艦の新造にあてる艦船建造費は航空機購入費に比べてひと桁《けた》少なく抑えられていた。スキャンダルは決まって金が大きく流れるところに湧《わ》いてくる。その後も兵器購入にからんで自衛隊内から逮捕者や謎《なぞ》の自殺を遂げる関係者が出て「疑惑」が取り沙汰《ざた》されたのは、一つの商談をものにするかしないかで数百億円単位の金が動く航空自衛隊の装備をめぐってだった。皮肉な言い方をすれば、「空軍」力増強が、スキャンダルが飛び交うほどの鳴り物入りで華々しく行なわれていたその陰で、海上自衛隊の戦力増強は細々と進められていたのである。

だがゆったりとした歩みだったその「海軍」力増強も第三次防衛力整備計画が実施に移された七〇年代に入ってからはにわかに加速がつきはじめた。海上自衛隊の誕生から十五年が過ぎた一九六七年、海上自衛隊は三十九隻の護衛艦を有していたが、このうち米軍からのもらいものは依然として三割強を占め、防衛予算で賄《まかな》われた国産の護衛艦は二十三隻に過ぎなかった。ところがそれから十年の間に国産護衛艦は二十隻も増え、一挙に四十三隻を数えるまでになった。三次防によって護衛艦の機動部隊である護衛隊群は三個から四個編成になり、さらに大湊《おおみなと》、横須賀《よこすか》、呉、佐世保、舞鶴《まいづる》の五港を母港にして担当海域の哨戒《しょうかい》任務にあたる地方隊はそれぞれ一個ずつの護衛隊を有していたのが二個ずつに増やされ、地方隊の艦艇部隊は倍増したのである。護衛艦初の五千トンクラスの大型艦を生み出した四次防のあとも建艦ラッシュにはさらに拍車がかかった。「はたかぜ」の建造がスタートした八一年からは、八三年の中一年を除いて毎年三隻のペースで護衛艦がつくられていくという状態が六年にわたりつづいた。そして海上自衛隊が誕生四十年、不惑を迎えた一九九二年には護衛艦の数は六十一隻に達していた。

急ピッチで装備の近代化を進めている中国海軍が保有する駆逐艦、フリゲート艦が五十九隻、英国海軍ですら四十一隻だから、空母こそ持っていないものの護衛艦だけの数に限ってみれば、海上自衛隊はいまやアメリカ、ロシアに次ぐ世界第三の強大な水上艦隊を擁する「海軍」にふくれあがったと言える。巡洋艦や日本の護衛艦にあたる駆逐艦、フリゲート艦を米、ロ両国とも百八十隻強保有しているが、アメリカやロシアの海軍は太平洋からインド洋、さらに地中海やバルト海に至るまで七つの海を睨《にら》みながら文字通り地球的規模で展開している。その点を考えれば、いくら四方を海に囲まれているとは言え、専守防衛を犯すべからざる大原則として防衛のエリアを日本の周辺海域に限定している割りには、日本はいつのまにかずいぶんと多くの、しかも世界でもトップレベルのハイテク兵器を搭載した護衛艦隊を抱えたことになる。もちろん軍艦と軍艦の戦いで雌雄が決せられた前世紀ならまだしも航空機や潜水艦との戦闘が海戦の勝敗を左右することになる今日、各国の軍艦の隻数やトン数を単純に比較しただけで海軍力の強さを強調することはあまり意味のないことかもしれない。ただそれでも専守防衛に徹して必要最小限の自衛力を持てばよいはずの日本で、なぜ軍艦だけがこれほどまでに増強されているのかという疑問はついてまわる。

日本の軍艦の数が際立《きわだ》って多いことは、日本の保有する陸上兵器や航空兵器が諸外国に比べて多いのか少ないのか、その比較と照らしあわせてみると歴然としてくる。護衛艦の数では日本はロシアやアメリカのほぼ三分の一、世界第三位にランクされているが、戦車の保有台数をみてみると、日本はロシアの二十四分の一、英国やイタリアより少なく世界二十三位に位置している。一方、作戦航空機の数で比べてみても日本はロシアの十五分の一、台湾やトルコより下回り、ランクは世界十八位にとどまっている。戦車や航空機に比べると護衛艦の数の多さはどうみても際立っているのだ。それだけの水上戦闘力を備えながらなお防衛に不安があるというのか、海上自衛隊は世界の海軍のほとんどがまだ装備していない超高性能のイージス・システムを搭載した一隻千二百億円はする「こんごう」を獲得した上、二年後には同じ型のイージス艦をさらに二隻、戦艦「武蔵《むさし》」を生みだし「はたかぜ」をつくった三菱《みつびし》重工長崎造船所で進水させる。「こんごう」は七千二百トン、第二次大戦当時なら巡洋艦の大きさでしかないが、「大艦巨砲主義」がとうに終りを告げた現代では「こんごう」レベルの大型ミサイル艦を複数所有することになるのは米、ロ二軍事大国の他、日本だけである。イギリスや中国海軍が所有するミサイル艦は最大でも「はたかぜ」クラス、五千トンさえ越えていない。

どこまでが自衛力で、どこからが戦力にあたるのか、その境界ほど曖昧《あいまい》なものはないだろう。日本の軍備の増強は、攻撃兵器が進歩すればそれに対抗するため防禦《ぼうぎょ》兵器もより強力にしていかなければならないという論法の下に推し進められてきた。イージス艦の採用にあたっても、戦闘機の性能の向上によって軍艦のミサイルが届かないより遠い上空から船に向けてミサイルの発射が可能になったことなど、空や水中からのミサイル攻撃がますます複雑化しハイテク化をきわめていることがその理由にあげられている。そしてイージス艦が登場すればそれを凌駕《りょうが》するような潜水艦や戦闘機が新たに開発され、今度はそれらを克服する対潜航空機やミサイル艦がまた新しくつくられるというように、結局攻撃も防禦も際限なくエスカレートを重ねていくという図式に変わりはないのである。自衛という言葉はさほど強い響きを持っていないからその言葉の魔力に惑わされてつい日本は強力な武力を持っていないかのように考えてしまうけれど、その実、兵器市場に新しい武器が登場するたびにその新兵器にまさる防禦兵器を「自衛」の名の下に買わされていくのである。それはちょうど『ちびくろサンボ』に出てくる、三頭の虎《とら》がサンボの帽子やステッキのとりあいをして木のまわりをぐるぐる回っているうちにバターになってしまったという話をどこか連想させる。エンドレスの輪の中に入ったら最後、抜けられなくなる。そして、自衛のための軍備なのか、攻撃のための軍備なのか、最終的にはどちらもいっしょくたになって見分けがつかなくなるのである。

こうした防衛論議は自衛隊が最新兵器を導入しようとするたびに国会やマスコミの場でいく度となく戦わされてきた。その論議は、軍備増強に疑問を投げかける側がしばしば憲法の理念や原則から説きおこそうとするのに対して、防衛庁や自衛隊の側は、問題の兵器がいかに防衛のために必要なのか専門的な技術論を展開して素人《しろうと》の目を煙に巻くというパターンの繰り返しだった。そして抽象論対技術論のやりとりは決まって水かけ論に終り、保守政権に支えられた自衛隊はほぼ計画通りの装備を次々と手にしてきたのだった。

だが、自衛隊の現場をたずね歩き兵士の声を聞くにつれて、戦後繰り返されてきたこれら防衛論議の中でかんじんの点が見落されていることに気づくようになった。兵士のことである。日本の防衛にとってどれほどの装備が必要なのかという問題は防衛に対するその人それぞれのスタンスによって見方が大きく分かれてくる。しかも攻撃が現実に加えられているわけではないのだから、この問題は将来起こり得るかもしれない危険の可能性をどの程度見積もるかという未来予測にかかわってくる。つまり必要か必要でないかのどちらに転んでも、しょせん頭で考えただけのシミュレーションの産物というそしりを免れないのである。乱暴な言い方をすれば、どんな兵器が日本の防衛にとって必要になるのかはほんとうのところ敵からの攻撃にじっさいさらされてみなければ誰も確信を持って言い切ることはできないはずなのである。

だが同じ問題も、視点を変えて兵士の側からみれば、兵器を買い与えられてもそれをフルに使いこなせるような状態に自衛隊の現状があるのかどうかというより切実な問題に置き換えられる。兵器が必要かどうかではなく、果たしてその兵器を使えるのかと兵士たちは問いかけるのである。彼らは自衛隊の第一線に身をおいて人手不足の深刻さを思い知らされ、さまざまな足枷《あしかせ》がはめられ訓練もままならない現実をみせつけられている。平成の日本に自衛隊がある以上、自衛隊もまたこの社会に生きる企業や組織とほとんど同じような悩みを抱え、社会からの制約を受けている。その自衛隊という組織の身の丈に合った装備とはどの程度のものなのか、まずその点をはっきりさせておかなければ、いくら親の見栄《みえ》や勝手で高価なおもちゃを買ってみたところで、家の中で遊べなかったり数が多すぎておもちゃ箱にしまったままだったりして持て余すことにもなりかねない。兵器はそれ自体では単なるハードウェアにすぎない。それを動かす人間がいてはじめて兵器として働くのである。だがどうもその人間の問題がないがしろにされてきたようなのである。そしてその点が海上自衛隊の護衛艦増強にもっとも端的にあらわれているのだ。

護衛艦はこの四半世紀の間に六割近く数を増やしてきた。特に建艦ラッシュが激しくなった一九八一年から九二年までの間、潜水艦は一隻も増えていないのに、護衛艦は十二隻も増えている。ところがこの時期、海上自衛隊の隊員はわずか千八十人しか増えていない。増員分をすべて増強された護衛艦に振り向けたとしても一艦あたり九十人にしかならない。護衛艦の定員は船の大きさや性能によって幅があるが、二百二十名前後が平均的である。とすると、増強分の護衛艦を動かしていくためには既存の護衛艦から人を割くしかやりくりの方法はないわけである。

「はたかぜ」の乗組員と話を交していて、将校、下士官の別なく誰の口からも洩《も》れてきた不満が、「人が足りないのに護衛艦ばかりが増えていく」というものだったが、図らずもその事実は数字が裏づけてくれた。そして海上自衛隊の幹部もその点は否定しないのである。「はたかぜ」をはじめ八隻からの護衛艦を統《す》べる第一護衛隊群の司令、山崎眞海将補はこの建艦ラッシュの時期、海上幕僚監部で護衛艦をつくるための予算要求を司《つかさど》るセクションにいた。その彼は、人手不足なのに護衛艦がどんどん増えていったそのアンバランスについて「人事関係の施策と船をつくる施策、この横の連携がとれて、バッティングしていたとは必ずしも言えないんじゃないか」と認めた上で、

「こんなことを言うと、自分に唾《つば》かけるようになるんですけど」

と、軍人臭さをあまり感じさせない好々爺《こうこうや》然とした穏やかな表情に、少し困ったような笑いを浮かべてみせた。そして彼は護衛艦増強の背景をこんな風に説明するのである。

「船の予算を認めていただける情勢にあったんで、人のことはちょっと後になっても、とにかく船をつくっていただこうと、こういう格好だったんじゃないかと思いますね。そのひずみがちょっと今出てきている、そういうことだと思います」

隊員の数に応じて兵器を揃えていくのではなく、ともかく予算がとれるうちにとってしまおうといういかにもお役所的な発想の下に防衛力増強が行なわれていった一端

がかいまみられる。

だが、人の手当てもままならないのに護衛艦ばかりを増やしていけば、既存の船にとってはますます人手不足が深刻になるだけでなく、乗組員の練度が低下するという由々《ゆゆ》しき問題が生じてくる。人材の空洞化という奴《やつ》である。船は五年でつくれるが、いっぱしの護衛艦乗りになるためには最低十年はかかるという。そうした第一線の声を無視した形で一隻数百億はする護衛艦が次々に建造され、数の上ではたしかに世界有数の艦隊ができあがったが、その中身は、と言うと、身のほどもわきまえず背伸びしたツケを、隊員たちが背負いこまされただけなのである。最新のハイテク兵器を満載した護衛艦の中で若手の将校がつぶやいていた。

「昔は精神主義で負けたわけですよ、戦争に。その反省から防大でも理工系に力を入れてきたと思うんです。でも、じっさい部隊に来てみると、人が少なくて、それを補うのはやっぱり精神主義なんですよね」

逆に言えば、困ったときの「精神主義」頼みという帝国海軍以来の発想が人のことは後まわしにした護衛艦増強策を生んだのかもしれない。

紙のキャリア

いくら「はたかぜ」が海に浮かぶ小さな砦《とりで》と言っても、二百人近い乗組員全員の顔と名前を覚えているのは「俊美さん」くらいなものだろう。防衛庁長官のようにほぼ一年ごとに首のすげ替えが行なわれる艦長が、ろくに下士官の名前も覚えないうちに転勤してしまうのに対して、誕生以来八年あまり「はたかぜ」に乗り組んでいる「俊美さん」は、この船の主《ぬし》のような存在である。じっさい乗組員全員に睨《にら》みをきかせているところは主以外の何ものでもない。

俊美さん、と聞くと、女性を思わせる名前からついソフトな物腰の優しげな男性というイメージを抱いてしまう。ところが本人に会った人は、名は体を表すという言葉が必ずしも当てにならないことを思い知らされる。上背はそれほどでもないが筋肉の盛り上がった頑強そうな体格は牡牛《おうし》を思わせ、潮焼けした顔に深く刻みこまれた皺《しわ》と、口のまわりにたくわえた黒ぐろとした豊かな髭《ひげ》は、帝国海軍の末裔《まつえい》というよりバイキングの末裔と呼んだ方がふさわしい、いかにも海を相手に生きてきた古強者《ふるつわもの》を彷彿《ほうふつ》とさせる。函館《はこだて》出港の朝、雪の吹きつける甲板上でもたもたしている水兵の頭を時折こづいては、あたり一帯に轟《とどろ》きわたる野太いバスで号令をかけながら先頭立って舫《もや》いを引く作業を行なっていたのは、この「俊美さん」、K曹長《そうちょう》である。艦長の山村二佐がK曹長について、乗組員の眼には自分と同格くらいに映っているだろうといみじくも述べている通り、将校の前で人を食ったような表情をみせる若手の水兵も、K曹長が大声で号令をかけると、弾《はじ》かれたように背筋を伸ばして引き締まった顔つきになる。端《はた》でながめていても水兵たちが気圧《けお》されている様子がありありと伝わってくる。

自衛隊が社会の吹き溜《だ》まりのように言われていたふた昔前は、ヤクをやっていたとかヤクザに追われているといった十代ですでに人生の落伍者《らくごしゃ》としての烙印《らくいん》を捺《お》されたような若者が護衛艦にも結構乗りこんできた。当時に比べれば隊員の質は格段に良くなったとは言え、それでもいまどきの若者であることに変わりはない。護衛艦は陸や空に比べてたしかに勤務がきつい。一度出港したら一週間や十日は休みももらえず、唯一《ゆいいつ》自分の自由になる三段ベッドの六十センチほどの狭苦しい空間でプライバシーとは縁のない毎日を送らなければならない。母港に停泊していても新米の水兵はほぼ二日おきに回ってくる当直でせっかくの週末だろうが一日船の中に足止めを食わされる。そうした勤務の明け暮れに嫌気がさして、三年間の任期満了を待たずに辞めていく水兵は多い。「はたかぜ」でも三年ほど前、九人の新入隊員が乗りこんできたが、わずか半年で半分に減ってしまった。自衛隊にそのまま居残っても中には、サラ金からの借金がかさんでその返済に給料のほとんどをあてるため下宿を引き払い一年中、護衛艦で暮らす羽目になった隊員や、呑《の》み過ぎて船に戻る帰艦時刻を過ぎても姿をあらわさない隊員などの要注意人物がいないわけではない。

そうしたひと筋縄では行かない隊員を含めて若手の水兵をK曹長がともかくも束ねてゆけるのは、ドスをきかせた彼のいかつい容貌《ようぼう》や、口で言うより手を出す方が早いと本人も認める鬼軍曹としての迫力に恐れをなしているところもあるが、力で押えつけるだけではかえって反発を買ってしまう。彼の場合もむやみやたらと手を上げているわけではない。叱《しか》るときはまずその相手を見るという。叱っただけで泣いたり妙に反抗的な素振りをみせたりする隊員がいるかと思えば、他の隊員が居合わせたところで注意した方がむしろ効果的な隊員とか、下士官、水兵を合わせて百八十人近い数にのぼるとタイプもさまざまである。そんなとき乗組員全員の名前と顔、それに大体の性格が頭にインプットされているK曹長は、相手に合わせた叱り方ができるのである。逆に隊員からすれば、部署の違う隊員の名前などいちいち把握していない将校の眼はごまかせても、自分のことを知っているK曹長に対してはごまかしがきかないということになる。

護衛艦の内部は階級社会である。艦長を頂点に、副長、士官、さらに下士官、水兵と厳然たる上下関係に基づく秩序が、周囲から隔離されたこの組織を支えている。しかしじっさい護衛艦に乗りこんで隊員たちとともに一つ屋根の下で暮らしてみると、そうしたピラミッド型のヒエラルキーとは別の原理がこの社会の底にしっかり根を張っていることに気づかされる。将校は兵隊に命令を出して彼らを動かす。たしかにその通りなのだが、護衛艦の場合は兵を動かすとともに船も動かさなければならない。そのためにはK曹長に代表される護衛艦の主のようなベテラン下士官の存在を無視するわけにはいかないのだ。

護衛艦の中では士官と違って下士官や水兵は一緒くたにされている。食の面でも住の部分でもその待遇に差はほとんどない。勤続十五年を数える下士官も狭苦しい居住区で三段ベッドに押しこめられ、入りたての水兵たちと寝起きをともにしている。階級の違いが出るとすれば、せいぜいベッドの場所決めをするにあたって階級順に自分の気に入った場所を選べるというくらいなものである。ただ下士官の中でも、K曹長をはじめ十五人だけは他の下士官と待遇に大きな開きがある。艦橋からラッタルを伝って、ビルで言えば地下一階にあたる甲板下のフロアに降りていくと、CICルームや機関室が艦尾方向の廊下に沿ってならんでいる。この廊下の先には隊員食堂が、その左手には看護兵の詰めている医務室があるが、さらに艦尾に向かって進むと、CPO、Chief Petty Officerと書かれた部屋に出る。ここは新人の水兵にとって士官室より入るのにひと呼吸必要な部屋である。ノックをする前に思わず自分の服装に眼をやって、着衣に乱れがないか、身繕いをたしかめてしまう。そして、しゃちほこばった姿勢のままドアを開けると、そこにはK曹長ら先任海曹と呼ばれるいかにも不敵な面《つら》構《がま》えをした十五人の古強者が待ち構えている。部屋自体は小ぢんまりとして士官室の半分ほどの広さしかないが、薄手ながらカーペットが敷きつめられ、長いテーブルと簡単な応接セットがおかれている。

このCPO室のすぐ手前には下士官や水兵たちが寝泊りする第二居住区があり、その入口の横にはさらに一階下のフロアに降りていくラッタルがあって、やはり三段ベッドがならんだ隊員たちの居住区に通じている。しかしK曹長ら十五人の先任海曹はこうした大部屋の居住区では寝起きしない。彼らにはCPO室の奥の部屋に二段ベッドが用意されている。食事の時間がきても彼らは他の下士官や水兵にまじって隊員食堂の入口で順番待ちの行列にならぶようなことはしない。CPO室のテーブルに座っていれば、士官室と同じく白い給仕服に身をつつんだ当番兵の若手水兵が配膳《はいぜん》から後片づけまで食事の面倒をいっさいみてくれる。そればかりか当番兵は食後のコーヒーを沸かしたり部屋の掃除をしたりとボーイのような仕事を言いつかって、何くれとなくこのベテラン下士官たちの世話をするのである。

「はたかぜ」には五つの風呂《ふろ》があるが、うち二つは士官専用である。士官は十七人しかいないから一人ずつ交代で入れるくらい余裕がある。これに対して隊員用の浴室も二つだが、利用する人数は十倍近い百六十人である。士官浴室より広いとは言え、銭湯を想像している向きには実物はかなり狭く感じられる。そこに入浴時間の二時間ほどの間に勤務の明けた隊員がいっせいに押しかける。洗い場にならんだ蛇口は次から次へとふさがり、湯気のたちこめる中を下着を持ちこんで洗濯をしたり髪をシャンプーする男たちの裸がひしめきあう。うかうかしていると体を洗う場所さえなくなってしまう。鼻歌まじりでのんびり湯船につかっているわけにもいかないのである。しかし同じ下士官であっても先任海曹になると隊員浴室での慌《あわただ》しい入浴から解放される。廊下をはさんで隊員浴室の向かいに小ぶりだが先任海曹専用の浴室とトイレが用意されているのだ。艦内での生活に限ってみると、先任海曹は士官と同等の待遇に与《あずか》っていると言える。

下士官でいながら下士官らしからぬ先任海曹という存在は護衛艦独特のものだろう。陸上自衛隊の場合、ＣＰＯにあたるポストは特に設けていない。中隊の入っている隊舎に一部の下士官だけが使う上級陸曹室という部屋はあるが、それでも彼らに当番兵がつくといった特別待遇が与えられているわけではない。陸で当番兵がつくのはせいぜい中隊長以上、その中隊長にしても食事時にはプラスチックの膳を持って士官食堂の行列に加わるのである。海のように兵隊に士官の食事の準備や後片づけをさせたり食事がすむのを見計らってコーヒーを運ばせたりはしない。士官というものに対する陸と海の考え方の違いがあらわれているのだろう。そして護衛艦で先任海曹の下士官にだけ「食」と「住」について士官と同等の待遇が許されているのは、士官に近い役割を託されているからである。

「はたかぜ」でも他の護衛艦でも、誰をCPO室に入れるのかその人選にあたっては特別の選考が行なわれるわけではない。むろん艦長の意向に左右されるわけでもない。先任海曹という言葉が示す通り、下士官の中で先に一曹に昇進した者順に十五人が自動的に組み入れられる。つまり曹長や一曹としてのキャリアの長い者、古手の下士官を集めた部屋がCPO室なのである。このため階級は同じ一曹なのにCPO室に入れず、新人の水兵たちとともに大部屋暮らしをつづけるベテラン下士官もいる。転勤や退職などでCPO室に空きができると、今度は大部屋にいる一曹の中から年齢に関係なくもっとも長く一曹を務めている下士官が、先任海曹として当番兵つきのCPO室に入り、大部屋では味わえなかったさまざまな恩典に浴すようになるわけである。これら十五人のメンバーのうち、CPOのリーダー格として古強者ぞろいのベテラン下士官をまとめる役目を仰《おお》せつかっている先任海曹は、特に先任伍長《ごちょう》と呼ばれている。「はたかぜ」でその先任伍長のポストについているのが、「俊美さん」ことK曹長である。CPO室には四十五歳のK曹長より年上の先任海曹が五人いる。定年を目前に控えている舵《だ》長《ちょう》のS曹長をはじめとして七人の炊事兵とともに夜食を含め一日四食の隊員たちの食事づくりに追われているコック長など、いずれも護衛艦に乗って三十年という古手ばかりである。そうした先輩たちをさしおく形でK曹長が先任伍長に選ばれたのは、やはり彼がもっとも若くして一曹に昇進していたためであった。

CPO室の壁には「はたかぜ」に乗り組んでいる下士官、水兵全員の名札を貼《は》りつけたボードが掲げてある。ボードの隅には、入校、休暇などと書かれた欄があり、ここにも隊員の名札が何枚か貼ってある。このボードを見れば、いま現在「はたかぜ」には何人の下士官、水兵が乗りこみ、その他の隊員はどんな理由で下船しているのか、乗組員の動きが一目でわかる仕組みになっている。これと同じように所属している隊員全員の氏名と勤務や休みの状態をしるしたボードは陸上自衛隊にもあるが、僕が訪ねた倶知安《くっちゃん》や千歳《ちとせ》の部隊では中隊長室に面した廊下の壁に百数十人の兵士の名札がずらりとならべてあった。護衛艦で言えば艦長室の目の前にボードがあったことになるが、それが古手の下士官を集めたこのCPO室にあるところに、護衛艦における幹部と兵隊のかかわりのありようがなんとなくうかがえるのである。

CPO室の役割をひと言で言えば、幹部と兵隊のパイプ役ということになるのだろうが、これはずいぶんときれいな言い方である。パイプ役であれば幹部の命令や方針を下に伝えて従わせるだけでなく、兵隊の意見や要望を吸い上げて上の人に受け容《い》れてもらえるように交渉しなければならない。しかしここは軍隊である。ふつうの企業以上に命令する者とされる者との上下関係は厳格である。民間組合の団体交渉と違って、粘り腰であるとか駆け引きに長《た》けているといった交渉者の腕が、要望が満たされるかどうかを左右するわけでは決してない。同じテーブルにつくという表現はこの場合あたらないのである。

CPOの仕事の中でもっとも隊員の生活にかかわってくることが代休をめぐる幹部との交渉である。護衛艦が大型化し航続距離が長くなったことにより訓練で海に出ている日数は以前に比べて大幅に増えている。横須賀《よこすか》を母港にしている護衛艦の中にはのべで年に九カ月以上も港を離れていた船があるほどだ。そうした乗組員にとっては航海手当が多少つくことよりつぶれた土日の代休をもらえることの方がはるかに嬉《うれ》しいのである。下の要望を上に上げるのが役目の先任伍長は、せめて船が母港に戻っているときくらいは隊員のやりくりをつけて平日に代休を消化させようと艦長に次ぐナンバー2の副長にかけあってみる。しかし港にいても、VIPの見学やそのためのペンキの塗り替え、さらに整備作業などで行事は結構詰まっている。船のスケジュールがきついから休みは無理だと言われれば、先任伍長としても黙って引き下がるしかない。

幹部と兵隊のパイプ役と言われるCPO室も、じっさいは、兵隊のことは兵隊に睨みがきく古参の下士官にまかせた方がうまくコントロールしやすいというところにどうもこのシステムの存在価値があるようである。そして先任海曹と呼ばれる下士官に、下士官でありながら士官並みの待遇が与えられているのは、上と下の板挟みになって苦労しなければならないことへの形を変えた心労手当なのかもしれない。

先任海曹の仕事は実に幅広い。代休のことだけでなく護衛艦に乗りこんでいる下士官、水兵の生活にまつわるほとんどに先任海曹はからんでいる。ベテランの一人は「下の世話まで……」と言って苦笑したが、冗談としてもその表現が実態からまるでかけ離れているというわけではない。何しろ隊員たちの勤務評定にはじまって隊員食堂で販売しているアイスクリームの管理、トイレットペーパーの買い置き、隊員のもとに督促状を送ってよこすサラ金業者との借金返済の交渉にまで先任海曹は陰に陽にかかわっている。

自衛隊という武装集団の中で、自分の力だけで移動ができ、戦闘も行なえる最小の単位は、陸では中隊だが、海ではさしずめ護衛艦である。陸の中隊はいくつかの小隊から構成されているが、その小隊が護衛艦では分隊にあたる。そして陸の小隊が、兵士の扱う小銃、迫撃砲といった武器によって小銃小隊、迫撃砲小隊と色分けされているように、護衛艦の分隊の場合も隊員が船の中で受け持つ仕事によって大きく四つのグループに分けられている。第一分隊にミサイル、大砲、魚雷など武器に携わる隊員が集まり、第四分隊には補給、経理、調理といった後方支援の部署で働く隊員が顔を揃《そろ》えているのはこうした職域に応じた編成のためである。分隊の下には班があり、これはそれぞれの職場単位でまとまっている。たとえば第二分隊には、レーダーを扱う電測、機器の整備を行なう電整、そして航海、電信の四つの職場に勤務する三十四人の隊員がいるが、この職場ごとに一つの班がつくられていて、電信であれば第二分隊の四番目の班ということで二十四班と呼ばれている。

二十四班は隊員が八人、新人が思うように入ってこない点はこうした班の隊員の顔ぶれにもあらわれている。ふた昔ほど前は班の中で水兵と下士官はほぼ同数だったのがいまでは水兵一人に対して下士官が三人と逆ピラミッドになっている。八人のうちもっとも早く上の階級についた先任者は三十八歳の一曹で、彼が班をまとめる班長のポストにある。その彼をはじめ第二分隊の四人の班長をさらに統括するのは先任海曹の中でも分隊先任と呼ばれる下士官である。分隊にはたいていCPO室に入っている先任海曹が三、四人いるが、このうち分隊先任の役目を仰せつかるのは先任海曹になりたての人間である。二分隊の先任海曹と言えば「はたかぜ」で最年長の舵長の「ジッちゃん」もその一人だが、分隊先任の役についているのは大部屋住まいから先任海曹室に移って二年に満たない、ジッちゃんより十六も年下の一曹である。

幹部と隊員の潤滑油と言われる先任海曹の中でも、分隊先任には下士官や水兵を直接監督する役目が与えられている。隊員の勤務態度や素行、健康状態をチェックしたり班長とともに悩みごとの相談に乗ったりと公私にわたって彼らの面倒をみるのが仕事なのである。このためジッちゃんのようなベテラン中のベテランより先任海曹としてのキャリアは短くてもつい最近まで大部屋で若い水兵たちと寝起きをともにして彼らの空気をよくつかんでいる人間の方が何かと仕事がやりやすい。ただし分隊先任には気の重い役目が待っている。先任海曹を除く隊員一人一人の勤務評定をつけることである。先任と箔《はく》はついていても階級が一曹のままでは分隊の中に階級が変わらない隊員や自分より年上の隊員がいることもある。身分上は同じ下士官でありながら職場の同僚や先輩の勤務評価をしなければならないわけである。

　海上自衛隊には、隊員一人一人の経歴明細や生活態度、勤務成績といった個人データを書きこむ、俗に「赤表」と呼ばれる書類がある。「赤表」は分隊の指揮をとる三佐クラスの分隊長がおもに作成するものだが、その書類作成のさいの参考となる原簿を分隊先任がつけて幹部に提出するのである。分隊先任とは別に、班長もまた「班長手帳」というノートに班員たちの日常の生活態度や性格をこまかくメモして幹部に渡す。つまり幹部は分隊先任と班長という二つのルートからの情報をたよりに隊員の大まかな身上を把握するわけである。分隊先任がつける隊員たちの勤務評定にさいしては、評価を行なう先任の個人的な感情が反映されないようにあらかじめフォーマットがあり、それに照らして、技量は優秀であるか、協調性はあるかなどの点について、ABCDEの五段階評価を下すことになっている。しかしA段階は全体の何パーセントというように各段階の人数の割合が決っているため、ほぼ同レベルの力がありながらその枠から洩《も》れてしまうケースについては分隊先任が「A相当の能力はある」とコメントを書き添える。

分隊先任が行なう隊員の勤務評定は本格的な勤務評定の前のあくまで資料づくりに過ぎないと言っても、じっさいにはかなりの重みを持っている。日頃から隊員と頻繁に接触し班長とも情報交換をしながら隊員一人一人の様子をつかんでいるのは、分隊長より先任下士官であるからだ。分隊長にしてみれば、自分が勤務点をつけなければならない隊員の中にはめったに会話を交わしたこともない隊員も含まれている。ことに隊員数八十人を数える一分隊の場合は、大世帯であることに加えて、分隊長をつとめる砲雷長がＣＩＣに詰めていることが多いのに、隊員はミサイル、大砲、射撃管制と勤務する場所が艦内のあちこちに散らばっていて、勤務の様子が分隊長の眼にふれることはおろかふだん顔を合わせることもほとんどない。護衛艦という鉄の柩《ひつぎ》の中で一緒に暮らしていても士官と兵隊とでは食事をとる場所から風呂、トイレ、寝る場所まで生活圏がまるで違うのだから顔を合わせないというのはむしろ当然なのである。

　第二甲板と呼ばれている甲板下のフロアに降りて細長い艦内を縦に貫く廊下を艦尾方向に進むと、隊員食堂や先任海曹室《CPO》、浴場、さらに隊員の居住区と下士官や水兵たちの施設が集中している。ここらあたりでは士官の姿はめったに見かけない。まして士官が隊員たちの寝泊りする大部屋に出向いて話しこんだり食事どきに隊員食堂をのぞいたりすることはよほどの用でもない限りふだんは考えられない。

ところが僕が隊員食堂で賑《にぎ》やかに飯を頬張る若手の水兵に混じって食事をとっていたとき、なぜか士官が食堂にまぎれこんできたことがあった。隊員たちは一瞬箸《はし》を動かす手を休めて、テーブルの間を歩いてくる士官のことを、何しに来たんだというような、冷ややかな眼差《まなざ》しで一瞥《いちべつ》した。わざわざ振り返って士官の後ろ姿を見送る隊員もいた。こう書くといかにもわざとらしく聞こえるかもしれないけれど、それまで騒々しいくらいに話し声や笑い声が飛び交ってさんざめいていたその場の空気が肌ではっきりと感じられるほど変わり、談笑のトーンがふっと弱まったのである。

僕らが「はたかぜ」に乗りこんでいた間中、艦側では食事をとりながらでも隊司令や艦長と話ができるようにと士官食堂に僕らの席を用意してくれた上、ほんらいなら次席の副長などが座るべき艦長の隣りの場所をわざわざ空けておいてくれた。いったん港を離れると隊司令や艦長は訓練に時間を割かれ僕らと話をしている暇はなくなる。このため艦側が便宜を図ってくれたのは有り難かったが、取材する側としてはせっかく同じ船に乗りこんで航海をつづけているのだからあらゆる機会を捉《とら》えて隊員の艦内での生活ぶりを間近でながめていたかった。船に揺られてかえって食欲が増進したらしいカメラマンの三島さんは仙台を出港したその夜から隊員食堂で食事をするようになり夜食まできれいに平らげていた。一方、函館に着く朝まで船酔いでベッドから離れられなかった僕も函館を出港した日の夜から艦側の好意を断って隊員食堂で食事をとらせてもらうことにした。

僕らがどこで食事をしようが、隊員たちにとってはさほど興味をひくようなことではないだろう。てっきりそう思いこんでいたのだが、話は誰からともなく隊員の間に広まっていった。護衛艦を訪れる人間は士官室で食事をすませるのが通例だっただけに、隊員食堂まで降りてくるということ自体が物珍しく思われたのかもしれない。函館を離れて間もなく艦内の廊下で水兵の一人に声をかけられた。

「今夜から隊員食堂の方で飯食うんですって？」

自衛隊で隊内の食堂を利用する場合にはあらかじめ何日分の食事が必要なのかを部隊の方に伝えて、一日あたり千百円の食費を納めることになっている。護衛艦の場合もその点は同じだし、御飯物や汁物なら多少の融通は利《き》くのだろうが、メニューによっては人数分しか用意しておかないものもある。きょうからこちらで食べさせて下さいといきなり隊員食堂に押しかけてもすぐさま料理が出てくるわけではない。航海中、僕らは士官室で食事をとる予定になっていたため、その分ふだんより多くの皿が調理室から一階上の士官室に運ばれていた。その食事の場所を士官室から下の食堂に移すさいには、それまで士官室にまわしていた料理を今度は隊員食堂の方でとっておいてもらわなければならない。逆に言えば誰がどこで食事をとるかは前もってわかるというわけだ。

「みんなの食事風景が見たいと思ってね」

水兵はうれしそうに笑ってみせた。

「いいぞお、と思いましたよ」

「どうして？」

下の食堂で僕らが食べるという、たったそれだけのことをなんでそこまで喜んでもらえるのか、不思議な気がした。水兵の真意をはかりかねていると、彼は抑えた調子の声でささやいた。

「僕らの本音を聞いてもらえると思ったからですよ。いままでマスコミの人は船に乗ってきても士官室に入りびたってばかりで、下っ端《したっぱ》の話なんか聞こうともしなかったですからね。隊員たちのほんとうの気持ちを知ろうと思ったら士官室なんかにいちゃ駄目なんですよ。隊員食堂なら、幹部がいないから、みんな、ぶっちゃけた話してます。別にインタビューしなくったって耳を澄ましていれば日常会話としていろんな話が聞こえてきますよ」

護衛艦の中には明らかに二つの異なる世界が同居している。士官と兵隊の世界である。それら二つの世界の間には相手の領分にむやみやたらと踏みこまないという黙契が交わされているのではないかとさえ思えるほど、端から見ると互いに眼に見えないバリアでへだてられているようだ。士官の寝室がならんでいる区画に水兵は近づかないし、隊員の居住区である大部屋にも将校はめったに立ち寄らない。分隊士と言って分隊長の補佐役をつとめる若手の士官がたまに大部屋に見回りに行くことはあるが、形ばかりで、非番だからと言って分隊士が同年輩の若手隊員と一緒にトランプのテーブルを囲んだり雑談に興ずるような打ちとけた雰囲気にはない。むしろ大部屋の管理や点検はすべて先任海曹《かいそう》にまかされている。白地に赤のストライプが一本入った腕章をつけた当直の先任海曹二人が午前十時、午後三時、消灯時間の一日三回、大部屋を巡回して、ロッカーにきちんと鍵《かぎ》がかかっているか、体の調子が悪くてベッドで横になっている隊員はいないかと部屋の隅々までチェックしてまわる。当直士官は先任海曹からの報告を受けるだけで自分から大部屋に足を運ぶことはしないのである。

仙台から「はたかぜ」に乗りこんだとき、艦の構造を頭に入れておきたいと士官の一人に頼んでひと通り船の中を案内してもらった。甲板下のフロアからさらに傾斜のきついラッタルを伝って隊員の大部屋に降りていくと、十畳ほどの比較的広いスペースに、テーブルが三脚と、見るからに座り心地の悪そうなソファがおかれ、その奥に三段ベッドがずらりとならべてある。ソファでは休憩時間中の下士官や水兵がコミック雑誌を読んだりファミコンをいじったりしている。壁には黒板やさまざまな掲示物にならんで女の子のヌードポスターが貼《は》ってあった。もっとも、若い男が何十人も詰めこまれ男臭さがたちこめた部屋の中でその手のポスターは、むしろ風呂《ふろ》屋のペンキ絵に描かれた富士山のように、なければ物足りなさを感じる見馴《みな》れた風景の一部である。F15のパイロットが一服する休憩室には和洋とりまぜてヌードカレンダーが所狭しと飾ってあったし、陸や空のどこの基地を訪ねても談話室や隊舎のロッカー、そして隊員が交代で自分の近況を書きとめる落書帳の表紙にはつややかだったり使いこまれていたりと実にさまざまな肉体が躍り、決まってこちらに艶然《えんぜん》と微笑《ほほえ》みかけていた。

「はたかぜ」の大部屋に貼ってあったポスターは女性ふたりの上半身だけのピンナップである。週刊誌のグラビアにまでヘアヌードが登場する最近としてはその程度の露出度ではおとなしすぎてもはやヌードの範疇《はんちゅう》にも入らないかもしれない。けれど案内に立ってくれた士官や僕らについてきた海幕の広報官はポスターに気がつくと、明らかに不快そうな眼差しを向けた。ただ、その場は僕らがいた手前もあってか、士官たちは無言で大部屋をあとにしたのだが、艦内の見学を終えてからカメラマンの三島さんが先ほどの居住区をもう一度のぞいてみると、壁のポスターはすでに剥《は》がされたあとだった。隊員の話では、こういうところを写真に撮られて雑誌にでも載ったらみっともないからと幹部の指示で剝がされてしまったのだという。僕らが艦内見学に入る前にもこの部屋には当直の先任海曹が定時の見回りにきている。その時点ではポスターのことについて特に目くじらを立てるわけでもなかった。しかし士官の見る眼はまた違っていた。逆に言えば大部屋はふだん士官の眼が届かないところだけに、下士官たちの流儀がより通用する世界が形づくられているわけである。

ベテランの下士官の中には良きにつけ悪《あ》しきにつけ士官と隊員との関係が濃密だった一九六〇年代の護衛艦の雰囲気を懐《なつ》かしむ人もいる。当時は「分隊長は父と思い、分隊士は母と思え」ということが盛んに言われ、じっさい部下の借金をめぐって高利貸しと直《じか》談判するような親分肌の士官も珍しくはなかった。しかしいまでは隊員のトラブルに自分から乗り出していく士官は少なく、結局隊員の身近にいる班長や先任海曹にお鉢が回ってきて、借金の後始末をしたり、自衛隊を辞めたがる隊員と、家に戻られても困ると子供のことを押しつけてくる親との間に入って仲裁役をつとめたりとさまざまな面倒をしょいこむことになる。

ただ士官の側には隊員一人一人のこまごまとした問題にとてもかかずらっていられ

ない事情もある。転勤が頻繁なことである。士官が一つの護衛艦に乗りこんでいる期間は一年から一年半、長くてもせいぜい二年で、他の護衛艦から転勤してきたと思ったら席を暖める間もなく次の船に移っていかなければならない。船というよりはこれでは腰かけである。部下ができてもそれは束《つか》の間《ま》の部下に過ぎない。乗組員全員の名前と顔を覚えているようなベテラン下士官の助けがなければ、士官は、船に乗っていても天井桟敷《さじき》にいるようなものなのである。だがそれは隊員との問題だけに限らない。

護衛艦に乗りこむ海の士官と、陸や空の士官とでは、育てられ方に大きな違いがある。語弊を承知で言い切ってしまえば、それはゼネラリストを育てるかスペシャリストを育てるかの違いだろう。

陸や空の士官の多くが、生涯一捕手の言葉のままに士官候補生の段階で振り分けられた歩兵や戦車乗り、あるいはパイロットにレーダー屋といったそれぞれの専門の道をひたすら歩みつづけるのに対して、海の士官は自分の専門のことだけにかまけているわけにはいかない。もちろん護衛艦乗りが潜水艦に乗らされたり掃海艇に移ったりと、乗りこむ船の種類が変わるようなことはまずないが、軍艦という巨大な兵器を動かすのに最低限必要な仕事はひと通り体験させられる。士官候補生教育の仕上げともいうべき半年に及ぶ遠洋練習航海から戻って護衛艦に配属されると、その後は、ほぼ三十になるまでの間まるで旅回りの芸人のように一年ごとにタイプの違う護衛艦を転々と渡り歩き、そのたびに新しい仕事を受け持たされることになる。この海上自衛隊ならではの士官の育て方によって、最終的に若手士官たちは兵器の運用から船の運航にかかわる仕事のうち「スリーローテーション」と言って三つから四つくらいのポジションを経験させられる。いずれも護衛艦の中の動きがあらましつかめるような仕事ばかりだが、これが実にバラエティに富んでいるのだ。極端な話、歩兵部隊の士官が、翌年には地対空ミサイル「ホーク」の小隊長になったかと思ったら、その次の年は施設科部隊の指揮をまかされるというくらいに毛色の違う仕事をともかく次から次へとこなしていかなければならない。

　たとえば「あさかぜ」に乗りこんでいる遠藤二尉《い》の場合、現在はミサイル長として対空ミサイル、ターターの指揮にあたっているが、一年前は別の護衛艦で通信士の仕事を担当していた。そしてまた一年もすると別の護衛艦に移って、いままでとは百八十度の頭の切り換えが必要となるような航海やエンジンルームでの仕事につかされるわけである。

　護衛艦の若手士官が仕事の中身をくるくる変えさせられるのにはむろんわけがある。

それは、護衛艦が敵からの攻撃を受けてたった一人の士官しか生き残っていないという事態になってもなお艦を動かし兵を率いて戦うことができるようにしておくためである。戦闘部署の士官が全滅する中、たとえ航海長や機関長だけが難を免れても、その彼らがミサイルや魚雷の扱いをまったく知らないというのでは戦闘の指揮をとる人間がいなくなってしまう。逆に兵器関係の士官が生き残っても、船の操り方がわからないようでは護衛艦は艦隊からはぐれて洋上をさまようことにもなりかねない。つまり士官の中の誰が敵弾に斃《たお》れても、ただちに生き残った士官が代役をつとめられるように、護衛艦の士官はある程度「何でも屋」であることが求められるわけだ。

護衛艦の使命は、スクリューが止まり夥《おびただ》しい浸水で艦の傾斜がきつくなって沈没を押しとどめることがもはや不可能になるその直前まで戦いつづけることである。いくらミサイルが無傷であっても船が沈んでしまえば元も子もないし、沈むことは避けられても矢尽き刀折れた状態であれば軍艦としての存在価値を失ったことになる。船あっての兵器であり、兵器あっての護衛艦なのである。それだけ護衛艦はどのポジションを欠いても命とりになりかねない運命共同体であるということだ。そこに士官として乗りこむ以上、自分の部署のことだけをこなせればいいというわけにはいかない。一士官でありながらいざとなったら艦長にとってかわることができるようなゼネラリストでなければならない。護衛艦の若手士官が、ミサイル兵器の指揮をとることから機関や通信、さらにブリッジに詰めて船を操ることまで、それが専門以外の仕事であっても必要最低限のノウハウを身につけるように育てられるのはそのためである。

だが護衛艦でゼネラリストをめざすのは並み大抵のことではない。「あさかぜ」のミサイル長遠藤二尉は、前年の十月まで乗りこんでいた護衛艦から「あさかぜ」に転勤するさい、ワン・クッションをおいて技術教育を施す術科学校に通わされている。転勤先の「あさかぜ」で受け持つことになった対空ミサイルの仕事が、それまでの通信の仕事とは内容がガラリと変わるため、ミサイルについての専門教育を集中的に受けることになったのだ。しかし与えられた期間はわずか一カ月にすぎない。その間にコンピュータ制御の複雑なシステムを備えた対空ミサイル、ターターをマスターしようというのだから、そもそもが無理な話であった。術科学校での授業はカリキュラムがびっちり組まれテキストも一日一冊のペースで進んでしまう。前の日のテキストを十分に読み切らないうちに新しいテキストを読み出さなければならない。付け焼き刃というよりはほんの上《うわ》っ面《つら》をなぞっただけという感じで研修は終り、ただちにその足で「あさかぜ」に赴任することになった。ターターについて聞きかじった程度の知識しかないままに、いきなりミサイル長として部下の下士官や兵を指揮しなければならない立場に立たされたのである。幹部と下士官との間のキャリアの差はこうして歴然となる。

霞《かすみ》が関《せき》でキャリアと言えばエリート官僚のことをさすが、海上自衛隊でそのキャリアにあたるのは「A幹」と呼ばれる防大や一般大学から海上自衛隊に入り江田島の幹部候補生学校でエリート教育を受けた士官たちである。「あさかぜ」のミサイル長もその一人だし、今回の訓練航海に参加した第一護衛隊群司令の山崎海将補、「はたかぜ」の山村艦長ら司令、艦長クラスの高級幹部九人はすべてこの「A幹」で、そのうち防大卒でないのはたった一人しかいない。ちなみに「B幹」は下士官の中から部内の幹部候補生試験にパスして昇進した幹部を指し、「C幹」はベテラン下士官の曹長《そうちょう》や准《じゅん》尉《い》からとりたてられた叩《たた》き上げの幹部である。そして皮肉なことにこのC幹、B幹、A幹の間には、キャリアになればなるほど海の上でのキャリアが少なくなるという逆転現象が生まれている。

「A幹」のエリート将校がじっさいに護衛艦に乗りこんでいられるのは三十数年に及ぶ海上自衛官生活の中でも半分くらいである。残りのほとんどは海幕や地方総監部でのデスクワークに費やされる。二十代の間、転勤のたびに毛色のまるで違う仕事を一から覚えさせられた「A幹」は、三十代に入ると今度はこの地上勤務と護衛艦勤務をほぼ一年から一年半ごとに繰り返すようになる。人によってはデスクワークからなかなか離れることができずに五、六年のブランクを置いてようやく船に戻ってくるというケースもある。この傾向はエリートコースを大股《おおまた》で歩いているような幹部に際立《きわだ》っていて、彼らは第一線の艦長ポストを早目に切り上げ、海幕の枢要《すうよう》セクションの長や艦隊の司令職を歴任して、企業で言えば重役にあたる海将への階段をのぼっていく。その下で八隻《せき》の護衛艦を擁する第一護衛隊群司令を仮に「師団」司令官と考えると、その下で「はたかぜ」と「あさかぜ」の二隻のミサイル護衛艦を直接指揮する第六十一護衛隊司令はさしずめ大隊長にあたる。その職にある金田秀昭一佐は「重役」への最短距離にいる一人である。

同期より四年も早く一佐に昇進した彼はそれだけでも十分異色の存在と言えるが、歩んできたコースもまた一風変わっている。神奈川の名門湘南《しょうなん》高校に学んだ金田一佐の高校でのクラスメートにはのちに外務省北米一課長の職をなげうって国際コンサルタントに転身した岡本行夫氏をはじめ中央官庁や大企業の管理職として活躍している人が大勢いる。その彼らのほとんどが湘南高校卒業後は東京の有名大に進む中で、彼はあえて防大を選びとっている。防大でも金田一佐は教室でエレキギターを演奏して教官に追いかけられるといった型破りな面で勇名を馳《は》せ、同期生からは「あんな奴《やつ》が自衛隊に行ってちゃんとつとまるのか」と首をかしげられていた。ところが海上自衛隊に入ると一転して彼はエリートコースを歩みはじめる。江田島の幹部候補生学校を卒業後はじめての乗り組み艦となった「てるづき」を皮切りに四十一歳で「あきぐも」の艦長をつとめるまでの間、五隻の護衛艦勤務を経験しているが、それより多くの歳月を地上勤務で過ごしている。そして同期に先んじて一佐に昇格すると間もなく、ほとんどの幹部が三隻から四隻は艦長ポストを経験する中で艦長をわずか一隻つとめただけで護衛艦を下り、今度は海幕の「大蔵省主計局」とも言われる超エリート・セクションの海幕防衛部に入って、歴代の海幕長が決まって通過する防衛班長、防衛課長の椅子《いす》に収まることになった。ビジネスマンの社会では現場を長く歩かされている間に中央での出世のチャンスから遠ざかってしまうことがしばしばあるが、護衛艦や潜水艦を武器にして戦うはずの海上自衛隊でもどうやら出世の力学は変わらないようである。いくら現場が大事とは言ってもやはり第一線で場数を重ねることより中央で紙のキャリアを重ねた人間が出世競争の勝者となる。そしてこのことは何も海に限ったことではなく陸や空の自衛隊にも言えることなのだ。

だがこうしたキャリア自衛官の世界と、海の上でのキャリアが何よりも尊ばれる護衛艦の内部とでは明らかに違う空気が流れている。波浪にもまれながら日夜鉄の柩《ひつぎ》の中でうごめいているベテランの下士官からすれば、防衛計画を机の上で練ったり予算を動かしたりデスクワークに明け暮れるエリートたちの世界が同じ海上自衛隊でありながら想像もつかない別世界のように思えて仕方ないのだ。それゆえその別世界から新任の幹部を迎えたとき、彼らは思わず「今度の奴は大丈夫かな」と士官服に身を固めた相手を値踏みするようにみつめてしまう。車の運転と同じで一年以上も船に乗らず地上勤務をつづけていれば護衛艦乗りとしての勘は鈍ってくる。久しぶりで海に戻ってきたという幹部を抱える現場の隊員たちは、万一判断を誤られて事故でも起こされたらかなわないとふだんより気を入れて仕事に臨むのである。ただ鈍った勘ならやがてとり戻すこともあるだろう。問題は、護衛艦を乗り換えるたびに未知の仕事につかされる若手士官のようにその分野に関してズブの素人《しろうと》の幹部が着任したときである。

数年前、「はたかぜ」の航海長のポストにそれまで航海の仕事をほとんど経験したことのなかった士官が乗りこんできた。彼は一応海上自衛隊内で航海の指揮をとることができる運航一級という資格は持っていたが、専門は通信で、もとより千トンクラスの小さめの船を操ったこともなくいきなり四千六百トンの大型護衛艦の舵《かじ》とりをまかされたのである。

航海長は、舵角《だかく》指示器や回転計、速力計といった航海に欠かせないさまざまな計器がならんだブリッジ正面の窓際《まどぎわ》に立って、首にかけた双眼鏡で進行方向の海面を時折たしかめながら操艦指揮をとる。航海長の周囲には、ジャイロ・コンパス・リピーターと呼ばれる羅針儀やレーダー指示器などが配置され、必要に応じてこれらの機器を使って目標の方位を測ったり周辺の海域を航行している船の位置を確認する。その航海長のすぐうしろにいるのが舵を操作する操舵員で、彼は自分に背を向けて立つ航海長の指示に従いながら操舵コンソールのハンドルを回すのである。

ある日、いつものように操舵員がブリッジの中央に置かれた操舵コンソールでハンドルを握っていると、窓際に立って艦首の先に広がる海面をみつめていた航海長が「とり舵！」と大声を張り上げた。とり舵とは左に舵をとることであり、反対に右に舵をとることは「面舵《おも》」と言う。

ところが航海長は何を思ったのか、口では「とり舵」と言いながら、右手を上げてみせたのである。それは、右に舵をとれ、つまり面舵にしろ、という意味である。とり舵なら、左手を上げなければならないのに、反対の手を上げてしまったのだ。

ブリッジに詰めていた隊員たちは、あっけにとられるより、またかというように互いに顔を見合わせた。航海長に驚かされたのはこの一件だけではなかったからだ。「いっぱいあり過ぎて」と隊員の一人があきれてみせるほどわけのわからない命令を始終出していたのである。本人としては一日も早く仕事を覚えようと船が停泊しているときには夜遅くまで艦内の自室にこもってテキストと首っ引きだったらしいが、どんなに知識を頭に叩きこんでみたところで自然はテキスト通りに動いてくれるわけではない。一瞬のうちに気象条件が激変する海の上で待ったなしの判断を求められるさいにはやはり経験と、その中から体で学びとった、異変を嗅《か》ぎ分けられるような勘とが何より物を言う。しかし二年もたたないうちに別の船に移ってしまう士官にはその経験を積み重ねること自体難しいのだ。

ベテランの下士官ともなると、そうした現場経験の少ない士官の扱い方は心得たもので、彼らが突拍子もないことを言い出す前に先手を打って早目早目に助言を行なうのである。あらかじめ下士官の方でしっかりお膳《ぜん》立《だ》てをしておいて、士官にはこちらが用意した通りの命令を出すようにしてもらうのだ。こうしておけば、わざわざ隊員たちが見ている目の前で士官にしくじらせてそれでなくてもプライドの高い彼らの体面を傷つけなくてもすむし、艦を不用意に危ない目にあわせなくてもすむ。海上自衛隊ではこの種の助言を「リコメンド」と呼んでいる。

たとえば護衛艦が陣形を保ちながら前進したり斜めに進んだりするとき、船がコースからはずれそうになると、甲板下のＣＩＣでレーダーを監視していた電測班の先任下士官はすかさず艦内電話をとって、ブリッジで操艦指揮をとっている士官に向かって「本艦は基準艦から何度右に寄っていますので、次の変針点までは何度にしたらよろしいかと思います」とか「速力何ノットで行かないと追いつかないみたいです」とリコメンドを行なうのである。もちろんレーダーの画像がつねに正しいとは限らない。ブリッジからじかに船の動きをながめているのと違って、レーダーでは平面的な動きしかわからない。前方から向かってくる船がどんな針路をとっているのか、電測班はレーダーで測ってはじきだすのだが、若い隊員にまかせきりにしていると、どうしても誤差が出てしまう。そんなときは逆にブリッジの士官から「おい、そんな針路じゃ走っていないぞ」とお目玉を食らうこともある。だが下士官の方からリコメンドをする場合は、へたに相手の神経を逆撫《さかな》でして「いや、これでいいんだ」と突っ張られるとそれ以上何も言えなくなってしまうから言葉には結構気を遣うのである。ただそれも下士官による。中には士官を怒鳴りつける猛者《もさ》もいるのである。

髭《ひげ》がトレードマークの「俊美さん」ことK曹長には、百八十人近い「はたかぜ」の兵隊たちをとりまとめて公私にわたり彼らの面倒をみる先任海曹室の長としての仕事の他にもう一つ、「はたかぜ」が搭載している対空ミサイル、ターターの現場責任者としての仕事が待っている。海上自衛隊の艦艇に対空ミサイルが装備されるようになったのは、一九六五年に就役し護衛艦としてはじめて三千トンを越えた「あまつかぜ」が最初だが、この記念すべき船でK曹長は護衛艦乗りとしての実質的なスタートを切っている。しかも入隊してまだ日も浅い彼が「あまつかぜ」で配属されたセクションは、当時の日本にたった一基しかない艦対空ミサイルの部署であった。

K曹長が海上自衛隊に入ったのは海や護衛艦に憧《あこが》れてという特別な理由からではなかった。身内に学校の先生が多かったことから将来は教師になろうと漠然と考えていた彼も大学受験に失敗すると張りを失《な》くしたようにろくに勉強もせず家でぶらぶら過ごすようになった。そんな息子のだらけた姿を見て父親は「遊んでいるくらいなら自衛隊にでも行ってこい」と一喝した。親としてはせいぜい活を入れるくらいのつもりで言ったことが、その場の勢いも手伝ってか、つい口が過ぎて自衛隊行きの話になってしまったのだろう。しかしK曹長の方が、気分転換にそれもいいなと乗り気になってしまう。海上自衛隊なら船に乗っていろいろなところに行けるかもしれない。しかも給料やボーナスまでもらえる。受験勉強の方は一年たったら自衛隊を辞めてまたはじめればいい。そんな軽いのりでK曹長は自衛官になった。まさかそのまま海上自衛隊に腰を落ち着けて、護衛艦の主《ぬし》として乗組員に睨《にら》みをきかせるような存在になろうとは思ってもみなかったのだ。

見習い期間中に乗りこんだ護衛艦は「なみ」クラスという千七百トンのプラモデルのようにちっぽけな船だった。海が荒れだすとたちまち木の葉のように揺れて、一緒に乗り組んだ同期生はむろんのこと、ふだんは威勢のいいところをみせている教育係の下士官まで青い顔をして時折うめき声を上げながら手にしたビニール袋に顔を突っこんでいる。しかしどういうわけか彼ひとりは船がどんなに揺れてもこたえなかった。同期生たちがきついと不満を洩《も》らす仕事にしてもそれほど苦痛に感じることはなかった。むしろ物珍しさが先に立った。給料をまるごと遊びにつぎこんでも海に出てしまえば飯の食いっぱぐれはない。案外この世界が性《しょう》にあっているかもしれないと思いだしたとき、護衛艦の中でもっとも大きな「あまつかぜ」への配属が決まった。戦闘機乗りが最新鋭の戦闘機に乗りたがるように、護衛艦乗りにもより新しくより大きな船に乗り組んで、最新兵器を扱ってみたいという思いがある。それは結局のところ子供が新しいおもちゃを欲しがり、カーマニアが最新のスーパーカーに目を輝かせるのと同じ心理だろう。護衛艦乗りになって間もないのにK曹長にはその贅沢《ぜいたく》がかなえられた。むろんいちばんの下っ端《したっぱ》だからせいぜい使い走り程度の仕事とは言え、海上自衛隊が秘蔵っ子のように大切にしている最新兵器に直接触れられる部署で勤務させてもらえることになったのだ。

まだ水兵帽をかぶっていたK曹長が「あまつかぜ」で受け持つことになった対空ミサイルは、「はたかぜ」が搭載しているターターミサイルの第一世代とも言うべきものだが、システムの基本的な部分は「はたかぜ」と変わらない。このターターシステムは、敵航空機の方位、距離、高度をいっぺんに測る三次元レーダー、目標に向かって誘導電波を照射しつづける別のレーダー、さらに誘導電波に乗って進むミサイルをコントロールするコンピュータなどさまざまな電子機器の集合体で、アメリカ海軍が当時のエレクトロニクス技術の粋《すい》を結集させて開発に成功し一九六一年にはじめて駆逐艦に搭載されたミサイル兵器である。この六一年という年はソ連のガガーリン少佐を乗せた宇宙船「ボストーク一号」が人類初の宇宙飛行に成功し、宇宙時代の幕開けを告げた年でもある。その同じ年に軍事の分野ではターターミサイルが登場し、前年にやはりアメリカ海軍が潜水艦から弾道ミサイル、ポラリスの発射に成功したことと合わせて海にもいよいよ本格的なミサイル戦の時代が訪れたことを強く印象づけた。つねにエレクトロニクス技術の最先端を走っている兵器開発は宇宙開発とも表裏一体の関係にある。つまり軍事や宇宙の分野で米ソが抜きつ抜かれつの開発競争のデッドヒートを繰り広げていたまさにその時期に、ターターは誕生したと言える。そして海上自衛隊はこの最新兵器をいち早く導入することに決め翌年から建造がはじまった「あまつかぜ」に早速搭載したわけである。

ターターミサイルはその後何度か改良の手が加えられ、新規のミサイル護衛艦に次々と搭載されるようになった。「あまつかぜ」でターターと出会ったK曹長は、改良型のターターが出るたびにまるで付人《つきびと》のように新しいターターに付き従って護衛艦を乗り換え、四半世紀にわたりこの対空ミサイルひと筋に打ちこんできた。「あまつかぜ」の就役から十四年後に「あさかぜ」が建造されると、彼はターター要員として「あさかぜ」に移り、さらに六年後の一九八五年夏、戦艦「武蔵《むさし》」を生んだ長崎の三《みつ》菱《びし》造船所で「はたかぜ」が八分通りできあがると、艤装《ぎそう》と言って船内のさまざまな設備や装備を積みこむ仕上げ作業の段階から乗りこんで文字通り「はたかぜ」の誕生に立ち会っている。しかもこの間、K曹長はターターミサイルの隅から隅まで知りつくすためにわざわざ一年間アメリカのシカゴに官費で留学に出されている。海上自衛隊としても彼のことをターターの第一人者に育てようという心積もりがあったわけだ。ターターミサイルはライセンス契約を結んだ国内のメーカーが生産している兵器でなく、ボルトの一本に至るまですべてアメリカ製である。「はたかぜ」が積みこんでいる電子機器の多くは故障しても製造元のメーカーの技術員がすぐに修理にかけつけてくれるが、ターターの場合はそうはいかない。ターター付きの隊員が直すしかないのだ。つまりK曹長のようなターターの生き字引とも神様とも言われる人材が乗りこんでいなくては困るわけである。

「はたかぜ」が母港の横須賀に碇泊《ていはく》しているとき、K曹長はターターの異常を知らせる警報が鳴ると艦からの連絡で休みの日でも自宅からマイカーを走らせてくる。値段が高いこともさることながら繊細さという点でもターターは精密機械である。たまに定期修理をすませてドックから戻ってきたりすると船の振動などに敏感に反応するのか、自動的に警報が鳴り出す。急いでかけつけてみればほんのささいなエア漏れや油漏れが原因で異常というほどのものでないことがほとんどなのだが、ターターに精通しているのはK曹長しかいないのだからこればかりはどうしようもない。

大変なのは、彼の上司として新しく赴任してくる、ミサイル士と呼ばれる若手士官である。相手は階級は下でもターターひと筋に四半世紀という超ベテランなのに対して、K曹長に命令する上官の方はついこの間までまるで畑違いの仕事を担当してきて、ミサイルについてはわずか一カ月の即席研修を受けただけという経験の浅い士官がほとんどである。

士官は着任早々、ターターの神様のしごきにあう。ターターミサイルの発射訓練を行なう場合、ミサイル士とK曹長をはじめとする三人のランチャー員の居場所は離れている。ミサイル士は甲板下のCICに陣どって発射ボタンを操作するのに対して、ランチャー員は前甲板の上に設けられたターターの管制室に詰めている。大砲やミサイルといった兵器がずらりとならぶ甲板の上に管制室のような構造物は見当らないが、実はこのターター管制室は五インチ単装速射砲の砲台内に設けられている。ここは艦首近くに配置されたターターミサイルのすぐうしろにあたり、ミサイルや発射機の様子が目の前で監視できる位置にある。言われてみれば鋼鉄の塊のような砲台の正面には小さな覗《のぞ》き窓が開けられている。CIC内のミサイル士と管制室のK曹長は互いに無電池電話のヘッドセットでつながれ連絡をとりあっている。馴《な》れない士官がターターの操作に手まどったり手順を間違えたりすると、たちまちヘッドセットの向こうからK曹長のドスをきかせた怒鳴り声が飛んでくる。

「いまのやり方じゃミサイルは爆発してるぞ！　そこらへんにいる人間はみんな吹っ飛んでるぞ！」

彼は相手が士官だからと言っても容赦はしない。扱うものがものだけに一瞬の判断の迷いやミスが重大な事故を引き起こしかねないのだ。しかもこれは軍艦である。兵士の命も艦の運命も士官の命令一つにかかっている。だからこそ迅速で的確な指示を出してもらわなければ困るのである。ひとしきり怒鳴ったあと、K曹長は、出直してこいとでも言いたげにこう付け加える。

「もう少し勉強せいッ」

士官の技量を試すこともある。通常の訓練を行なっている最中に管制室の方で細工をして、ミサイルが発射できない状態にわざとセットしてしまう。CICにいる士官がいくらコンソールをいじっても機械は動かない。あせる士官にK曹長が追い打ちをかける。

「さあ、どうする。いま壊れているんだぞ。こういう緊急時にはどこをどうすればいいんだ」

こうなると兵士のための訓練ではなく、訓練されているのはむしろ命令を出す若手士官の側ということになる。ただ、せっかくベテラン下士官の「下」で鍛えられ手とり足とりミサイルについてのノウハウを教えこまれても、一年もすれば別の護衛艦に移ってそれまでとはまったく色合いの違う仕事につかされる。そして「はたかぜ」には新しい士官が転勤してきて、再び一からターターについて仕込まなければならない。新兵教育のように若手士官を訓練するその繰り返しに、K曹長は「本当はこんなことじゃいけないんでしょうけど」と時々暗澹《あんたん》たる思いにかられるのだという。昔は、と思いだしたらきりがないし、老化現象のはじまりと人に笑われるかもしれないが、それでも彼はつい、昔は、と考えたくなるのだ。昔は、下士官がいやしくも士官を手取り足とり教えるようなことはなかったという。士官の名にふさわしく風格がそなわっていて、経験は積んでいなくてもベテランの下士官をして一目おかせるくらいに現場の細かなことまでよく勉強している人が多かった。ところがこの頃は、頻繁な転勤のせいでこの船にいるのはせいぜいあと一年か半年と思うのか、いまの部署を腰かけくらいにしか思っていないような士官がどうしても目につくのである。

士官は転勤してしまえばそれまで乗っていた船のことは考えなくてもすむが、そのあと何年も同じ船に居残る下士官はそうはいかない。艦長あたりになると人によって操艦や指揮の手法にそれぞれの流儀がある。砲雷長といった中堅幹部にしても艦長ほどではないがやはり仕事のやり方は人さまざまである。そうした士官の癖をつかんでようやく馴れはじめたと思ったとたん、転勤で別の士官にとってかわられる。上の流儀に合わせてやっていたことがまた振り出しに戻ることになる。幹部がくるくる代わるたびに極端な話、隊員たちは右を向いたり左を向いたりしなければならず、艦としてのまとまりを保つのが難しくなってくる。逆にそのことが、船にしっかり根を張った俺たち下士官がいなければ結局この船はやっていけないんだという強烈な自負を支えている。Ｋ曹長《そうちょう》のようなベテラン下士官の、幹部を見る目が厳しくなるのも、この道ひと筋という彼らが自分の仕事に対してそれだけプロ意識を持っていることのあらわれなのだろう。

もちろんそうは言っても、ベテラン下士官は、士官と兵とのパイプ役である先任海曹の仕事を通じて常日頃から士官と接して彼らの仕事ぶりをま近でながめているだけに、自分の部署のことだけにかまけていられない士官の苦労もまた呑《の》みこめるのである。

「はたかぜ」が横須賀に戻っているとき、下士官や兵たちは課業終了の午後五時を過ぎれば船を降りて家路につけるが、士官はさまざまなデスクワークを抱え深夜まで自分の居室に詰めて残業に追われている。それでいて残業手当はつかない。だいいち下士官から士官に昇進しても給料はほとんど変わらないのである。その点、帝国海軍では露骨なまでに星の数が給料の額に反映されていた。海軍兵学校を出たばかりの若手将校でも水兵のほぼ十倍近い給料を受け取っていたという。旧海軍の後継者をもって任じる海上自衛隊だが、こうした「伝統」は受け継がなかったわけである。給料に関して言えばいまは士官も下士官もほぼ横並びで、下士官のいちばん下っ端である三曹と幹部の三尉《い》との給料の差はせいぜい月七千五百円程度でしかない。士官になってもたしかに給料は変わらない。しかし確実に変わるものがある。責任である。これだけは給料と違って星の数の分だけ重くのしかかってくる。

艦長の山村二佐が、実家の鹿児島で老後を送っていた父親の具合がおもわしくないという報《しら》せを受けたのは、大湊《おおみなと》の地方総監部から転勤で「はたかぜ」に移って間もなくのことだった。下士官や水兵なら急ぎ親もとにかけつけるということになるのだろうが、艦長には実の父の最期《さいご》を看《み》とってやりたくてもそれが許されない。艦長はいつ何どきでも二時間以内に自分の船にかけつけなければならないことになっているのだ。しかも折り悪《あ》しく船は出航の予定を控えていた。

山村二佐は、艦長ポストは「はたかぜ」ですでに三隻《せき》目を数えるが、はじめて船を預かったときから出航の前夜は必ず自分の船に泊まることにしている。「はたかぜ」の艦長として初の航海に出る前夜も、彼は袖《そで》に三本の金線が入った制服に身を固め黒革のアタッシェケースを手にして横須賀の桟橋に四千六百トンの船体を横たえている新しい自分の船に赴いた。舷門《げんもん》を固めていた当直の先任海曹が新任の艦長に気づくと、姿勢を正し敬礼した。艦長着艦を知らせるサイドパイプの甲高い音色が艦内に響きわたった。山村二佐はいったん艦長室に入ったが、私服に着替えて基地の近くに呑みに出かけた。父の病状を伝える実家からの連絡でここ一日二日がヤマだということは彼も知っていた。いまこうしている間にも父は息を引き取ろうとしているかもしれない。

防大に行け、「海軍」に入れ、とすすめてくれたのは他ならぬ父であった。そのオヤジのそばにいてやれない。そう思うと酒でもあおっていなければ何かいたたまれない気がしたのである。

船に戻ってみると自宅から電話が入っていた。父が死んだのである。彼は留守を預かる妻に、俺は告別式にも出られないだろうからと言いふくめて自分の代わりに二人の娘を連れてすぐ鹿児島に向かうよう頼んだ。親の死に目にもあえず、骨も拾ってやれない。しかしこれが彼の仕事なのである。

翌朝、山村二佐の姿は「はたかぜ」のブリッジにあった。父は逝《い》ってしまったが、彼には新しくまかされた自分の船と、二百人の新しい部下がいる。山村二佐はいつものようにレーバンのサングラスをかけ首から双眼鏡を下げた格好でブリッジや前甲板に散らばった新しい部下たちが出港準備を整え、それぞれの配置についたのをたしかめると、「出港用意！」と第一声を放った。

航海科の三曹が艦内マイクに向かってラッパを鳴らした。それは、この船が迎えた新しい艦長の初航海を記念しているようであり、前の晩この世を去っていった艦長の父への弔意を表すラッパのようでもあった。

鉄の柩の住人たち

「はたかぜ」でもっとも「陽のあたらない」人たちは、島畑二曹《そう》の職場の兵士たちだろう。じっさい彼らは鉄の柩のような護衛艦の中でもいちばん太陽から遠い場所で働いている。

ＣＩＣや隊員食堂がある甲板下のフロアを艦首方向に行くと、三段ベッドが蚕棚のようにずらりと並んだ第一居住区と呼ばれている隊員たちの大部屋があるが、この真下にはもう一つ、同じような隊員の寝泊まりする区画がしつらえてある。ここは第三居住区と言って、第一居住区の倍ほどの広さがある。甲板下のフロアを地下一階にみたてれば、第三居住区は地下二階にあたる。客船と違って部屋に窓がひとつもないため中からはわからないが、ほぼこの部屋の床に沿って船体の外側には吃水線《きっすいせん》が走っている。つまりこのあたりが海面すれすれの位置になるわけである。だがこの下にまだ部屋がある。護衛艦では限られた空間をフルに利用するため階段がたいてい部屋の中につくられている。第一居住区から第三居住区に降りていく階段も部屋の入口近くに床をくりぬいて傾斜の急な鋼鉄製のラッタルが一つ設けられており、そしてまた第三居住区からさらに下の階に向かうラッタルも、部屋の中ほど、非番の隊員たちがくつろぐソファの近くにまるで打ち棄《す》てられた物置小屋の梯子《はしご》のようにぽつんと設置されている。ラッタルを伝っていくと、そこにはスチール机を四つほどならべた小さな町工場の事務所を思わせる小部屋がある。ミサイルや大砲で武装した護衛艦の中に事務所があるというのも妙な話だが、しかしここはれっきとしたオフィスである。甲板の三層下にあるこの部屋は「はたかぜ」の船内でもっとも底の部分に位置している。床のすぐ下は船底である。吃水線の下だから周囲をぶ厚い鋼鉄で囲まれているとは言え、位置的には完全に海の中である。そして島畑二曹ら「陽のあたらない」兵士たちはこの海の中の小さな部屋で日夜仕事をしているのである。

彼らの仕事場と仕事の内容は実にマッチしている。船の底にいる彼らにふさわしく、その仕事は「はたかぜ」という護衛艦の、船の下ならぬ縁の下の力持ちである。この船が搭載している兵器や機械の部品、弾薬、燃料、水にはじまって隊員の作業服、日用品、さらにノート、ボールペン、電球といったさまざまな物品の補給を彼らは受け持っているのだ。舞台裏の地味で、陽のあたらない仕事である。彼らは護衛艦の乗組員と言ってもミサイルや大砲も扱わないしソナーを使って潜水艦の居場所を突きとめることもしない。戦闘訓練の場でも華々しい勲功を立てられるような場にはいない。

文字通り裏方に徹し切っている。しかし二百人近い乗組員が陸《おか》にいるときと同じように海の上で食事をし風呂《ふろ》に入り、訓練を重ねながら航海をつづけていられるのも、彼らが抜かりなく物資の補給をしてくれているおかげである。

島畑二曹たちの仕事場が船底にあるのには理由がある。補給の事務所は物品の管理や出し入れがしやすいように倉庫と隣りあっているものだが、その倉庫が護衛艦の中ではたいてい船底につくられているのである。しかしこの船底のオフィスにこもって書類の山に追われていると、甲板の上に出る機会はまずやってこない。仕事が終われば居住区の大部屋に戻って三段ベッドに横になるか、食事や入浴をすませるかのいずれかである。すべて甲板下のフロアで用がすんでしまう。少し長めの航海に出ると、何日どころか、まる一週間、一度も太陽を拝むことも外の新鮮な空気に触れることもない状態がつづく。しかも勤務の時間帯はほぼ六時間の間隔をおいてずれていく。朝の六時半から九時半まで勤務につくと、次に勤務がまわってくるのが午後三時から、さらに深夜の十一時半から午前三時までの夜のワッチ、当直をこなしたあとは仮眠をとったのも束《つか》の間《ま》、再び午前九時半には船底のオフィスに降りていかなければならない。外の光がいっさい遮断され蛍光灯の明かりだけに照らされた艦内に閉じこもって、夜中に起きたり昼に寝たりと三交替勤務を繰り返していると、しだいにいまが昼なのか夜なのかの区別がつかなくなってくる。

だが護衛艦の乗組員は誰しも程度の差こそあれそうした職場環境に身をおいている。不規則なシフト勤務に加えて、狭い船の中で何日も同じ人間と顔をつきあわせていれば、どうしても気持ちがささくれ立ってしまう。些細《ささい》なことに苛立《いらだ》ったり、快く思っていない人間の言動がますます気に障《さわ》るようになる。しかしそれをストレートに相手にぶつけてしまったら、この狭い世界の中では逆に自分が居づらくなるだけということは若い水兵でもわかっている。だから思わず手が出そうになるのをぐっとこらえるのだが、そのことでかえってストレスは内攻していく。つまり護衛艦乗りは、船の中にいても自分一人で気晴らしができるようでなければとても長くはつとまらないのだ。

「ターターの神様」の異名をとるK曹長《そうちょう》は、野武士のようなそのいかつい容貌《ようぼう》に似合わず、夜ひとりワッチについたときは前部甲板の砲台内にあるターターの管制室でスケッチブックに向かっていることが多い。自宅では水彩画を描くが、絵の具など道具一式を持ち運ぶのがわずらわしくて船の中ではもっぱらペン画である。絵が好きと言ってても展覧会に応募しようという気はさらさらない。絵の嗜《たしな》みがあるのを知ってたまに友人や仕事仲間から何か描いてくれと頼まれることもあるが、あくまで自分のためにだけ描くのである。旅行で訪れた先の風景や建物の写真を見ながら鉛筆を走らせる。

気分が乗って自然に手が動くようになると三、四時間の当直があっけないほど短く感じられる。

甲板下のフロアを艦首の方向に突きあたりまで行くと倉庫がある。さまざまな道具類にまじって天井から場違いな物が吊《つ》るされている。ボクシングの練習に使うサンドバッグである。運動不足の解消とストレスの発散に手頃な道具として隊員の一人が下宿から持ってきたものを隊員たちが重宝するようになったのだ。第一居住区や第三居住区に寝泊まりしている若い隊員たちは風呂に行く前にこの倉庫に立ち寄ってその日の鬱憤《うっぷん》を晴らすように思いきりサンドバッグを叩《たた》く。

たしかに護衛艦の中で暮らしていると体を動かす機会が少なくなる。後部甲板でジョギングをするという隊員もいるが、航海中はまず無理である。周囲から隔絶した陽のあたらない狭い空間、昼夜の区別ない不規則な勤務、人間関係に気を遣わなければならない集団生活。どれをとっても健康にいい要素は見当らない。乗組員の中に胃腸の不調を訴える者や腰痛持ちが多いのもうなずける。せめてトレーニング用のマシンの一つでもあればよいのだが、居住空間の改善にようやく予算がつきはじめたというのが護衛艦の現状では船内での隊員の運動不足解消策などにはとても手がまわらないだろう。もっとも、「魅力化対策」という名称で行なわれるこの「改善」も、どこをどう直したらよいか隊員から一応アンケートをとって参考にしていると言うのだが、それにしてはいかにもお役所仕事というおざなりな結果に終わっているケースが少なくない。現場で話を聞いていくと、下士官や水兵たちの声をほんとうに生かしているのか疑いたくなるような実例に行きあたるのだ。

「はたかぜ」では半年ほど前に第一居住区に面した通路沿いの洗面所で改善工事が行なわれた。以前は蛇口がずらりとならんだ前に横に長いステンレスの流し台がつくりつけてあり、隊員たちは汚れ物をこの流し台の中で洗っていた。航海中は真水の使用が制限され洗濯機が使えなくなるため当座必要なものだけをここで手洗いしていたのである。ところが工事が終わってみると長い流し台にかわって蛇口一つ一つに小さな流しがつけられるようになった。見た目はたしかにすっきりしたが、隊員たちにはえらく不評である。流し台が小さすぎて洗濯ができなくなってしまったのだ。仕方なく隊員たちは汚れ物を抱えて風呂場に行く。それでなくても隊員用に二つある浴場は手狭で、二時間限りの入浴時間には隊員が殺到する。そこに下着類を洗濯する隊員が加わり洗い場を占領してしまう。洗面所を「改善」したおかげで風呂場の混雑がますますひどくなったのである。

洗濯したあとの乾燥にも隊員は苦労している。干せる場所がないのだ。制服や作業着のプレスができるようにアイロン台をおいた乾燥室という部屋はあるが、一カ所だけで、五、六人の洗濯物をならべたらもう満杯になってしまう。かと言ってエンジンルームや機械室にロープを張って下着を吊るしておくと「邪魔だから片づけろ」と士官に怒られる。それじゃどこに干せばいいんだと口答えしたくもなるが、言ってみてもはじまらないことはわかっているから黙って引き下がる。

隊員にしてみれば、四人部屋や二人部屋をあてがわれ寝るときは二段ベッドの士官にはしょせん大部屋で暮らす隊員の不自由さなどわかるわけがないということになる。士官はそれぞれの士官寝室に個人の洗濯物を干すくらいのスペースがあるからいいのである。しかし三段ベッドやロッカーがぎっしり詰まった隊員の大部屋にそんな余裕はない。五十人からの隊員が大部屋に自分の洗濯物を吊るしだしたらそれこそ通路も休憩のスペースも埋まってしまう。結局隊員たちは唯一《ゆいいつ》のプライベート空間ともいうべき寝床の六十センチほどのわずかな隙間《すきま》にひもを張ってそこに洗い物を干すのである。だが狭苦しい三段ベッドの間だから吊り下げるというより横にかけるしかない。干してもせいぜい二、三点、Tシャツを二枚かけたらそれで終わりである。ある隊員は横須賀《よこすか》で自衛隊の真向かいに基地を構えているアメリカさんの場合は洗濯物をどうしているのだろうと思い、たまたま知り合った第七艦隊の下士官に聞いてみた。すると洗濯は何人分もの汚れ物をまとめて大きな網の袋に入れて洗濯機でいっぺんに洗ってしまい、あとは乾燥機にかけるだけという答えが返ってきた。さすがアメリカ海軍、乗組員の船内生活のことにまでちゃんと気をまわしてくれている。その分、護衛艦はどんどんつくるくせに中で暮らす隊員のことにはまるで金をかけない自衛隊の旧態依然ぶりをあらためて強く感じざるをえなかったという。

護衛艦の内部はプライバシーのほとんどない世界だから気晴らしと言ってもやることは限られてくる。外洋に出てしまうとテレビは映らないし、大部屋暮らしでは周囲に気を遣ってビデオを見る隊員もいない。大方の隊員は非番の時間に仲間同士で缶ジュースを賭《か》けたトランプをしたりファミコンをひとりいじったりして気を紛らわす。衆人環視の三段ベッドではおちおちマスターベーションもできない。上段のベッドの底板にヌードのピンナップを貼《は》りつけている隊員もいるが、処理をするのはトイレの中である。

入隊してまだ一年にならない水兵にとってはベッドに潜りこむときが一番ほっとするという。そうした初年兵の一人は仕事をしているときでもビニール袋を手離せない。船にどうしても馴《な》れないのである。吐きそうになると袋の中に顔を突っ込ませ、ひとしきりうめいてからまた仕事をつづける。食べては吐き、食べては吐きを繰り返していると、しだいに頭がぼうっとしてくる。同期の中には船酔いが我慢できなくて船を下りていった者もいるが、護衛艦乗りに憧《あこが》れて海上自衛隊に入った彼は、どんなに苦しくてもこの下積み時代を乗り越えて先輩たちはみんな下士官になっていったんだと自分に言い聞かせてこらえるのである。夜中のワッチが終わると交替の先輩を起こしに行く。だがまだすぐにはベッドに入れない。初年兵はたいてい士官室やＣＰＯの当番兵を兼務している。上官のコップや茶碗《ちゃわん》を洗ってからようやく自由になれるのである。彼に割り当てられた寝床は三段ベッドのいちばん下である。床とほとんど変わらない位置にあるため、舞い上がったほこりが枕《まくら》やふとんの上にうっすら層をつくっている。それでも休暇で少し船から遠ざかっていたりすると、わずか六十センチしか隙間のない何とも窮屈なこのベッドが無性に「恋しく」なるのだという。

護衛艦に閉じこもったままの生活が長いだけに、たまの「上陸」は隊員たちの気分をリフレッシュさせる最大のカンフル剤である。陸や空の隊員に比べて海の自衛官が総じて金使いが荒いというのも、たまりたまったフラストレーションを船が寄港する先々で一気に吐き出そうとするからだろう。そして海の隊員に宵越しの金は持たない式の経済観念がありがちなのは、陸《おか》にいるより海にいる方が長いという護衛艦乗りならではの特殊な勤務体制のせいと言えるかもしれない。

一カ月のうち陸にいるのが十日だとしたら極端な話、月給を十日で使ってしまっても航海に出ている限りは飯の食いっぱぐれがない。今回の訓練航海でも若手の三曹の中には「はたかぜ」が仙台に停泊していたふた晩の間にバーをはしごして十万も散財してしまったという豪傑がいた。そうした寄港先で夜の街に繰り出しても妙なトラブルに巻き込まれたりしないようにという親心からなのか、隊員が上陸するさいにはわざわざ現地の海上自衛隊の係官が盛り場の案内パンフレットをつくって隊員に配っている。安心して呑《の》める店は何通りにあるか、値段はいくらぐらいか、ヤクザはどのあたりに多いかといったことがまるで修学旅行で中学生に配る注意書きのように事細かに記され、ご丁寧に、病気にはくれぐれも気をつけるようにとまで書き添えてある。

だが護衛艦が港に入り舫《もや》い綱で岸壁につながれても、乗組員はすぐに「上陸」できるわけではない。それなりの手続きが必要である。護衛艦の乗組員は艦内にいるときは各自自分の名前が墨で書かれた「上陸札」という木の札を持っている。上陸するときにはこの札を当直の先任海曹《かいそう》に渡して、先任海曹は上陸簿に当人の名前を記載するのである。上陸札がなければ船を降りられない。万一、札を紛失したらまず二週間は上陸が差し止められる。停泊中の護衛艦の甲板上には、岸壁に降りていくラッタルがかけられたところに、舷門《げんもん》と呼ばれる艦内への出入りをチェックする簡単なテント小屋が設けられている。テントの中には、乗組員全員の、上陸札よりは小さめの名札がボードにかかっている。上陸する隊員は、今度はこの「上陸証」という小さな名札を手にとって船を降りるのである。上陸札を船に残し上陸証を持って出る。二重のチェックが行なわれるわけだ。士官や先任海曹たちは隊員にこれら上陸札と上陸証、そして身分証だけは何があってもなくさないように口うるさく言って聞かせる。自衛隊では命の次に大事なものだぞとおどかすのだが、それが決して大袈裟《おおげさ》な表現でないことは水兵の一人が身をもって体験している。

その夜、彼は母港の横須賀に停泊していた「はたかぜ」にほろ酔い気分で帰ってきた。舷門でズボンのポケットから上陸証をとろうとして、過《あやま》って一緒に入れておいた革の財布を落としてしまった。財布はベルトにつけた鎖でつないであったのだが、上陸証をとりだした拍子に勢いあまって鎖がはずれ財布が飛び出たのである。財布は運悪く甲板と岸壁の隙間から暗い海の中に落ちていった。財布には身分証が入っている。そのことを知った当直の先任海曹は顔色を変えた。いきなり拳《こぶし》が飛んできた。上官にきつく叱《しか》られはしたが、財布は海の底だから第三者の手に渡る心配はないし問題にもされないだろうと水兵はたかをくくっていた。しかし翌朝、彼は自分の考えが甘かったことを思い知る。たった一枚の身分証のために海上自衛隊のスキューバ隊員が出動したのである。

大東海士長が下宿を引きはらって「はたかぜ」を文字通りの自分の栖《すみか》とするようになったのはこの訓練航海の前年、九二年七月からだった。海上自衛隊の隊員はたいてい入隊して一年もたつと、乗り組んでいる護衛艦の母港の近くに下宿を借りて、船が港に戻っている間は、当直で護衛艦に泊まりこむとき以外、毎日職場である船に下宿から通うようになる。ただ、母港が佐世保や舞鶴《まいづる》なら下宿代も安くてすむが、「はたかぜ」や「あさかぜ」のように横須賀が母港だと下宿をとることは若い水兵にとって結構な経済的負担となる。横須賀の相場は風呂つきの部屋で月五、六万、風呂なしの六畳一間でも三万はする。都会で勤務する隊員のための調整手当は一応つくが、月々千八百円程度では足しにもならない。もっとも護衛艦乗りの給与自体は民間で働いている同年配の若者と比べても決して見劣りはしない。むしろ多いくらいだ。その実入りのよさはパイロットや潜水艦乗りとともに自衛隊の中でも群を抜いている。護衛艦の乗組員には本俸の二割から三割増しの乗組手当に加えて、行動する海域や階級によって開きはあるものの一日当り千円から二千円程度の航海手当がつく。海上勤務のきつさを念頭においてのことだが、自衛隊をざっと見回しても一般隊員で艦船の乗組員ほどの給料を手にできる部署はそうざらにはない。たとえば入隊三年目の二十歳の水兵で手取り月十八万、ボーナスは冬だけでも四十五万を越えている。一般会社で働いているこの水兵の高校時代の友人が、ことしは冬のボーナスに三十万もらえたと喜んでいるのを見て、彼は護衛艦乗りの給料がかなりのものであることをあらためて知らされた。だから逆に、狭苦しい船の中に何週間も閉じこめられたままでいることや昼夜の別なくまわってくるシフト勤務といった仕事のきつさも、「お金がいいからしようがないかと割り切れる」のだ。

護衛艦に乗り組んでいてしっかり金を貯《た》めようと思ったら、下宿をとらず不自由を我慢してでも職場である船を自分の住まいとして生活することである。「はたかぜ」の乗組員のうち入隊してまだ一、二年の水兵のほとんどは船の中に住みこんでいるが、中には「はたかぜ」に乗り組んで以来、船上生活をつづけわずか六十センチしかない三段ベッドの空間だけを自分の「城」にしてきた三十過ぎの下士官もいる。いったん下宿暮らしに入っていた大東士長が再び護衛艦に住みこむようになったのはやはりお金が原因だった。買いたいものがあったのである。自動車雑誌を読んでいたとき広告のページに載っていた黒のコルベットがふと目にとまったのだ。仲間とディーラーに行ってみると、ボディが黒で内装が赤のオープンタイプのコルベットがショーウィンドウの中に飾ってある。彼はいっぺんで気に入ってしまった。むろん値段は半端《はんぱ》じゃない。大東士長の年収はボーナスを合わせて三百二十万、その二年分をそっくりつぎこんでもまだ足りない金額である。いくら同年代の若者と比較して給与水準が高いと言ってもふつうならそこまで値の張る外車の購入には尻《しり》ごみしてしまう。あきらめるか、同じオープンタイプでも国産車で我慢するかのいずれかである。しかし彼はコルベットが欲しかったのだ。それに護衛艦乗りの彼には一般の勤め人からすると望むべくもない有利な貯蓄の方法があった。三食付きの護衛艦に住みこむことである。それまで月々払っていた下宿代や生活費の諸々を浮かし、休暇がこようが旅行にも遊びにも出かけないで禁欲生活をつづけていれば、何とか頭金くらいは一年でたまりそうであった。

ただ不安材料がないわけではなかった。彼は半年前に十二指腸潰瘍《かいよう》を患《わずら》ってそれがつい最近治癒したばかりだったのだ。原因は、狭い船内での複雑な人間関係や不規則な海上勤務がかみ合わさってのストレスである。もし護衛艦に住みこんで母港の横須賀に帰っている間も四六時中、船内で暮らすようになったら、再びストレスが積もり積もってせっかく消えた潰瘍がまた疼《うず》きだすかもしれなかった。しかしコルベットの誘惑には勝てなかった。大東士長は下宿を後輩の隊員に譲ってバッグ一つで「はたかぜ」の大部屋に戻った。

　あらためて護衛艦に住みこむようになって何がいちばん辛《つら》いかと言えば、平日に休みがとれてもベッドで寝ているわけにはいかない点だった。朝一番で「総員起シ」がかかると、当直だろうが休みだろうがともかく大部屋で寝ている隊員は全員ベッドから起きだして後部甲板に整列し体操をはじめる。そして七時半からは甲板掃除が待っている。それが終われば休みの隊員はほんらいなら仕事から解放されるはずなのだが、何かの作業で人手が足りないとなるとベッドで横になっていても「ちょっと頼まれてくれないか」と声がかかり狩り出される羽目になる。いまどきの若者ならオンとオフを割り切って「僕、休みですので」と素知らぬ顔でいそうなものだが、護衛艦の中はそれが許される雰囲気にはない。このため若手の水兵たちは遊びに行くあてがなくても外出の許される午前八時を過ぎると「上陸」する。たいがいは横須賀基地内の隊員用の娯楽室でソファにもたれてぼんやり一日過ごしたり、隣接する米海軍基地のＰＸに足を運ぶ。ここは米軍関係者でないと利用できないのだが、その場に居合わせた米軍の水兵に「仲間にしてくれないか」と頼みこめば同じネイビーの誼《よしみ》でＯＫと言ってくれる。バドワイザーが一本一ドル、ゲームコーナーも五セントからと、日本円で千五百円もあれば一日食べて呑んで遊ぶことができる。そして夜の甲板掃除が終わった頃をみはからって船に帰り、上官と目を合わさないようにすばやく自分のベッドに潜りこむのである。それでも護衛艦に住みこむ生活をつづけていると航海の疲れが体から抜けきらないうちにまた次の航海がはじまるという繰り返しで、疲労とストレスがしだいに体に蓄積されていく。

大東士長の場合もそうだった。憧れのコルベットを手に入れるためならと意を決してはじめた住みこみだったが、このままでは潰瘍が再発するかもしれないという不安にかられて、今回の函館《はこだて》行きの訓練航海から帰った段階で下宿をみつけて「はたかぜ」の大部屋を出ることにした。一度下宿暮らしの気楽さを経験した彼にとって、プライバシーのまるでない護衛艦に住みこむ生活はやはり耐えられなかったわけだ。陸や空の兵士には基地内の隊舎に「営内班」と呼ばれる独身寮があり、一室五、六人ながら隊員一人ずつにベッドと小さなロッカーが用意されている。海の場合は護衛艦そのものを隊舎と考えているため、わざわざ陸上に独身水兵用の宿泊施設はつくられていない。独身水兵の運転免許証に記載されている住所も彼らへの郵便物の宛名《あてな》もすべて〈横須賀地方総監部「はたかぜ」〉である。「はたかぜ」が彼らの栖なのである。そして船への住みこみをやめるとなったら下宿をとるしかないのだ。陸や空の一般隊員より乗組手当や航海手当の分だけたしかに給料は多目でも、下宿を借りたら、東京や横浜の通勤圏に入っているだけあって高めに設定されているアパートの家賃やそれにともなう生活費で乗組手当などは吹き飛んでしまう。しかし休みでもおちおち寝ていられない護衛艦に住みこんでいるより、五、六万の金はかかっても自分だけの時間を手にできる方がいいと大東士長は考えたのである。それは鉄の柩《ひつぎ》のような護衛艦の中で暮すことがどれだけ隊員の心身に負担を強いるかを逆に物語っていると言える。

大東士長のコルベット計画も結局九カ月で挫折《ざせつ》してしまった。ただ九カ月間旅行をあきらめパチンコの回数を減らし預金通帳の数字が増えていくことだけを支えにしてひたすら狭い船の中に籠城《ろうじょう》をつづけた成果がまったくなかったわけではない。その間に貯《た》めた七十万で彼はコルベットの代わりに三五〇ccのバイクを買うことにしたのである。むろんコルベットなら女の子や友だちを助手席に乗せてどこへでも行けたのにと思うと、物足りない気がしないでもなかったが……。

函館を出港して三日目、「はたかぜ」は一路母港の横須賀をめざして太平洋を南下していた。護衛艦四隻《せき》による戦術運動や対潜へリコプターSH―60Jとの連係プレイによる対潜訓練など、今回の訓練航海のメニューはすべて前夜までにこなし、給油ホースを吊《つ》り下げたワイヤーを補給艦との間にはりわたして航行をつづけながら給油を受けるという洋上給油の作業もすませていた。戦闘用意を告げる警報がけたたましく鳴り響き、廊下を駈《か》ける隊員たちの靴音が絶えなかったそれまでとは打って変わって、艦内にはどことなくゆったりとした時間が流れているようだった。護衛艦乗りにとって、あと半日もしないうちに陸《おか》に上がれるというこの時間が何とも言えず心浮き立ってくるときなのだ。航海が長ければ長かっただけ帰途につける喜びもひとしおである。それに横須賀に帰ってくるこの日は特別な一日でもあった。二月十四日、バレンタインデーである。

二年前に彼女と別れてしまった大東士長にチョコレートをもらえるあてはなかったが、二十七歳の近江三曹《そう》の場合は横須賀の自宅で三カ月後に出産を控えた新妻の加代子さんが御馳走《ごちそう》と手づくりのケーキをつくって二週間ぶりの夫の帰宅を待っているはずだった。近江三曹が彼女と知りあったのは「はたかぜ」に乗り組んで二年目、船が佐世保に寄港したときだった。呑みに行った佐世保のパブでたまたま隣り合わせたのが親もとから地元の会社に通っていた加代子さんだった。ふたりは「はたかぜ」が佐世保に停泊している間にもう一度会ってお好み焼き屋でデートしたが、そのあと交際が深まるというわけでもなかった。護衛艦乗りの近江三曹は、月の半分以上は航海に出ているし、彼女も家と会社を往復する毎日を過ごしていた。佐世保と横須賀とではあまりにも離れ過ぎている。二人が会えるのは「はたかぜ」が訓練で佐世保にやってくるときに限られていた。それも年に何回もあるわけではない。あとは彼女が月に一度手紙を書いた。近江三曹はその間に何人かの女性と知り合ったが、手紙を介した淡いやりとりしかなかったのに交際が途切れなくつづいていたのは加代子さんとだけだった。知り合ってから四年で会ったのはたった十二日間だったことを彼女は日数までしっかり覚えている。ふたりはそうとは気づかないうちに互いを必要とするようになっていたのかもしれない。

やがて近江三曹は手紙の中で「一緒に住もう」と加代子さんに自分の気持ちを打ち明ける。親に言えば反対されることがわかっていた彼女は身のまわりのものだけをバッグに詰めて内緒で家を出た。加代子さんが出てくる日と新幹線の時間だけはあらかじめ打合せずみだったが、直前になって急に「はたかぜ」が出港することになってしまった。台風避泊と言って、台風が接近してくると繋留《けいりゅう》している船が強風や高波にあおられて岸壁に衝突する恐れがあるため護衛艦は必ず沖に出ることになっているのだ。東京湾上に浮かぶ「はたかぜ」の中で近江三曹は一刻も早く台風が通過するのを祈るような思いで待ちつづけた。彼女がやってくる当日の昼過ぎになってようやく船は横須賀に戻ってきた。

一方、その日の朝、家を出た加代子さんは予定通りの列車に乗ることを伝えようと博多《はかた》の駅から近江三曹が住んでいた横浜の彼の実家に電話を入れた。ところが船が出港して戻ってくるのがいつになるかわからないという。加代子さんはあせった。しかし賽《さい》は投げられたのである。もうあと戻りはできない。ともかく横浜に行ってしまえば何とかなるだろうと覚悟を決めて新幹線に乗りこんだ。それでも念のため乗り換えの名古屋駅でもう一度電話を入れてみた。連絡はまだないという。これからどうなるのか、不安がしだいにふくらんでいく。心細さに泣きたくなった。

二時間半後、新幹線は新横浜に到着した。目の前をゆっくりと流れていくホームの中に加代子さんは近江三曹の姿を探した。だが最後に会ったのは一年以上も前である。彼の顔は覚えているつもりだったが、なんとなく体型が太っていて、ちょっと背が高めで、と思いながら彼に似た人を目で追う加代子さんは、本人のことを見分けられるか、急に自信が持てなくなってきた。ホームに降りた彼女はあたりを見回した。スーツケースを下げた旅行客や出張帰りのビジネスマンでこみあう中、近江三曹と同じくらいの年格好の男性がふと目にとまった。太目で背が高い。相手はまだ気づいていないが、どことなく感じが似ている。たぶんこの人だろうと自分に言い聞かせるようにして加代子さんはその男性の方に向かって歩いて行った。するといきなり柱の陰から肩を叩《たた》かれた。振り返ると、やはり太目で背の高い男性が少し困ったような笑いを浮かべている。加代子さんは、あっ、と言葉を呑みこむようにして棒立ちになってしまった。その彼女の目の前に、男性は背中に隠し持っていた花束をすっとさしだした。そしてなじみのある優しい声で囁《ささや》いた。

「お帰り」

家を飛び出して彼のもとに佐世保からやってきた自分に、お帰り、というのも不思議な気がしたが、しかし加代子さんは、いまの自分にはその言葉がいちばんふさわしく、そしてなぜかこのひと言を待っていたようにも思えてきた。

その日から二人の生活がはじまった。ただ二人が一緒に暮らしていることを彼女の父親にはまだ知らせていない。しかしそれも産まれてくる初孫がとぎれていた父親との間を再びつなぎとめる役割を果たしてくれるに違いなかった。二カ月後「はたかぜ」が出航していたら、加代子さんは佐世保の実家で子供を産むつもりでいる。

「はたかぜ」の乗組員から艦長以上に恐れられているヒゲの鬼軍曹《ぐんそう》、K曹長の家では、妻と二人の息子が彼の帰りを待っているはずだった。もっとも家族の人たちは、K曹長が「帰る」場所は、自宅ではなく船というように考えているかもしれなかった。彼自身が、いつも航海に出るとき「船に帰る」と何げなく口にしているからだ。以前そのことで妻に「お父さん、船に帰るというのはおかしいんじゃないの？　それともお父さんの場合家は帰ってくるところじゃないの」と聞き咎《とが》められたことがあった。K曹長は内心うろたえた。知らず知らずのうちに家庭より護衛艦を自分の居場所と考えていることに気づかされたのである。

その罪滅ぼしというわけでもないが、彼は家にいるときは優しく、ものわかりのよい「お父さん」である。休みの日は妻の買物に必ずつきあうし、夜はふたりで晩酌を楽しむ。その仲の良さは近所の人から「お宅はいつまでも新婚さんみたいね」と冷やかされるほどだ。そんな二人の姿に息子たちは、両親というのは必ずしも仲がいいもんじゃないという話を友だちからいつも聞かされているせいか、「うちのお父さんとお母さんはなんでいつもそんなにベタベタできるわけ？」と首をかしげてみせる。

K曹長は、二人の息子がそれぞれ物心ついた時期にはアメリカへの研修留学や長期航海でほとんど家を空けていたため、家に戻ってきても子供がなかなかなついてくれなかった。ただ、いまでは息子たちも父の不在に馴《な》れてしまったようで、航海から帰ってきた二、三日は父親がそばにいることを心底喜んでくれるのだが、一週間も家にいると逆に煙たがるようになる。そんなたまにしか家にいない自分があまり子供の成績や進学のことについてうるさく言うと息子たちの反発を買うだけなのがわかっているから、せめて家にいる間はK曹長はそうした問題についてあまり触れないようにしている。見方を変えれば、K曹長が航海中自分の仕事のことにだけ全神経を傾けられるのも妻が家のことをすべてとりしきってくれているからであった。それでも今回はちょっと事情が違っている。航海の最中に下の子の高校受験が行なわれたのである。妻にまかせきりとは言っても、きょう息子がどんな顔をして玄関先で出迎えてくれるのか、K曹長は多少気がかりでもあった。

自分の帰りを待ちわびている人たちへのさまざまな思いを乗せて「はたかぜ」は横須賀をめざしていた。午前九時、僚艦の「あさかぜ」を従えるようにして進む「はたかぜ」は、すでに房総半島を望む野島崎沖の海上にあった。横須賀に着いたらさっそく下宿探しのため不動産屋巡りをするつもりでいる大東士長はブリッジで最後のワッチについていた。彼は航海科の所属ではないが、訓練で「総員配置」がかかるとき以外は他の水兵と交替でブリッジに詰めて見張りをしたり、定員の半分に満たない航海の隊員の代わりに航海計器を操作したりしている。この日の大東士長の担当は操舵《そうだ》コンソールの隣にある速力通信器だった。

海面は波立っていたが、視界は良く、右舷側《うげんそく》の窓からは緑に覆《おお》われた房総の丘陵がなだらかな線を描いてつづいているのがくっきりと見えた。大東士長の左横にはブリッジから張りだしたウィングと呼ばれるデッキに出るドアがあり、外では水兵が北風に震えながら見張りをしている。当直をはじめて二十分が過ぎた頃、突然外にいる水兵が声を上げた。

「何か変です！　人が手を振ってます」

ミイラとり

見張りの水兵が指さしている方向を見ると、真っ白な船体のレジャーボートがしぶというねりを繰り返す波間を漂っている。ボートはエンジンを完全に停めているらしく、コックピットの上にとりつけたスポーツ・フィッシング用の背の高いデッキが縦に横に大きく揺らいでいた。「はたかぜ」からは優に三、四百メートルは離れているだろう。肉眼ではボートから手を振っているという人影はわからない。やがて、ポーンポーンと花火を上げるような乾いた音が立てつづけにして、赤い煙の尾を引きながら信号弾が二発、十メートルほどの高さに打ち上げられた。

疑問の余地はなかった。何らかの緊急事態が発生してあのボートは「はたかぜ」に救助を要請してきているのだ。大東士長は顔がこわばっていくのが自分でもわかった。護衛艦乗りになって七年、これまで自分の乗り組んでいた護衛艦が他の船とともに墜落した航空機の捜索活動に加わるということはあったが、助けを求めている人間が現に目の前にいて、自分も当事者の一人として一刻を争う救助活動の場面に投げこまれるのははじめての経験だった。

今回の二週間にわたる訓練航海でも仙台を出港して間もなく隊司令から艦長に封筒に入った封密書と呼ばれる命令書が手渡され、「北緯三八度一五分、東経一四三度付近において民航機墜落の可能性が高いとの情報が入った」という想定の下に「はたかぜ」と僚艦の「あさかぜ」が現場にどのくらい早く急行できるかを試す訓練が行なわれている。艦長から艦内放送を通じて「間もなく本艦は高速を使用、乗組員は上甲板に出ないように」という命令が出されると、ブリッジ後方の煙突のあたりからヒューンというジェット機の噴射音に似た金属音が鳴り響いた。「はたかぜ」が搭載しているガスタービンは川崎ロールスロイス製で飛行機のエンジンとほとんど変わらない。そして巨大な船体がかすかに身震いしたと思えたと同時に、「はたかぜ」は波を蹴立《けた》てて疾走をはじめた。エンジンの重たい唸《うな》りが足もとの方から伝わってきて、船が最大速力の三十ノットに向かって速度を急速に増していくのが体でも感じとることができる。艦尾に行ってみると、四千六百トンの船はモーターボートのように上体をもたげて海の上を走っているらしく、スクリューのすさまじい回転に白く泡立つ海面が目の高さより上に盛り上がって見える。船全体が一個のエンジンと化しているようだった。艦長はブリッジに看護長を呼んで、いまの気温と水温で生存可能時間を割り出すように指示した。遭難機の救助という想定自体は深刻な内容だったが、ブリッジに詰めた隊員たちの表情はふだんと変わりなく淡々としていた。むしろほんの三十分ほど前に仙台の埠頭《ふとう》を離れて狭い港内を大型のフェリー船とま近ですれちがいながら航行しているときの方がはるかにブリッジにはピリピリした空気が流れていた。全速で目標の現場に向かってもその海面に救命ボートに乗った人たちがいるわけではない。あくまで訓練なのである。

しかしいま大東士長の目の前で起こっていることは、あらかじめ筋書きの決まっている訓練ではない。事態がどうひっくり返るか、誰にも先の読めない、待ったなしの「実戦」なのである。ブリッジの左舷《さげん》寄りの窓にとりついた隊員たちの目は「ＳＯＳ」の信号弾を放ったレジャーボートに食い入るようにそそがれている。どんな緊急事態が起こったにせよ、ともかく一刻も早く救出を求めているボートのもとに駈《か》けつけることである。当直士官は艦の向きを変えてボートの方に近づくよう指示を出した。狭いブリッジには急を聞きつけてラッタルをかけ上がってくる士官や必要な部署に伝令に走る隊員たちが慌《あわただ》しく行き交い、臨戦態勢に入ったようなはりつめた空気に一瞬のうちにつつまれた。「はたかぜ」にとって長い救出劇がはじまったのである。

その頃、僕はまたしてもベッドの上で、船をゆっくりともたげては落としていくうねりの繰り返しに顔をしかめながら横になっていた。昨晩、対潜訓練の模様を取材していた「うみぎり」の艦内では船酔いで夕食もほとんど手をつけられなかったのに、ヘリコプターのSH－60Jに乗って「はたかぜ」に戻ってきたあとは、現金なもので、あしたになれば陸に上がれるという思いもあってか、シャワーを浴びゆっくりと風呂《ふろ》につかって久しぶりの解放感にひたることができた。耳もとで四六時中鳴り響いている船のエンジン音もほとんど気にならず、寝床に入るといつしか眠りに落ちていった。だがこのとき「はたかぜ」がめざす関東の東方海上には低気圧がさしかかろうとしていた。案の定、明け方近くになるとそれまで収まっていた動揺が再び大きくなりはじめた。船酔いで目が覚めるということもあるのである。あまりの気分の悪さに僕は眠りから引きずり戻された。吐くところまでは行かないのだが、ベッドから上体を起こそうとするとたちまちふらふらする。仕方なく朝食もとらずベッドの上で寝返りばかり打っていた。そして枕《まくら》もとの時計をとりあげてあと何時間この状態がつづくのだろうと暗然とした思いでため息をついていたところに、海幕の広報官が飛びこんできたのである。

「すぐ上に来てください。どうやらボートが遭難して救助を求めているようなんです」

カメラマンの三島さんの反応は素早かった。この朝、彼はいかにもたっぷり睡眠をとったという晴れ晴れとした顔でベッドのカーテンの隙間《すきま》からグロッキー気味の僕を心配そうにのぞきこみ、「結構揺れますね、きょうは僕もちょっときてますよ」と声をかけてくれた。だがそう言う割りにはしっかり朝食をすませて腹ごなしにベッドでひと休みしていたのである。三島さんは広報官のひと言にさっと飛び起きるとカメラを手にもう部屋をあとにしていた。僕はと言えば、よりによってこんなときにとさんざん悪態をつきながらまだベッドの中でぐずぐずしていた。それでもさすがに寝ているわけにはいかず、ふらつく足どりでベッドを離れて部屋を出ると、ラッタルを伝って甲板に出た。

左舷寄りの甲板にはすでに数十人の隊員が詰めかけて騒然とした雰囲気につつまれていた。だがかんじんの遭難したボートが見当らない。傍らの隊員に「ボートはどこ?」と聞くと、外洋の量感を感じさせる青黒い海面のずっと彼方《かなた》の方を指さした。目を凝らすと白い小さなかたまりが波間に見え隠れしている。肉眼ではそれが船であるかの識別さえつかない。てっきりま近にいるとばかり思っていたのに、どうやら早い海流にみるまに沖の方へと流されてしまったらしかった。僕が海幕の広報官から双眼鏡を借りてボートの方をながめているとあたりにたむろしていた隊員が「どんな奴《やつ》が乗ってるの?」と興味津々《しんしん》の表情で近寄ってきた。

「どうせ金持ちのおやじだろう」「可愛《かわい》い女の子でも乗ってないかな」

隊員たちは勝手なことを言いあいながら騒ぎたてている。僕が、よくわからないけどオッさんしかいないみたいだよと観察の結果を報告すると、隊員たちは、なあんだと拍子抜けした表情をみせながらも、双眼鏡を奪いあうようにしてのぞきこんでいた。その頃はまだ軽口を叩《たた》ける余裕もあったのである。やがて左舷甲板の後部寄りで人の動きが慌しくなった。レジャーボートの救出に向かうため、「はたかぜ」が積んでいる内火艇と呼ばれる小型の救助艇を海面に吊《つ》り降ろす作業が本格的にはじまったのだ。狭い甲板上では二十人以上の隊員がひしめきあうようにして作業をつづけ、遠巻きにした他の隊員たちも作業の様子を固唾《かたず》をのんで見守っている。

やがてボートの中にヘルメットに救命胴衣を身につけた七人の隊員が次々に乗り移り隊員が揚艇機と呼ばれるウィンチを操作すると、ボートを支えていた支柱がゆっくりと前方に傾き、救助艇は船の外に押し出されていった。七人のうち白いヘルメットの二人は若手士官、黄色のヘルメットをかぶった残りの五人は三十代の下士官たちである。救助艇は小刻みに揺れながら海面に向かって降下をはじめた。しかしそのスピードはもどかしく感じられるほどゆっくりである。ボートを吊り下げるワイヤーの長さが均等でなかったり降ろすスピードが左右ばらばらだったりすると、ボートはバランスを失って海面に叩きつけられたりひっくり返ったりしてしまう。救出に向かうボートを船から降ろすだけでも危険のともなう作業なのである。

救助艇と甲板の間では「駄目だ、そんなやり方じゃ」「そこ！　気をつけろ」と怒鳴り声が飛び交い、慎重に作業を進める隊員の顔には殺気がみなぎっていた。傍目《はため》には混乱しているとさえ見えるそんな現場で、冷静さを崩さず、人の配置、道具の用意とてきぱき指示を与えていたのは、上級の士官ではなく、ヒゲのK曹長《そうちょう》や舵長《だちょう》のS曹長とともに隊員からベテラン中のベテランとして一目おかれている村井准尉《じゅんい》だった。幹部と言っても彼は長年先任海曹をつとめつい最近昇任したばかりの叩き上げである。

七人の隊員を乗せた救助艇は無事着水すると、ワイヤーをはずし、うねりが幾重にも皺《しわ》を描いた海面を、漂流するレジャーボートめざして白い航跡を曳《ひ》きながら突き進んでいった。

「あんた、運がいいよ」

突然、背中の方で声がした。振りかえるとこの航海の間にすっかり親しくなったベテラン下士官の一人がいつのまにか立っている。

「護衛艦にはじめて乗り組んで、こんな体験をできるんだから。いくらあんたらのためにひと芝居打とうと思ってもこうタイミングよくはできないよ」

「でも自衛隊にとっては格好のＰＲの場になったんじゃないですか」

僕が笑いながら言うと、そのベテラン下士官は少し首をかしげてみせた。

「さあ、どうかな。何しろ本番には馴《な》れていないからね。わしだって自衛隊に入ってかなりになるが、こんな場面に立ち会うのははじめてだよ」

彼は、いまやうねりとうねりの合間にレジャーボートと重なりあうように小さな点となって見え隠れしている「はたかぜ」の救助艇をながめながらぽつんとつぶやいた。

「ミイラとりがミイラにならなければいいんだがね……」

双眼鏡でたしかめると、現場では「はたかぜ」の救助艇から遭難したレジャーボートにロープを渡して二つのボートをつなぎとめる作業が進められていた。だが、小さな船体の割りに背の高いフィッシング用のデッキをのせたレジャーボートはうねりに揉《も》まれてまるで海に浮かぶブイのように大きな揺れを繰り返し、作業は思うようにはかどっていないようだった。揺れる小舟の間でロープを渡すタイミングをはかるのはむずかしいらしく、救助艇は近づいてはまた遠ざかっている。それでも双眼鏡からは隊員たちが中腰の不安定な姿勢でよろめきながら懸命に作業をつづけている様子がみてとれた。

やがてようやくロープの繋留《けいりゅう》に成功した救助艇はレジャーボートを曳航《えいこう》しながら

海面をバウンドするようにして「はたかぜ」の方に向かってきた。ロープでつながった二艘《そう》のボートの背後には、先ほどまで「はたかぜ」の後方につき従っていた僚艦の「あさかぜ」が、二本の背の高い煙突と対空レーダーを雛壇《ひなだん》のようにならべたその特徴的なシルエットを浮かび上がらせて、いつのまにか姿をあらわし、救出活動がつづく海面をはさみこむようにしている。陽の光をいっぱいに浴びて海面に横たわる「あさかぜ」の、堅牢《けんろう》な砦《とりで》を思わせるそのいかつい姿からは、ボートの小ささと、それとは対照的な護衛艦の巨大さがよくわかる。しかし「はたかぜ」は目の前の「あさかぜ」よりさらにひとまわり大きいのである。それはこの護衛艦に乗る者にどんな数字より説得力をもって自分のいまいる船の大きさを実感させるものであった。「はたかぜ」と並行する位置に艦を進めた「あさかぜ」の後部甲板にも乗組員たちが詰めかけて救出劇の模様を見守っている。

しばらくして東の空の奥の方から爆音が聞こえてきた。ヘリの長いローター回転翼が空気を切り裂く、腹の底に響くような重たい音である。ヘリコプターはしだいに爆音を轟《とどろ》かせながら近づいてきて、救助艇が遭難したボートを曳航しているその上空で旋回をはじめた。白とブルーの配色がほどこされた海上保安庁の救難ヘリだ。「はたかぜ」の航海記録によれば、海上保安庁は午前十時九分に国際ＶＨＦで「はたかぜ」

をコールしてきて、巡視船が付近にいないためそちらで救助をお願いしたいという要請を行なっている。さらに引き続いて横須賀《よこすか》の第三管区海上保安本部から巡視船が現場海域に急行中との連絡を寄せている。横須賀から野島崎沖ではどう早く見積もっても到着までに一時間はかかる。救出は護衛艦にまかせるしかなかった。このため海保のヘリは救助作業を見届けに飛来してきたのだろう。

長いロープでレジャーボートをつなぎとめた救助艇は、海面に大きく弧を描きながら「はたかぜ」の艦尾にまわりこむようにして近づいてきた。まず救助艇が艦尾にとりついて「はたかぜ」側の隊員とロープの受け渡しをはじめた。「はたかぜ」の艦尾は甲板下の部分が一部くり抜かれたようにオープンデッキになっていて、後部甲板の上で救出作業を見守っていた隊員たちは今度はこのデッキに降りてきて救助艇を「はたかぜ」の艦尾に接舷する作業にとりかかったのである。

その間、遭難したボートは波間をたゆたっていたが、大きな護衛艦の艦尾付近はそれだけ潮の流れが複雑に変化するためか、たぐり寄せられるようにしてみるみるうちに「はたかぜ」に接近してきた。やがて鈍い音を立ててレジャーボートの横腹が「はたかぜ」にぶつかった。ボートの持ち主らしい中年男性は前甲板《フロント》に仁王立ちになって、手にしたモップの柄の先端を「はたかぜ」の船体に押しつけその反動で何とかボートを護衛艦から引き離そうとするのだが、波に煽《あお》られるたびにボートは「はたかぜ」に打ちすえられている。ガリガリという音がしてレジャーボートのへりに立ててあるアンテナや釣り竿《ざお》が「はたかぜ」の船体にこすられ途中から折れてしまった。しまいにはフィッシング用のチェアをのせたデッキの支柱までぶつかりだした。

「もっと船を前に出してください！」

　ボートの中年男性がたまりかねたように声を上げた。「はたかぜ」側では隊員がオープンデッキから身を乗りだし、荒縄をボールの形に編んだような防舷物と呼ばれるクッションを「はたかぜ」の船体とボートの間に吊り下げて衝突の衝撃を和らげようとしているが、ほとんど役に立っていない。操船不能に陥っているレジャーボートの方はいいように波に弄《もてあそ》ばれ、相変わらず横腹を「はたかぜ」に叩きつけている。

　ボートの曳航に手まどっている様子をうかがうように海保のヘリが高度を下げてくる。あたりを圧する爆音に自然と隊員たちは声を張り上げた。「早く船を前へ出せ！」「駄目だ！　前に出したらかえってぶつかるぞ」とさまざまな声が錯綜《さくそう》する現場で、隊員たちは誰の指揮の下というわけでもなく思い思いに動きまわっているとしか傍目には映らない。そう言えば、オープンデッキで声をからしながら懸命に作業をつづけていたのは下士官や兵ばかりだった。あとで作業に加わった隊員に話を聞いてみても、

三、四十人からの人間がいっせいに大声を上げていたため誰が何を言っているのか、何をしているのかさっぱりわからなかったという。少なくとも士官が陣頭に立って隊員たちを動かしているという光景ではなかった。

　やがて足もとにガスタービンの回転する重たい唸《うな》りが伝わってきて、「はたかぜ」がゆっくりと前進をはじめたらしく、レジャーボートは少しずつ艦から離れだした。ボートと同じく波が寄せてくるたびに「はたかぜ」の艦尾に打ちつけられていた救助艇も自由が効くようになった。艦尾からその様子を見守っていたU三曹は、救助艇と「はたかぜ」をつないでいたロープが妙にたるんでいるのに気づいて、とっさに声をかけた。

「ロープが引っかかるぞ！　後進は絶対かけるな！」

　もしいまの状態で救助艇がバックしたら、たるんでいるロープを舵《かじ》やスクリューが巻き込んで、今度は救助艇がSOSを出す羽目になる。ヘリの爆音や隊員の怒鳴り声が逆巻く騒々しい中ではせっかく注意を促しても救助艇の隊員たちに聞きとれないかもしれないと思い、U三曹はもう一度声を張り上げた。すると救助艇に乗りこんでいる士官の一人が片手をあげて、わかった、と答えたような気がした。ところがどうしたわけか、救助艇はエンジンの始動音をさせるといきなりバックしはじめた。そして次の瞬間、くぐもったような鈍い音がしたきり救助艇は動かなくなった。

悪いときには悪いことが重なると言うが、今回の救出騒ぎにはまさにこの言葉があてはまる。救助艇にとって命綱ともいうべき「はたかぜ」との間をつなぐ一本のロープは、片方の先端を救助艇の舳先《へさき》に結びつけ、もう片方を「はたかぜ」の艦尾をくり抜いたオープンデッキ上の金具に巻きつけてあった。ただしそれは「はたかぜ」側から渡されたロープではなく、救助艇にあらかじめ積みこまれていたものを、「はたかぜ」の艦尾がま近に迫ってきたとき隊員が放り投げて「はたかぜ」側の隊員に受けとめてもらったのである。救助艇のロープだから曳航用の舫《もや》いと違い短めで、長さにゆとりがなかったせいもあって、「はたかぜ」の金具への結わえ方はひどく甘かった。このため救助艇がうねりに煽られた拍子にするっとほどけて、海面に落ちてしまったのだ。そばにいた隊員はとっさに腕を伸ばしてつかもうとしたが、間に合わなかった。もっともロープをつかんでいたら逆に隊員の方が波立つ海の中に引きずりこまれて、それこそ人命にかかわるとりかえしのつかない事態に陥っていたかもしれない。

救助艇に乗りこんでいたO隊員の目には海面に落ちたロープが沈んでいくのが見えた。一瞬、ヤバい、と思って、ロープを引き上げようと腰を浮かせかけたときには救助艇が後進をかけていた。おそらく救助艇の指揮をとっていた士官はボートをバックさせることでロープをかわそうとしたのだろうが、それが裏目に出たのである。重みで海中に沈んだロープは艇の底にまわりこみ、すでに先端の部分はスクリューの方にまで流れていたのだろう。そこに後進をかけたものだからたまらない。ロープはスクリューに巻きつき、さらに舵にからまってしまった。ベテラン下士官の不吉な予想は的中した。遭難したレジャーボートを助けに向かったはずの救助艇が逆に助けを求める。文字通りミイラとりがミイラになったのである。

だがその後の展開は不可解の一語につきていた。救助艇が航行不能に陥った直後の午前十時二十八分、「はたかぜ」は近くの海上で救出作業が滞りなく終了するのを見守っていた僚艦の「あさかぜ」を呼び出している。

〈本艦内火艇が故障したので、至急そちらのを降ろしてほしい〉

しかし考えてみれば、「はたかぜ」は何も僚艦の「あさかぜ」に救助を仰がなくてもよかったはずである。護衛艦は左右両舷に救助艇を搭載していて、「はたかぜ」にも同じタイプの救助艇がもう一艘積みこまれていた。ロープがスクリューに巻きついて動けなくなった救助艇は「はたかぜ02」と船体にナンバーが書かれた二号艇で、これはふだん左舷に設置されている。そして反対の右舷では通称「イチナイ」と呼ばれている一号艇が出番を待っていたのである。わざわざ一キロ以上も離れた海上にいる別の船から救助艇を降ろしてもらわなくても、船に残ったもう一艘のボートを出動させた方が時間のロスもなくはるかにスムーズに救出作業にとりかかれる。一刻も早くというのがレスキューの要諦《ようてい》のはずである。ところがオープンデッキの真上にある後部甲板で伝令員を従えて救出作業の総指揮をとっていた艦長は、手持ちの「イチナイ」を降ろさず、「あさかぜ」に「そちらのを降ろしてほしい」と要請している。自前の救助艇を使わなかった点について、複数の乗組員は、使わなかったのではなく、使いたくても安心して使える状態になかったのだとそのへんの事情を解き明かしてみせる。お呼びのかからなかった一号艇は日頃から何かと調子の悪いボートで航海の直前にも故障を起こしていた。動かしたはいいがその途端にエンストということにもなりかねない。とても胸を張って救出作業の本番に出せるような代物《しろもの》ではなかったというわけだ。このため以前から隊員の間では救助艇が二艘とも必要になるような「非常事態」が発生したらどうするのだろうと囁《ささや》かれていたのである。

だが悪いときには悪いことが重なるというのも考えようである。たしかに救助艇がロープにからまって動けなくなった上、船が積みこんでいたもう一艘の救助艇まで使いものにならないときては、泣き面《つら》に蜂《はち》としか言いようがない。しかし万事休すの事態に追い詰められた「はたかぜ」には助けを求めればすぐに応《こた》えてくれる身内が目と鼻の先にいた。

そしてここでもう一つ、「はたかぜ」は「ツキ」に恵まれていた。実は、「はたかぜ」の救助艇が動けなくなることをあらかじめ計算に入れていたのではと思えるくらいタイミングよく、トラブルの発生する直前に、レジャーボートには救助艇から川田二曹が助《すけ》っ人《と》として乗り移っていたのである。うねりに煽られては船体を「はたかぜ」の艦尾寄りの側面にしたたかに打ちつけられていたレジャーボートは艦が少し前に進むと、ようやく渦から抜け出たように、救助艇のいる艦尾の後方にまわりこんできた。このさいレジャーボートの艇長から救助艇の隊員を一人まわしてほしいと要請があった。「はたかぜ」に曳航してもらうためにはまず曳航用の長い舫《もや》いロープを「はたかぜ」側から投げてもらい、それをボートにくりつけなければならない。ところがプロの船乗りではないだけに艇長たちはその手の作業に馴れていない。自分たちだけでは心もとないので、ロープをきちんと結わえられる隊員を助けに寄越してほしいということになり、舫いとりなどの甲板作業の技術に長《た》けた一分隊所属の川田二曹が、二艘のボートが近づくきわどいタイミングをとらえて救助艇からレジャーボートへと乗り移った。そして川田二曹は木の葉のように揺れるレジャーボートの狭い甲板の上で「はたかぜ」側から渡されたロープを受けとめ舳先にくくりつけることに成功していたのである。この時点で救助艇とレジャーボートをつないでいたロープは切り離された。もし川田二曹がレジャーボートに乗り移るタイミングが遅れていたら、レジャーボートは「はたかぜ」からのロープをつなぎとめることもできないまま、エンジン停止に陥った救助艇ともども潮の流れの速い野島崎沖の海上を再び漂流することになっただろう。しかも二艘のボートはロープでつながれていただけに外洋の高い波をかぶって安定を失い転覆したかもしれない。だがそんな事態になっても、手持ちのもう一艘の救助艇をあてにできず、自ら救出する手立てを持たない「はたかぜ」は、二艘のボートが波間に消えていくのをただながめているしかなかったであろう。民間のレジャーボートが遭難している現場で、救出に向かった護衛艦の救助艇がロープをスクリューに巻きつけて動けなくなり、船に積みこまれていたもう一艘は故障つづきの「欠陥《ぜんだい》」救助艇では、それこそ海上自衛隊が海上保安庁に対してSOSを発信するという前代未聞《みもん》の出来事となったかもしれない。仲間の護衛艦がそばにいてくれた点と言い、川田二曹《そう》がタイミングよくレジャーボートに乗り移っていた点と言い、「はたかぜ」はいくつもの「ツキ」に助けられ、最悪の事態だけは何とか招かずにすんだわけである。皮肉な言い方だが、「はたかぜ」は最後の最後では強運に恵まれていたと言えるのかもしれないのだ。もしこれが「はたかぜ」一隻《せき》だけで救出作業にあたらなければならない状況におかれていたら結果はもっと悲惨なものに終わっていたはずである。

いまやレジャーボートに代わって「遭難船」となった「はたかぜ」の救助艇はみるみるうちに艦を離れ、潮に乗って北東の海上に流されていった。「はたかぜ」のオープンデッキからは肉眼でも救助艇に乗りこんでいる隊員たちが茫然《ぼうぜん》とした表情で力なくボートに座りこんでいる姿がながめられた。

一転して救助される側にまわってしまったO隊員は、揺れるボートの中から、いまさらじたばたしてもはじまらない、なるようにしかならないだろうと半ば開き直ったような思いで、しだいに小さくなっていく護衛艦のうしろ姿をぼんやりみつめていた。ただ不思議と焦《あせ》りは感じなかった。もう一艘の救助艇の「イチナイ」が調子が悪く、とても降ろせる状態にないことはわかっていたから、おそらく「はたかぜ」側は「あさかぜ」に助けを求めて、僚艦の救助艇が遠からず自分たちのことを迎えにくるだろうと波に揉《も》まれながらも冷静な予測を立てていた。自分たちが流されていく北東の方向に「あさかぜ」の艦影が見えていることが安心感の砦となっていたのかもしれない。レジャーボートを「はたかぜ」につなげるという救出作業のとりあえずの目的はともかく川田二曹の手で達成されたが、しかし先輩や仲間たちが大勢見ている目の前で醜態を演じてしまったことへのバツの悪さはO隊員自身感じていた。そうした思いは救助艇に乗りこんでいた他の五人の士官や隊員たちも同じだったのだろう。「漂流」している間、六人はほとんど口をきかなかった。互いに顔を見合わせることもなく、波に揺られながら思い思いの方向をぼんやりながめて助けが来るのをじっと待ちつづけていた。

やがて「あさかぜ」の救助艇が降ろされ、波立つ青黒い海面の上を跳ぶようにして「遭難」した救助艇に近づいてくるのが「はたかぜ」の艦尾からもながめられた。テニスコートが優に一面とれるくらいの広さがある後部甲板には、護衛艦同士の救出劇を見ようとさらに多くの隊員たちが詰めかけていた。繫留作業は今度はスムーズに行なわれた。ロープでつながれた二艘のボートはほどなくして「はたかぜ」の左舷寄りに接近してきた。だが救助艇は百メートルほどの間隔を保ったまままそれ以上はいっこうに近づいてくる気配をみせない。先ほど救助艇に曳航されてきたレジャーボートの船体が「はたかぜ」の横腹にさんざん打ちつけられていたことからもわかるように、大型艦の周囲では潮の流れが微妙に変化していて、近づきすぎた小舟は大型艦に吸い寄せられ、渦の中に入ってしまったように身動きがとれなくなる。レジャーボートの二の舞いを演じないためには、リレー競技でバトンを次の走者にタイミングよく渡すように、「あさかぜ」の救助艇からの切り離し作業と、護衛艦への繋留作業のタイミングをうまく合わせることが必要である。つまり護衛艦から投げてもらった舫いを「はたかぜ」の救助艇が自分の船体にしっかり結びつけたと同時に、「あさかぜ」の救助艇は「はたかぜ」の救助艇からすばやく離れないといけない。「あさかぜ」の救助艇がロープを切り離すタイミングが早過ぎると、自力で動けない「はたかぜ」の救助艇はレジャーボートのように大型の護衛艦に吸い寄せられて離れられなくなるし、「はたかぜ」の救助艇が舫いとりに手まどるようだと二艘《そう》のボートが揃《そろ》って渦に巻き込まれ、もう一度艦から離れて作業をやり直さなければならない。救助艇を迎える「はたかぜ」側では、左舷甲板に二十人ほどの隊員が集まって揚艇機や舫いを投げる準備に追われていた。その作業がすむまで二艘のボートは護衛艦に近づくタイミングを見計らうようにうねりに小さな船体をよじらせながら近くの海面にとどまっていた。

一方、「はたかぜ」との繋留にとりあえず成功したレジャーボートは護衛艦から渡されたロープをいっぱいに伸ばして艦尾から三百メートルほど後方の位置まで下がっていた。ところがここにきて新たな問題が生じていた。ボートと連絡のとりようがないことがわかったのである。救助艇から乗り移ったはいいが、川田二曹はトランシーバーを持たされていなかった。無線で呼びかけてもボートからの応答はない。相手方の船舶電話の番号もわからない。後部甲板で救出作業の陣頭指揮をとっていた艦長と砲雷長ら幹部たちは、額《ひたい》を寄せ合って、ボートとどう連絡をとったらよいか対応策を相談している様子だった。そのうち双眼鏡でボートの様子をうかがっていた隊員が「手旗を送ってます」と声を上げた。冬の柔らかな陽ざしにキラキラ輝いている海面の先を見ると、大型の護衛艦とロープでつながっているとは言え、相変わらず時計の振り子のように左右に揺れつづけるボートの前甲板に川田二曹が膝《ひざ》をつき、必死にバランスをとりながら、「はたかぜ」の方に向かってしきりに両腕を大きく振っている。それに答えるように艦尾に群がっていた隊員の中からすかさず沢村三曹が手摺《てす》りのところまで駈《か》け寄って、両腕をかざして交互に振り降ろした。信号をこれから送るぞという川田二曹の合図に対して、いつでもいいぞと準備ＯＫのサインを送ったのだろう。しばらく間をおいてボートから川田二曹がまた両腕を振りはじめた。今度は腕を斜めに上げたり横にしたりしてさまざまな形を描いてみせている。沢村三曹はすばやくメモをとりだし、川田二曹の手旗信号を、送って寄越す先から解読して、〈ト、ウ、ケ、ウ、ワ、ン、マ、デ、オ、ネ、ガ、イ、ス、ル〉と一語一語書きとっていった。周囲の隊員たちは海をへだてて交わされる二人のやりとりに感心したように見入っている。

「おまえらの中には手旗わかる奴《やつ》なんていないだろう」

ベテラン下士官が言うと、隊員の間から笑いが起こった。護衛艦乗りも船乗りである。そうである以上誰でも最低限手旗信号くらいは使いこなせるだろうとてっきり思っていただけに、彼らの反応は意外だった。海上自衛隊に入った隊員たちは新人教育を施す教育隊でひと通り手旗信号について教わるのだが、自由自在に操れるまで叩《たた》きこまれるわけではなく、護衛艦に配属されると使う機会がないこともあって、信号が専門の航海科以外の隊員たちはほとんど教わった内容を錆《さ》びつかせてしまう。

手旗信号はカタカナ文字の形を書き順に従って両腕を使ってあらわしている。中には、右腕に持った赤旗を斜め上、左腕の白旗を斜め下にして、相手から「＼」と見える形で「ヘ」という文字をあらわすように、直接その文字のカタカナの形を示してはいない手旗もあるが、たいていは動作をつなげていけばなんとなく文字の形がイメージできるように考案されている。たとえば「イ」という文字を送る場合は、まず左腕を斜めに上げ、右腕を斜めに下げて、相手からは「／」という右上がりの斜線に見える形をつくったあと、右腕の赤旗を真っ直《まっす》ぐ上、左腕の白旗を真下に下げて「｜」という形をつくってみせる。この二つの動作で相手には「イ」という文字が判読できるわけである。イからンまでの四十六文字のうちほとんどの文字は一つか二つの動作で表現できるが、ホやオなど四つの文字だけは三つの動作が必要である。また手旗を送ったあとに左腕を斜めに上げるのはその文字に濁点をつけることのサインであり、パやピといった半濁音の文字をあらわす場合は最後に右腕をぐるりと一回だけ大きく回して円を描いてみせる。

手旗信号がてきぱきと送れるようになるには文字の読み書きと同じく一にも二にも練習が必要である。「いろは」を習いたての子供はいちいち頭で考えながらでないと文字が書けないが、毎日練習帖《ちょう》を埋めていくうちに頭を働かせる前に自然と手が動いて文字を綴《つづ》れるようになっていく。手旗の場合も馴《な》れてくると体の方が手旗を覚えていて、一つ一つの動作を頭の中でなぞらなくても信号文に添って腕が動いてくれるようになる。だが信号を送る以上に難しいのが手旗を読みとることである。ふつう手旗信号は一分間で五十五字から六十字程度の文字を送信する。ほぼ一秒あたり一字のスピードである。つまり半秒ごとにくるくる変わる動作からその意味を読みとらなければならない。経験の浅い隊員は、手旗信号を見ながら一つ一つの腕の動作を、〈／、―、「、〉〉という速記符号のような記号にしてメモに書きとめ、送信が終わってからまとめて、〈イロハ〉と解読する。これが航海科のベテラン隊員の手にかかると、腕の動作をわざわざ書きとらなくても手旗信号を送られてくる先から次から次へと読みとっていく。だがそこまで手旗を使いこなせるようになるまでにはたっぷり時間をかけて根気よく練習を重ねていかなければならない。一朝一夕に身につく技術ではないのだ。

その点、「はたかぜ」は運がよかった。レジャーボートからの手旗にすぐさま応答した沢村三曹は、手旗を読みとる速さからもうかがえる通り航海科の隊員だが、レジャーボートの上で手旗を送っていた川田二曹ももともとは航海科の出だった。護衛艦に乗りこむようになってから職種が砲雷科に変わり、「はたかぜ」では主砲の五インチ砲を担当している。所属は護衛艦の出入港時に舫いとりなどの甲板作業に従事する第一分隊である。このためロープを結ぶ技術に長けているということで救助艇に乗りこんでいた七人の隊員の中から彼が選ばれてレジャーボートに乗り移ったわけである。川田二曹に白羽の矢が立ったのは何も手旗を使えるという理由からではなかった。レジャーボートに乗り移る時点では手旗が必要になるような事態が起こることなど誰も思いもつかなかったのである。ところが川田二曹がボートに移ってしばらくして救助艇はロープをスクリューにからませ、潮に流されるまま「はたかぜ」から遠く離れてしまい、連絡の手段を救助艇にたよっていたレジャーボートはひとり取り残されることになった。しかしその窮地を偶然が救ってくれる。これまた不幸中の幸いと言うべきか、ボートに移っていた川田二曹がたまたま手旗の心得のある航海科出身だったために、三百メートルも離れていながらレジャーボートと「はたかぜ」とのコミュニケーションは支障なく図られ、事なきをえたのである。

左舷の中ほどでは、「あさかぜ」のボートに「救助」され母艦まで曳航《えいこう》されてきた救助艇を引き揚げる作業がつづいていた。二本のワイヤーでフレームに固定された救助艇が揚艇機の操作でゆっくりと吊《つ》り上げられ、海面の下に隠れていた舟底が姿をあらわすにつれて、甲板から身を乗り出すようにして作業を見守っていた隊員の間からは、ため息や「こりゃ駄目だ」といった苦々しげなつぶやきが洩《も》れた。ロープは舵の首ねっこを押さえるように根元の部分に巻きついたあと、さらにスクリューの翼やシャフトに幾重にもからみついて団子状になっている。舟を動かせないようにわざわざスクリューそのものをがんじがらめに縛り上げたようであった。やがて救助艇に乗りこんでいた六人の隊員が憔悴《しょうすい》しきった表情で甲板に降り立った。仲間の隊員たちはさすがに声のかけようがないのか、着替えのためうつむき加減に足早に甲板下に消えていく彼らのうしろ姿を黙って見送っているだけだった。士官の一人に「大変でしたね」と声をかけると、長時間波に揺られていたせいか、蒼《あお》ざめた顔色の彼は、バツの悪さを隠すように少し苦い味のしそうな笑いを口もとに浮かべて力なくつぶやいた。

「船からながめている皆さんと同じことしかできませんでした」

午前十一時ちょうど、遭難した救助艇を「はたかぜ」まで曳航してきた「あさかぜ」の救助艇は、再び「はたかぜ」の艦尾の方にとって返し、今度はレジャーボートから川田二曹を収容して「はたかぜ」に送り届けると母艦に帰っていった。救出作業の後始末はすべて別の護衛艦に肩代わりしてもらったのである。

「はたかぜ」は時速三ノットのゆっくりとしたスピードでレジャーボートを曳航しはじめた。一時間以上に及んだ救出劇はようやく終わりを告げ、後部甲板に集まっていた隊員たちは三々五々それぞれの部署に戻っていった。その中には、ミイラとりがミイラになるのではないかと救出作業の行方を占ったベテラン下士官の姿もあった。僕と目が合うと、彼は「まったくなっちゃいないよな」と片目をつぶって少しおどけた格好をしてみせた。

「こういう風に波が立っているときは、そばにいる他の船に現場のまわりをまわってもらうんだよ。そうすれば内側の海面は静まって救出が楽になるんだ。でも幹部連中はおろおろするばかりで何もしちゃいない」

「ベテランの方が幹部にリコメンドしたらいいじゃないですか」

どこか他人事のようなものの言い方をする彼に皮肉めかして言うと、あっさり首を振ってみせた。

「駄目だよ。いくら言ったって素直に耳を傾けるような人たちじゃない。指揮をとるのは俺たちなんだという考えばかりが頭にあるからね」

以前彼と話したときも、机の上で考えたことが海でも通用するように思いこんでいる幹部と下の者とがうまく嚙《か》みあっていない組織の問題を盛んに指摘していたが、そのアキレス腱《けん》がすっかり白日の下にさらされてしまったのが今回の救出劇だったと言う。

「残念ながらこんなもんなんだよ、うちらの現実は。マニュアル通りの訓練ならきっちりできるけど、待ったなしの本番になるとたちまち右往左往して腰砕けになってしまう。四十年間、訓練のための訓練を重ねてきた結果がこれなんだろうな」

救出劇を苦々しくみつめていた点は、寝室にいた僕らに遭難ボートが漂流していることをわざわざ知らせてくれた海幕の広報官も同じだったかもしれない。訓練航海の取材をしめくくる上で絶好の見せ場になるはずだったのが、期待外れの結末に終わったのである。救出作業が一段落した後部甲板で僕らと顔を合わせると、彼は「ちょっともたもたしちゃいましたね」と苦笑まじりの感想を洩らしていた。

だが、護衛艦を司《つかさど》る司令官たちのとらえ方はまた違っていたようだ。正午近くになって横須賀の海上保安本部から急行していた巡視艇「なつぎり」が「はたかぜ」と落ち合い、レジャーボートの曳航をバトンタッチして軽快なスピードでひと足先に走り去ると、「はたかぜ」の艦内には艦内放送を通じて艦長のメッセージが流れた。

「先ほどの民間船救助活動についてただいま群司令、隊司令から、乗組員が一致協力してよく事にあたったとおほめの言葉をいただいた……」

この放送に先任海曹室《かいそう》では居合わせた下士官たちが互いに顔をみあわせて思わず吹き出していた。

翌日、「はたかぜ」の母港横須賀をはじめ神奈川県内で読まれている地方紙「神奈川新聞」は朝刊の社会面に〈漂流ボートを自衛艦が救出〉という見出しを掲げて、護衛艦「はたかぜ」が漂流しているボートを見つけ「救出」したことを伝えていた。しかしそこには「救出」に至るまでの一時間近くの「ドタバタ騒動」はひと言も触れられていなかった。陸地から遠く離れた海上で行なわれた救出劇の顚末《てんまつ》は人目にさらされることもなく、「救出」という結果だけが活字として残ったのである。だが、「救出」の結果よりむしろ活字にならなかったプロセスに海上自衛隊の素顔が多くあらわれていた。

海上自衛隊はこの四十年、陸や空の自衛隊に比べて国民との接触の機会がはるかに限られ、人目の届かない海の上の、鉄の柩《ひつぎ》の中で独自の世界を形づくってきた。「伝統」

が墨守されたのはそのためだろう。だが鉄の柩に閉じこもったままでいると、日が昇ったのも沈んだのも気づかないうちに時は過ぎていく。

第四部　防人の島

山頂のレーダーサイト

マグニチュード7・8

今世紀最大の津波に襲われた北海道奥尻《おくしり》島の住民の七人に一人が自衛官とその家族であることはほとんど知られていない。漁業と夏の観光以外これといった産業のないこの島は、実は「自衛隊がいることで財政が支えられている」と執務室の書棚に日本社会党四十年史とならべて金日成《キムイルソン》の伝記を入れている町長自ら認めるほど、基地にたよった半防半漁の島なのである。

函館《はこだて》からスチュワーデスの乗らない小さな双発のプロペラ機で渡島《おしま》半島を横切り日本海上に出ると、ものの五分もしないうちに巨大な鯨が横たわっているような島影が見えてくる。もっとも島と言っても、低空で飛ぶ飛行機の窓からはどこが島の端にあたるのか島全体の地形は見渡せない。こんもりとした陸地が圧倒的な広がりを持って目の前に迫ってくる。やがて飛行機は空港に進入するコースをとるため左に大きく旋回しながら、人差指をぐっと海の方につきだしたような細長い岬をまわりこんだ。僕がこの島を最初に訪れた一九九二年十二月は、この岬の突端まで民家がびっしり隙間《すきま》なく埋まっている様子を眼下にのぞむことができた。港にはおびただしい数の漁船がつながれ、色とりどりの大漁旗がたなびき、海にせりだすようにして赤やら白やらの屋根が押しあいへしあいしている姿からは漁師町の活気のようなものがたちのぼってくる感じだった。その同じ場所が、季節がただ冬から夏に移り変わっただけで、いまは原爆でも落とされたようにいちめんの廃墟《はいきょ》と化している。

岬の反対側に出ると、日本海の暗くて冷たい水に洗われている長い海岸線が北に向かって伸び、すぐ背後には険しい崖《がけ》がせり立っている。崖をのぼりきった先は、起伏のさほどきつくない台状の小高い山が連なっている。しだいに高度を下げはじめた飛行機の窓に顔を押しつけてその山肌を注意深く目で追っていると、やがて緑の絨毯《じゅうたん》を敷きつめたような、なだらかな丘陵の突端にぽつんと青白く建物のようなものがとらえられる。カメラのズームでのぞけば、それがピンポン球を頭にのせたような格好をしていることがわかるはずだ。江差《えさし》からフェリーで奥尻をめざすさいには、港に入る手前のところでこの円屋根の一部が島の頂きのあたりにかすかにのぞいているのが船上からながめられる。しかし荒々しい島の自然に息を呑《の》むたいていの人の目には周囲の景色と一体になってしまって気づかれることもないだろう。好奇心にかられた人が目を凝らしてよく見たとしても、それがいったい何であるのか見当もつかない。海からでは建物の形はわからないのだ。まして冬は山を覆《おお》った雪の白さに溶けこんでますます周囲との見分けがつかなくなる。事前の知識がなければ、どんなに想像力のたくましい人でもそこに何か特別な施設があるなどとはまず思いつかないはずである。

だが、これが奥尻島の財政基盤になっている自衛隊の基地である。正式名称を航空自衛隊北部航空警戒管制団第二十九警戒群と言う。基地は島でいちばん高い標高五百八十五メートルの神威《かむい》山の山頂にある。ちなみに山の名はアイヌ語の神を意味するカムイに由来している。その神の棲《す》む山の頂きを基地が占めているわけだ。山間の険しい道を車で三十分ほどのぼって、視界の開けた丘陵地帯に出るとドームをのせた建物がくっきりと見えてくる。特徴のあるその形からそれが日本海に睨《にら》みをきかせるレーダーサイトであることは容易に察しがつく。それでも夏の観光シーズンには、ドライブを楽しんでいるうちにこの建物に気づいて、なかなかよさそうなリゾートホテルがあるじゃないかと警衛所に車で乗りつけてくるカップルが何組かいる。たしかに夜間などは建物の窓を点々と照らす明かりの堆積《たいせき》が星空をバックに浮かびあがって、洒落《しゃれ》た高原のホテルを思わせる。だが基地が何のためにあるのか、基地の中で何が行なわれているのかその実態についてほとんど知識がないという点では、地元の島民もここをホテルと勘違いした観光客と大して変わりはない。自衛隊の基地があることは知っていても、それが陸上自衛隊なのか航空自衛隊なのかわからない。試しに民宿のおばさんや商店の主人、タクシーの運転手に、自衛隊の人々が何をしているか知っていますかと聞いてまわると、たいがい、山の上なんかで鉄砲かついで毎日何やってんだかと首をかしげてみせる。

それは、基地の中に足を踏み入れても同じである。レーダーがからんでいるだけあって、ル・カレのスパイ小説の世界に紛れこんでしまったかと錯覚するくらいあちこちに「秘密」が壁をつくっている。目に焼きつけることはよくてもレンズに記憶させることは許されない。映画館を思わせる暗いレーダーサイトの中では、緑色に光る矢印が小刻みに動いているレーダースコープの画面にレンズを向けると「画面は勘弁してください」とやんわり拒否された。ランプの点《とも》ったボタンがいくつもならんでいるコンソールでは「手もとは避けてください」と声がかかる。建物の配置がわかるような基地の全景を写すこともご法度《はっと》である。

「秘密」の壁は何も外部の人間だけをシャットアウトしているわけではない。ここには基地で働く隊員にさえその中身をいっさい明らかにしていない任務がある。そういう類《たぐ》いのものがここにあること自体触れられては困ると、僕が奥尻に向けて発《た》つ前にあらかじめ空幕の広報官が念を押したほどのアンタッチャブルな部署である。蚊帳《かや》の外におかれた隊員たちは、通信を傍受しているんじゃないのとか、いや電子で何かを探っているみたいだとか、ヴェールの向こうに隠されているものをさまざまに臆測《おくそく》してみせるが、それを自分の目でたしかめるすべはないのである。隊員どころか基地のトップである司令も、その任務を行なっている場所にはめったに近づかない。文字通りの聖域なのである。

しかしこの聖域で日夜「秘密」の任務に携わっている隊員たちが一般の隊員から隔離されているかというと、必ずしもそうではない。むろん仕事場は完全に切り離されていてサイトの隊員たちは聖域に近づくことも許されないが、食堂や売店は共有で秘密任務の隊員たちがサイト側の施設を利用しにやってくる。基地内で寝泊りする宿舎も一緒である。もっとも基地を自分のすみかにしている隊員は百八十人を数える独身者の三分の一に満たない。大半の隊員は勤務が終ると基地のマイクロバスで山を下りて、町中に点在する官舎や下宿へと帰っていく。つまりレーダーサイトに勤務している隊員も、秘密の任務についている隊員も、生活の拠点はフェンスに囲まれた基地ではなく島にある。

山の上での隊員を知らない島民も、山を下りてきた隊員のことはよく知っている。いったん制服を脱いだら、隊員たちは島民にとって隣人であり、ミニバレーの仲間であり、子供同士が学校の友だちという間柄であり、ときには娘を嫁がせた相手だったりする。島の女性と結婚して島民をおとうさんとかおかあさんと呼ぶ隊員は十六人にのぼっている。程度の差こそあれ隊員たちの生活は島というこの共同体の中にしっかりと組みこまれている。生活圏の狭い島にいる以上、島民といっさいかかわらずに暮らしていくことなど不可能である。家族を伴っている隊員なら妻や子供を通じての近所づきあいが生まれてくるし、独り者や単身赴任の隊員でも行きつけの食堂や酒屋やスーパーの人たちと顔なじみになる。島にいる数少ない若い女性と知り合うのもたいていそうした場所を通じてである。つきあいはじめたら結婚に行きつくケースが多い。「きのう、あんたの車見かけたよ。釣りにでも行ったのかい」と声をかけられて驚かされるほど相互監視の行き届いた社会である。デートをした翌日には二人のことは町中に知れ渡っている。

でも、隊員と島の人々との距離が縮まるのはむしろ夜である。町に十四軒しかないスナックや縄のれんではサイトや秘密任務の隊員たちが島民にまじってグラスを傾けカラオケのマイクを握っている。一九九三年七月十二日もそんな夜だった。

奥尻基地の指揮官として三百三十人の隊員を預かる西森浩孝一佐は、行きつけのスナック「夢幻」で持ち唄《うた》の一曲を歌いきったあとカウンターにもたれてちょうど水割りを入れたグラスを口に運ぼうとしていた。この日二軒目の店である。一時間半前まで彼はフェリー乗り場の横にある食堂「おかやん」で開かれた部下の送別会に出席していた。奥尻に赴任して二年四カ月、その間何人もの部下を送りだし送別会にも飽きるほど顔を出してきたが、この日はちょっと特別だった。彼自身に異動の話が持ち上がっていたのだ。もともとは空中戦を演じるパイロットの目となってレーダーと睨《にら》めっこするのが仕事の管制官でありながら空幕や統幕会議のスタッフ、果ては防大の助教授とほぼ二年刻みでさまざまなポストを転々としてきた西森一佐にとって、奥尻は自ら希望した任地だった。いままで上官の顔色をうかがいながら仕事をしてきたつもりはなかったし、それを言うならむしろ相手が大蔵省の役人だろうが構わずズケズケものを言うせいで上からは煙たがられる存在だったほどだ。それでも彼は組織の目の届かないところでのびのびと仕事ができるセクションに憧《あこが》れていた。特に離島がよかった。国境の空を守る孤島の指揮官というのはなんとなく男のロマンを感じさせるようで心魅《ひ》かれるものがあった。

そんな彼の期待を奥尻は裏切らなかった。基地の司令は島では町長に次ぐ有名人である。スーパーに行ってもスナックで呑んでいても見ず知らずの人から親しそうに話しかけられる。月に最低五回は町の人との呑み会に引っ張りだされるし、うまいカレイがとれたとか、浜でバーベキューをやるからと言ってはお呼びがかかる。官舎のある町中から車で三十分近くかかる島の南端の青苗(あおなえ)地区にも時々は呑みに行かなければならない。しばらく顔を見せないと、なんでこっちに来ないと電話がかかってくるのだ。そうしたひょんなことから、狭い島でありながら役場など町の機関が集中する奥尻と、漁師町の青苗とが互いに対抗意識を持っているということに気づいたりもする。西森一佐は家族を千葉の自宅に残して単身赴任生活をはじめていたが、食べるものには困らなかった。平日の夕食は基地ですませたし、冷蔵庫が空になりそうだと思う頃には漁師のオヤジやおかみさんが気をきかせて新鮮な魚を届けてくれる。その魚を使って土日は自炊した。

奥尻に着任して四カ月ほどたったときのことである。町の宴会に招かれて顔を出すと、すでに酔いのまわっていた一人の男が西森一佐をつかまえて急にからみだした。なんで俺の店には足を向けない、と男は呂律《ろれつ》のまわらない口調でしつこく繰り返した。俺の店とは男が開いている食堂のことだった。そこに西森一佐の前任者は休みの日になると必ず夕食を食べにきていた。ところが新しい司令はまだ一度も顔をみせない。前任者と同じく今度の司令も単身赴任なのだから食事は外ですませているはずだ。要するに俺の店だけ嫌って食いにこないんだろう。男はそう勝手に思いこんでいるのだった。西森一佐は苦笑しながら、よそでなんか食べちゃいない、自分でつくるのが趣味なんだと弁解につとめたが、相手はなかなか納得しない。嘘《うそ》だ、どうせ俺を嫌っているんだろうと返答のしにくいことばかり言う。不貞腐《ふてくさ》れたり、気持ちがこじれきったりすることを、奥尻の方言ではこじけるというのだが、まさにその「こじけて」いるのだ。西森一佐は、人々が互いにもたれあって暮らしているような島の中でのつきあいのむずかしさを感じさせられた反面、そこまで自分のことを気にかけてくれているのかと都会では味わえない人情の機微に触れたような思いがして必ずしも悪い気はしなかった。

しかしその奥尻ともあと半月でお別れである。今度部下の将校たちが集まる宴会は自分を送る会となる。彼はこの島で過ごしてきた二年あまりの日々を脳裏に思い起こすようにしながら、いつになく感傷的な気分でグラスを重ねていた。

はじめは、比較的ゆるやかな震動だった。しかし体が左右ではなく上下に揺さぶられるのを感じて、西森一佐はとっさにグラスを手にしたまま店の出口の方に向かおうとした。これはただ事じゃないと妙な胸騒ぎがしたのだ。案の定、揺れは鎮《しず》まるどころかしだいに激しさを増していく。そしてドーンという衝撃音とともに下から突き上げるような猛烈な揺れが襲ってきた。カウンターの中にいたスナックのママが悲鳴をあげながらボックス席の方にころがり出てきて、うずくまった。テーブルのグラスが割れ、棚にならべてあったブランデーやウィスキーの瓶《びん》がすさまじい勢いで板張りの床に叩《たた》きつけられた。

西森一佐は激しく波打つような揺れに足をとられよろめきながらもやっとのことでドアにたどりついた。外に飛び出す直前、ふとうしろを振りかえるとボックス席に座っていた部下の隊員が店の二人の女の子に抱きつかれているのが見えた。隊員の首にしがみついているのが一人、もう一人は膝《ひざ》にすがりついている。うまいことやってる、と思いながら、ドアに体当りを食らわすようにして表に出た彼は、自分がグラスを手にしたままでいることに気がついた。町役場に抜ける通りには地震に驚いた島の人々が家の中から飛び出していた。瓦《かわら》や看板が落下する音、家々のきしむ音にまじってあちこちで悲鳴がする。スナックの真向かいではおばあさんが腰を抜かしたように尻《しり》もちをついてしきりに口を動かしているが、声にならない。街灯が消え、町中が闇《やみ》につつまれた。地面は前後となく、上下となく、発作でも起こしたようになおも揺れつづけている。その揺れの中、西森一佐は、酒がこぼれちゃいけないと両足を懸命に踏ん張ってグラスを口もとまで持っていき、残りの水割りを呑み干した。

ようやく地震が鎮まると、彼はすぐに店の中にとって返し、隊員たちに町の被害状況の調査にとりかかるよう指示した。この時点では、まさかついさっきまで送別会を開いていた食堂と小道ひとつ隔てたホテル「洋々荘」が崖崩《がけくず》れで押しつぶされ土砂の下に埋まっていようとは知るよしもなかった。

西森一佐は再び通りに出て、近くに待たせておいた専用車が来るのを爪先《つまさき》立つようにしてさがした。基地を預かる者としてともかく山に上がらなければと思ったのだ。

通りには明かりが戻り、人々は地震の興奮からさめやらぬようにあちこちに固まって不安げな表情で言葉を交わしていた。

その時、「津波が来る！」という叫び声が聞こえた。


奥尻港のフェリー乗り場に寄り添うようにして食堂「おかやん」を開いている寺谷登志子さんが宴会のあと片づけを終えたのは、夜の十時にまだ間のある時分だった。島の人々が「山の自衛隊さん」と呼ぶ隊員たちの宴会は決まって長引く。司令の西森一佐を筆頭に酒豪が揃《そろ》っているからだ。町の集まりなどで荒くれの漁師たちにまじって呑んでいても酔いつぶれた隊員を見たためしがない。だからこの日の宴会も十時頃まではつづくものと覚悟を決めていたのである。ところが会の趣旨が送別会という割りにはあまり盛り上がらず、九時にならないうちにお開きになってしまった。

エプロンをとった登志子さんは店の椅子《いす》に座ってのんびりテレビを楽しんでいた。

あっ地震、という程度だった揺れがしだいに激しくなり、建物がはね上がるようなその揺れ方にふつうでないものを感じとった彼女は、店の入口の引き戸にかかっていたカギをあけて外に飛び出すとその場にしゃがみこんだ。店の中からは皿やコップが次々に割れる音が聞こえ、簡単なつくりの建物そのものも大きな音をたてて揺らいでいる。屋根にはいくつも重石《おもし》が乗せてあった。その石がいまにも頭の上に落ちてきそうな恐怖にかられて、彼女は店の隣りのちょっとした空き地までふらつきながら地べたを這《は》うようにして進み、ゴミ箱にしがみついた。不安と恐怖から登志子さんは思わず「誰か、誰か」と叫んでいた。

フェリー乗り場の一帯はふだんはビロードのような闇につつまれているのだが、この夜は、港内に碇泊《ていはく》していた漁船やタグボートの灯《あか》りがあたりを明るく照らしだし、その光は埠頭《ふとう》の手前に広がる駐車場だけでなく、「おかやん」の店と小道ひとつ隔てたホテル「洋々荘」まで届いて建物の姿をくっきりと浮かびあがらせていた。ホテルの建物のすぐ背後には優に高さ百メートルは越す黒ぐろとした山影が、のしかかるようにして迫っているのが薄ぼんやりとわかる。

だが登志子さんのいる場所から見渡す限り、埠頭にも駐車場にも人影はなかった。宿泊客が大彼女がどんなに「誰か、誰か」と呼びかけても応《こた》えてくれる人はいない。宿泊客が大勢いるはずの「洋々荘」からも地震に驚いて飛び出してくる人の姿はなく、奇妙なくらい静まりかえっていた。自分ひとりがいつ止《や》むともしれぬ揺れの中に取り残されてしまったような気がして登志子さんはますます不安にかられていた。その時、バリバリッというガラスや木やあらゆるものを踏みしだくような音がしたと同時に、「洋々荘」と隣りあって立つレストラン「シーサイドもり川」の建物がいっぺんで押し潰《つぶ》された。彼女がその一部始終をあっけにとられてながめている間に、今度は洋々荘の建物が何か得体の知れない力で揺さぶられているかのように三、四回大きく前後に揺れ動いた。次の瞬間、目の前で信じられないことが起こった。コンクリートの土台の上に立つ二階建てのホテルの建物が、うしろから押し出されるようにして「おかやん」の店の方に斜めに傾きながら倒れこんできたと思ったら、グシュッ、と鈍い音を立てて潰れてしまったのだ。そして間髪入れず膨大な量の土砂が土煙をあげながらすさまじい勢いで倒壊した建物の上になだれこみ、「洋々荘」の屋根は道路を半分近く越えて彼女のいるすぐそばまで迫ってきた。

「誰か！　おっかない！」

登志子さんは悲鳴をあげながらあとずさった。その間にも大きな樹木が二本、山の斜面をすべるようにして落ちてきた。彼女はぺったり地面に座りこんだ。唇がわなわなと震え、あまりの恐怖に腰から下の感覚がなくなったように力がふうっと抜けてしまった。いま目の前で起きたことがとても現実に起きたことのようには思えなかった。これは嘘に決まっている、こんなことがあるはずがない、自分は悪い夢でも見ているのだ。彼女はそう自分自身に言い聞かせようとした。気の遠くなるほど長い時間のようにも思えたが、じっさいには二十秒も座りこんではいなかったのだろう。気をとり直した登志子さんは道路に出てみた。崖崩れの様子をほんの目と鼻の先ですべて見ていたとは言え、あらためてこうして現場の前に立つと、あまりにも変わり果てたその惨状に彼女は言葉を失った。ついさっきまで「洋々荘」の建物があった場所やツアー客をのせる観光バスがとまっていた駐車場は小高い丘のような土砂に埋まり、巨大な岩石や倒れた大木にまじって建物の残骸《ざんがい》がところどころ顔をのぞかせている。

登志子さんが呆然《ぼうぜん》とその場に立ちつくしていると、どこからか人の声が聞こえてきた。か細い、くぐもったような声だが、たしかに「助けてえ、助けてえ」と救いを求めている。その声ではっとわれに返った彼女は、最初に押し潰されたレストラン「もり川」に三人の子供がいたことを思い出して、子供だけでも助けようと堆積《たいせき》した土砂の外周をまわりこむように走った。ところが「もり川」は地面が抜けて建物自体がすっぽり土の中にめりこんでしまったようにひしゃげた屋根だけが跡をとどめていた。

ここは外階段をのぼった二階部分に店の入口があったのだが、それすら見当らない。手の施しようのない状態にあきらめて「洋々荘」の現場にとって返すと、また「助けて」と声がした。今度は一人でなく、瓦礫《がれき》の間から複数の声が聞こえる。腰をかがめて声のする方に目を凝らしてみると、材木や崩れたブロック壁が折り重なった隙間《すきま》に頭がのぞいている。登志子さんはまわりの瓦礫を一つ一つとり除きやっとのことで埋もれていた人を助けだした。

ところが瓦礫の奥からまた「助けて」と声がする。這いつくばるようにしてのぞくと、暗がりの中に救いを求めている手が薄ぼんやりと見える。しかしわずかに開いた隙間の先には押し潰された車が行く手をふさいでいて、とても潜りこめそうにない。仕方なく登志子さんは「ちょっと待っててね、いま消防に連絡するから、もう少し頑張っててね」と声をかけて、やはり近くで生き埋めになった宿泊客たちの救出にあたっていた三人の若者に車で消防を呼んでくるように頼んだ。その車が猛スピードで町に向かって走り去った直後、フェリー乗り場から「津波が来る！　逃げれえ！」と引きつったような叫び声がした。瓦礫の下の人たちをそのままにしていくのは後ろ髪を引かれる思いがしたが、彼女は意を決して自分の車を停めてある「おかやん」裏手の駐車場めざし一目散で駈《か》け出した。店の前まで来たところで町に向かう道路の方からコウちゃんと呼ばれている近所の建設会社の社長が青ざめた顔で走ってくるのに出会った。コウちゃんは「おらのうちも車も何もかも全部つぶされちまった」と言いながら埠頭の方に駈けていこうとする。登志子さんは懸命になって引きとめた。

「コウちゃん、津波が来るって言うから、逃げなきゃ駄目だ」

だが彼女の制止を振り切るようにしてコウちゃんは不気味なほど静まりかえった埠頭の方に走っていった。それがコウちゃんを見た最後となった。

その間にもあちこちから「水、引いてきたぞ！」「逃げれえ！」という叫び声が聞こえてくる。登志子さんは自分の車に乗り込み、震える足でアクセルを踏みこんだ。だが島でただ一つの信号を右に折れて、商店やスナックがたちならぶ町の目抜き通りに入って間もなく車は渋滞に巻きこまれてしまった。ふだんは渋滞など起きるはずもない奥尻だが、津波から逃れようとする人々がいたるところから家族を満載した車でこの通りに乗り入れてきたのである。

この目抜き通りを消防署の先まで行くと山にのぼる道に出られる。というより町中から山をめざすには必ずこの目抜き通りを通らなければならない。通りの方はいちおう二車線だが、山に上がる道は対向車をやり過ごしてからでないと前に進めないほどの狭い道である。しかし津波が来るという報《しら》せに、車で避難を試みた人たちがとっさに思い浮かべたのが、この町中から山に上がれるただひとつの道だったのだ。道の状態などお構いなしにともかくより高いところに避難しなければと町内の車が消防署の先の上り口めざして殺到したため、目抜き通りはひしめきあう車の列でほとんど身動きのとれない状態となった。登志子さんの車も前後をはさまれ、進んでは止まり、進んでは止まり、と一寸刻みののろのろ運転を繰り返していた。数珠《じゅず》つなぎになった車の列がいっこうに前に進まないのとは対照的に、寝巻き姿に突っかけという身ひとつで逃げた人たちは渋滞を尻目《しりめ》にわれ先に高台の方へと駈けていった。

時間がたっても車の台数は減るどころか、横丁から次々に新たな車が入りこんできた。彼らは少しでも隙間があれば車体を割りこませようとして、そのたびにクラクションがけたたましく鳴り響き、怒号が飛び交った。静かな島の通りは一変して殺気だった空気に包まれるようになった。

渋滞に巻きこまれた車の中で登志子さんは、ブレーキペダルに足を乗せながらもその足がまるで別の生き物のようにひとりでに震えつづけるのをどうすることもできなかった。こうしてもたもたしている間にも津波が襲いかかってくるのでは、という不安にかられたせいばかりではなかった。ついさっき目撃した崖崩れ現場の凄惨《せいさん》な地獄絵が瞼《まぶた》の裏に灼《や》きついていて、それが恐怖をさらに煽《あお》ったのである。夫の待つ自宅にたどりついても足の震えはなかなか止まらなかった。

　その頃、奥尻レーダー基地の指揮官西森一佐を乗せた黒塗りの専用車は基地に通じる山道の途中で立ち往生していた。司令の専用車が町を離れたときはまだ目抜き通りに避難を急ぐ車はさほど見当らなかった。通りが混雑しはじめたのは司令の車が出て間もなくのことである。もしあのままスナックで様子をうかがうようなことをしていたら確実に渋滞にはまって町を離れることもままならなかったはずである。町中から自衛隊の基地をめざすのにも、まずは目抜き通りを消防署の先まで進み、そこから山に上っていくあの狭い未舗装の一本道を利用しなければならないのだ。抜け道はあるにはあったが、かなり遠回りである。町を出て、洋々荘と山との間にはさまれた道をさらに海岸線に沿って北に進む。所要時間は倍近くかかり途中の山道もはるかに険しい。しかも洋々荘の裏山が崩れて下を走る道路が完全に土砂に埋まったのをはじめ北に向かう道路は随所で寸断されていたから、たとえこのルートを使おうとしても結局また町に引き返す羽目になったはずである。つまり町中から基地に通じるルートは消防署から上がっていく砂利道ただひとつ、もしそれが途中で断たれてしまうと、奥尻でもっとも高い神威《かむい》山の頂上にある基地と町とを結ぶ交通は遮断され、基地は孤立するということになる。いやその後の顚末《てんまつ》を見ると、逆に町が孤立したと言った方が当っているかもしれない。

司令の車が行く手を阻《はば》まれたのは、消防署からの坂道をのぼりはじめてまだ十分もたっていないあたりだった。未舗装の道路横の崖が崩れ、堆《うずたか》く積もった土砂が道の全面を覆《おお》っている。司令の専用車はふつうのセダンだが、ジープだったとしてもとても前に進める状態ではなかった。西森一佐はただちに基地に無線を入れて、これから徒歩で基地をめざすが道路の状態を見ながら基地からも車を寄越すように指示した。それと同時に、夜勤の隊員や基地内の宿舎に寝泊りしている独身隊員をかき集めて町とを結ぶ生命線とも言える道路の復旧作業にとりかかることをあわせて言いつけた。何しろ大地が波打つという表現がふさわしいほどのすさまじい揺れである。島のいたるところで被害が続出しているに違いなかった。道路の復旧や瓦礫の除去に欠かせないブルドーザー、パワーショベルといった重機については島の規模の割りに奥尻には地元の土建会社がいくつもありそこが使っている車両で急場をしのげるとしても、負傷者の搬送については消防が持っているたった一台の救急車ではとうてい追いつくはずもなかった。離島の宿命から逃れられず、奥尻の医療体制は心もとないばかりだった。病院は奥尻地区に国民健康保険病院が一つあるだけで、しかも医師は台湾人と日本人のたった二人。開業医も歯医者が奥尻に一名を数えるきりである。島の南の青苗地区は診療所があっても医師が常駐しているわけではなかった。

その点、山の上のレーダー基地にはブルドーザーやバケットといった重機に加えて消防車、さらに酸素ボンベや点滴セットなどを積んで患者に応急処置を施せる救急車がある。そして何より心強いのは、ふだんは基地内の医務室で隊員たちの診療にあたっている防衛医官の外科医と三人の衛生兵の存在だった。西森一佐は、想像を絶した地震の激しさから、こうした救援活動で力を発揮しそうな基地の装備や隊員、それに有事に備えて備蓄してある食料を島の被災現場に振り向ける事態にまちがいなくなるものと予想していた。町の病院で手当てができない重傷者は基地のヘリポートまで車で運び道内の大病院に空輸することも考えておかなければならない。だが救援活動を本格化させるためには基地と町とをつなぐ道路をいますぐ元通りにすることが先決だった。

島が大災害に見舞われても駐在所に警官は三人しかいない。ただ他の離島と違ってここには三百三十人にのぼる自衛隊員がいる。隊員の三分の一を二十四歳以下が占める若い部隊である。ふだんは自衛隊のことを「山の上で鉄砲かついで何やってるんだか」と怪訝《けげん》に思っている島の人々も、いざというときには隊員たちが救援に駈けつけてくれるとどこかで頼りにしているはずだった。その指揮官として打つべき手についてさまざまに思いをめぐらせるのだが、山道で立ち往生していてはどうすることもできない。西森一佐は一刻も早く基地にたどりつきたかった。町中から基地までの道のりは約十五キロ、その三分の一もまだ来ていない。小高い山の尾根伝いに歩く山道とは言え、途中には急な坂道や崖もある。地震によって地盤の緩んでいる路肩や山の斜面がいつまた崩れないとも限らない。しかし彼は、専用車を運転してきた隊員に町役場の前で待機しておくように指示して引き返させると、崩れた土砂を乗り越え、月明かりのない暗い山道を灯り一つ持たず足もとに目を凝らしながら先を急いだ。倒れて火花を散らしている電柱は飛び越した。三十分ほどして西森一佐は基地から下ってきたランドクルーザーとようやく合流した。基地に向かうまでの間も地震は随所に爪痕《つめあと》を残していた。路肩が長さ五、六メートルにわたってざっくり削りとられているところもあったし道路が陥没している箇所もある。

やがてゆるやかな坂道を上って一気に視界の開ける丘の上に出たとき、星一つない暗い夜空の中で南の方の空が火をうつして朝焼けのように赤くふくらんでいるのが見えた。それが青苗地区を焼きつくす大火災になるとは思いもしなかったが、地震の被害が予想以上に深刻なことを感じとった西森一佐は基地に急いだ。十五キロの道のりを一時間近くかけて基地にたどりつくと、間もなく町役場に待機させていた公用車の無線を通じて消防署から洋々荘の崖崩れ現場での救出作業に隊員を派遣してほしいと要請があった。だが、すでに現場には要請のくる前から町中の官舎や下宿にいた隊員たちが次々と救出に駈けつけていたのである。

救　出

崖《がけ》崩れで宿泊客ら三十七人が生き埋めになった「洋々荘」と小道ひとつ隔てて立つ食堂「おかやん」の主人寺谷稔さんは、妻の登志子さんが津波から逃げるさいに店のガスの元栓を開けたままにしてきたことが気になっていた。それに、目の前で洋々荘の建物が音を立てて土砂に押し潰《つぶ》されるその一部始終を目撃した登志子さんから、瓦《が》礫《れき》の下で助けを求めている人たちがいたことを聞かされ、矢も盾もたまらずに懐中電灯を手に自宅を飛び出した。

島民のほとんどは、時折、思いだしたように足もとを揺らす不気味な余震と、いつまた津波が襲ってくるかもしれないという不安におびえて、小学校の体育館や高台に避難したまま家に戻ろうとはしないらしく、町は静まりかえっていた。岸壁には津波に押し上げられた十トンクラスの漁船が何艘《そう》も貝殻のこびりついた船底をみせて横倒しになっている。町中から洋々荘に向かう道路は波にすっかり洗われ路面が濡《ぬ》れて、木切れや瓦礫が散乱していた。フェリー乗り場が近づいてくると、港内のあちこちに津波に流され転覆した漁船が浮かんでいるのが見えた。これでは自分の店もひとたまりもないだろうと稔さんは半ば観念していた。

　年間を通じて毎日運航している江差《えさし》行きと、冬は航路をとざしてしまう瀬棚《せたな》行きの船がそれぞれ横づけされるフェリー乗り場には海に向かって突き出た埠頭《ふとう》と並行するようにしてバラックづくりのみやげもの屋や食堂が七軒ほど縦一列にならんで立っていた。このうちもっとも海から遠い位置にあるのが寺谷夫妻の経営する「おかやん」で、その店と小道一つ隔てて山沿いに立っているのがホテル「洋々荘」だった。ところが「おかやん」と同じように山を背にしていながら洋々荘は赤い屋根だけを残して跡形もなく土砂に押し潰され、一方、「おかやん」とならびの六軒の店はいずれも土台を津波にさらわれ建物が半壊したり、夏の観光シーズンに備えて仕入れておいた数百万円相当のウニなどの高価な魚介類を冷蔵庫ごとそっくり波に持っていかれたりしていた。そんな中で寺谷夫妻の店だけがどうしたわけか津波による波もかぶらず奇跡的に無傷で残っていたのだ。「おかやん」で被害と言えば、店内のコップや皿が割れた他に、外に出しておいた流し台、そして登志子さんが地震の揺れの間必死にしがみついていたゴミ箱が流されたくらいなものだった。稔さんはほっと息をついたのも束《つか》の間《ま》、ガスの元栓を締めると、膨大な土砂の山と化した洋々荘に走った。

闇《やみ》に包まれた現場を懐中電灯で照らしだした彼は、光の中に浮かびあがったあまりの惨状に思わず足がすくんだ。土砂の勢いで押し流された屋根と地面との間にまるでギロチンのように首をはさまれた格好で女性が倒れている。目を剝《む》きだし顔はボールのように異様にふくれあがっていた。一目で事切れているのがわかった。瓦礫の奥の方からはたしかに登志子さんの言う通り人の声がする。助けてくれ、といった言葉にはならないのだが、苦痛にうめいているような声がはっきり聞こえる。崖崩れに巻きこまれ、さらに津波の直撃を受けながらなお生きのびた人たちがいるのだ。救いを求める声に稔さんは居たたまれなかった。すぐにでも助けだしてやりたいと気は逸《はや》るのだが、土砂に加えて鉄筋や建物の残骸《ざんがい》が折り重なって一人の力では手の施しようがない。あたりを見回しても救出にあたっている人の姿はなかった。この大惨事のことが耳に入っていないのか消防署や消防団の人たちもまだ駈《か》けつけていない。稔さんはともかく人手を集めなければと町をめざして走りだした。消防署までは一キロ近くある。五十二歳にはちょっときつい距離だが、若い頃建設現場で鍛えた体には自信があった。息を切らしながら消防署にたどりついた彼はさっそく顔見知りの隊員をつかまえた。

「洋々荘で大勢の人が生き埋めになってるぞ。何とかならないのか」

崖崩れがあったことはその隊員もつかんでいた。ただ反応は鈍かった。救助に行きたいのはやまやまだが、二次災害の恐れがあるからいまは動けないというのだ。

たしかに、消防が二の足を踏むのもやむを得ない状況ではあった。不気味な余震は依然としてつづいている。最初の震動で地盤は十分脆《もろ》くなっているはずだ。崩れかけた山の斜面はちょっと大き目の余震に揺さぶられただけで新たな崩落を起こさないとも限らなかった。しかも津波が去って二十分とたっていない。津波警報も出されたままだ。沖に目をやれば、ふだんは波間に浮かんでいるクレーンを積んだ大型の船が、岸壁の方に音をたてて寄せては返しているのが見える。海は、まだ動いているのだ。

しかし稔さんは食いさがった。

「そんなことはわかってる。でも、うめき声が聞こえるんだ。声が聞こえれば、誰だって助けてやりたいって思うだろう。だからそれを言ってるんだ。何とか助けてやれないのかって」

なかなか腰を上げようとしない消防の対応に、稔さんは、じゃ勝手にしろ、とサジを投げて自宅に帰るつもりでいた。消防が無理だと言うものはどうしようもない。それに自分がどうのこうの言う立場でもないのだ。そうあきらめかけたところに消防署の署長がやってきた。「ほんとに人がいるのか」と念を押す署長に稔さんはきっぱりうなずいた。

「いるよ。うめき声が聞こえる」

その言葉で署長も決心したらしかった。稔さんは署長を案内しながら歩いて現場に戻った。だが、まだその時点では消防関係者はチェーンソーなどの工具を手にしていなかったし、明かり一つない現場を照らしだすためのサーチライトを備えた消防車が到着したのもあとからだった。未曾有《みぞう》の津波が引き起こした混乱に阻《はば》まれて、洋々荘での救出活動は決して立ち上がりの早いものではなかったのだ。

町役場や消防署のたちならぶ奥尻唯一《おくしりゆいいつ》の目抜き通りを海に向かって下っていくと、島を南北に縦断する道に突きあたる。道内に比べればはるかに交通量の少ない奥尻の中でも通称十字街と呼ばれるこの交叉点《こうさてん》は、比較的車の往来が多いことから島でただ一つの信号が設置されている。ここを左に曲がれば洋々荘をへて稲穂《いなほ》、野名前《のなまえ》といった島の最北端の漁村に通じているし、右折すると島最南端の漁師町青苗に出る。つまり奥尻の中心部と空港のある青苗とを直接結ぶ陸の交通路はこの道路一本なのである。今回の地震と津波では島を縦断するこの道路があちこちで土砂に埋まったり陥没したために、一面の火の海となった青苗の消火に駈けつけようにも消防車が行く手をふさがれてしまった。救援救出活動は当初から足枷《あしかせ》をはめられ海空にたよらざるを得なかったのである。

その南に向かう海沿いの道を五分ほど行くと、やがて波打ち際《ぎわ》からすぐの海面上に、アーチ型に真ん中を大きくくり貫《ぬ》いた高さ二十メートル近い巨大な奇岩があらわれる。形が鍋《なべ》を釣る取っ手の部分に似ているところから鍋釣岩、奥尻の観光案内では一番手に紹介されるほどの名所である。町当局もこの奇岩を奥尻のシンボルと考えているらしく、町の予算でライトアップの設備をつけて夜間でもその姿をながめられるようにしたり、道路沿いに観光客用の遊歩道をつけたりと、観光の目玉とするためさまざまに工夫を凝らしていた。しかしここも津波の被害からは逃れられなかった。岩の一部が欠けた他、岩の表面に青々と生い茂っていた草木がもぎとられ、赤茶けた岩肌が剝きだしになってしまった。その鍋釣岩を左手に見ながら道路をしばらく南に進み小さな橋を渡ると、地名そのままに山あいに分け入るようにしてひらけた谷地《やち》と呼ばれる集落がある。ここには平屋建ての木造住宅がたちならぶ一帯に珍しく鉄筋コンクリート造り五階建ての小ぎれいなアパートが二棟、集落から少し奥まった場所に立っている。山のレーダー基地に勤務する自衛隊の将校や曹長《そうちょう》クラスの大半が暮らしている官舎である。

熊谷清勝二尉《い》は妻の京子さんと二人で司令の西森一佐が気ままな単身赴任生活を送っているのと同じ将校専用官舎の四階に住んでいる。この夜「おかやん」で開かれた隊員の送別会の幹事をつとめた熊谷二尉は、会がお開きになったあとも一人残って店のおかみさんがあと片づけをするのを少し手伝ってから自宅に帰った。基地の飲み会にしては早目に終わったせいもあり、少し飲み足りなかった彼は、ひと風呂《ふろ》浴びたあと一杯やってから床に入るつもりで冷蔵庫から冷えたビールをとりだしテーブルに座ろうとしていた。激しい揺れがきて部屋の明かりが消えるのと、熱帯魚の水槽が音を立てて割れたのはほぼ同時だった。部屋が水浸しになったのも構わず熊谷二尉は京子さんを連れてそのまま官舎から飛び出した。彼の脳裏を十年前の出来事がよぎったのだ。奥尻のレーダーサイトに赴任してまだ一年に満たないその年の五月、島は日本海中部地震の直後発生した津波に見舞われ、青苗地区の大半が水につかり二人の犠牲者を出すなど大きな被害を蒙《こうむ》っていた。そのときのことがまだ記憶に生々しく残っていた彼は、強烈な揺れに、今回もまた、いやその揺れの比べようのないすさまじさから前回以上の大規模な津波に襲われると直感したのである。

だが、地震から津波を連想した点は妻の京子さんも同じだった。十年前の奥尻を襲った津波を京子さんも経験している。ただそのときは彼女はまだ旧姓を名乗っていた。奥尻で生まれ育った京子さんと、山のレーダー基地に勤務する熊谷二尉とが知り合ったのは、彼が京子さんの実家である釣り具店の二階に下宿したことがきっかけだった。当時熊谷二尉は下積みの兵隊生活を終え三曹になってまる二年、一兵卒のときは制服の腕の部分につけていた階級章を下士官として襟もとにつけることにもようやく馴《な》れ、仕事に責任を持たされる中で自分の落ち着く場所を自衛隊に見つけたと思いはじめたちょうどその頃だった。いかにも叩《たた》き上げの将校らしく、立ち居振舞や言葉遣いをみていても一本背中に筋が入っているような熊谷二尉だが、その彼が自衛隊に入ったのは、勧誘を受けて入隊してくる十代の隊員の多くと同じく、地連のおじさんが囁《ささや》いた「自衛隊っていいところだよ」という話に半分だまされるようにしてだった。もっとも彼の場合は任期を終えたあとに支払われる退職金代わりの一時金を目当てにしていたわけではなかった。給料をもらいながら高校に通わせてくれる職場を探していたのである。中富良野《なかふらの》で国鉄職員をつとめる親もとを離れて、彼は滝川で、昼は葬儀屋の店員として働きながら夜、定時制の工業高校に通う毎日を送っていた。しかし葬儀屋だから通夜《つや》のある晩もあるし、そう毎日確実に夕方から学校に通えるわけではない。そんな彼にとって「自衛隊に入ればちゃんと定時制に行かせてあげるよ」という地連のおじさんの誘いは結構食指をそそられるものだった。

だが現実はそう甘くはない。たしかに学校には課業時間が終わる前の午後四時から通わせてもらえたが、彼が授業を受けている間、新米の彼がほんらいやるべき当番の仕事は先輩たちが肩代わりすることになる。その分の風当りは覚悟しなければならなかった。もちろん夜の十時に授業を終えて帰ってきても夜勤の日はそのまま勤務につくのである。仕事が終われば終わったでやることが残っている。他の隊員のように宿舎のベッドに直行というわけにはいかないのだ。学校の宿題は睡眠時間を切り詰めなければとてもこなせなかった。しかしそんな彼の姿も先輩たちの目には「おまえはいいよな、息抜きができて」と楽しているようにしか映らないのである。「いじめ」に近い目にあうたびに、いっそこんな思いをするくらいなら自衛隊をやめてしまおうかと彼は悩んだ。しかしやめてどこへ行くんだという思いが最後の一線で彼を踏みとどまらせた。兵士としての仕事をつづける傍ら、黙々と学校に通い自分より年下の生徒の中にまじって勉強を重ねた熊谷二尉は、二十四歳で高校の卒業証書を手にした。翌年彼は三曹に昇進する。自衛隊の社会で下士官になるということは、正社員として人数のうちに加えられるということである。北の海に浮かぶこの孤島に熊谷二尉が赴任したのは、周囲から一人前の自衛官とみなされるだけでなく、自分でもそれなりの自覚を持つようになった頃であった。そして一人前ということで言えば、二十七歳になった彼はそろそろ身を固めることも真剣に考えはじめていたのである。

奥尻に来た当初、彼は自分ひとりの部屋を持てずにいた。独身だから宿舎にベッドはあるのだが、下界から隔絶した山の上での基地生活に気詰まりを覚えるほとんどの隊員は、町中に部屋を借りて夜勤の日以外は山を下りるのである。だが狭い島のことゆえ、需要に対して供給が追いつかない。そこで仕方なく共有ということになる。熊谷二尉の場合も年下の隊員と同じ部屋を借りていた。ところがその隊員には島に彼女がいた。女の子が遊びに来ると彼は遠慮して部屋を明け渡さなければならない。と言って行くあてもない。町中にはさびれた温泉街で見かけるようなパチンコ屋が一軒あるだけで、若者が暇をつぶせる施設はないのである。弱った彼は行きつけの食堂のおやじに相談した。そして紹介されたのが京子さんの実家の釣り具店だった。彼が下宿を頼みに店を訪れたとき京子さんがまず応対に出ている。それが二人が顔を合わせた最初だった。熊谷二尉は彼女を見た瞬間にこの人だとひらめくものを感じている。その後の彼は素早かった。会ったその日のうちにデートに誘い、一カ月後には結婚の約束をとりつけたのである。日本海中部地震が奥尻を襲う前の月のことである。

そして結婚十年目の夏、再び二人の足もとを地震が揺らした。二人にとって奥尻は五年ぶりだった。熊谷二尉が下士官から将校をめざす難関の幹部昇任試験にパスしたあと、二年おきに転勤する将校の常として沖縄、当別《とうべつ》と異動を重ね、この五月に奥尻に戻ってきたばかりだった。

十年前の地震のとき婚約を交わしていた二人がとっさに思ったのは、山の上のサイトと町中に離れていたお互いのことだったが、いま激しい揺れに足をとられながら二人が考えていたのは、京子さんの実家にいる年老いた両親のことだった。熊谷二尉は懐中電灯をとりだし、官舎の外で不安げに海の方をながめている京子さんに実家に行っているよう言いおくと、地震による被害の程度が気になったためひと足先に町に向かった。鍋釣岩を横に見ながら道路を走っていると潮がどんどん引いていくのが目の端にとらえられた。実は、熊谷二尉がこの場所を通り過ぎた直後、津波の第二波が襲いかかり海寄りの二軒の民家が押し潰されて、その瓦礫で道路は埋まってしまったのである。町の十字街にたどりつくと、地震に驚いた若い隊員たちが下宿先から着の身着のままで飛び出してきてあちこちにたむろしていた。熊谷二尉も自分の姿にあらためて目をやると、上は作業着に下は制服のズボン、さらに足もとはスリッパだった。さすがに動きにくいと思った彼は、顔見知りの時計屋のおばさんが長靴をはいているのを目ざとく見つけてスリッパと交換してもらった。道路に立っていても潮が引いていくのがわかる。隊員を集めて山寄りに避難させようとしたとき、フェリー乗り場の方からズボンを濡らした男が走ってきた。

「洋々荘がやられて人が大勢埋まってる」

地獄を見たことはないけれど、きっとこんな場所を言うのだろう。洋々荘の崖崩れ現場に若い隊員を引き連れて救助に駆けつけた熊谷二尉は、瓦礫の山と化した惨状をはじめて目にしてそう思った。建物の残骸の下からは生き埋めになった人たちの助けを求める声やうめき声がまだはっきりと聞こえてくる。そのとき目にした光景、そのとき耳にした人の叫びは脳裏に灼《や》きついて一生消えないような気がする。

崩れた土砂は、熊谷二尉らレーダー基地の隊員がついさっきまで同僚の送別会を開いていた「おかやん」のすぐ店先まで迫り、電柱を薙《な》ぎ倒し道路の半分近くを埋めつくしていた。隊員たちが店をあとにして二時間もたたないうちに惨事は襲いかかったのだ。「おかやん」を出たときには小道一つ隔てた洋々荘の建物に窓の明かりが点々とともっていたのを送別会に出席していた隊員の多くが見ている。その中の一人、谷嶋正勝准尉《じゅんい》は宴会に打ち興じているときふと店の窓の外に目をやって、洋々荘に宿泊していた観光バスのガイドが運転手とともにすぐ横の駐車場に停めたバスを洗車している様子をグラス片手にぼんやりながめていた。運転手とガイドの二人はまるで自分の愛馬を愛《め》でるように長い時間をかけてバスの窓をていねいに拭《ふ》きホースで水洗いした車体を念入りに磨いていた。いくら仕事とは言えツアー客がひと風呂浴びてゆっくりと寛《くつ》ろいでいるときにご苦労なことだなと思いながら彼は、二人がバスの洗車を終えるまで見ていたという。だが二人の手で隅々まできれいに磨きあげられたバスはいま瓦礫《がれき》の隙間《すきま》からひしゃげた車体をのぞかせ、二十三歳のガイドは他の宿泊客とともに一瞬のうちに土砂の底に姿を消した。彼女の遺体が収容されたという話を聞いたあとも、谷嶋准尉の瞼《まぶた》の裏からはバスの窓を一心不乱に拭いていたあのときの彼女や運転手のうしろ姿がなかなか消え去らない。

もし、「おかやん」で開いた送別会がいつもの自衛隊の宴会のように長引いて、崖崩れの位置があと少し横に動いていたら、十中八九、隊員たちが土砂の下に埋まっていたはずである。ほんの二、三時間、ほんの数メートルという時間と距離のズレが生と死を分けたのだ。だが、事と次第では自分たちがこの下敷きになっていたのかもしれないという思いは、夜を徹した捜索活動からいったん離れ、基地や官舎に戻ってひと息ついたときに何げなく頭に浮かび、思わず背筋が凍りつくような恐怖にとらわれたのである。うめき声のする現場に立っていたときにはそんな考えを抱く余裕もなかった。隊員たちは、山が崩れたというより山が動いたと思わせるほどの夥《おびただ》しい量の土砂と破壊のすさまじさにまず圧倒された。だが次の瞬間にはひとりでに体が動き出し、救出作業をつづける人の群れの中に無我夢中で飛びこんでいったのだった。中には、宴会や二次会でしこたま呑《の》んだアルコールの余勢を駆ったように、土砂の中から人の声が聞こえるや、まわりの人が止めるのも聞かず、崩れかかった瓦礫の下にしゃにむに潜りこんでいく隊員もいた。

熊谷二尉が若い隊員とともに現場に駈けつけたときには瓦礫を本格的にとりのぞく作業はまだ始まっていなかった。紺色の出動服を身につけた消防署員や近くの建設会社の作業員らしいジャージ姿の人たちが数人、崖《がけ》崩れ現場の周囲をしきりに瓦礫の中に向かって声をかけながらかけまわり、返ってくる声をたよりに、生存者がどこに埋まっているかその場所を突きとめようとしていた。あたり一帯は闇《やみ》につつまれて、懐中電灯の明かりだけが頼りである。熊谷二尉も次々に救助に駈けつけてくる地元の消防団員と一緒に、手にした懐中電灯の細長い光を倒れた柱や崩れた壁の隙間にあてながら、「おーい、いるか！」と声をかけては、瓦礫の奥から応答がないか耳を澄ましたり光の向こうで何か動くものはないか中をのぞきこんだりしていた。消防車が到着して備えつけの投光器や自家発電機を使ったライトで現場を照らしだすようになっても、光は瓦礫の上の方や倒れた物がいくつも折り重なった奥の方までは届かない。このため堆《うずたか》く積み上げられた瓦礫の中に潜りこんでいく場合は、周囲の状態がどのようになっているのか、頭の上を覆《おお》っている屋根は崩れかかっていないか、釘《くぎ》の突き出た柱が横から飛びだしていないか、まるでわからないままに意を決して飛びこむしかなかった。だが熊谷二尉は、逆に見えなかったからこそ恐怖心が湧《わ》かずに瓦礫の中に入ってゆけたのだろうといまになって思うのである。強力なライトにあちこちから照らしだされ瓦礫の全体の状況が細かい部分までくっきりとわかるようであったら、足がすくんでとても中に入る気にはなれなかったかもしれない。

救出作業は呼びかけに応答のあった数カ所で進められた。最初、熊谷二尉が他の隊員や消防署員らと救出にとりかかったのは、洋々荘の屋根の上の方で瓦礫にはさまれていた男女二人だった。瓦礫の上によじのぼり、下の人たちに懐中電灯で照らしてもらいながら、柱や鉄骨、モルタル壁の破片などを慎重にひとつひとつ取り除き、手渡しで送っては、ちょうどトンネル掘りのように隙間を広げていく。もどかしい手順だが、へたにパワーショベルなどの重機で掘り起こして、生き埋めになった人の上に覆いかぶさっている瓦礫を崩してしまったり、他の生存者を傷つけるようなことになったらそれこそ元も子もない。時間はかかっても人力でできる範囲は慎重に手作業で進めるしかなかった。その間にもはじめのうちはしっかりしていた応答の声がしだいにか細くなり、やがて呼びかけにも答えなくなる。熊谷二尉たちは不安にかられた。だが行く手をふさいでいる土砂を取り除くのもいちいち爪《つめ》を立てて掘っていくわけだから思うようにははかどらない。二十分も掘っていると指先の感覚が麻痺《まひ》してしまうのだ。そのたびに隊員や消防の人たちが交代しながら瓦礫の中に入っていくことになる。軍手をしているのはましな方でほとんどの人は素手のまま、あちこち棘《とげ》が刺さったり釘で切ったり文字通り傷だらけになりながらそれでも構わず夢中で手を動かしつづけた。熊谷二尉も制服のズボンがすっかり破けていることに現場を離れる翌日の昼近くまで気づかなかった。

ただ、救出作業をつづけているとき、ふと官舎に残してきた妻の京子さんのことが頭をかすめる瞬間があった。彼が官舎から町中に通じる海岸沿いの道路を通り過ぎて何分もたたない間に、その一帯は津波に襲われ民家が押し潰《つぶ》されたという話を一緒に救出にあたる仲間の隊員から聞かされたのだった。おそらく妻は自分のあとから、鍋釣岩横の、あの狭い道を通っていたはずである。あそこは前面を海、うしろを切り立った崖にはさまれている。津波にあったら逃げ場はない。ひょっとしたら妻は津波に呑まれてしまったのではないか。そんな不安が頭をもたげてくる。しかし妻の安否をたしかめるために、作業を投げだすことは彼にはできなかった。

同じ頃、京子さんも避難先の中学校の体育館で夫の身の上を案じていた。彼女は熊谷二尉の予想通り彼が町をめざすと間もなくそのあとを追うようにして官舎から徒歩で鍋釣岩横を通る海岸沿いの道路に向かっていた。ところが道路の手前のところで警戒にあたっていた消防団の人たちに止められてしまう。町に通じる道路は津波をかぶっていて危険だから引き返すようにと言われたのである。津波、と聞いて、京子さんは不吉な予感がした。夫が官舎を飛びだしていった時刻からすると、消防団の人が言う津波がやってきた頃には、ちょうど彼は鍋釣岩付近にさしかかっていたことになる。人間、いったん不安を覚えると、どんなに打ち消しても、悪い方へ、悪い方へと考えが向かってしまうものである。京子さんは熊谷二尉が泳ぎが得意ではないことを思い出した。もし津波に呑まれていたら、あの人はあまり泳げないのだから……。そう考えだすと、彼女は居ても立ってもいられなくなった。しかも避難している人たちの間で、鍋釣岩近くの家が津波にさらわれ行方不明者も出たらしいと噂《うわさ》しあっている話の内容がいやでも耳に入ってくる。だが夫の消息をたしかめたくても町に通じる道路はふさがれたままである。電話も通じない。その夜、京子さんは体育館の暗く冷たい床の上で一睡もしなかった。

熊谷二尉が、妻の京子さんや義理の両親が無事でいることを知ったのは地震からほぼ半日が過ぎてから、町の何人かの人が「元気でいたよ」と教えてくれたのだった。だが京子さんが夫の無事を知ったのはさらにあとのことである。熊谷二尉は山から下りてきた隊員たちと交代して崖崩れ現場を離れるとまっすぐ基地に戻りそのまま二十四時間のサイト勤務に入ってしまった。無事でいると知らされても京子さんは夫の顔を見るまで安心できなかった。神経が昂《たか》ぶっていて、つい縁起でもないことを考えてしまう。二人が再会できたのは地震からまる二日たった十四日夜のことである。

「おかやん」で開かれた隊員の送別会の席で、店の中から「洋々荘」前の駐車場に停めた観光バスを運転手とバスガイドの二人がていねいに洗っている様子をながめていた谷嶋准尉は、宴会がお開きになると一時間ほど二次会に顔を出してから熊谷二尉が住む幹部官舎の隣棟にある自宅に帰った。地震を感じたのは、東京の姉のもとに久しぶりで電話をかけていたときである。ひどい揺れだから電話切るね、と言って受話器をおこうとするのだが、手を離したつもりの受話器がひとりでにポンと跳びはねてしまう。もう一度手にとってやり直しても、下から突き上げてくる激しい縦揺れのせいで受話器はまるでそれ自身が生き物であるかのように跳ねるのである。その間、電話の向こうでも簞笥《たんす》の倒れる音や家族の悲鳴が聞こえていたという。

揺れが収まると、谷嶋准尉は作業着を身につけ靴底の厚い半長靴《はんちょうか》を履いて官舎の外に出た。谷嶋准尉も熊谷二尉と同じく島の女性と結婚している。実家は京子さんの両親が住んでいる釣り具店と通り二つ隔てた十字街にあるが、すでに義理の父が今年で米寿のお祝いをすませ、義母も八十の大台に乗っている。高齢の二人のことが心配になった谷嶋准尉は熊谷二尉がひと足先に通っていた鍋釣岩横の道路に向かった。だがあたりはすでに津波に襲われたあとで、警戒にあたっている消防団の人たちの横をすり抜けて途中まで行くと、道は押し潰された家の瓦礫と横転した車でふさがれていた。彼はいったんあきらめて官舎に引きあげたが、どうしても妻の両親のことが頭から離れない。谷嶋准尉は再び津波の危険が残る海岸沿いの道路をめざし、瓦礫に埋まった足もとを懐中電灯で照らしながら崩れた家の屋根を乗り越えて町中に入った。

谷嶋准尉が妻の実家を訪ねると明かりはついたままになっているのだが、家の中に二人の姿はなかった。ひょっとしたら近所の人に連れられて近くの小学校にでも避難しているのかもしれないと彼は消防署の斜《はす》向かいにある小学校へ急いだ。案の定、二人は体育館の片隅で近所の人たちに囲まれていた。思っていた以上に元気な様子を見て、谷嶋准尉は胸をなでおろした。だが次の瞬間、そうだ、と何かに思いあたったような顔になった。彼は近所の人に二人の世話を頼むと学校の外に飛び出した。身内のことに気をとられているあまり、いまのいままで自衛官としての自分の役割をすっかり忘れていたことに気づいたのだ。このままじゃいかんなと思った彼は、付近に基地の人間がいないか探しだした。自衛隊に入隊して三十一年、その長い兵隊生活の間に身についた習性はこういうときにもしっかり機能して彼をコントロールしていた。

谷嶋准尉は自分への命令を探していたのである。一人でどうこうしようというより、まず自分はどこの指揮に入ればよいのかそれを知りたかった。誰かの指揮下に入って、与えられた命令に従い行動する。そうすることが彼にはいちばんしっくりくるやり方だったのだ。

役場の前まで来ると、司令の専用車が停まっていて隊員が車の無線を使ってしきりに山の基地と交信を交わしている。谷嶋准尉はそこではじめて洋々荘の崖崩れを知った。基地からは町に残っている隊員に対して洋々荘での救出活動に加わるようにという指示が出されている。彼はその足で洋々荘に向かった。現場ではいかにも下宿からあわてて飛び出してきたことをうかがわせるトレーナーにジャージ姿の若い隊員たちが二十人あまり消防や地元の人たちと一緒に素手で瓦礫を取り除く作業をつづけていた。だが目の前の瓦礫を運びだしても、その奥に横転したバスの車体や建物の残骸《ざんがい》などが折り重なっていたり、洋々荘の屋根の上にとりつけてあったソーラーのパイプが行く手を阻《はば》んでいたりして、人力だけでは前に進めない状態になっていた。と言って専門のレスキュー隊がいるわけではないから救助に必要な道具はそのたびに取りに走るという具合だった。近くの建設会社からユンボが到着して屋根を吊り下げようとしてもワイヤーがない。ワイヤーを調達してきても今度は屋根のどこにどうかけて吊ったらよいのかわからない。たまたま「おかやん」の主人の寺谷さんが若い頃建設現場でワイヤーを扱ったことがあり要領を知っていた。結局彼が消防署や消防団の人に手伝ってもらい、店にあったツルハシで瓦礫に穴を開けワイヤーを結んで、ようやく屋根をある程度吊ることができた。チェーンソーにしても、消防団の副団長が営林署に勤めていた関係でその資材置場にあった機械を副団長と谷嶋准尉が軽トラックで運んできたのである。

だがもどかしい思いにかられていた点は救助に駈《か》けつけた自衛隊の隊員も変わらない。山の基地に行けば、ブルドーザーもあるし投光器を積んだ消防車や救急車もある。ヘリコプターが墜落したときに備えてチェーンソー、スコップ、斧《おの》といった工具も揃《そろ》っている。しかし基地と町を結ぶ道路が寸断されたとあっては、彼らは素手で瓦礫の山に立ち向かうしかなかった。それに彼らは、ほんらい山のサイトに閉じこもってレーダースコープに映る飛行機の機影を追うのが仕事である。陸上自衛隊の歩兵部隊や施設科部隊と違い、災害派遣に狩り出され崖崩れ現場での救出活動に携わった経験のある者など隊員の中にはいない。日頃の訓練にしてもそうである。侵入機が攻撃してきたときに備えて武器庫から引っ張りだした携帯ミサイルや機関砲を空に向けたりする防空訓練は年に何度も行なっているが、島が災害に襲われたことを想定した訓練はそれ自体考えられたこともなかった。その証拠に、基地と町役場をつなぐ非常用の無線や専用回線は設置されていなかった。たまたま無線を積んだ司令の専用車が崖崩れで立ち往生を食い、町役場の前に引き返していたからよかったようなもので、それがなかったら山の基地と町とをつなぐ通信は断たれていたことになる。

深夜の一時を過ぎる頃には洋々荘の崖崩れ現場に駈けつけた隊員は六、七十人の数にのぼっていた。だが工具や道具を持っているのは消防署員や島の消防団の人々に限られていた。しかもパワーショベルやブルドーザーなどが現場に入るようになると、機械が瓦礫を取り除いている間、隊員たちはまわりに立ちつくして様子をながめているしかなかった。そのことが隊員のもどかしい思いをさらにかきたてた。だから機械がいったん引いて、瓦礫の中に誰かが潜りこむという場面になると、真っ先に隊員たちが飛びこんでいった。あまり飛びこむので、顔見知りの町役場の人から「ちょっと自衛隊さんを下げさせてくれないか」と迷惑そうに言われた隊員もいたほどだ。しかし、何一つ道具も持たず、せめて体当りでしか力になれないと思う隊員たちは、それでもまた瓦礫の中に潜りこんでいくのだった。

中野勝三佐は運命の不思議を感じないわけにはいかなかった。地震のあった前日まで出張で島を離れていた彼は、その日七月十二日、奥尻の対岸にある瀬棚を午後二時五十分に出港するフェリーに乗って島への帰途についていた。二等船室の同じボックスには奥尻から函館《はこだて》をめぐるツアーに参加しているという女性ばかり四人のグループが車座になっていた。いずれも五十歳前後、子育てを終え、のんびりと女同士で旅行を楽しんでいるという雰囲気だった。中野三佐が、どちらからですかと話しかけると、長い髪をした一人が余市《よいち》からと答えて、奥尻に来るのを楽しみにしていたんですよと実に嬉《うれ》しそうな顔をしてみせた。やがて船室の窓から黒ぐろとした奥尻の島影がくっきりと見えてきた。中野三佐が指さすと、ああ、あれが奥尻ですか、とその女性はまるで童心に返ったような声を出して喜びながら、窓の近くまで歩み寄って、しだいに大きく迫ってくる島の姿に見入っていた。しかしそのわずか七時間後には、彼女はフェリーが横づけされた埠頭《ふとう》のすぐ目の前で瓦礫の下に埋まり、その彼女たちを救うために中野三佐は現場で懸命の救出作業にあたっていた。

三百三十人の隊員が勤務している山の上のレーダー基地で中野三佐は特異な存在である。基地の指揮官である西森一佐ですら彼の仕事の内容がわからないのだ。大まかなことは知っているが、現在とりかかっている任務の中身とか、細かな点に関してはいっさい知らされていない。もっとも本人にたずねてみたところで相手が基地の司令であろうと教えてくれるような性質のものではない。階級の上下をはるかに越えた秘密なのである。中野三佐の所属は一応、奥尻島分屯《ぶんとん》基地という形になっているものの、仕事の上では西森一佐の指揮下から離れている。それどころか、航空自衛隊の一員でありながら彼は陸上自衛隊の隷下《れいか》になってロシアの軍事情報を主に傍受する東千歳《ちとせ》通信所の別働隊的な役割を果たしているようなのである。中野三佐の仕事場もレーダードームからさらに奥まった、四方を高いフェンスに囲まれた小高い丘の上にある。その中で毎日彼が何をしているのか、レーダーを睨《にら》みながら日本の上空を飛び交う飛行機の行方を監視するサイトの仕事とはまったく別の任務についているという以外は、ほんとうのところは秘密の厚いヴェールにつつまれている。だから同じ基地の人間でありながら、サイトで働いている若い隊員たちの目には、彼の存在がある種謎《なぞ》めいて映るのである。

そんな中野三佐も山から下りれば他の隊員たちと変わるところのない生活を送っている。楽しみの少ない島で暇を持てあますことのないようにと同僚から釣りの手ほどきを受け、休みの前の晩はフェリー乗り場の先にある防波堤で夜釣りを楽しんだりする。隊員とのつきあいにしてもそうである。仕事の上ではどんなに周囲に壁をつくっていても、基地で行なわれる行事や隊員との宴会はふつうにこなしている。謎多き自衛官は、見かけはふつうの隊員なのである。出張から戻ったこの日も、彼は船中で話を交わしたツアーの女性客たちと洋々荘の建物が前に見えるフェリー乗り場で別れたあと、再びこの場所に戻ってきて、今度は洋々荘と道一つ隔てた「おかやん」で開かれた隊員の送別会に出席している。だがこの日三度目に彼が同じ場所を訪れたとき、すでに洋々荘の建物はなかった。

洋々荘の特徴のある赤い屋根が地面に突っ伏すようにして土砂に押し潰されている崖《がけ》崩れ現場でも、中野三佐は特異な存在だった。救出に駈けつけた隊員の多くは懐中電灯を手にしていたが、彼だけは夜釣りをするときに使うヘッドランプを頭につけていた。もし何かあったときに備えて両手は空いている状態の方が動きやすいだろうととっさにヘッドランプを持って官舎を飛び出したのである。靴も頑丈な半長靴を履いて行きたかったが、基地に置き忘れてきたので仕方なく長靴にした。だがヘッドランプのおかげで、片手で懐中電灯を持ってもう片方の手もとを照らしながら土砂を取り除くというわずらわしいことをしなくてもすんだし、サーチライトの明かりが届かない瓦礫《がれき》の中にも炭坑を掘り進む掘方のように潜りこんでいけた。もっとも落盤の可能性ということで言えば、炭坑の比にならないくらいそれは危険な作業だった。

洋々荘の崖崩れ現場では、二階の一部がわずかに残っている箇所や「おかやん」の店先に建物の屋根がなだれこむようにして落ちてきた部分、さらに横転したバスの上に瓦礫や屋根の一部がのしかかっている三方面で本格的な救出活動がつづけられていた。まず周囲に生き埋めになっている人がいないのをたしかめた上でショベルカーが爪を立てて瓦礫を少し掘り起こす。そのあと消防団や消防署員、自衛隊員らが駆け寄って、声をかけながら懐中電灯で光を当て、人が埋まっていないか、何か動いたものはないかを探すのである。重機で掘っては、隊員たちが駆け寄るというその作業を繰り返しながらほぼ一メートルずつ奥に進んでゆく。動くものが見えたようだとか、変化があったら誰かが潜りこんでたしかめるのだが、若手の隊員たち、中でも幹部は防大出だろうが叩《たた》きあげだろうが将校としての責任感にかりたてられるのか、どんなに崩れそうなところでもあと先考えずにともかくしゃかりきになって入っていこうとするので、まわりにいたベテランの下士官が逆に「もう少し様子を見た方がいいですよ」と止めにかかるのである。

中野三佐が潜りこんだ場所もふつうの人ならまず尻《しり》ごみしそうな場所だった。何しろ前に進むのではなく、積み重なった瓦礫の底の方に潜っていくのである。外で様子を見ていた谷嶋准尉《じゅんい》は、中野三佐の入りこんだ穴が周囲の瓦礫もろともいつ崩れるかと気が気でなかったという。

それは、生き埋めになった人たちが何人か助け出されたあとだからすでに午前二時近くになっていたはずである。ショベルの爪が瓦礫を掘り起こすその先を、懐中電灯で照らしていた隊員の一人が「足が見えた！」と叫んだのだ。洋々荘崩壊の一部始終を小道一つ隔てたところから目撃していた「おかやん」の寺谷登志子さんの話では、洋々荘の建物は「おかやん」の方に向かって九〇度回転するように斜めに傾《かし》げながら倒れこんできたという。その回転したときの言わば支点となった部分は、斜め後方から押し寄せてきた土砂に潰されるというより押し出されるという感じで、二階の一部がわずかに残っていた。ショベルはその残骸の下のあたりを掘り起こしていたのである。

現場ではただちに重機を停め、隊員や消防の人たちが駆け寄って、足が見えたという方向を懐中電灯で照らしながらしきりに声をかけた。たしかにかすかに隙間《すきま》が開いた瓦礫のずっと奥の方から右足の裏が上を向く格好でのぞいている。隊員たちは大声を張りあげて何度も「大丈夫か」と声をかけたが、足の裏はまるで動かない。瓦礫の底に埋もれているような状態ではこれは駄目かなと誰もがあきらめかけたとき、足の親指がピクッと動いた。いや、動いたような気がしたのだ。ほんとうに生きているのか、誰かが穴の奥に入りこんで確認しなければならない。中野三佐は、周囲に立っている隊員の顔ぶれをざっと見回して、一番階級が上なのは自分であることを知った。彼らに命令すれば、自衛官だから、いやとは言わないだろう。しかしこれは掛け値なしに死と隣り合わせの作業である。穴のまわりの瓦礫がどれほど不安定なのかたしかめる手立てはないのだ。となれば下の者に命じるわけにはいかない。やはり現場のトップが自らやるしかないのだ。中野三佐は、ヘッドランプをした頭で瓦礫を押しのけるようにして穴の口を少しずつ広げながら奥へ進んでいった。

同じ頃、中野三佐が潜りこんだ穴とは横転したバスをはさんで反対側の現場では、屋根の下敷きになった二人のおばあさんを助け出そうと消防や自衛隊員が瓦礫の隙間から交代で入りこんでは素手で土砂を掘ったり体の上に乗っているトタンを金ノコで切ったりする作業をつづけていた。基地でコック長をつとめる市川博文一曹《そう》の目には、一人のおばあさんは腰から下が土砂に埋まっているだけで自力でも簡単に這《は》い出せそうに見えた。出られませんかとたずねると、おばあさんは首を振って、背中のあたりに死んだ友達が乗っていて動けないと弱々しげに訴えた。懐中電灯の光を当ててみるとたしかに皺《しわ》だらけの女性の顔がある。ふと横の方を見ると、別のおばあさんが顔と足だけを土砂から出してこと切れている。足の踵《かかと》はちぎれかけていた。とっくに死んでいるのがわかっているはずなのに、市川一曹は、こんなケガをしてさぞかし痛いだろうなと可哀《かわい》そうに思えてならなかった。

時間がたつにつれて隊員たちは生存者より遺体を多く目にしなければならなくなった。洋々荘の並びにあるレストラン「シーサイドもり川」の現場で一体発見されたという連絡に市川一曹が部下を連れて駈けつけると、遺体を見るなり一人の若い隊員が「おばちゃん、おばちゃん!」と叫びながらその場に泣き崩れた。その隊員は発見された「もり川」のおばさんと姓が同じという誼《よし》みで店によく遊びに行っていたのだった。親もとを離れ離島の基地で生活する若い彼にとって二十近く歳《とし》の違うおばさんは親がわりのよき相談相手だったのかもしれない。泣きじゃくる彼に他の隊員たちが慰める言葉も忘れて呆然《ぼうぜん》と立ちつくしている中で、市川一曹はそっと声をかけた。「泣いてもはじまらんから。な、早く運んであげよう」

遺体は五体満足なものばかりではなかった。顔面が割れて脳漿《のうしょう》が滴《したた》っている遺体もあれば、手足がもげていたり首と胴が離れている遺体もある。そうした遺体を瓦礫の奥から一つ一つ手にとり担架に乗せて運ぶたびに隊員たちは鉛の重しでも背中に乗せたような深い疲労感と虚脱感にとらわれていった。それは自衛隊や消防関係者だけでなく、重機を動かしている作業員にしても同じだった。パワーショベルが瓦礫を掘り起こした直後にバラバラになった遺体が発見されたことがあった。重機を取り巻くようにして作業の成り行きを見守っていた人たちがはっと息を呑《の》んだ瞬間、ショベルを運転していた作業員の顔色も変わった。近くの建設会社に勤めるその彼は会社にあったショベルを運転して救助に駈けつけてからずっとぶっ通しで機械を動かしていたのである。彼は、自分が遺体を傷つけてしまったと思ったらしく、重機から降りて、もうできないと言いだした。消防関係者や隊員たちが慌《あわ》てて「違う、あんたがやったんじゃない」「崖崩れのときにやられたんだから自分を責めちゃいけない」と口々に言って懸命に引きとめた。ショベルを動かせるのは彼ともう一台の重機を動かしている作業員の二名しかいなかったのだ。数分後、彼は運転席に戻り、パワーショベルの重量感のある唸《うな》りが再び現場一帯に響きだした。

　メジャーで測ったわけではないからじっさいの穴の長さはわからないが、生き埋めになった人のところまで中野三佐には四メートル近くあるように思えた。しかも外から見ている以上に周囲は瓦礫が折り重なり、どこから手をつけてよいのか途方に暮れるほどだった。足の向こう側は布団《ふとん》や椅子《いす》、壊れたコンクリートブロックなどですっかり埋まっている。だがヘッドランプでさらにその先を照らすと、首から上だけがぽつんと瓦礫から浮かびあがっているのが見えた。男の人である。しかもかなりの年配だ。大丈夫ですか、と中野三佐が声をかけると、顎《あご》のあたりがかすかに動いている。

生きていることは間違いないようだったが、問題はこの狭い、しかも傾斜した穴から自力では動けそうにない老人をどうやって外に運びだすかである。頭の上に覆《おお》いかぶさっている瓦礫をよく見ると何か木の梁《はり》のようである。さらに這いつくばった自分の腹のあたりがコンクリートのような固いものにあたっているところから、中野三佐はここが洋々荘の土台なのではないかと思った。つまり生き埋めになった人は、落ちてきた梁とコンクリートの土台の隙間に運よく入りこんだため、土砂や大き目の瓦礫が崩れてきても梁が突っかい棒の役目を果たして、押し潰《つぶ》されずにすんだのである。たしかにいまはこの梁のおかげで三十センチほどの隙間ができているが、いつまでこの状態がつづいてくれるか怪しいものである。現に、梁にはひびが入っていて、時折きしむような不気味な音を立てている。一刻の猶予《ゆうよ》も許されないようだった。だが狭い穴に入れる人数は限られているし、無理に入ろうとすれば振動で逆に崩落を招いてしまうかもしれない。とりあえずベテラン下士官の宮崎曹長に穴の途中まで入ってきてもらい、手渡しで瓦礫を取り除くことにした。切ったり削ったりしなければ前に進めないときはチェーンソーを使った。大きな畳をばらし椅子を解体する。ヘッドランプではなく懐中電灯しか持っていなかったらせっかくのチェーンソーも思うようには使いきれなかったはずである。

体の上に乗っていた布団やブロックの破片などを動かしていくにつれて、中野三佐の目には、老人のこわばっていた手足の緊張が少しずつ解けて体が楽になっていくような感じに映っていた。その間、中野三佐は突っかい棒になっていた梁が崩れないように背中で支えながら瓦礫を取り除く作業をつづけていたが、いよいよ老人を引っ張り出す段になって、その梁が邪魔になってきた。しかしこれを切ったら最後、堆《うずたか》く積みあげられた膨大な量の土砂や瓦礫が一気に頭上から落ちてくるかもしれなかった。でもためらっていたら老人を助けだすことはできない。ここはともかく落ちてこない方に賭《か》けて、やってみるしかなかった。彼はチェーンソーを使って梁を切りだした。

案の定、上からザーッと土砂が降ってきて、土ぼこりが舞い上がりまわりが見えなくなる。土の落ちてくるのがある程度収まると、彼はまた、頼むから落ちるなよ、落ちるなよと梁に言い聞かせるようにしながら少しずつ切り取っていった。実はこの時点で彼は足の裏を釘《くぎ》で刺していたのだが、天井が崩れる前に老人を救い出すことに夢中で自分の体のことを省みる余裕はまったくなかった。足の裏の傷に気づいたのは山の基地に戻って釘を刺したところが熱でも持ったように猛烈に痛みだしてからである。

梁を抜いた部分には、外の隊員に頼んで柱の代わりになるような棒を切ってもらい、それを三本立てて、当座をしのぐことにした。中野三佐が、引きあげますから、と声をかけると、老人は小さくうなずいた。老人の両足を持ってゆっくり引っ張っていくと、「痛い」とはじめて声を上げた。横から突き出た木切れに、浴衣《ゆかた》の腕の部分が引っかかって腕がねじられているのだ。中野三佐は浴衣を割いてもう一度力をこめて引っ張ると、木切れに引っかかっていた部分はすぽんと抜けた。外に近づくにつれて穴の口はしだいに広がり作業はやりやすくなった。宮崎曹長が待ち構えているところで、足を彼に持ってもらい、中野三佐は屈《かが》みながら頭の方にまわって老人の体を送りだすように穴の中を進んだ。

中野三佐が潜りこんだとき外はまだ闇《やみ》につつまれていたが、いまは空も白みはじめているのか、穴の入口のあたりには表の明るみがさしていた。老人は先ほど「痛い」とひと言口をきいて以来、いくら声をかけても呼びかけに答えない。うなずくこともしなくなっている。やはり間に合わなかったのだろうかと中野三佐は、両手で抱えた皺だらけの顔を不安そうにじっとのぞきこんでいた。外では宮崎曹長や待ち構えていた他の隊員たちのいくつもの手が老人の体を支えて穴から運び出そうとしている。最後まで老人の頭の部分を抱えこんでいた中野三佐も表の隊員に託すように手を離した。そして土埃《つちぼこ》りにまみれたその顔が地上に出て夜明けの冷たい外気にふれた瞬間である。

老人の目が開いたのだ。

奥尻島の北の端に「賽《さい》の河原」という名所がある。河原と言っても、日本海の波が打ち寄せる岬の突端にある。島の人によれば、ここには昔から北の海で難破した船の乗組員や漁民の水死体が磁石にでも吸い寄せられるようにしてしばしば打ち上げられてきたという。そのためいつ頃からかそうした水難者や水子の霊を弔う大小さまざまな石を積み上げた石の塔が広大な磯《いそ》のあちこちにつくられるようになり、いまでは北海道でも代表的な霊場の一つに数えられている。僕がここを最初に訪れたのは、奥尻が地震に見舞われる半年ほど前、十二月の小雪をのせた北風が吹きすさぶ日のことであった。洋々荘の向かいにあるフェリー乗り場から奥尻地区に二台しかないタクシーを拾って島の最北端をめざしたのだが、車窓の左手に迫ってくる切りたった崖の斜面も道路もすっかり雪に覆われていた。空にはこれが冬の日本海だと言わんばかりのどんよりとした鉛色の雲が低くたれこめ、空と、海を伸ばした水平線との間にはほんのわずかな隙間しか残されていなかった。その荒涼を絵に描いたような風景の中に、風雨にさらされて表面が欠けた地蔵やおびただしい数の石の塔が海に向かって頭を垂れるようにじっと立ちつくしている。お堂をのぞくと、白い涎《よだれ》かけをつけた地蔵が幾体も祀《まつ》られ、その足もとに死んだ幼な子の形見らしい服や玩具《がんぐ》がおいてある。聞こえるのは荒々しい日本海の波の音と風の唸り、それにお堂の中の供え物を漁《あさ》りにくる烏《からす》の鳴き声くらいなものである。

石の塔が積まれるようになってもう何百年という歳月が流れているはずなのに、一帯が積まれた塔で埋めつくされているわけではないのは、石の塔が強風にあおられたり荒波をかぶったりしてそのたびに崩されていくからだろう。それでも人々は、重ねてある石の上にさらに石を積み、崩れるたびにまた積み重ねるという作業を繰り返してきた。そこには、非業《ひごう》の死を遂げた人たちへの、残された者たちの断ちきれぬ思いがこめられている。それがこの磯の空気を息苦しいほど濃密に、そしてまるで硝子瓶《ガラスびん》の中のそれのように動かないものにしている。低くたれこめた雲と、死者がいつまでもそこにいるような冷たい石の河原、そして、びゅうびゅうと唸りをあげて雪まじりの風が渡っていく暗い海の広がりをながめていると、ここが逃げ場のない地の果てのように思えてくる。だがまだここは地の果てではない。この「賽の河原」から海岸線に沿ってさらに奥に進んだところには忘れ去られたような集落があるのだ。

それが稲穂と野名前である。どちらの集落もごつごつとした岩が浮きでた海岸と裏山とのわずかな隙間にへばりつくようにして合わせて七十軒ほどの家々がたちならんでいる。それらの家の周囲は、海からの強い季節風と吹きつける雪を防ぐために「冬囲い」と呼ばれる葦《あし》の簾《すだれ》をいくつも重ね合わせたような柵《さく》で覆われている。十一月頃に立てはじめた「冬囲い」は雪がすっかり消える四月過ぎまで実に半年にわたって家をふさいでしまう。その間、窓という窓はつねに簾というブラインドを下ろした状態だから家の中は暗く、出入りも囲いにつくられた木戸を通して行なうことになる。二百四十人ほどの住民たちは、男は漁に出て、女たちは「冬囲い」の壁面に岩海苔《いわのり》を干して生計を立てている。

地震と津波はこのうらさびれた漁村にも容赦なく襲いかかった。住宅の半分が津波によって流失し、もっとも奥まった野名前では二十軒の民家のうち大した損傷も受けずに家が残ったのは高台に立っていた一軒だけだった。ただ同じように壊滅的な被害を蒙《こうむ》りながらも、この稲穂、野名前の集落はかなりの間大規模な救援活動から取り残され、マスコミの報道からも忘れられた存在となった。島の中心部とをつなぐただ一本の舗装道路が洋々荘の崖崩れ現場をはじめあちこちで寸断されていたために町の消防が救助に駈《か》けつけるわけにもいかず、青苗地区のように空からはヘリコプター、海からは艦船が次々に救援要員や物資を運んでくるということもなかった。

集落の人たちにとって頼みの綱があるとしたらそれは山のレーダー基地だった。野名前からは山の尾根伝いにレーダー基地まで車一台がやっと通れるほどの林道が通じている。さらにこの道を途中で左に折れて下っていくと、町の中心部から北に五キロほど行った海岸沿いの集落、東風泊《ひがしかぜどまり》に出られる。ここから稲穂に向かう道はやや傾斜のきつい坂道になっているが、それをのぼりきった高台には山の基地に勤める四十八人の隊員とその家族百二十人が住む第五官舎があった。島全体を波打たせた地震は随所で崖崩れを起こし交通を遮断したが、野名前から基地に通じる道と、そこから枝分かれして第五官舎に向かう二つのルートは奇跡的にも生き残っていた。

その夜、官舎では当直で山に上がっていた隊員を除く二十四人の隊員が家族とともに寛《くつろ》いでいた。三棟ある官舎はいずれも建てられてまだ二年半に満たない鉄筋コンクリート造りの建物である。近くで見れば、官舎らしく何の飾りもない小ぎれいなだけのアパートという感じだが、これが沖を行くフェリーの甲板からだと違って見えてくる。遠目には海に面した高台に白亜の建物が立っているとしかわからないため、いかにもリゾートホテルのように映るのである。九二年の冬に奥尻を訪れたときは、空港から町の中心部をめざすその途中で早くもこの建物を目にしている。奥尻で僕の目に最初に触れた「自衛隊」がこの官舎だった。海岸沿いの道路をタクシーで走っていて、フロントグラスのはるか向こう、海を隔てた高台にこの建物がぽつんと立っているのが飛びこんできたのである。「あんなところにホテルが……」と僕が指さすと、運転手は、またかというように苦笑してみせた。

「来た人はみんなホテルと間違えるけど、あれは自衛隊さんのアパートだよ。あそこは金あるからね、建てるものが違うんだよ」

島の人がふつう目にする集合住宅と言えば、薄汚れてモルタル壁があちこち剝《は》げ落ちた長屋風の町営住宅がせいぜいなだけに、自衛隊の真新しいアパートはひときわ目を引く存在なのである。今回の地震でも町営住宅に住んでいる隊員の家では衝撃でブロックの煙突が根もとから折れてしまったのに対して、鉄筋コンクリート造りの自衛隊アパートの方は、さすがに部屋の中はガラスが割れたり家具が倒れたりしたが、建物自体に損傷はほとんどなかった。

揺れが一段落すると、隊員たちは作業着姿で官舎の中庭に続々と集まってきた。東風泊の集落から一台の車が猛スピードで坂道を上ってきたのはちょうどその頃である。車は官舎の横で停まり、エンジンをかけたまま運転席から男が飛びだしてきた。

「海の方で人の声が聞こえる。誰か一緒に来て助けてやってくれ」

助けると言っても海が相手では泳ぎに自信がなければ覚束《おぼつか》ない。カッパの異名をとっている富樫八郎隊員と能祖正大二曹の二人がただちに車に乗りこみ高台のすぐ下の東風泊に向かった。あたりはすっかり闇に包まれていて、ヘッドライトで海の方を照らしていてもどのあたりに人がいるのか見当もつかない。そこで近くにいた二台の車にもライトを点《つ》けてもらい、三台のライトを集中させて海面を照らしだすことにした。やがて光の中に波間に浮かぶ人の姿が浮かびあがった。岸から五十メートルほどのところで、流木に一人がしがみつき、もう一人が木の上にのしかかるような格好で浮いている。声をかけるとかすかに応答があった。だが津波はまだ収まってはいないらしく、二人が浮き替わりにしている流木も少しずつ沖の方に流されて遠ざかっていくようだった。岸には近所の人が十人ほど集まってきていたが、津波に巻きこまれるのを恐れて心配そうにながめているだけである。

富樫隊員と能祖二曹の二人は、履いていた長靴も脱がずいきなり海に飛びこんだ。

「ようし、いま行くから大丈夫だぞ」と流木にしがみついている二人に向かって声をかけながら抜き手で進んだ。木の上に上半身を出しているのが男性、海面に首だけ出して木につかまっているのが女性だったが、ともに六十は越えている。しかも男の方はすでにぐったりして呼びかけにもほとんど反応しないし、女性は肥満気味なこともあってか腕二本で木にしがみついているのがやっとという状態である。めざす流木は少しずつ近くに見えてくる。しかしその間にも力つきた二人が手を離し、すうっと海の中に消えてしまうのではないかと富樫隊員らは気が気ではなかった。流木にたどりつくと、富樫隊員が男性を、能祖二曹が女性をうしろから抱えるようにして浅瀬まで運んだ。長い時間海につかっていたため老人たちの唇は真っ青で、肌は鳥肌立ち、全身小刻みに震えている。二人は老人をおぶって浜を駆け上がった。そして待ち構えていた地元の人たちに託すと、ずぶ濡《ぬ》れの格好のまま再び高台の官舎へと引き返した。

だが彼らは暖をとっている間もなかった。付近の住民の大半は官舎と隣りあった宮津小学校に避難していたが、その中の役場に勤めている人から「稲穂、野名前と連絡がとれないので様子を見に行ってほしい」と再び出動要請がかかったのだ。富樫隊員と能祖二曹は濡れた体をタオルで拭《ふ》き服を着替えただけで他の隊員とともに官舎に停めてあったランドクルーザーに飛び乗り、東風泊から山に分け入って、つづら折りの林道を岬の反対側に位置する野名前に向かった。三十分ほどで林道は終り、左手に海を見ながら舗装された坂道を下りていくと、そこが野名前の集落である。だが坂道の途中で彼らは早くも津波のすさまじい威力を見せつけられた。ここはフェリー乗り場に向かう定期バスの折り返し地点になっているのだが、そのバスが仰向けになって道路をふさいでいたのだ。窓のガラスは粉々に砕け車体も断崖《だんがい》から転げ落ちたようにあちこちへこんでいる。バスの手前には基地の車が一台停まっていた。山から派遣された先遣隊がひと足先に到着しているらしかった。自分たちも先を急ごうと車を降りた途端、ガスの臭《にお》いが鼻をついた。住宅のプロパンガスが地震や津波の衝撃で壊れたのか、漏れたガスはあたり一帯に漂っている。懐中電灯で先を照らしながら歩くにつれて、津波に流されたり押し潰された家々の惨状が目に入ってきた。だがなぜか人間が見当らないのだ。大声で呼びかけると集落の背後にある山の中腹から数人の男が下りてきた。他の人たちは、と聞くと、山にいるという。間一髪で襲いかかる津波から山の上に逃れた住民たちは、津波の再来に怯《おび》えて下りてこようとしないのである。男たちの中には能祖二曹の知った顔がいた。というより親戚《しんせき》にあたる人である。彼もまた島の女性と結婚していたのだ。能祖二曹はその男の気落ちした表情が気になって家族の様子をたずねてみた。男は顔を歪《ゆが》めて、おふくろを持ってかれた、と悔しそうにつぶやいた。しかし海に流された行方不明者の捜索にとりかかりたくても懐中電灯の明かりだけでは用をなさないし、救命ボートがあるわけでもない。結局、能祖二曹らは、素足のまま山に避難した住民たちに足もとや体に巻きつけられるような毛布を持ってくることを言いおいて、合流した基地の先遣隊とともにその場をいったん引き揚げた。

だが、それから十二時間あまりの間に、彼らはこの野名前と官舎を結ぶ林道、そして瓦礫《がれき》に埋もれた海岸線を幾度となく往復することになる。住民は山の上だけでなく、海岸に沿って「賽の河原」寄りに二キロほど行った高台のレストランなどにも避難していた。途中の道路は倒壊した家屋や電柱、それに横転した車などがあちこちで行く手をふさいでいる。それらの瓦礫を踏み越えながら隊員たちは一人あたり五枚の毛布をかついで二キロの道のりを歩いた。毛布の運搬のあとは負傷者の搬送である。レストランには足に重傷を負って動けないおばあさんがいた。青黒く腫《は》れ上がった足は踝《くるぶし》のところが不自然に折れ曲がっている。よく見ると、負傷しているのは足だけではなかった。津波に引き摺《ず》りこまれそうになったときのものか、全身擦りむいたような傷があり、破れた服の隙間《すきま》から血がにじんでいる。意識はしっかりしていたが、ひどく痛むらしく時折顔を歪めて、額にじっとり脂汗《あぶらあせ》を浮かばせていた。隊員たちはその場で自分たちの作業着を脱ぎ、左右の腕の部分に近くにあった角材をそれぞれ通して急ごしらえの担架をつくった。それにおばあさんをのせ、車を停めた野名前のバスの折り返し地点まで十人の隊員が代わる代わるに運んだ。運ぶと言っても、道路と家並の区別もつかないほどいちめん瓦礫に埋めつくされた中を行くのである。その上、にわか造りの担架だから持ちづらいし、重みに耐えられない。瓦礫の上を踏み越えようと無理な動きをすると、人並み以上に肥《ふと》ったおばあさんがずり落ちそうになったりする。途中担架を下ろすことは一度もなかったのに、優に一時間はかかった。

だが彼らの出番はまだ終らない。避難先に食料や水を送り届けるのも彼らの仕事になった。さらに地震からほぼ一日が過ぎた十三日夜には、孤立状態の野名前、稲穂から住民をより安全な場所に移動させようと、捜索活動のため居残りを決めた男性を除く、老人や女性、子供の六十人全員を、隊員たちが基地のランドクルーザーと三台のマイカーを使って官舎の隣りの宮津小学校までピストン輸送した。警察、陸上自衛隊の本格的な災害派遣部隊が現地に入ったのはその翌日のことである。

住民の要請で隊員たちが野名前や稲穂の救援に駈けつけている間に、官舎に残された家族は、自分たちが微妙な立場に立たされていることを身をもって感じはじめていた。地震と同時に官舎の一帯は停電し復旧のメドもつかないような状態となった。官舎の水道はタンクにためた水を電気で吸い上げ各世帯に供給する仕組みになっている。このため停電は断水を意味していた。これに対して官舎と隣りあった宮津小学校では水道からまだ水が出ていた。この水を利用して小学校に避難していた近くの住民は地震の翌日から早くも自分たちの手で炊《た》き出しをはじめている。官舎の隣りで同じ町内の人たちが炊き出しをしているとなれば、官舎の奥さん連中も手伝いに駈けつけないわけにはいかない。四十八世帯いる官舎には百人を越す隊員の家族が生活している。だが炊き出しはとてもそこまで行きわたるほどの量ではない。もちろんあんたらには渡せないと面と向かって断られることはまずないのである。握り飯を二つや三つなら持っていくこともできる。ただ、官舎にも回してほしいと申し出ることが憚《はばか》られるような雰囲気であることは隊員の妻たちにも伝わってきた。

だが隊員の家族にしてみれば、「自分たちだって被災民なんだ」という割り切れない思いが残るのである。たしかに隊員やその家族に地震の犠牲者は一人も出ていない。家も無事である。そんな彼らの姿が、肉親を失い家を流され、これからの生活のメドさえ立たない島の人々の目に、「自衛隊さんは恵まれている」と映ってもやむを得ない部分はある。しかし、きょうあすの生活に困っている点は変わらない。電気もつかず水道も止まっている。倒れた家具やガラスの破片が散乱する部屋を片づけたくても、かんじんの男手はすべて住民の救援活動で何日も家をあけたまま帰ってこない。ある隊員の家では妻が函館の病院に入院していた。地震の当日に手術を受けたばかりである。隊員が野名前の救援で現地に入ってしまうと家には三人の子供と目の悪い年老いた隊員の母親だけが取り残された。家族を置いていくことに不安を覚えた彼は、子供たちをとりあえず住民の避難先である宮津小学校に預けようとした。ところが「官舎は官舎の方でやってくれ」と断られてしまう。「官舎の人間は被災民扱いされてなかったんです」とその隊員は胸苦しげにつぶやいた。「隊員は仕方ないけど、子供たちが辛《つら》かっただろうなって。彼らは自衛官じゃないんですから……」

町の炊き出しをあてにできない以上、官舎の家族は自分たちの食いぶちを独力で調達するしかなかった。電気は止まっていたがガスは使える。たまたま官舎でガス釜《がま》を使っていた家庭が何軒かあった。家々に残っていた米を持ち寄って、水はポリバケツで小学校から運び、飯を炊いた。だがすぐにそれも底をついた。冷蔵庫の食品も腐っている。地震から三日後、隊員が山の基地に「官舎の食料もなくなった」とSOSを打ち、ようやく届けられた非常用の缶詰で家族は息をつくことができた。孤立していたのは、野名前や稲穂だけではなかったのである。

地震のあった週の週末までには、第五官舎の四十八世帯のうち三分の二以上の隊員の家族が一時的に島から出ていった。富樫隊員や能祖二曹《そう》の家族もそれぞれの実家に身を寄せた。

「官舎から家族がいなくなった分、非常食を島の人に回せるでしょう。結局その方がお互いのためにいいんです」

山の基地に何年も勤務して島の生活にすっかり溶けこんでいるかに見える隊員の口からそんなつぶやきが洩《も》れてくる。地震は、島と自衛隊との目に見えない断層をはからずも浮き立たせた。

自衛隊法八十三条

奥尻島《おくしり》レーダー基地の隊員三百三十人の胃袋を満たすのが仕事の市川博文一曹は、島でもっとも顔の広い自衛官である。島の人たちの中にしっかり食いこんでいるという点では町長とならぶ島の名士の司令もまずかなわない。奥尻のように来手がなかなか少なく隊員の入れ替えが滞りがちな離島のサイト勤務では、着任して九年を数える彼より古顔がまだいるし、島の女性と結婚して多くの親戚《しんせき》縁者を抱える隊員もいる。しかし市川一曹の場合、世話好きな性格が買われてか、いまでは奥尻小学校のＰＴＡ副会長を筆頭に奥尻地区町内会の事務局長、祭りの実行委員など島のさまざまな役職に名を連ね、ちょっとした「顔」になっているのである。

その彼は、土砂崩れで不通になっていた基地と町中をむすぶ山間の道路が隊員たちの徹夜の復旧作業で地震から一夜明けた十三日早朝にもと通りになると、それまで加わっていた洋々荘での救出活動の戦列から離れて山の基地に急いだ。山道をのぼりながら彼は水も電気も断たれた中でどうやって被災民への炊き出しをしたらよいか考えあぐねていた。夜明けとともに救援部隊はチヌークの愛称で知られる大型ヘリＣＨ―

47Jなどで陸続とやってくるにしても、食料や飲料水の大半は船で運ぶから到着は夜にずれこんでしまうだろう。自衛隊には走りながらでも車の中でご飯が炊ける自動炊飯車という便利なものがあるが、もともとは陸の部隊が野外演習のときに使うもので山のサイトには配備されていない。これも道内の基地や三沢あたりから空輸してもらうしかない。その間は文字通りの籠城《ろうじょう》である。山の基地にあるものだけで間に合わせるよりないのだ。

市川一曹が、住民がすぐ口にできるものとしてまず思い浮かべたのは、基地の倉庫に保管してある、航空自衛隊では「缶飯《かんめし》」と呼ばれるご飯ものの缶詰である。赤飯缶、トリ飯缶、シイタケ飯缶、さらにドライカレー缶などのメニューを揃《そろ》えたこの「缶飯」は、缶詰のまま沸騰《ふっとう》した湯で二十五分から三十分ほどボイルすれば三日間は柔らかなご飯が食べられるというなかなかの優れものである。僕も試食させてもらったが、味は市販のレトルト食品の上を行っている。ところがこの「缶飯」は、いくら災害時だからと言ってもおいそれとは簡単に倉庫から出せない代物《しろもの》なのである。役所につきものの煩雑《はんざつ》な手続が必要なのだ。しかも乾パンと違って米がからんでくることだけに一段と厄介である。奥尻で言えば、まず町役場が檜山《ひやま》支庁に要請し、そこから食糧事務所を通して中央の食糧庁と国土庁が事務レベルで協議を行ない、はじめて自衛隊に対して保管してある非常糧食を被災者に提供するよう要請が出される。食べるものがなくて腹を空《す》かせている避難民が目の前にいても、現場の判断だけで倉庫を開けるわけにはいかないのだ。そのへんのむずかしさがわかっているだけに、あとは野戦釜《がま》を使って炊飯するしかない、でも水をどうやって調達しようかと市川一曹は頭を悩ませていた。しかし基地に到着すると、すぐに司令の西森一佐に呼ばれ倉庫の缶飯を島民に提供するよう指示があった。上からの命令はあったんですかとたずねると、司令は首を振った。「構わん。いまは非常時だ。島の人たちが困っているのに、山の自衛隊が手をこまねいて見ているわけにはいかないだろう。手続とか悠長なこと言っていられる状況じゃない。ともかくどんどん出せ。上の方で問題になったら俺が全責任をとる」

司令がそこまで腹を括《くく》っているならこっちもやりやすいと市川一曹は部下の隊員を集めて作業にとりかかった。水道は止まったままだが、宿舎の浴槽にお湯が残っている。それをポリバケツに入れて台車で運び、炊事室の大きな釜で缶詰をボイルする。ご飯を出すからにはおかずもつけなければ格好がつかないと牛肉の大和煮やたくあんの缶詰も併せて提供することにした。それらを八百八十食分揃えて昼過ぎに基地のトラックに載せ、住民のほとんどが中学校の体育館などに身を寄せている青苗地区に運んだ。さらに夕方近くには第二便として同じ量の缶詰を再び青苗に送っている。

反響は意外にも早くあった。避難生活の模様を伝える翌日の朝刊に、被災住民が缶詰を食べているシーンの写真が掲載され、粒子の荒い新聞写真からでもそれがカーキ色一色に塗られた自衛隊の缶飯であることが一目でわかってしまったのだ。中には「自衛隊が運んできた赤飯と牛肉の缶詰」とはっきり記事に書いていた新聞もあったし、テレビのニュースでも「缶飯」を食べているところが放映された。市川一曹のもとには早速給食関係の仕事を統括している上級部隊からクレームがついた。

「なんでああいうことをやるんだ。すぐにストップさせろ」

それでなくても「紙で動く自衛隊」と言われるほど、殊《こと》のほか手続や書類を重んじる組織である。上からの要請がないのに事を起こしたとなれば、それがたとえ災害に苦しむ被災民のためを思った缶詰拠出であっても由々しき問題なのだろう。しかし市川一曹には基地司令という後ろ盾があった。奥尻は小なりと言えども中央から離れた一つの城なのである。

「あんたらはたしかにわれわれの職域の親分かもしれんけど、この基地の親分は西森さんなんだ。だからわれわれもこの人の言うことを聞かないかん。司令が缶飯を出せと言うたら、出さないかんのだ」

あくまで規則や法律を盾にとって缶飯の提供を中止するように迫る上級部隊のこと

を、市川一曹は「理屈はあんたらの言う通りだろうけど、そんなこと言っていられないのが現地の部隊なんだ」と突っぱねた。

　自衛隊の本格的な救援部隊として島に一番乗りした倶知安《くっちゃん》の第二十九普通科連隊は、住民への炊き出しに加えて百九十人にのぼる隊員の食事を自分たちで賄《まかな》うために自動炊飯車を装備してきたが、それとは別に航空自衛隊の三沢基地からも自動炊飯車と応援の隊員が到着した。市川一曹はこの炊飯車を使って奥尻地区の避難民や捜索活動にあたっている北海道警察の機動隊員への炊き出しを行なった。その間も町から要請があるたびに一日あたり二千食程度の缶飯の提供はつづけられたのである。

　山の基地の人口はにわかに増えつつあった。司令以下隊員たちは一日の捜索活動が終わっても官舎や下宿に戻らず、いざというときに備えて基地内の宿舎やオフィスのソファで夜を過ごす状態がつづいていたし、医療関係や施設の補修にあたる他の部隊からの応援要員も基地に寝泊まりするようになった。隊員の数が増えればその分、食事を多目につくらなければならない。市川一曹は定員分しか送られてこない米の配給の量を増やしてもらおうと食糧事務所にかけあった。ところが「その件は災害に関することだから道の防災課に聞いて下さい」という回答である。いや災害の救助物資ではなく基地の中で寝泊まりする隊員が増えたからその分をまわしてほしいんだと市川一曹が言い張っても、食糧事務所では判断できないの一点ばりである。仕方なく道の防災課に問い合わせると、食糧事務所でやってくれと突っ返される。再び食糧事務所にボールを投げ返すと、救援の米は食糧事務所で一括してそれを防災の指示を仰いでやっていますから簡単にはいきませんねと相変わらずわけのわからないことを言う。いくら被災民の炊き出しとは別口だと口を酸《す》っぱくして言ってもまるで要領を得ない。ああでもない、こうでもないと両者の間で盥《たらい》まわしにされるばかりでいっこうに埒《らち》が明かないのである。たかが缶飯や米の増枠の問題で「おたおたしているんじゃ、ほんとうのいざというときどうなるんだ」と市川一曹は暗然とした思いにかられていった。

市川一曹が部下の隊員とともに避難民に提供する缶飯のボイルに追われていた頃、町はずれにある島でただ一つの病院、国保病院ではふだん基地の医務室で診療にあたっている防衛医官の高原喬一尉《い》が十二時間ぶりで椅子《いす》に腰を下ろしひと息ついていた。津波がおさまると同時にトレーナーの上に白衣を羽織った格好で官舎から病院に駆《か》けつけて以来、次から次へと洋々荘の崖《がけ》崩れ現場などから運ばれてくる負傷者の応急処置を立ちっ放しでつづけてきたが、それも昼までには大きなヤマを越して、殺気立った空気がみなぎっていた病院内はいつもの落ち着きを取り戻しつつあった。

この夜病院に駈けつけた医療スタッフは、高原医官の他、国保病院に常駐している日本人と台湾人の医師二人、町の歯科医、そしてこの病院で定期的に行なう産科診療のためたまたま奥尻入りしていた札幌医大の助教授の五人だった。負傷者が多数出ていながら医師が一人もいなかった青苗地区との違いが際立《きわだ》ってしまうが、少なくとも国保病院に関する限り医療体制はいつもより充実していたくらいだった。看護婦も病院に勤務している十五人あまりの女性が家のことや自分の子供のことは後まわしにして真っ先に駈けつけてきた。彼女たちのほとんどが島の出身や奥尻に長く住んでいる人たちである。担架に乗せられて運ばれてくる人とも顔見知りだし、中には親しくしていた人もいる。ついさっきまで世間話をしていた相手もいる。彼女たちは遺体が到着するたびに知り合いの顔をみつけては涙を流し、助けられて運ばれてくる負傷者の中に知っている人をみつけては真っ赤に泣きはらした目で「助かってよかったね」と力づけた。しかし涙で顔がくしゃくしゃになりながらも彼女たちは手を休めることはなかった。嗚咽《おえつ》をこらえながら遺体に最後の処置を施し、涙を拭《ぬぐ》うこともせずに負傷者の手当をつづけていた。

救急医療が専門の高原医官にとって、立てつづけに運ばれてくる患者の容態を診ながら意外に感じていたのは、重体とか瀕死《ひんし》の重傷といった生死の淵《ふち》をさまよっているようなケースが見当らないことだった。病院に駈けつけるまでは、大規模災害だから ただちに腹を開かなければならない患者が何人もくるだろうと覚悟を決めていたのだが、じっさいはメスを握るどころか、輸血をした患者さえ一人もいなかった。見た瞬間、これはもう手の施しようがないとわかる患者か、重傷は重傷でも命には別状がないという患者の二タイプにはっきり分かれていたのである。ただ、いくら命に別状はないと言っても、設備の十分でない離島の病院でできることと言えば応急処置に限られてくる。精密検査も思うようにはできない。しかも新たな患者を診なければならないから一人の患者にかかりきりになることはできない。患者が数十人単位で次々にやってくるような事態になると、とりあえず救命処置を施した重傷者についてはヘリコプターで函館《はこだて》や札幌の大きな病院に搬送するしかないのである。その点今回は山の基地がバックアップの役割を果たしてくれた。病院からの連絡を受けると基地が自衛隊のヘリを要請し、消防と自衛隊の救急車二台を使って基地に運びこんだ重傷者については日頃高原医官の手足となって働いている看護士の隊員がケアするという連係プレイが可能だった。このため病院の医師と看護婦は重傷者の搬送に人手を割かれることもなく別の患者の治療に専念することができたのである。

高原医官は医師としてははじめて大規模災害の救急医療を体験して、こうしたケースでは発生から十二時間くらいが勝負であることを痛感したという。青苗のように医者が一人もいない被災地にはともかく一刻も早く医師、看護婦、薬剤師、救護員がワンパックとなった医療チームが現地に入って患者に応急処置を施し、容態しだいで後送することである。札幌近郊の真駒内《まこまない》基地からUH―1ヘリ六機に乗った医官七人を含む自衛隊の医療チーム三十人が青苗の奥尻空港に降り立ったのは、地震発生からちょうど八時間後の午前六時十五分だった。これも関係者の話では、医療チームの準備はもっと前に整っており、いつでも出発できる態勢にあったのだという。しかし自衛隊は、警察や消防のように災害が発生したからと言ってただちに現場に駆けつけることが許されていない。自衛隊法八十三条によって都道府県知事の要請があってはじめて部隊が動くのである。北海道知事から自衛隊に派遣要請があったときすでに地震から二時間が経過している。自衛隊と違って自らの判断だけで出動が可能な道警は、自衛隊に派遣要請が下りた直後の午前零時半には札幌の丘珠《おかだま》空港から被害調査のためヘリを現地に飛ばしている。これに対して自衛隊の航空機がまず偵察に奥尻上空に向けて飛んだのは、道警に遅れること一時間以上の午前一時五十分だった。今回のような大規模な災害派遣でなくても、座礁《ざしょう》した漁船の乗組員救助などに自衛隊のヘリが向かう場合でも自治体と派遣要請をめぐるやりとりを交わしているだけで三十分は貴重な時間をロスしてしまうという。もちろん抜け道がないわけではない。自衛隊法には「特に緊急を要し……要請を待ついとまがないと認められるときは……要請を待たないで」派遣できるという例外規定もあるにはあるのだが、医療チームの判断だけでヘリを飛ばせるような組織には自衛隊はなっていない。それなりの手続がある。いち早く準備をすませていた自衛隊の医療チームが待機を余儀なくされていたのも、どうやら上からの命令がなかなか下りなかったせいらしいのだ。

もっとも、医療チームが現地入りを果たしても重傷者を島の外に空輸するバックアップのシステムが機能していなければどうにもならない。警察や海上保安庁にヘリはあるが、自前の医療チームは持っていない。民間の医療チームが現地から警察のヘリを要請するにしても、組織が違ってくるとどうしても横の連絡に時間をとられたり齟《そ》齬《ご》を来《きた》したりする。さらに細かい部分で言えば、治療所替わりのテントの設営や医療チームの食事などを誰が世話するのかという問題がでてくる。そうなると、結局野外での救急医療の訓練を重ねてノウハウを持ち、医師や看護婦ばかりかヘリコプターから後方支援部隊まですべて自前で賄える自衛隊に託するのがいちばんの近道ということになる。問題は、その自衛隊が、緊急を要するはずの災害派遣に関してでさえ足かせをはめられ、上からの命令が順序を踏んで下りてこないと現場の判断だけでは動けないタテ割り組織の典型のようなところだということである。

　そして救急医療にはそれぞれの現場にじっさい立ってみないとわからない面がある。洋々荘の崖崩れ現場で救出された人や、津波で壊滅的な被害を受けた稲穂、野名前などから負傷者が運ばれてきた国保病院では、輸血の必要な患者が一例も出なかったことに加えて、ふつう救急治療に欠かせない抗生物質などの医薬品も意外に減らなかった。この点は青苗で治療にあたっていた自衛隊の救急医療チームでも似たような状況だった。ところが地震から二、三日たつと予想さえしなかった薬品が足りなくなったのだ。心臓や血圧の薬である。僻地《へきち》のご多分に漏れず、奥尻もまた人口に占める老人の割合が極端に多い地域である。彼らの多くは心臓病や高血圧といった持病を抱えていて薬は手離せない。その大切な薬が家と一緒に流されたり、手持ちの分が足りなくなったりしたのである。災害救助で出動するさいには地域性を頭に入れて薬品を揃えるという教訓がまた一つ自衛隊の救急医療チームが蓄積してきたノウハウに加わった。

　山の基地でコック長をつとめる市川一曹《そう》は、週に二回ほど当直として朝食の準備のため基地の仮眠室に一人で泊まることがある。地震があってからというもの、床に入って目を閉じると、どうしても津波にさらわれた自分の船のことに考えが行ってしまう。魚群探知機から無線までひと通り積んでいた二十フィートの本格的な船である。もったいないことしたなと思いながら、その一方で、いや船なくしたと言ったってオレのはしょせん遊びだから、そんなこと考えていたらバチあたるな、と船を預かってもらっていた野名前の友人たちのことに思いを馳《は》せるのである。〈あそこの連中は船はおろか家族も家もなくしちまったんだから、ほんと、あのあたりはたくさん人が死んだものね〉と考えているうちに、まるで連想ゲームのようにひとつの言葉が引き金になって、そこから次々と記憶が紡《つむ》ぎだされていく。〈そう、死んだと言えば……〉と、あの夜の洋々荘での救出作業のことが脳裏に甦《よみがえ》ってくるのだ。たとえば、市川一曹が瓦礫《がれき》の中から元気づけたおばあさんの腰のところでこと切れていたもう一人のおばあさんの死顔である。懐中電灯の光の中に浮かびあがったその顔が生々しく思い出されてしまう。〈ああ、あのおばあさん、可哀相《かわいそう》に、痛かっただろうな〉と考えだすともう駄目である。現場で目にした死者の顔が次々に浮かんできて、眠れなくなってしまう。ひとりになるとなかなか寝つけないのは何も市川一曹だけではない。いい歳《とし》をした隊員たちが、家族が実家に帰ってひとりきりになった官舎の部屋で眠るのは嫌だと言って、独身の隊員たちと一緒に基地内の隊舎で夜を過ごしている。

将校や上級下士官の官舎である第四官舎でも子供のいる世帯の半分以上は余震の恐

怖と不自由な生活から逃れるために地震から一週間もたたないうちに隊員の妻が子供を連れて島外へ避難してしまった。基地で最年長の横野貞彦《さだひこ》曹長の家でも来春に高校受験を控えた長男だけを釧路《くしろ》の実家に帰すことにした。ところが妻の美千子さんも息子についていきたいと言い出したのだ。

「おとうさん、恐《こわ》いから、わたしも帰っていい？」

だが横野曹長は許さなかった。「青苗や野名前に行ってみろ。家もなければ親兄弟を亡《な》くした人たちがいっぱいいる。でも、みんな島から出ていかない。ここが生まれ育った土地だから離れられないのだ。そんな中でわれわれだけが出て行ったら島の人たちはどう思う」

妻の気持ちもわからないわけではなかったが、こういう辛《つら》いときこそ島の人たちと一緒にいるべきなのだと彼は思った。「な、頑張ろう」という夫の言葉に美千子さんは黙ってうなずいた。

地震に襲われたその夜、山の基地には孤立した稲穂や野名前から自衛隊のランドクルーザーで避難してきた三十人あまりの人々が収容され隊舎のベッドで一夜を明かしていた。その中には、北海道の中央部、旭川《あさひかわ》や富良野《ふらの》のある上川郡から旅行で来ていて津波にあったという親子四人もいた。二十代前半の若夫婦に、二人の子供も、おしゃまなお姉ちゃんの方は三歳、下はようやくひとり歩きをしはじめたというまだ二つにならない女の子である。津波が来たとき親子四人は野名前の民宿で眠りについていた。宿の主人の声で飛び起きて表に出ると、すでに足もとには波がひたひたと打ち寄せている。裏山に逃げようと下の子の手を引き、お姉ちゃんは、とふと思ってまわりを見ると、ついさっきまでそばにいた上の子の姿が見えない。若夫婦は必死に子の名前を叫んだ。その間にも水かさはどんどん増している。そして足もとの水がすさまじい勢いで引きはじめ、体ごと波の底に引きずりこまれそうになったとき、物陰に隠れていた女の子が見つかった。若夫婦は子供を抱え引き波にあらがってやっとのことで高台に逃れた。下の子の服に血が滲《にじ》んでいることに気づいたのは山に上がってからである。傷はさほど深くはなかったが、痛がる女の子をなだめながら基地の衛生隊員が小さな背中を二針縫った。

翌日の午後、親子は巡視船で島を離れることになり、山を下りる四人を基地で面倒をみていた横野曹長が見送った。「いろいろお世話になりました」と頭を下げて自衛隊のランドクルーザーに乗りこんだ若い父親に、横野曹長は「頑張ってください」と声をかけた。島に残るのは自分の方なのに、なぜかその言葉が口をついて出てしまったのだ。そして、そう言ったとき、横野曹長は自分でもわけがわからないままに、不意に涙がこみあげてくるのを感じた。幼い女の子を膝《ひざ》に抱いた若夫婦が、走りだした車の中から何度も頭を下げている姿を見送りながら、彼はあふれてくる涙をどうすることもできなかった。助かってよかったね、ほんとに親子四人助かってよかったね、口には出さなかったけれど横野曹長はそう声をかけていた。

この島で、彼は来年の春、定年を迎える。

不人気

全国に二十八ある航空自衛隊のレーダーサイトの中で、ここにだけは間違っても転勤したくないという基地はどこか、隊員たちにアンケートをとったことがある。レーダーサイトと言えば、たいていは人里離れた岬の突端やうらさびれた離島の吹きさらしの山頂にある。周囲に遮るものがなく、しかも他の電波からの影響を受けずにすむことがレーダーサイトの立地条件だから、自然と人間が寄りつかない僻地《へきち》につくられることになる。その中でも隊員たちに不人気な基地というのは折り紙つきの僻地として選ばれたようなものである。

転勤したくない基地のワースト3はいずれも四方を海で隔てられた島にある。もっともレーダー基地二十八カ所の三分の一以上が島にあるから、孤島であることがただちに不人気な理由とは限らない。島は島でも、白いビーチと青い珊瑚礁《さんごしょう》に囲まれ、年間を通じてスキューバダイビング、ウィンドサーフィンといったマリンスポーツが楽しめるリゾートアイランドとして都会から大勢の若者が遊びに訪れる宮古島や久米島《くめ》のレーダー基地は、むしろ辺鄙《へんぴ》な内陸部のサイトより人気が高いし、島の周囲たった二キロ、住人はサイトの隊員だけという長崎の海栗《うに》島の場合も、外界から隔離されたようなその印象の割りには隣接した対馬《つしま》に連絡船でわずか五、六分という位置にあるせいかワースト3の不名誉な仲間入りを免れている。これに対して行きたくない基地の第三位に上げられた鹿児島の下甑《しもこしき》島、第二位の山口県萩《はぎ》沖の見島《みしま》はともに本土から四、五十キロ離れていて、船で二時間は優にかかる。その船便も一日二往復かせいぜい三往復で、人口千六百人の見島に至っては島にスーパーマーケットもパチンコ屋もなく、娯楽施設と言えば昼は喫茶店として営業しているスナックが一軒あるだけである。それを考えると、人口は見島の三倍にしか過ぎないのに、スーパーやパチンコ屋は言うに及ばず、温泉プール付きのリゾートホテルから貸しビデオ店に焼肉屋、さらにスナックだけで二十二軒を数える奥尻《おくしり》島は、僻地という言葉が必ずしもあてはまらない、結構ひらけた島ということになる。にもかかわらず奥尻島は、全国のレーダーサイトで働く隊員たちからもっとも転勤したくない基地のナンバー1に二位以下の基地を大きく引き離して選ばれたのである。

隊員たちに奥尻島が嫌われている最大の理由は、ここが一年の半分近くを厳しい冬景色にとざされる北海道の孤島だからだろう。北海道には奥尻の他、稚内《わっかない》、網走《あばしり》、根室、当別《とうべつ》、襟裳《えりも》岬の五カ所にレーダー基地があるが、島は奥尻だけである。もっとも雪の多さで言えば奥尻はまだましな方と言える。当別などはひと晩の間に三、四十センチ積もるのはざらで、夜勤明けで家に帰ってくると雪かきに追われて満足に休む間もないという日々がつづくのである。ただここは札幌と三十キロしか離れていないため、どんなに雪深くても買い物や遊ぶ場所に不自由しないというメリットがある。その点、奥尻は十二月に入ると、それまで一日二往復出ていた対岸の江差とを結ぶフェリーが一往復に減らされてしまう。朝の十時四十分に奥尻から江差に着いたフェリーは午後一時には出港するから、日帰りではおちおち買い物もしていられない。その上三日に一日は欠航する。海が荒れ出すと十日間近く船が足止めを食って、島が文字通り孤立することも珍しくはない。せっかく正月休みをとって里帰りしようとしたのにフェリーの欠航がつづき仕方なく下宿で年を越したという隊員もいるほどだ。

奥尻がどれほど隊員たちに不人気な存在かは、隊員の平均年齢からうかがえる。航空自衛隊全体の隊員の平均年齢が三十五歳なのに対して奥尻基地の場合は三〇・五歳、しかも隊員の三分の一が二十四歳以下の若年層で占められている。若手が多いのは、高校などを卒業して入隊した新米隊員が毎年二十人ほど送られてくるからだ。どこの組織でも、本社と地方、あるいは地方間の人事異動はたいていバーターで行なわれる。顔ぶれを変えてもそれぞれの組織の能力が低下しないように同じくらいのキャリアを持つ者同士を交替させるわけである。だが奥尻基地の場合はそのバーターが成立しない。奥尻から出て行きたい隊員は山ほどいるのに、その替わりに自らすすんで奥尻に行こうと手を上げる隊員がいないのだ。だから異動の時期が近づいてきて奥尻から誰かを転出させようとしているという動きが他のレーダー基地に伝わると、中堅の隊員たちは戦々恐々となるのである。

市川一曹がコック長をつとめる奥尻基地の隊員食堂でも、部下の炊事係が島から出してくれなければ自衛隊を辞めると自分の首を賭《か》けてまで転勤を訴え出たことがあった。しばらくして三沢で開かれた会議の席で、市川一曹はその隊員が転出先に希望している基地のベテラン下士官に呼びとめられた。

「うちの基地に移りたいだなんて、あまり言わせないでくれよ」

市川一曹がどういうことかと聞きかえすと、その下士官は困ったような顔をしながらおずおずと言いにくそうに話しはじめた。奥尻から自分たちの基地に転勤してくるということは当然、誰かが奥尻に行くということだ、でもみんな子供の教育もあるし親の面倒をみている奴《やつ》もいる。

「だから、なるべくなら、うちに来たいなんてあまり言わないようにきみの口から言いふくめてほしいんだ」

市川一曹は、相手の話を聞きながらそのあまりにも身勝手な言い分に腹の底が煮えくりかえるような思いを味わっていた。彼は思わず、冗談じゃないと怒鳴りかえしていた。

「あんた自衛隊で二十年も飯食っているのに、よくそんなこと平気で言えたもんだな。奥尻にいる隊員は、みんな上官にお願いだと頭を下げられ、泣く泣くやってきた連中なんだ。好き好んで島に来た奴など一人もいない。しかしこれも仕事だからとあきらめて、島から出られる日を指折り数えながら厳しい暮らしに耐えているんだ。そんな隊員に向かって、転勤を希望してくれるななんて、あんた、どの口で言えるんだ」

だが市川一曹はそう言いながらも、他の基地の隊員たちが一人残らず本音の部分ではできるなら奥尻にいる隊員が転勤希望を出さないようにと祈っているにちがいないと思っていたし、彼自身、もし自分が彼らの立場に立たされていたらやはりそんな風に考えてしまうのだろうと思っていた。いつ自分のところにお鉢がまわってくるか誰もが気が気ではないのだ。奥尻や下甑島といった不人気なサイトは四年で転勤させることが一応の目安になっているが、現実は、ことしが駄目でも来年こそと転勤の望みを先につないでいる間にいつのまにか七、八年たってしまったというケースがざらである。谷嶋准尉《じゅんい》のように奥尻に十三年間勤務したあと、他の基地をいくつかまわってから再びこの地に舞い戻ってくるという隊員もいるが、それは奥尻の女性と結婚していて、年老いた妻の親のそばにいてあげたいといった本人の希望によるものである。たいていはいったんこの島から出られたら二度と戻ろうとはしない。

現在奥尻にもっとも長く居つづけているのは十三年目を数える三十二歳の三上哲男二曹である。彼の場合は十九の年に奥尻に赴任している。自衛隊に入ってすぐに奥尻に配属され、それ以来一度も他の基地での勤務を経験することなくこの北の離島で十二回の冬を過ごしてきたのである。三上二曹に限らず奥尻勤務が十年以上の隊員たちは入隊していきなりここに送られてきた者が大半を占めている。奥尻から転出させたい隊員がいても、誰もが奥尻に行くのを嫌がっている現状ではその替わりの人材を他の基地に求めることはできない。そこで、自衛隊に入ったばかりで、奥尻がどんなところかもよく知らない新米隊員を半分だますようにして連れてくるのである。ここ一、二年、二十人から三十人ほどの隊員が、晴れて転出希望がかなえられ島をあとにしているが、ほぼそれに見合う数の新米隊員が奥尻に送られてくる。中堅の穴埋めは十九、二十の新人となる。隊員の平均年齢が若くなるのも当然である。むしろその若さは、隊員の間で奥尻がいかに不人気であるかの裏返しと言える。

奥尻に来てちょうど十年の稲永正三曹は自分から志願してこの島に配属された形になっている。ただ志願と言っても、たまたま新隊員教育で無線を教わった助教から「奥尻は自然が豊かだし、魚もたくさんいる。別天地のような素晴らしいところだぞ」と奥尻の良さを吹きこまれ、その言葉が釣り好きの彼の心を揺さぶったのである。それに、僻地手当という魅力もあった。給料が二割増しになるのである。奥尻に赴任が決まった彼に向かって助教や同期の仲間たちは「奥尻三年、キャデラック」と盛んに冷やかした。釣りもできるし、お金もたまる。彼の中でしだいに奥尻のイメージが勝手にふくらみつつあった。だがそれが甘い幻想にすぎなかったことを、彼は島に渡る前に早くも思い知らされるのである。

当時奥尻に赴任する新隊員は、青函《せいかん》連絡船で函館《はこだて》に渡り、そこから日に三本しか出ていない江差線のディーゼルカーに乗り換えて、ブナやカラマツの原生林が延々とつづく単調な景色を車窓からながめながら奥尻行きフェリーの港である江差へ向かうことになっていた。稲永三曹が奥尻に渡るためこの江差線に乗ったのは、十九歳の誕生日をひと月後に控えた十月の終わりだった。江差まで二時間半の旅である。一両編成の車内には稲永三曹の他、ボックスのところどころに粗末な身なりの老人が数人乗っているだけだった。老人たちは大方世間話でもしているのだろう、笑いをまじえながら何か喋《しゃべ》っていたが、福岡生まれの稲永三曹が聞いたこともない言葉がしきりに飛び交っていた。いくら聞き耳を立てても、尻上《しり》がりな調子が耳につくばかりで何を話しているのか意味ははっきりとはわからない。老人たちの訛《なま》りまるだしの会話を聞きながら、彼は急速に心細くなっていった。江差にたどりつく前の段階で、すでに遠いさいはての地に来てしまったような感慨を抱くのだから、この上船に乗って奥尻に渡ったらいったいどうなるのだろう。自分がとんでもないところに行こうとしているのではないかという不安が重くのしかかってきた。

江差に着いていよいよ奥尻行きのフェリーに乗りこむとその思いはさらにつのった。フェリーと言っても渡し船に毛の生えたような大きさで、冬の前ぶれのような強い季節風にいいようにあしらわれて船は前後左右に大きく揺れつづけた。彼を驚かせたのは、そんな中でも石炭ストーブが焚《た》かれていることだった。畳敷きになった客室の入口と中央に一つずつだるま型のストーブがおかれ、船が揺れるたびに赫々《あかあか》と燃える炎が大きく揺らめいている。ストーブがもし倒れでもしたらどうするのだろうと彼は不安で仕方なかったが、乗客たちは平然とストーブのまわりで横になったり談笑にふけったりしていた。その光景をながめながら、稲永三曹はいままで両親と兄の四人で十八年間暮らしてきた世界とは大きくかけ離れた未知の世界に自分が乗りこもうとしていることをあらためて強く感じていた。妙に暖められたキャビンの中で船の揺れに身をまかせているとしだいに気分が悪くなってくる。稲永三曹は外の冷たい風に当りたくてデッキに出た。白く波立った海は、彼が幼い頃からずっと毎日ながめてきた玄界《げんかい》灘《なだ》の海と違って寒々としていた。その海の向こうに黒ぐろとした島影が見えている。さすがに彼の中で引き返そうかという思いがよぎった。だが引き返そうにも、そう踏み切るだけの勇気が湧《わ》いてこなかった。列車や船を乗り継いでようやくたどりついた気の遠くなるような長い道のりを振りかえると、十九にもならない彼にとっては、世の中のすべてから隔てられているようなこの島から逃げ出して北の海を再び渡ることの方が、はるかに勇気のいることに思えてきたのだった。

だが奥尻に送られてきた新隊員の二、三割は、離島の山の頂きにある基地の中での、判で捺《お》したような変わり映えのしない毎日に耐え切れず、島をあとにしていく。冬は吹雪が吹き荒れ、夏は濃いガスがたちこめて、いちめん白い膜がかかったように、空も海も見えない日が何日もつづくことがある。そんなとき若い隊員たちは隊舎の狭いベッドの上で、国で別れた高校の友人たちが楽しそうに遊んでいる姿を思い浮かべ、なんで俺だけこんなところに押しこめられているのだろうと頭をかきむしりたくなるような思いにかられるのである。

親もとをはじめて離れた新隊員の中には、上官や先輩にちょっと注意されただけで泣き出したり基地の中を逃げまわったりする者もいる。先輩が手分けしてあたりを探すと、トイレの隅にもぐりこんで、べそをかいている。本人にやめたいのかと聞くと首を振る。自衛隊にこのままいたいと言うのである。だが仕事が覚えられず、先輩に叱《しか》られるたびにまたしてもトイレに逃げこむのである。そうかと思えば、夜、他の隊員たちが寝静まった隊舎の廊下で泣きながら家に長距離電話をかけている新隊員もいる。しばらくするとその隊員が国に帰りたいと言い出す。上官は母親に説得してもらおうと実家に電話をかける。

「お子さんに限らず、だれでも社会に出たてのときは右も左もわからなくて辛《つら》い思いをします。でもそれを何とか乗り越えて、みんな一人前の社会人に育っていくんです。むしろお母さんの方から、もう少し辛抱して頑張るように励ましてくれませんか」

だが母親は逆に涙声で訴えるのである。

「あの子が寂しがっているんです。可哀相《かわいそう》だから帰してやってください」

奥尻に来て半年もたたないうちに辞めたいと言い出すのは、必ずしも乳離れのできていない隊員ばかりとは限らない。市川一曹《そう》の部下にも籠《かご》の中の鳥のような基地での生活にはもう我慢できないと退職を願い出た新隊員がいた。市川一曹は先輩たちのひそみにならって、自衛隊で隊員を引き止めるときに必ず上司が使う決まり文句を口にしてみた。

「辞めたいという気持ちもわかるけど、裟婆《しゃば》に出たってそんな甘いものじゃないよ」

先輩の忠告に心を動かされるどころか、その隊員は口もとに少し含むような笑いを浮かべた。

「市川さんは高校を出てすぐ自衛隊に入られたんですよね」

いったい何を言いだすのかと市川一曹が怪訝《けげん》な顔をしながらもうなずいてみせると、隊員は落ち着き払った口調で先をつづけた。

「僕は染物工場で三年間働いていたんですよ。しかも定時制に通いながら。その学費だっていろんなところで稼いで貯《た》めた金なんです。工場を辞めたあとだってアルバイトをしながら高校を出たんです。その間、何年働いていたと思います？　六年も裟婆にいたんですよ。裟婆が甘いところかどうか、先輩より少なくとも僕の方がわかっていると思いますが……」

市川一曹は返す言葉がなかった。そして目の前の新隊員が急に大人びて見えてきた。自衛隊は社会の縮図と言うけれど、じっさい、三百三十人しか隊員がいない狭い島の基地にも毎年さまざまな若者が集まってくるのである。

恋人を呼びだすのに都会の高校生ならさしずめポケベルでも使うのだろうが、久末幹士長の場合は彼女の部屋の窓ガラスに雪をぶつけるのが合図だった。雪のない季節なら小石である。それが窓に当ると、彼女の佐登子さんは階下で食堂「まつや」をひらいている両親に見つからないようにそっと家を抜け出して彼の下宿に遊びに行くか、二人でスナックに呑《の》みに行ったり島の反対側にドライブに出かけるのである。佐登子さんの部屋からは道路をへだてて斜《は》す向かいのアパートにある久末士長の部屋がながめられる。だから彼が基地での仕事を終えて山から下りてきたかどうかは部屋に明かりがつくことですぐわかる。カーテン越しに明かりが点《とも》ると佐登子さんは久末士長に会いたい一心で部屋に押しかける。だがたいていは先客がいる。同僚の若い隊員が一緒なのである。そうなると佐登子さんはあとまわしにされてしまう。どういうわけか彼はまず男同士で呑みに行って、佐登子さんと出かけたりするのはそれからなのである。佐登子さんにしてみれば、相手がいくら基地の若い男の子とは言っても自分の彼氏をとられてしまうようで悔しかったが、仕方ない。「したら何時頃会う？」と大体の時間を決めておいて自分の部屋に戻り、彼が窓に雪や小石をぶつけてくるのを待つのである。

それにしても山の自衛隊の人たちはよく飽きもせずに毎日のように仲間同士でつるんで呑みに行くと佐登子さんは思う。久末士長はあまり酒を呑まない方だし、それに無口だから見た目には人づきあいが悪いように思われがちだ。時々手伝いで店に出ていた佐登子さんが夕食を食べにくる久末士長のことを見かけるようになった頃も、なんて無口な人なんだろうと思ったくらいだ。なのに基地の仲間と一緒のときは彼女のことを平気で放ったらかしにしてさっさと呑みに出かけてしまう。もっと二人でいられる時間をつくってくれてもいいのにと佐登子さんが不満を口にすると、「つきあいだから」と仕方なさそうな顔をする。ガールフレンドのいない友だちはせいぜい男同士で呑むことぐらいしか楽しみがないというわけだ。

たしかに自衛隊の若い隊員にとって山から下りてきたあとの時間のつぶし方は頭を悩ませる問題である。夏なら島の反対側に一軒だけあるリゾートホテルまで足を伸ばしてゲームをやったりプールでひと泳ぎしたあとゆっくり露天風呂《ぶろ》や温泉につかって骨休めができるが、冬はその唯一《ゆいいつ》のレジャースポットが閉まってしまう。もともとこのホテルは道内の資本が奥尻を一大リゾートアイランドに改造するもくろみでその手はじめとして周囲のひなびた漁村には似つかわしくないほどの贅《ぜい》をこらした装いでオープンしたのだが、思惑《おもわく》は見事に外れ、海水浴シーズンが過ぎると客足は途絶えてしまった。ホテルを開いていても人件費や維持費がかさむばかりで、オープンしたその年の冬には早くも営業を途中で切り上げ、夏まで休業することにしたのである。

若い隊員の中には先輩から安く譲り受けたり貯金をはたいて買ったバイクを持っている者もいるが、フェリーがいつ欠航するかわからないから正月休みでもない限り島を出てツーリングを楽しむというわけにはいかない。島の中をバイクで飛ばすのも買った当初だけである。バイクが走れる道路は島の外周を巡る北海道道が一本に未舗装の山道が四、五本と限られている。山に分け入るオフロードは島の人の目が気になってできない。土地でも荒らしたら大事である。たちまち山の自衛隊が、ということになる。自衛隊は隊員が交通事故やその手のトラブルを引き起こすことに神経を尖《とが》らせている。酔っ払い運転による自損事故が表沙汰《おもてざた》になっただけでも首になるほどである。そのことを承知しているから若い隊員も運転には慎重にならざるをえない。しかしそうなると狭い島の中をまるでこまねずみのように同じ風景ばかりながめながら走るということになる。しまいにはそんな空《むな》しいことを繰り返している自分が「馬鹿《ばか》みたい」に思えて隊員の多くはバイクを下りてしまう。せっかくのマシンも、エンジンをかけるのは夏の長期休暇や連休を利用して道内にツーリングに出かける数回だけで、あとはシートをかぶせて下宿の軒下に停めておくというケースが多いのである。

結局ここでの隊員の楽しみと言えば、自分の部屋に閉じこもって島に一軒だけあるレンタルビデオ店から借りてきたソフトでファミコンに興じたりビデオを見たりするか、旧式の台ばかりが目につくパチンコ屋でしけた景品を目当てに玉を弾《はじ》くか、仲間と連れだって行きつけのスナックで粘るかのいずれかしかない。だが、ひとり下宿に閉じこもるにしても、かんじんの部屋を見つけること自体、住宅が限られている狭い島の中では至難の業《わざ》である。山の基地には四十八歳にして未《いま》だ独身を守っている石川朱之介一曹を筆頭にひとり者が百八十人にのぼっている。当然のことながら彼ら全員に行き渡るだけの貸間はない。供給量は需要の半分も満たしていないのが実情である。しかも自衛官がいちばんの高給とりというこの島には隊員向けのアパートを建てて儲《もう》けてやろうという景気のよい島民もいない。部屋数が増えないとなると、先輩の下宿においてもらうか、あるいは転勤か自衛隊を辞めるかして近いうちに島を離れそうな隊員の部屋を前もって唾《つば》をつけておくことでもしない限りいつまでたっても自分の部屋は持てないことになる。あぶれた隊員は基地が借り上げてある「隊外クラブ」という宿泊施設の世話になる。これは佐登子さんの実家のちょうど向かいにあって、管理人のおばさんにひと言断れば低料金で泊らせてくれる。ただそれなりの覚悟が必要である。入れ代わりたち代わり何人もの隊員が同じ布団《ふとん》で寝ているためか、ろくに日に当てていない布団はたっぷり湿気を含んで、酔って吐いたものがこびりついていたりする。おかげでダニに大事な場所を食われたとか水虫を移されたと言って隊員にはいたって評判が悪い。久末士長は奥尻に来て半年もたたないうちに自分の部屋を見つけることができたが、むしろこれは稀《まれ》なケースなのである。

稀と言えば、島の女の子を彼女にできたのもそうである。適齢期の若い女性は島に二十人ほどしかいない。奥尻の高校を出て島で働こうと思ってもここにはめぼしい職場がないからである。せいぜいが町役場や江差信用金庫の支店、それに農協、漁協くらいなものだ。このため女の子の大半は島から出て函館や札幌の会社に就職する。佐登子さんも久末士長と知り合った頃は町役場の建設課に勤めていたが、それ以前は函館で働いていた。しかし運よく奥尻で彼女を見つけることができても、相互監視の行き届いている狭い島の中ではつきあっていることがたちまち周囲に知られてしまう。佐登子さんは、二人がつきあいだしてまだ間もない頃、町役場での一日の仕事をすませ少し早目に帰り仕度をはじめようとして、いきなり上役に「なに、山から下りてくるのか」と冷やかされたことがある。役場の人には誰にも彼とのことを話していないはずなのに、その口ぶりからは二人の噂《うわさ》がいつのまにか役場中に広まっている様子だった。

もっとも山の自衛隊員と島の女性が交際していることに、島民たちは冷やかすことはしても目くじらを立てるような真似《まね》はしない。ただ心の底でどう思っているかはまた別問題である。司令の西森一佐はそうした島の人たちの複雑な胸の内を宴会の席などでかいまみることがある。酒が少し入った気安さもあって町長や町議会の議長が笑いながら「自衛隊さんはひどいよ」と聞き捨てならない言葉を口にする。司令がなんですかとたずねると、女だよ、女のこと、と思わせぶりな口調で言う。

「山に自衛隊がやってきて三十三年になるけど、その間に百三十人もの島の女をあんた方にとられたんだよ」

町長たちはいかにも酒の席での戯《ざ》れ言《ごと》といった感じで冗談めかして言うのだが、それにしては細かい数字をわざわざ持ち出してみせた上での、女を「とられた」という言い方には妙に実感がこもっているように聞こえるのである。たしかに島の若い女性が隊員と結婚していく分、島の若い衆の結婚難はますます深刻になる。奥尻で生まれ育った女の子にとって年齢的に自分の相手になりそうな島の男性はほとんどが幼なじみか顔見知りである。相手のことは大体知りつくしているから話していても広がりがないし話題も限られてくる。そんな中で道内だけでなく本州や九州などからこの島に乗りこんでくる若い自衛隊員のことが島の女性の目に新鮮に映るのは致し方ないことなのだろう。佐登子さんが久末士長や彼の友だちと接していてまず感じたのも「話しているとおもしろい」ということだった。

島の男性に言わせれば、ひと昔前まではスナックに行くとカウンターの端で小さくなって呑んでいるのが山の隊員だったという。その頃は漁師も羽振りがよく、高校出たてで腹巻に聖徳太子を束にして突っ込み、ひと晩店を借り切ったりして豪快に遊んでいたのである。懐《ふとこ》ろが暖かなだけに威勢もよかった。島の女の子をめぐって山の隊員と果たし合いを演じることもしばしばだった。隊員の方は一人だが仲間意識が強い島の人間は四、五人で徒党を組んでかかってくる。カーチェイスさながら二台の車に挟み打ちにされて車から引きずりだされ痛めつけられた隊員もいた。基地のコック長である市川一曹はその頃交際中の女性のことで地元の若い衆と揉《も》めている隊員たちからよく相談を受けた。暴力沙汰《ざた》になったときは相手の男に対しておさえのきく島の人間に会って話をつけることまでしたし、隊員と島の男がいがみあっている間にかんじんの女性を別の隊員にさらわれるという笑うに笑えないケースもあったという。だが華々しい出入りも、島の漁業がさびれて、景気に左右されない自衛隊員の給料の方が地元で働く若者の収入をはるかに上回るようになるにつれてしだいに影をひそめていった。

山の隊員と島の若者との間に波風は立っていない。しかし、こと女性がからんでくるといまでも島の若者たちの隊員を見る視線にはどことなく険《けん》が感じられる。久末士長が入っていたアパートに部屋を借りている二十一歳の隊員は島の子とつきあっているが、彼女を連れてスナックに行くと地元の若者にからかわれたりする。昔と違って自衛隊員が島の若い女性とつきあうことに割り切った考えを抱いていてもさすがにツーショットで仲の良いところをみせつけられると、島の女をとりやがってという思いが頭をもたげてくるのだろう。酒も入っているし、ついちょっかいを出したくなる。言っていることは些細《ささい》なことでも浜言葉だから結構荒い。隊員からすれば妙に気に障《さわ》るのである。だが言い返せば、たちまち「表に出ろ」と売り言葉に買い言葉になるのは目に見えている。そこで黙って聞き流すか、彼女を連れて店を出てしまう。そばに同僚の隊員がいても彼らは見て見ぬ振りをしている。かかわりあいになるな、からまれたらまず逃げろと隊員たちは奥尻に来てすぐに先輩から島の人にまじって呑むときの心得を叩《たた》きこまれているのである。

島の子とつきあうということは噂の主人公になることをも含めてそれだけ島とのかかわりが増えるということである。基地にいる百八十人の独身者の中にはそれがわずらわしくて、あえて奥尻の若い女性には近づかないという隊員もいる。島を出るまでは彼女をつくらないと心に決めた隊員もいる。だがそうしている間に五年六年があっという間に過ぎて、いつのまにか三十の声を聞くようになる。奥尻の基地では三十代でもなお四人に一人が相手を見つけられずに独身のままでいる。彼らの場合、結婚は島にいる限りまず望めそうにない。と言って結婚したいから転勤させてほしいという願いがすんなり聞き入れられるわけでもない。そんな八方塞《ふさ》がりの状態に嫌気がさし、「退職金はいらないから俺の青春を返してくれ」と捨て台詞《ぜりふ》を残して辞めていった三十代の下士官がじっさい数年前にはいたほどである。彼の場合、退職は本意ではなかったのだが、島を出るためには制服を脱ぐしかなかったのだ。

女っ気のまるでない独身の中堅隊員にも若い女性とめぐりあうチャンスをつくってあげようと司令の西森一佐は奥尻に赴任した年の夏から隊員と函館のＯＬとの交歓パーティを開いている。二回目は函館にある陸上自衛隊の駐屯地の食堂にデパートや一般企業で働いているＯＬを招いて行なった。ふつうこの手の集まりは女性の数が足りず女の子目当てに集まってきた男性があぶれてしまうものだが、司令が呼びかけ人になったパーティは違っていた。女性の参加者は三十人を越えていたのにかんじんの男性が二十人しか出席しなかったのだ。西森一佐は、基地の独身隊員にせっかくのチャンスだから積極的に参加するように声をかけたが、思いの他、反応は鈍かった。奥尻に来て十年になる二十九歳の稲永三曹も上官から誘われたが、私の主義じゃないと断っている。物欲しげな顔をして集団で見合い紛《まが》いのことをするのが性にあわないというのだ。プライベートな問題にまで自衛隊に首を突っこんでもらいたくないと断った隊員もいる。だがNOならNOとはっきり意思表示をする隊員はまだいいのである。引っ込み思案なのか、気おくれがするのか、本心は行きたいくせにもじもじと態度を決めかねていて、結局見送ったという隊員も多い。笛吹けど踊らず、自衛隊の隊員と言えどもこればかりは上官の思い通りにはならないのだ。

奥尻勤務が十一年を数える三十一歳の三曹はたまたま休暇の第一日がパーティの当日に当っていたため、知床《しれとこ》をめぐるツーリングの予定を急遽《きゅうきょ》変更して函館に立ち寄ることにした。会場に入ってまず目を奪われたのは女の子のレベルの高さだった。声をかけるのに気おくれを感じてしまうほど顔立ちの整った子ばかりが集まっていた。化粧も控え目で服装のセンスもなかなかだった。島にいてはまず見かけない、洗練された雰囲気を漂わせた女の子たちである。その中でも彼は隣りのテーブルの女性に魅《ひ》かれた。とびきりの美人というわけではなかったが、気立ての優しさがその穏やかな表情にあらわれている感じがした。しかし話すきっかけをつかもうと彼がテーブルを移った途端、彼女も同僚らしい二、三人の女の子と連れだって別のテーブルに行ってしまった。他の女の子と話している間も彼女のことが気になって仕方がない。時々振りかえって目で探すのだが、そのたびに他の隊員や友だち同士で話している。話の輪の中に入って行けばよさそうなものだが、人と話しているときに横から割りこむのもなんとなく失礼に思えて、ためらわれた。彼女がひとりになったら声をかけよう。そう思ってタイミングを見計らっている間に時間が来てしまった。結局、彼女とはひと言も言葉を交わさなかった。目顔で挨拶《あいさつ》をすることもしなかった。休暇が終わり基地に戻ったあとでそのことを同僚に話すと、だからおまえは駄目なんだよと苦笑された。

しかし彼自身、若い女性と知り合うせっかくのチャンスをただ指をくわえて目の前でながめていたわけではない。デパートに勤めているという二十二歳の女性の電話番号をしっかり聞きだしていた。何度か電話もしてみた。だが留守でつかまらなかったり、函館に行く用があるから会いませんかと誘っても予定があるんでとさりげなくかわされたりしているうちに、電話をするのが面倒臭くなって、それきりになってしまった。他の隊員の戦果も似たりよったりだった。縁がなかったと言えばそれまでなのだが、パーティに参加した男性と女性との間に、パーティに臨む意気ごみに大きなズレがあったことはたしかなようなのだ。女の子の中には、パーティの当日になっていきなり職場の上司からこういう集まりがあるので行ってくれと頼まれたＯＬが結構いたし、つきあっている彼氏はいるけどただで飲み食いできるならと割り切って参加した女性もいた。女性の参加者については函館の地元企業の間にはりめぐらされた自衛隊の後援会組織が音頭《おんど》をとって集めていた。ちなみに函館の後援会組織のトップには不動産や自動車のディーラーなど会社を八つも持っている商工会議所の副会頭が収まっている。上司に頼まれて出席した女性より、むしろ自衛隊側の意を受けて自分の会社のOLを派遣させた企業の方に、自衛隊員とのパーティに賭《か》ける意気ごみの強さがあらわれていたのかもしれない。

せっかくの〝ねるとん〟パーティも空振りに終わり、奥尻でまちがいなく十一回目のひとりきりのクリスマスを迎えることになった三曹は、やはりこうしたパーティは人の手を借りず隊員自らの手で企画しなければいけないことを痛感したという。ただ、それも島にいては動きがとれないのである。

問題児

　夕食時になると山から下りてくる基地の独身隊員でいつも賑《にぎ》わう食堂「まつや」の長女佐登子さんと久末士長との結婚披露宴は、二人が交際をはじめて一年半あまりたった九二年五月に行なわれた。父親が航空自衛隊で飛行機整備の仕事についている久末士長の実家は千歳《ちとせ》にある。しかも彼は長男だから、どこで披露宴をするかはそうしたことにこだわる地域や家庭では結構微妙な問題になるのだろうが、二人の場合は招待客の大半が島に住んでいるため式も披露宴も奥尻《おくしり》で行なうことにすんなり決まった。

　問題は会場である。島での披露宴はたいていい夏期だけオープンしている島にただ一軒のホテルで開かれる。町の中心部とはちょうど山をはさんで島の反対側に位置するこのホテルに行くには、南端の青苗までいったん下がってから岬をめぐって、切り立った崖《がけ》の裾《すそ》につくられた道路を再び北上するというかなりの遠回りを強いられる。ただ設備が新しく駐車場のスペースもゆったりしていることから最近ではここを利用するカップルが増えたのである。しかし久末士長の披露宴の招待客は二百三十人を上回っていた。さすがにホテルでもそれだけの人数は収容しきれない。結局町民センターを借り切ることにした。主賓には新郎側から基地司令の西森一佐が、新婦側は佐登子さんが町役場の職員だった関係から規定により出席できない町長本人に代わって町長夫人がそれぞれ招かれ、山の基地と島の役場のお歴々《れきれき》が一堂に会する盛大な宴となった。

結婚したあとも佐登子さんからまだ「久末くん」と呼ばれているヘビメタとプロレスが好きな二十三歳の自衛隊員は、すでに一児の父である。夜勤と日勤を繰り返すシフト勤務なため週に二回は帰宅して床につくのが昼間ということになる。そんなときでも佐登子さんが買物に出かけて留守の場合は、赤ちゃんがむずかりだすと久末士長が目を覚まして自分からミルクをつくり哺乳《ほにゅう》びんに詰めて飲ませたりおしめを器用に替えたりしている。

家庭に腰を落ち着けたいまは父と同じく定年まで自衛隊にいようと考えている久末士長だが、あと三、四年たったら関東近辺の大きな基地に転勤したいと言う。遊べる場所が多いし、何より好きな前田日明《あきら》の試合を見に行くことができるからである。

だが奥尻のレーダーサイトに勤務する二十代の若い隊員で久末士長のように自分の将来を自衛隊に託せる人はそう多くはない。転勤の目途《めど》がなかなか立たない離島勤務の厳しさと裏方に徹した地味な仕事にこの先どうしようかと揺れ動いている隊員は結構いるのである。山の基地には決して持っていかないけれど、隊員たちは下宿などで就職情報誌を回し読みしている。ただそうした雑誌を読めば読むほど、民間で働く同年代の若者より自分たちがはるかに多くの給料をもらっていることや、「娑婆《しやば》」に出てもそう魅力のありそうな仕事はなかなか見当らないことをあらためて思い知らされ、自衛隊にずるずると留《とど》まることになる。年々給料が確実にアップして、首を切られる心配のない自衛隊の中から見れば、辞めたあとの将来はあまりにも漠然としたものに映るのである。

中田士長は久末士長より二歳年下だが、士長に昇進したのはほぼ同じ時期だった。高校を出て一般隊員として入隊した久末士長と違って、中田士長は曹《そう》候補士という下士官を養成するための試験をへて入隊している。このコースに乗った隊員は、ふつうの隊員なら最短コースでも五年はかかる下士官への昇進を三年で果たしてしまう。しかも一般隊員のように試験を受けることもなく自動的に三曹への切符を手にするのである。ただし彼らには入隊三年目や五年目に支払われる一時金はない。一般隊員は下士官になるまでは自衛隊の言わば「契約社員」だから任期を重ねるごとに退職手当をものにできるのだが、曹候補士は入隊した時点で「正社員」としての扱いを受けるのである。それだけ自衛隊に骨を埋めるつもりで入隊してきた隊員が多いはずだが、中田士長は違っていた。

佐賀の商業高校に通っていた中田士長は、はじめホテルで働くか背広を着てオフィスでデスクワークにつくようなふつうのサラリーマンになろうと考えていた。ところがそろそろ就職活動をはじめようかと思っていた矢先にどこから聞きつけてきたのか、新隊員の募集を担当している地方連絡部のおじさんが自宅にやってきて、まるで保険の勧誘でもするように将来、安定、確実といった言葉を連発しながらいろいろなパンフレットをとりだしては自衛隊への入隊を勧めたのである。地連の勧誘員がどんどん勝手に話を先に進めていくうちに、彼自身いまさら会社まわりをするのが何か面倒臭くなって、大した考えもなしに御膳立《おぜんだ》てされた通りのコースに乗ってしまった。

ただ将来の見取り図など何ひとつ描かないまま入隊した中田士長にも一応の希望はあった。自衛隊はたいてい体が資本の仕事だが、彼の場合は民間でやりたかったデスクワークの仕事につきたいと考えていた。自衛隊員としてどんな仕事をするのか、その職種の振り分けは四カ月に及ぶ新隊員教育が終わる頃に行なわれる。第一希望から第四まで本人の希望を出せる形にはなっているが、人数の枠もあってすんなり希望が通るわけではない。ふつうの会社と同じくやってみたいと思うような職種には志望者が殺到するのである。航空自衛隊の新隊員の間で人気が高い職種は、やはりF15やファントムといった戦闘機に直接触れることのできる整備員である。中でもエプロンや格納庫で戦闘機をチェックしたり燃料を補給したりする列線整備員は憧《あこが》れの的である。パイロットと違ってこの列線整備員には受け持ちの戦闘機が割り当てられる。競馬の騎手はレースごとに乗る馬が替わるのに、馬の世話をする厩務員《きゅうむ》は決まった馬を責任もってまかされるのと同じである。むろん一機の戦闘機を一人の整備員だけでみるわけではなく、機付長の下に二名の機付員がついてこの三人一組のチームが、担当した戦闘機の整備や保守についていっさいの責任を持たされることになる。機付員たちは自分の子供と接しているよりはるかに多くの時間を担当の戦闘機と過ごすようになる。当然愛着も湧《わ》く。しかも相手は、百億は下らない、現代科学の粋《すい》を結集させたマシンである。彼らのボルト一本、ネジ一つの操作に機とパイロットの命がかかっている。厩務員が馬の全身を光沢を放つまでにブラッシングするように、彼らは滑走路が凍りつくような真冬でも機体を磨き上げ入念なチェックを怠らないのである。

これに対して同じ整備でもレーダーや通信機器の整備は自分から希望する隊員がまずいない。飛行機整備の次に希望者の多いのが車両整備である。たしかに自動車やトラックの整備ならいずれ「娑婆」に出たときに身を立てる技術にもなるだろうが、レーダーや通信の整備ではほとんど活用する場がない。その人気のない職種に中田士長は回されてしまった。

どの職種に誰をつけるかは、新隊員教育での適性検査や学力検査の結果によって判定され振り分けられていく。隊員の話によれば、自衛隊では隊員をその学力の程度によって七段階に分けているという。そして学力のレベルに応じて仕事の内容を決めている。つまりこの職種につくためにはいくつ以上の学力が必要だという一定の目安を設けているのだ。高度の技術や知識が必要な仕事にはより学力レベルの高い隊員を振り向けるという仕組みである。たとえば学力レベルが七といちばん高い隊員のつく仕事はイチマル職種と呼ばれ、航空自衛隊と民間が共同で使用している千歳、小松などの空港での航空管制の仕事がこれにあたっている。レベル六の隊員はニイマル職種でレーダーサイトなどのオペレーション関連の仕事、そして中田士長が配属された通信やレーダー、ミサイルの整備といった仕事はその次のレベル五の隊員がつくサンマル職種とされている。デスクワークはレベルが低い隊員でも代わりがきくが、サンマル職種の仕事にはレベル五以上の学力を持つ隊員しかつけられない。どうしても人数が限られてくるから、ある一定のレベルに達している隊員については本人の希望とは関係なくそうした職種に振り向けざるを得ないのだ。中田士長の場合も学力検査で平均より高い得点をとったためにかえって自分の意に添わない仕事に回されてしまった。サンマル職種以上の高度な仕事が多いレーダーサイトに配置されるということはそれだけ選ばれた人材ということになる。しかし隊員からすれば、いくら上官からおまえは選ばれた人間なんだとおだてられてもちっともありがたみを感じない。逆に、選ばれたのに条件の悪い部署に回されるのでは割りに合わないという不満がつのるのである。

中田士長は、自衛隊での自分の仕事がこれまで興味を覚えたことさえなかった通信の整備に決まったことを聞かされて「目の前が真っ暗」になるほどショックだったという。同期の中には、学力検査の英語で高得点をとると航空管制やレーダーといった二十四時間態勢の勤務の不規則な仕事につかされると仲間に教えられて、英語の試験ではわざと間違った答えを書いたという要領のいい隊員もいたし、もし希望が聞き入れられないときは自衛隊を辞めると教育隊の教官にねじこんだ隊員もいた。民間の企業ならそんな我儘《わがまま》は許されないのだろうが、人手不足に悩む自衛隊では新隊員に「辞める」と言われることがいちばん応《こた》えるのである。ことに現場の教官にとってはへたに辞められでもしたら教育担当者としての自分の資質を疑われることになりかねない。「嫌なら勝手にしろ」とはなかなか言えない立場にあるのだ。結局彼の同期で「希望の職種に行けなければ辞める」とだだをこねた隊員たちはなぜか本人の願い通りの仕事につけるようになった。

そんなことなら自分も我儘を言えばよかったとあとになって多少悔いは残ったが、ごねた方が得だとはじめからわかっていても、中田士長自身、自分にはとてもできない芸当のような気がした。自分が得した分、誰かが損をする羽目になる。そこまでして自分の勝手を通したいとは思わなかった。だが、のちになって、自衛隊では、嫌なら嫌、と自分の意思をはっきり示して、多少図々《ずうずう》しく構えていた方が利口だという処世術を身をもって学ぶようになった。「戦後民主主義」が徹底しているのか、ここではよほどの命令でもなければ、NOと言った隊員に何かを強制することはまずないけれど、その分、黙っている者に皺寄《しわよ》せがきて、泣きをみるというケースが結構あるのだという。

　中田士長は通信の専門教育を熊谷《くまがや》の術科学校で約半年にわたって受けたあと、同期の十人とともに奥尻基地に配属になった。だがこの十人のうち三人までが一年もたたないうちに辞めていった。自分の希望に合わない仕事に回されたあげくの離島勤務である。なぜ俺だけが貧乏クジを二回も引かなくちゃならないんだという思いがつきまとって離れない。その上、仕事でしくじって上司に怒られたり何かおもしろくないことがあったりしても奥尻では鬱憤《うっぷん》をなかなか晴らせない。不満やストレスは積もり積もっていくばかりなのである。

中田士長からすれば地連のおじさんにうまく言いくるめられるようにして入ってしまった自衛隊だが、それでも学校で教育を受けている間は自衛隊を辞めようと思ったことは一度もなかった。奥尻に来てからも与えられた仕事に何とか精を出そうと努力してきたつもりである。だが駄目なのである。やる気がどうしても起きないのだ。奥尻のレーダーサイトは、日本海上空で領空に近づいてくる国籍不明機がないかどうか、昼夜の別なく北の空に半径数百キロの弧を広げて監視の目を光らせている最前線部隊である。しかし薄暗いドームの中でレーダースコープに映しだされた飛行機の行方をじっと追っている監視員ならまだしも、通信機械の整備にあたる中田士長が、自分がいまロシアにもっとも近い辺境の基地で空の守りについていることを実感する瞬間はまずない。一日の勤務が終わり山から下宿に戻ると、仕事と同様に何の刺激もない単調な繰り返しが待っているだけである。夕食をすませて音楽を聞いたりファミコンをしながら夜遅くまでなんとなく時間をつぶしている。そして次の日の昼過ぎにベッドから這《は》い出して夜勤につくため再び山へ上がっていく。そんな不規則なシフト勤務を繰り返している間に疲れが体の底にたまっていく。どっと疲れが一遍に出るというのではない。じわじわと少しずつ体が重たくなって、昼日中でも頭が膜でもかかったようにぼうっとなっている感じが嫌だった。若いから肉体的に辛《つら》いということはないが、気持ちの部分でこたえるのである。こんな生活がこの先もずっとつづくのだろうかという思いがふと脳裏をかすめるようになっていく。

奥尻には夏休みがはじまると札幌や函館《はこだて》から若い女の子たちが大勢海水浴にやってくる。山の独身隊員にとっては一年のうちで唯一《ゆいいつ》ナンパのチャンスが生まれる時期である。中田士長も同期の仲間を誘って浜辺で甲羅干《こうらぼ》しをしている女の子たちに声をかけた。きっかけをうまくつかめて、彼女たちが島にいる間、ドライブに行ったり西海岸のホテルでゲームをしたり久し振りで思いっきり羽根を伸ばせることもあった。女の子と一緒にいれば、当然話の流れで「何やってるの？」と職業を聞かれるときがくる。だが、中田士長はいつも答えに詰まっていた。自衛官という言葉は出かかっているのだけれど、どうしても口にできない。人目を忍ぶレーダー基地の隊員だから軽々しく身分を明かしてはいけないとかそんな理由ではない。要するに自分が自衛隊員であることに何か引け目を感じてしまうのだ。ふだん山の基地で機械をいじっているときはほとんど気にならないことなのだが、いざ女の子を目の前にして自分の仕事を明かそうとすると、素直に言葉が出てこないのである。中田士長は、とりあえずフリーターや学生と言ってその場を取り繕う。しかし自分を偽っていることがしだいに心苦しく感じられてきて、結局は本当のことを打ち明けてしまう。

彼が自衛隊員だと知って、女の子たちは十人のうち九人までが「えーっ」と声を妙に尻上《しりあ》がりに伸ばして、目の前の中田士長を不思議なものでも見るような目で見た。それは、彼女たちが自衛隊についてどのようなイメージを抱いているか十分にうかがわせる表情だった。おそらく女の子たちには、自衛隊と言えばろくに読み書きもできないような落ちこぼれや民間に就職できないあぶれ者が入るところという程度の認識しかないのだろう。それが偏見にすぎないことを彼は声を大にして叫びたかった。それこそ東大を受かりそうな頭脳の持ち主や民間企業でどんどんのしていける能力を持っている人が下士官や兵隊にも大勢いる。しかし世間は、自衛隊の隊員のことを、その個人個人に目を向けることもなく、ただ自衛隊というだけでどこか低く見ているようなところがある。中田士長自身、自衛隊に入るまではそのようなイメージしか抱いていなかった。だが、親しくなった女の子たちに面と向かって「えーっ」という反応を示されたことで、彼はあらためて自衛隊員に対する世間の偏見の根強さを思い知らされたような気がした。奥尻での仕事や生活に鬱屈《うっくつ》した思いがつのっていた彼には、彼女たちの反応がボディブローのようにあとになっても心の内奥《ないおう》で尾を引いているように思えた。

それでも九二年の十二月に彼と会ったときは、基地でいちばん長く伸ばしていたという髪も短く刈り上げて、ともかくこれからは貯金に楽しみを見いだすことにしたんですとさばさばした口調で語っていた。目標はフェアレディZ、まだ五十万しかたまっていないけれど、あと五年もして、晴れて奥尻から他の基地に転勤するときはたぶん五百万は固いと皮算用をしていたほどだった。

それから半年が過ぎて再び奥尻を訪れたとき、貯金がどのくらいたまったのか、たしかめようと中田士長の下宿をたずねてみた。ところが彼はすでに部屋を引き払っていた。わずか二年で自衛隊を辞めたのである。

自衛隊は警察や消防と違い高校中退者や中卒者にも広く門戸をひらいている。自衛隊員の学歴構成を見てみると、全体の七割は高卒だが、中卒者も隊員の六分の一を占め、この数字は一般大学を出て自衛隊に入った大卒者の四倍にあたっている。概《おおむ》ね中流家庭に育ち大学生活というモラトリアムの時間を共有してきた若者が集まる大企業に比べて、ここには過ごしてきた少年時代も家庭環境もさまざまな若者が集まっていることになる。自衛隊が社会の縮図と言われるゆえんはこんなところにもある。

自衛隊への入隊資格は十八歳以上の日本国籍を有する者となっているが、厳密には入隊する月の一日までに十八以上になっていることが条件である。つまり誕生日の日付が二日以降の者は、十八になってもその月のうちには入隊が認められず、翌月まわしにされるわけである。

　九一年八月二十四日が十八回目の誕生日にあたっていたTの場合は、入隊資格が生じるのを待ちわびていたかのように月が変わったと同時に自衛官になっている。じっさい彼は一日も早くそれまでの仕事から足を洗って自衛隊に入りたいと考えていた。Tは大工の見習いだった。ふつうのアルバイトに比べると実入りははるかによかったが、建築現場での力仕事だから肉体的に結構きつい。しかも古い徒弟制度がいまなお生きている。上下関係にはことの他やかましく、仕事ができない分、何かにつけて親方にはお小言を頂戴《ちょうだい》し先輩たちからはつらくあたられる。サラリーマンの家庭に育ち半年前までは札幌市内の公立高校に通っていたTにとっては仕事の面でも人間関係の面でも耐えられない世界だった。彼は十八歳の誕生日を建築現場の足場の上で過ごしたが、あのまま高校生をつづけていれば、長い人生の中でも十八という特別な響きを持つその記念すべきバースデイはまちがいなくアメリカのホームステイ先の家庭で祝ってもらえたはずだった。そしてその一週間後には彼が待ちこがれていた新しいハイスクール生活がはじまることになっていた。

　Tが本格的に英語の勉強をスタートさせたのは高校に入ってすぐ、手はじめは自分の意思で英会話学校に通いだしたのである。彼には幼い頃から抱いていた夢があった。いずれアメリカの航空関係の大学に留学してライセンスをとりジェットパイロットになることである。その遠大な計画を彼は綿密に練りあげたスケジュールに基づいて着々と実行に移していった。高校一年のときには夏休みを利用して一カ月間、アメリカとカナダでホームステイして本場の英語を耳になじませ自分の発音をブラッシュアップした。帰国すると再び英会話学校に通う一方でラジオの英語講座を聞きながらヒヤリングやディクテーションの勉強をつづけた。そして高校二年の秋にAFSの交換留学生試験に挑戦して見事合格した。夢に向かっての第一関門はとりあえずクリアした。あとはアメリカでの努力しだいでパイロットへの道がひらけてくる。

だが、切符を手にしたも同然だったそのアメリカ行きの話が実現まであと少しというときになって吹き飛んでしまう。高校二年から三年に進学する直前、彼は学校の友人とトラブルを起こしたのである。Tの通っていた学校は生徒の髪の毛の長さにも細かい注文をつけるなどまだひとり歩きのおぼつかない生徒たちを厳しい校則で導いていこうという教育方針をとっているようだった。そんな中で、髪をいつも少し長目に伸ばし、高校入学と同時に早々と自分の目標を学校の外に見つけて、その達成に向けひとり歩きをはじめていたTの存在は、何事につけ校則を振りかざすような杓子定規《しゃくしじょうぎ》な教師からは煙たがられることはあっても快く思われることはなかった。学校側はTに対してもっとも効果的な懲罰を用意した。ＡＦＳの留学試験にたとえパスしても在学している学校長の許可がおりないと最終的にアメリカへは渡れない。学校側はそのあたりを心得ていて、こういう問題のある生徒をアメリカの高校にやるわけにはいかないとTの留学を認めないことにしたのだ。

留学の夢を非情にも彼の目の前で打ち砕いてみせたのはたしかに学校当局だが、その種を蒔《ま》いたのは友人とトラブルを引き起こしたT自身である。責めるべきは己だということは十分すぎるくらいわかっているのだが、しかし高校一年のときからこつこつと勉強を重ね、会話学校に通ったり短期のホームステイまでしてやっと手にした切符があっさり反故《ほご》にされるのを黙って指をくわえてながめていることはできなかった。十八にもならない彼にこの先いくらだってチャンスはあるといった分別を説いたところで大して説得力はなかっただろう。まだ先があると思えるようになるのは、じっさい先がなくなりはじめてからなのである。ここで留学できるかどうかで、パイロットになれるかどうかが決まる。彼はそこまで切羽詰まった気持ちになっていた。そしてその留学が御破算になったのだ。それは、彼自身の中で、幼い頃からの夢だったパイロットになる望みが断たれたことを意味していた。

Tは「もうどうにでもなれ」というやけくそな気分にかられていった。彼は教師に向かって「こんな学校やめてやる」と宣言する。ところが生活指導の教師たちは止めるどころか、「おまえみたいな奴《やつ》はやめてもらった方がありがたい」とか「もう二度と学校に来るな」とさんざんな台詞《せりふ》を吐くのである。どうやら教師たちはTの宣言を単にブラフをかましているだけとタカをくっていたらしかった。彼が本気であることを知ると一転して引き止めにかかった。担任の教師が自宅まで足を運び、両親と一緒に何度も思い直すように説得を試みた。だがTは耳を貸そうとしなかった。「やめると言ったらやめます」と強情を張るTにしまいには父親も「勝手にしろ」と怒りだした。家を出て行けとまでは言われなかったが、ひとり息子の将来についてはすっかりあきらめたらしく、家にいても父子の会話はほとんど聞かれなかった。

周囲にあてつけるようにして高校を二年で中退したあと何をやっていくか、彼には何の考えもなかった。ただ親のすねをかじることだけはしたくなかったので自分で大工の見習いの仕事をみつけて、学校を辞めたと同時に働きに出た。見るからに肉体労働とは無縁そうな、痩《や》せぎすの彼が作業着姿で現場に出かけるのを母親は毎日不安げに見送った。むろんTにしても修業を積んで大工になろうと思っていたわけではない。でも日当のよい仕事と言えば力仕事しかなかったし、この先親の手を煩《わずら》わせることとなく何をやるにしても元手になる金だけは必要だろうと思っていたのだ。それに、ある程度金をためたところで通信教育を受けて高卒の資格をとっておきたかった。高校を中退したことに悔いはなかったが、どんな職業につくにせよ高卒の資格もまた欠かせないことを彼は仕事探しをしている段階で学びとっていた。

そんなとき父の知り合いの自衛官から入隊を勧められる。自衛隊に入れば定時制にも通えるし通信教育も受けられるというのだ。何よりTの心を引きつけたのは、通称「航学」と呼ばれる自衛隊のパイロットを養成するための制度だった。毎年秋に行なわれる航学の試験は高卒か卒業見込が受験の条件だから、夜学に通ったり通信教育を受けながらでも卒業を控えた前の年になれば受験の資格が生じることになる。そしてこの試験にパスするとわずか六年でパイロットの道がひらけてくる。もちろん航学それ自体の試験は競争率が毎年三十倍を越す難関だし、航空学生として二年間の教育を受けたあともさまざまな試験にパスしなければならない。航学はいちおう自衛隊パイロットの候補生だが、全員がゴールにたどりつけるわけではないのだ。航空学生からF15などの戦闘機や輸送機、ヘリコプターといった自衛隊のパイロットに最終的になれるのは全体の半数、残り半分はコース途中でパイロットの夢を断念せざるをえないのである。

それでもTにしてみれば、アメリカ留学の夢が破れ高校まで中退した自分にも、依然としてパイロットになる可能性が残されている、少なくとも完全に道が閉ざされてしまったわけではないことを知って、再び将来につながるものを見いだせたような気がした。十八歳の誕生日の一週間後に自衛隊に入隊した彼は、三カ月間の新隊員教育を終えると、ただちに奥尻基地に送られた。ふつうは新隊員教育期間の成績や適性検査で職種が決まり、その後三カ月あまり職種別の術科学校で専門知識を叩《たた》きこまれてからはじめて任地に赴任するのだが、彼の場合は術科学校に空席がなかったため空きができるまで第一線の部隊で見習い生活を送ることになった。大工のときと同じく下働きに変わりはないが、ただ彼の気の持ちようが違っていた。

それまでパイロットのことしか頭になかったTの目に、はじめて足を踏み入れたレーダーサイトのオペレーションルームは、自分がSFの世界に紛れこんでしまったかのように、いままでいた世界とはまるで違ったものに映った。それは実に新鮮な驚きだった。こんなところで仕事をしてみたいという気を抱かせるほど彼の心を強く揺さぶるものがあった。

たしかにここは現実感の薄らいでゆく非日常の空間である。つくりそのものは小さな映画館と大して変わらない。客席のかわりに監視員のすわるコンソールが階段状につくられ、中央の大きなスクリーンと向き合っている。スクリーンと言ってもプラスチックでできた透明のボードで、北海道から日本海、さらに極東ロシアを視野に収めた地図が描かれている。これらの舞台装置に薄暗いライティングをほどこすと、SF映画のワンシーンのような独特の雰囲気がかもしだされる。そして何よりこの舞台の上で昼夜を分かたずつづけられている、人々の日常生活からかけ離れた作業の内容である。

スタンドの薄明かりが点《とも》ったコンソールでは、ヘッドセットを耳にあてた監視員が手もとのレーダースコープに見入りながら緑色の輝点《ブリップ》であらわされるさまざまな航空機の行方を追っている。コンソールのスイッチを動かすと画面が切り替わり、スコープには画面の一部分を拡大した画像や航空機のたどってきた航跡が一目でわかる静止画像が映しだされる。日本上空を飛ぶさまざまな航空機のフライトプランが入力されているコンピュータによってすでに識別がされた航空機のブリップにはそれぞれJLやNWといったエアラインの社名とフライトナンバー、さらに高度、方位、スピードのデータが表示されるが、まだ識別がされていない航空機のブリップの横には不明のUnknownをあらわすUNのサインがついている。監視員はスコープ内の航空機の動きをデルタとかエンジェルといった独特の符牒《ふちょう》をつけて呼びあらわしながら正面のスクリーンの裏にいる表示係に伝えていく。薄暗いオペレーションルームの中を暗号文のような符牒や数字が引っきりなしに飛び交っているところはまるで何かの取引所のようである。表示係は監視員から報告があるたびにボード上にそれまで書きこんであった数字やアルファベットを布で消しては、刻々と変化していく航空機の位置をフェルトペンで新たに書き入れていく。表示係は透明なボードの裏側で作業をしているから数字や文字はすべて逆向きに書かなければならない。だが正面からアルファベットや数字をふつうに書いているのと見分けがつかないように、彼は素早く、しかもきれいな文字で航空機のフライトナンバーなどを次々と書きこんでいく。

識別不明機はほとんどの場合、根室海峡から宗谷《そうや》海峡、さらに日本海上空へと北海道を取り囲むようにはりめぐらされた防空識別圏のはるか手前でUNのサインがとれてしまう。識別圏がすぐ目前に迫ってきている段階でもなおレーダーのブリップからUNのサインがとれないときは、スクランブル、緊急発進がかかり、千歳や三沢で二十四時間待機している戦闘機が不明機を追尾して正体を確認するために現場上空に急行するのである。

以前ならレーダーに映った不明機を真っ先に発見するのも、スクランブルで飛び立った戦闘機のパイロットに目標のありかを教え、最短距離のコースを考えて現場まで誘導するのもレーダーサイトのコントローラー要撃管制官の役割だった。しかしレーダー網が整備されて上級司令部の三沢でも奥尻など各サイトのレーダー画像をモニターできるようになり、戦闘機それ自体が空飛ぶコンピュータさながらにハイテク化した現在では、コントローラーたちの腕のみせ場はぐっと少なくなってしまった。それでもここが最前線であることに変わりはない。不明機の第一発見者はサイトの当直員であるケースが依然として多いし、戦闘機のパイロットが目標についてのさまざまなデータを問い合わせるために呼び出す相手もたいていサイトのコントローラーなのである。そのコントローラーが座るコンソールのデスクには、ペーパーをはさみこんだ一枚のシートが立てかけてある。頻繁にとりだすためか、透明であったはずのシートの表面は手垢《てあか》でいく分薄汚れている。しかしペーパーの文面が読み取れないほどではない。そこには、領空を侵犯した軍用機のパイロットに向かって、すみやかに退去するよう通告するには何と呼びかければよいのか、ロシア語の文案がカタカナで書かれてある。

そしてオペレーションルームと隣りあった待機室のボードにはＭＩＧ―31フォックスハウンド、ＴＵ―16バジャーといったロシア軍機の特徴を書きこんだイラストが描かれ、その横にはここ二、三年の間に奥尻のサイトが発見した領空侵犯や領空に異常接近してきたロシア軍機五十八機のイラストが狩りの戦果のように書き添えてある。

　奥尻基地のオペレーションルームにはじめて足を踏み入れて、こんなところで仕事がしてみたいとTが心惹《ひ》かれたのは、ある種、自分がSF映画の登場人物になったような「カッコよさ」が感じられたせいでもあった。だがここが、映画のセットでもなければ日常から遊離したSFの世界でもなく、現実に強大な軍事力が対峙《たいじ》した最前線であることを肌で感じとるときがやがてやってきた。

　奥尻に赴任してまだひと月とたっていない九二年一月のその日、彼はオペレーションルームの中で当直士官や先輩隊員の使い走りをしていた。スコープをのぞいていた監視員が大声で何か叫んだとたん、当直士官や他の隊員がいっせいにスコープのまわりにかけより、待機室からも幹部たちがドアの内側に張った暗幕を押しのけて慌《あわただ》しく部屋の中に入ってきた。電話があちこちで鳴り出し、上級司令部とのやりとりに追われる隊員の声も熱っぽさを増して、薄暗いオペレーションルームは一気にぴんと張りつめた空気につつまれた。スクランブルがかかったのである。Tが何をすればよいのかわからずにうろうろしていると、すかさず「邪魔だからどいていろ」と怒鳴り声が飛んできた。Tはオペレーションルームの片隅に逃れて、ヘッドセットを耳に当てたコントローラーが上空にいる戦闘機のパイロットと交信している様子を息をひそめて見守っていた。英語とは言え、ノージョイ、タリホーなどと専門用語が飛び交うやりとりは見習いのTには見当もつかなかった。しかし、ノイズの隙間《すきま》を縫うようにしてモニターから流れてくるパイロットの激しい息遣いを含んだ声、そしてコントローラーのこわばった表情に、Tは自分がいま北の守りの最前線に立っていることを痺《しび》れるような強い実感とともに感じとっていた。

この瞬間、札幌でも函館でも、人々ははるか日本海の上空で何が起こっているか知るよしもないまま、家族と食卓を囲んだり車を運転したり友だちと楽しく語りあっているのだろう。だが、まぎれもなくいま、一機の国籍不明機が日本の領空に迫っていて、その行方を、眼を凝らし耳を澄まして、じっと追いつづけている人たちがここにいる。これは映画ではない、ほんとうにいま起きている現実の出来事なのだとTは自分に言い聞かせていた。

資格の上では中卒扱いで自衛隊に入ったTは、レーダーサイトの監視員を養成する小牧の第五術科学校で三カ月に及ぶ技術教育を施されて再び奥尻に戻ると、今度は勤務の傍ら高校の通信教育を受けはじめた。自衛隊のパイロットの登竜門《とうりゅうもん》である航空学生の試験を受験するためには高校卒業見込の状態になっていることが最低限必要である。高校二年を終えた時点で学校を中退した彼の場合、ほんらいなら三年生になってからの授業を一年間受けなければ卒業できないわけだが、通信教育は全日制と違って履修単位が少なくてすむ。英語と数学についてはすでに高校二年間の分で通信教育での履修単位を満たしていたから、あとは国語や社会などの教科を受講すればよかった。ただ通信教育と言っても、月ごとの課題をレポートにまとめるだけでなく、週に一度は最寄《もよ》りの学校に出向いてスクーリングと呼ばれる授業を四、五時間受けなければならない。Tの職場は二十四時間態勢でレーダーを監視しているオペレーションルームである。そんな中で授業に出るとなれば、当然、不規則なシフト勤務の合間を縫うということになる。

奥尻のオペレーションルームでは二十八人の隊員が四つのグループに分かれて、それぞれ夜勤、スタンバイ、日勤の勤務を繰り返している。たとえば午後三時五十分から翌朝の七時五十分まで一睡もとらずに十六時間の夜勤につくと、勤務が明けたその日は、家族持ちや二曹《そう》以上の隊員なら山を下りて自宅で待機という形になるが、Tのような独身の兵士は夜勤が明けてもそのまま営内班と呼ばれる基地内の隊舎で待機に入り、次の日の朝七時五十分から再びオペレーションルームでレーダーの監視にあたる。この日勤を終えると、次の夜勤に入る翌日の午後まではほぼ一日山を下りることができる。そして夜勤、スタンバイ、日勤の勤務を二回繰り返したあとに二日つづきの休みがやってくる。ただし六日働いて二日休むというローテーションの繰り返しだから、休みは週ごとに一日ずつずれていく。土日に休みがとれるのはほぼひと月半おきである。Tが奥尻高校でスクーリングの講義を受けるのは毎週土曜の午後だったが、シフト勤務をこなしていると、仕事がもっとも体にこたえる夜勤や夜勤明けの日にこの土曜があたってしまうときが必ずやってくる。しかも夜勤を明けてからろくに睡眠もとらずに学校に行った翌週は、今度は学校から帰ったその足で十六時間の夜勤に入るのである。

昼と夜がしょっちゅう入れ替わる変則的な生活を繰り返しながら薄暗いレーダードームにこもってスコープを見つづける仕事を重ねていると、いくら体が馴《な》れるとは言ってもやはり不調を訴える隊員がでてくる。Tの周囲でも何の理由もなしに突然体の節々が痛くなったとか、偏頭痛に悩んでいる隊員を見かける。彼自身、休日は疲れをためないようにできるだけ下宿で体を休めることにしている。だが、たまの休みと思うと、つい夜ふかしをしてしまう。日勤と夜勤の合間に山を下りたときタイマー録画をセットしておいた一週間分のテレビドラマをまとめて見るのも休みの日である。流《は》行《や》りのトレンディドラマを六時間ぶっ通しで見つづけることはしばしばだし、ドラマのお次は借りてきた映画のビデオというように、気がついたら食事のとき以外まる一日下宿から一歩も外に出ないでテレビと向きあっていたということも決して珍しくない。

　仕事では穴ぐらのような薄暗いオペレーションルームにこもり、休みの日もまた下宿にこもるという暮らしをつづけながらしかしTは、奥尻での仕事や生活に行き詰まった思いを抱いて結局二年で自衛隊を辞めてしまった中田士長と違って、いまの毎日が結構気に入っていると言う。そんな彼にしても自衛隊を辞めたいと思ったことがなかったわけではない。兄弟が姉一人で幼い頃から自分ひとりの部屋をあてがわれていた彼にとって、入隊してすぐの新隊員教育でいきなり投げこまれた集団生活は未知の世界だった。はじめのうちこそ同じ部屋の仲間たちと消灯が過ぎても騒いでいるところを教育係の助教に叱《しか》られたりまるで修学旅行の延長のような毎日だったのが、訓練が厳しくなってくると、寝ている間まで誰かと顔を突き合わせていなければならないのが煩《わずら》わしくなり、ここから抜け出して一人でゆっくり休みたいと自衛隊に入ったことをしだいに後悔するようになった。

　故郷の札幌から遠く離れた熊谷基地で馴れない寮生活を過ごすTのもとに高校時代のクラスメートから電話がかかってきたり手紙が送られてきたのは、ちょうど彼の心が微妙に揺れだしたそんなときである。Tは自衛隊に行くことをごく親しい友人の一人に打ち明けただけでほとんどの仲間には黙って札幌を離れていた。いつのまにか自分たちのまわりからTがいなくなっていることに気づいた友人たちは彼の実家に問い合わせたりしてはじめて彼の消息を知り驚いて連絡してきたのである。受話器越しに頑張れよと力づける彼らに、Tは弱気になりかけている自分の本心を決してのぞかせはしなかった。辞めたいというほんとうの気持ちを口にしなかったのは、友だちに本音を洩《も》らせばいずれ両親の耳に入ることを恐れたからだった。高校を中退したことで迷惑をかけてしまった両親をこれ以上心配させたくはなかった。それに意地もある。高校を中退したことだけでもある種の負い目があるのに、大工の見習いを途中で投げだした上、いまさら自衛隊まで辞めたとあっては、何ごとにも中途半端《ちゅうとはんぱ》な人生の落伍者《らくごしゃ》としての烙印《らくいん》を捺《お》され、人間としてどんどん駄目になっていくような気がしてならなかった。Tはもう物事から逃げたくはなかった。その思いが、楽な方に傾きがちな自分の弱気に鞭《むち》を打ち、ここでとことん踏ん張ってみようという彼の決意を支えたのである。

就職のための会社まわりをするのが面倒臭くなって地連のおじさんが御膳立《おぜんだ》てしてくれたそのままに入隊した中田士長にとって、自衛隊がともかくも「最初の選択」だったとすれば、Tにとって自衛隊は、もうあとはないと自ら思い定めた「究極の選択」だったと言えるのかもしれない。その行きついた先で彼は幸い航空学生の試験に挑戦するという将来の目標を得ることができた。もっともパイロットになる夢が断たれたとしてもいまのTに自衛隊を辞めるつもりは毛頭ない。彼には国籍不明機の行方を監視するオペレーターとしての仕事がある。そして何よりパイロットに憧《あこが》れる思いとはまた別に、人々が日々の生活を織りなしているその陰で人知れず黙々とスコープを見つづけているこの仕事が彼は「好き」なのである。高校時代、問題児として教師から煙たがられる存在だったTはいま自衛隊に自分の居場所を見つけることができた。

むしろ自衛隊で問題児扱いされていたのは、Tのように一兵卒としてではなく、曹候補士として入隊して、はじめから自衛隊を支える下士官になることを期待されていた中田士長の方である。

中田士長のことを最初に見かけたのは独身隊員が空き時間を過ごしたりスタンバイなどの勤務のさいに寝泊りする基地内の隊舎だった。奥尻基地の隊員宿舎は基地司令の執務室や通信関係の施設が一階に入っている建物の二階以上を占めている。隊舎の各部屋は四人から六人部屋で、掃除が行き届いて塵《ちり》ひとつ落ちていない室内にはベッドに個人用ロッカー、さらにテレビやソファが備えつけてある。どの部屋も病院の大部屋のようにベッドを両側に川の字にならべただけでカーテンによる間仕切りもなく、見た限りでは一人でゆっくりくつろげる時間はまず持てそうにない。

むろん若手隊員の気を引くことに懸命な自衛隊はそうした隊員のプライバシー対策にも涙ぐましいほどの努力を払っている。隊員の個室までつくる余裕はないけれど、せめて他人と四六時中顔をつきあわせなくてもすむプライベートな空間で隊舎暮らしが送れるように、ひと部屋だけ室内を衝立《ついたて》で四つのブロックに仕切ったモデルルームを実験的につくったのである。一人あたりのスペースは三畳ほどと狭いながらも、仕切られた内側には消灯時間が過ぎた深夜でも勉強をしたり読書ができるようにスタンドをつけたデスクをおき、簡単なロッカーとベッドがコンパクトに収めてある。モデル営内班と呼ばれるこの部屋は一室だけだから、年に一度の部屋割りのときはここを希望する隊員が殺到して競争率も高くなりそうなものだが、これが意外なことに隊員の間では評判が悪い。部屋の広さを変えずに衝立で仕切ったため仲間同士でソファにくつろぎながらテレビを見るスペースがなくなったと不満を漏らす隊員がいれば、まるで独房に押しこめられているみたいだとプライベートスペースの狭さを指摘する声もあった。部屋の真ん中に衝立をおいたため室内全体が暗くなったことを使いにくさの理由に上げる隊員もいる。

自衛隊と言うと規律の厳しいタコ部屋生活を連想させたひと昔前と違って、下宿住まいや外泊の制限が大幅に緩められた現在では、隊員たちは隊舎でなくても外で十分プライベートな時間を過ごせるようになった。そしてレーダーサイトならではの特殊事情がある。他の部隊と違ってここでは隊員のほとんどが不規則なシフト勤務についているため、同じ部屋の住人でも互いに勤務時間はバラバラである。ベッドが隣り同士なのにこちらがスタンバイのときは相手は夜勤明けで下宿に戻っているというように二、三日顔をあわさないことも珍しくはないし、広い部屋に泊っているのが一人だけということも月に何度かある。だからわざわざ妙な小細工をして部屋を狭苦しくする必要はないというわけだ。隊員のためを思ってという姿勢は買うにしても、かんじんの隊員の意見をろくに聞いていないため、プライバシーが欲しいのなら衝立で部屋を仕切ればよいという場当り的な発想につながってしまう。当然使い勝手など眼中にない。せっかくのリニューアルも隊員の側からすれば使いにくくなっただけと皮肉な結果を生むのである。

考えてみれば、軍隊は上意下達の典型のような組織である。もともと下の意見が吸い上げられるシステムにはなっていない。しかしそうでありながら自衛隊は若い隊員に気を遣わないわけにはいかない。顔は若い隊員の方を向いているようでいて、その実、体は逆を向いている。隊員に不評な「モデル営内班」はそうしたちぐはぐさの産物と言えるのかもしれない。

自衛隊のたいていの基地では課業終了の夕方五時、ラッパの合図とともに国旗が降ろされると、一日が終ったという解放感につつまれるものである。隊舎のどの部屋からも賑《にぎ》やかに談笑する声が聞こえ、グラウンドや作業場から帰ってきた若い隊員たちは汚れた作業着をトレーナーに着替えて、ソファにくつろいで煙草《たばこ》に火をつけたりこれから飲みに行く先を楽しげに相談している。しかし奥尻基地は様子が違う。隊舎の廊下伝いに歩きながら部屋を一つ一つのぞいてみると、メンバー全員が顔をそろえているところはほとんどない。五時を過ぎているのに明かりがつかない部屋がある。テレビの音だけがする室内でひとりコミック雑誌をながめている隊員がいる。

中田士長の姿がカメラマンの三島さんの眼に止まったときも、彼は部屋にひとりきりでドラクエのファミコンをいじっていた。自衛隊の隊員にしては前髪をかなり長く垂らしている。そのことに三島さんがふれると、「僕は自衛隊のガンですから」と八重歯をのぞかせて悪戯《いたずら》っぽく笑ったのだという。

「渋谷あたりで遊んでいるチーマーをそのまま連れてきたって感じなんですよ。あんな今ふうの隊員が自衛隊にいるとは思いませんでした」と妙な感心をしてみせる三島さんに、会ってみませんかとすすめられ、次の日の夜、二人で中田士長の下宿を訪ねてみた。三島さんは彼の勤務が解けたあと下宿で会う約束をしていたのである。

ところが中田士長の部屋は電気が消えてドアには鍵《かぎ》がかかっている。いったん宿に戻り三十分ほどして出直したが、相変わらず部屋の明かりはついていない。基地に通じる山道が凍結して滑りやすくなる冬は、車やバイクによる通勤が禁止されているから、山を下りる隊員は町との間を行き来している自衛隊のマイクロバスを利用するしかない。そのバスも夜の九時を過ぎると翌朝まで運行しない。時計の針はとっくに九時をまわっている。つまりこの時点で下宿にいないということは山に居残っている可能性が大きいということになる。たぶんシフトが急に変わったのだろうとあきらめかけたが、もう一度だけと試しに部屋に電話をした。するとこれが通じたのだ。しかも受話器の向こうでは中田士長のすまなさそうな声がする。

「約束の時間に下宿にいるなって上官から言われたんです」

「じゃ、いままで何してたの」

「友だちの下宿にいました。それで、もうそろそろいいかなって戻ってきたんです」

いまになってみれば、中田士長の話には、そのひと月ほど後に防大のダンスパーティの取材を申し入れたさい防大生のパートナーである女性の顔はわからないように撮影してほしいと大学側から頼まれたことをどこか思い起こさせる。そのときは、防大生と自分の娘がつきあっていることを快く思わない親から万一クレームがついたときのことを慮《おもんぱか》って、防大側が撮影に注文をつけてきたのだが、事情はまるで違うにせよ、虎《とら》の尾を踏まないようにと気遣っているような防大側の対応の仕方と、取材の時間に部屋にいるなと中田士長の上官が命じた断りの仕方との間には、なんとなく似通ったものがうかがえるのだ。見えないものに怯《おび》えているというか、逃げを打っているというか、要するにストレートでも変化球でもなく、敬遠策なのである。

中田士長の話によれば事情はこういうことだった。彼は三島さんと下宿で会う約束を交わすと、すぐに取材の件について上官に報告を行なった。自ら「自衛隊のガン」と名乗っている割りには上官に断るところなど彼もしっかり自分の立場について心得ていたのである。ところが上官は「おまえじゃ何を言い出すかわからないからな」と取材を受けないよう彼に指示した。しかもそれだけでは安心できなかったのか、翌日の朝に彼のことを呼び出して、約束の時間には下宿に立ち寄らないように念を押したのである。

一方、三島さんは中田士長と会うことを基地の広報係に伝え了解をもらっていた。日本海をはさんではるかロシアを睨《にら》む空の守りの最前線だけあってサイト内はあちこちに秘密が壁をつくっていたが、それでもドーム内のオペレーションルームや隣接の秘密基地など機密に直接触れるものでない限り、取材に特段の足枷《あしかせ》はなかった。誰と会って何を聞くのも自由だった。中田士長の一件を広報係に説明していきさつをたしかめてもらうと、当人がシャイな性格なものだから上官が気を回しすぎたらしいという答えが返ってきた。日頃は秘密厳守をやかましく言われているのに、いきなり取材には自由に応じるよう指示されて、現場としてはついいつもの癖が出てしまったということなのだろうか。

二日後、中田士長とのインタビューはようやく実現した。だがカメラマンの眼を引いた彼のトレードマークともいうべき長目の髪はばっさり切られ、その分、うまく立ちまわることがいかにも苦手そうな彼の素顔の少年っぽさが逆に強調されていた。上官から、インタビューに行くんだったら小ざっぱりしたらどうだと言われ、基地内の床屋で切ってもらったのである。君がシャイだから上官の人が気を回してくれたそうだよ、と言うと、中田士長は苦笑した。その笑いは彼と上官との関係がどのようなものかをうかがわせるのに十分だった。じっさい、このことで隊内で気まずくなることはないかなと彼の身を案じると、大丈夫ですよ、上からよく思われていないのは毎度のことですけど、自分のやりたいことはしっかりやってますからとあっけらかんとした表情をしてみせた。そして、これからは貯金に楽しみを見いだすことにしたんですと割り切ったような言葉が口をついて出たのである。

　だが任期制の一般隊員なら入隊三年目、五年目と任期の明けるごとに支給される百万前後の退職金を楽しみにしながら、もう少し、あとしばらくと自衛隊を辞めるかどうかの選択を先送りすることができる。この一時金という制度を考えた役人はなかなかの知恵者である。そろそろ自衛隊を辞めようかなと思った頃にまとまった金をみせつけられると、大方の人間はつい欲を出して、このさい次の一時金がもらえる二年後までもう少し辛抱してみようという気になってしまうものである。そうしている間にも、辞める潮時を失って、安定性抜群の自衛隊での暮らしに居心地のよさを覚えるようになっていく。しかも具合がいいと言うか、年齢的に身を固めることを考えはじめる頃と、それがちょうど重なりあってくる。

　しかし、はじめから正社員として自衛隊に入った中田士長には一時金というおまけはない。選択を先送りしても実入りが増えるわけではないから、逆に彼にとって自衛隊にこのままいるべきかどうかはより切実な問題として身に迫ってくる。自衛隊に長くいればいた分、民間で再出発するチャンスは確実に限られてしまうのだ。そして中田士長は、貯金に楽しみを見いだす安定より、不確実だが再出発するチャンスの方を選んだのである。

　だが、もし中田士長が、数々の曲折をへてようやく自分の居場所を自衛隊に見いだしたTのように、レーダードームの中で国籍不明機の行方を追うといった空の守りについている実感がまだしも感じられる仕事をしていても、やはり人前で自分のことを自衛官と名乗れず、自衛隊の仕事に行き詰まりを感じていただろうか。中田士長が元士長となる前にその点をたしかめておきたかった気がする。もっとも彼のことだから、そんなことはやってみなければわかりませんよ、とあっさり躱《かわ》されてしまいそうだが……。

旅の者

奥尻《おくしり》への転勤を嫌がる妻を説得する材料はせいぜい二つしか思い浮かばない。金と魚である。あの島に行けば僻地《へきち》手当がつくから給料は二割増しになる。魚の宝庫だから都会ではちょっと手の出ない高級な魚介類が信じられないくらいの安値で食べられる。たしかにどちらも嘘《うそ》ではない。ただうまい話には必ず落とし穴があるということだ。名産のウニやアワビが食べられるのは六月から八月までの夏場に限られる上、漁協の事務所に前もって注文しておかなければならない。きょう食べたいからと言ってすぐ手に入る代物《しろもの》ではないのだ。そして奥尻には魚屋が一軒もない。魚の宝庫なのにである。だから魚を食べたいときは、漁を終えた漁船が朝一番で港に帰ってくるところをみはからって漁師から箱単位で分けてもらうか、自分で釣るしかない。そうなると今度は大量に買いこんだり釣ってきた魚をどこに保存しておくかという問題が生じてくる。隊員の家庭の中には奥尻に来てから大きなフリーザーのついた冷蔵庫を新しく購入したという家が何軒もある。魚のためにかえって物入りになってしまったわけだ。物入りと言えば、せっかくの二割増しの僻地手当もかすんでしまうほどここではさまざまなことに費用がかさむ。

奥尻に転勤してきた隊員の妻たちが真っ先に驚くのは物価の高さである。トイレットペーパーやティッシュといった日用雑貨は定価のままで売られているし、果物や野菜などの生鮮食料品に至っては道内の倍以上の値段がついている。加えて商品の古さである。賞味期限のとっくに過ぎたパンやインスタントラーメン、菓子類が新しい商品にまじって無造作に店先にならんでいる。だから子供には買物を頼めない。ろくに日付もたしかめずに買ってくるからだ。子供が買ってきたスナック菓子を見たら何カ月も前の商品だったのであわてて店に行って突っ返したといったことは隊員の家庭なら一度や二度は経験している。このため高かろう悪かろうの島の商店を敬遠して生協のシステムを利用している家もある。

もっとも数年前までは、生協は左がかった団体だから自衛隊の家族が利用するのはまずいとして加入しないよう基地の司令サイドからお触れが出されていた。奥尻基地の司令にはたいていふつうの軍隊で言うと中佐に相当する二佐クラスの将校が配置され、在任中に一佐に昇進する。二佐と言えば陸上自衛隊の第一線部隊では八百人前後の兵士を抱える連隊の副連隊長格となるが、それでも一つの基地をまかされるまでには至らない。航空自衛隊でもせいぜい戦闘機の飛行隊長で、佐官クラスがあたり前の中央の司令部、航空幕僚監部に行くと課長の下の班長にもまだ手の届かない中間管理職的な扱いしか受けない。ところが奥尻では二佐の階級ですでにして一個の基地を預かる司令となる。隊員の数こそ三百人とは言え、一国一城の主《あるじ》として上層部や外部の目は気にせず隊員たちに号令をかけることができる。お山の大将だから司令の人となりによって基地の雰囲気も大きく変わってくる。睨《にら》みをきかせるつもりなのか、ことさら指揮官風を吹かすトップも中にはいた。その司令は、週に一回開かれる朝礼のたびに、庶務係の事務職員が前もってセットしておくお立ち台の位置が悪いと難癖をつけては、隊員が整列している目の前で、自分よりはるかに年上のその職員のことを「貴様！　何回言われたらわかるんだ」とどやしつけていたという。端《はた》から見ればどうでもいいようなことにまでいちいち目くじらを立てるタイプである。隊員の家族が生協を利用することにいい顔をするはずがなかった。

これに対して赴任して二年半を数える西森一佐は、祖父、父ともに帝国海軍の軍人という家庭に育った割りには軍人臭さを少しも感じさせない。基地の隊員ばかりか島の寿司《すし》屋の旦那《だんな》にまで「歴代の司令とはひと味違う」と言われ、細かいことにあまりこだわらない洒脱《しゃだつ》な人柄は自衛官というより老舗《しにせ》の商家の主人を彷彿《ほうふつ》とさせる。ただソフトな見かけに似ず、地震の救援活動をめぐって何かと手続きにこだわる上級司令部の幕僚とやりあったように、いったん敵に回したらかなりてこずらされそうなしぶとさも持ちあわせている。その彼に司令が代わってからは、生協加入はまかりならんという禁も解けた。

生協を利用する場合、不便なのは島に出店がない点である。注文した品物をフェリーで運んでもらい、その都度近所の人たちと交代で埠頭《ふとう》まで取りに行かなければならない。しかしそれだけの手間をかけても安くて新鮮な商品が手に入るところは隊員の家族にとっても魅力だった。

おもしろくないのは島の商店街である。島の自治会の活動に加わっている隊員がたまに町内の会合に顔を出すと、商工会の役員から「地元に金を落としてもらいたいのにあんたら自衛隊さんは生協を利用するのか」と嫌味を言われたりする。その隊員は町の人たちの手前、生協で買うのは控えるように奥さんに言いふくめたという。しかし生協に加入している近所の隊員から「ドッグフードのセールをしている」と言われ、あまりの安さにまとめ買いを頼んだことがあった。島の商店で買うと一箱二十四缶入りで五千円はするドッグフードが、生協では三分の一近い千七百円で買えるのである。同僚を通じて買うのだから商店街の連中にはわからないだろうと彼は三箱注文した。四カ月後、買い置きしていた分がなくなり、それまでドッグフードを買っていた店に久しぶりで行くと、「あれ、ずっと見かけなかったけど、どこで買ってたのかね」と思わせぶりな口調で聞いてくる。その隊員はとっさに考えついた言い訳を口にした。

「いや、同僚が島外に遊びに行ってね、おみやげだって買ってきてくれたんだ」

だが誰が考えても、ドッグフードをおみやげにする人間などいないことはわかりきっている。言わなくてもよいことを言ってしまったと後悔したが、あとの祭りである。

結局彼は、生協でどんなにドッグフードの安売りがあっても島にいる間は金輪際手を出さず、律義《りちぎ》に島の店で定価通りの品物を買うことに決めたという。

それでもショッピングについてはまだ島の中で間に合わせることもできるが、病気はそうはいかない。医師は台湾人と日本人の二人だけ、医療設備も決して整っているとは言えない奥尻の病院ではどうしても不安が残る。まして地元の人の口伝《くちづ》てで耳に入ってくる評判は芳《かんば》しいものばかりではない。町の実力者の娘が、なかなか熱が下がらないので念のため江差に渡って診てもらったら肺炎とわかり、急いで入院したなどという話を聞かされると、真偽のほどはわからなくてもやはり心穏やかではいられない。隊員と最近結婚した地元の女性は「何かあったら恐《こわ》いから」とお産は江差ですませたと言うし、心臓の悪い子供や赤ちゃんのことを函館《はこだて》の病院まで診せに休みをもらって飛行機で出かけた隊員もいる。飛行機の運行は一日一本、冬期は江差行きのフェリーも一本しか出ていない。しかも船はフライトの三時間前に出航してしまう。飛行機が荒天で飛ばなくなったからフェリーに切り替えるというわけにはいかないのだ。空で飛ぶか海で渡るか、二つに一つである。そしていずれの場合も函館に着いたときは正午をとっくに回っている。運よくその日のうちに診てもらえたとしても日帰りというわけにはいかない。検査があれば二泊三日になってしまう。病院でかかった費用はたった二千円だったのに行き帰りの交通費や宿泊代がかさんで冬のボーナスの大半が消し飛んでしまったというケースもあるほどだ。

僻地手当とおいしい魚という口説《くど》き文句に乗せられて奥尻に来てはみたものの、離島生活の難しさと向き合うのは、山の基地と官舎を往復していればよい夫ではなく、むしろ隊員の家族、ことに下士官の妻たちである。将校の妻たちは夫が確実に二年で転勤するからとまどうことの多い離島暮らしにもほんの腰かけ程度の気持ちで臨めるが、下士官の家族はそうはいかない。最低でも六、七年、長ければ十年の奥尻生活を覚悟しなければならない。子供のいる家庭なら小学校や中学の大半をここの学校に通わせることになる。当然、学校のＰＴＡや子供たちが参加するソフトボール、親同士のミニバレーといった地域活動を通じて島の人々とのつきあいが生まれ、家族ともどもこの地で居心地よく暮らしていくためには、島という独自の習慣や風習が根強く残った共同体の仲間入りをさせてもらうことが必要になってくる。だがそれは、素朴な人情が残る島民とのふれあいといった口あたりのよい言葉で片づけられるような生やさしいものではないのである。

若者が次々に島を離れ高齢化が急ピッチで進む奥尻では、島に住む子供たちの中で自衛隊員の子供が占める割合は大人たちのそれよりもはるかに多い。たとえば奥尻小学校では一学年三十二、三人の児童のうち父親が自衛官という子供は十人前後にのぼっている。隊員の子供だからと言って孤立感を味わうとか気まずい思いをするといったことはまずないが、数が多い分、逆に遊び相手も同じ官舎や道内から転勤してきた家の子供というように転勤族同士で固まってしまうケースが多いという。むろん島の子と遊ばないわけではないが、割合からするとやはり少ないのである。隊員の妻たちは、夫から子供のこともあるからできるだけ地元に溶けこむように言われるのだが、その努力がかえって仇《あだ》になって、溝を深めることもある。

ある隊員の場合は、前任地の当別で息子に剣道を習わせていたため、奥尻に妻子をともなって赴任すると、いの一番に剣道教室を探しだし、改めて息子を通わせることにした。稽古《けいこ》の日は妻が子供に付き添って道場に行き、師範と子供たちの稽古の模様を終わるまで板の間に正座して見学していた。ところがいつ行っても他の親の姿が見当らない。当別で見馴《みな》れてきた稽古風景とのあまりの違いに彼女は驚いた。当別の道場にはいつも大勢の父母が詰めかけ、板の間にずらりとならんで稽古の様子を見守り、稽古がすむと当番の父兄が師範にお茶を入れたり掃除をしたりと道場の雑用を買って出ていた。父母の会という組織もつくられ、剣道大会のときには裏方を引き受けたりもした。彼女が夫に、奥尻の道場には父兄が全然顔をみせず当別と様子がまるで違うことを話すと夫は首をかしげた。いくら月謝を払っているとは言え、何から何まで師範の人にまかせっきりにするのは悪いだろう、やはり父兄でできることは協力しなければと夫は言った。そして自分たち夫婦が呼びかけて当別と同じようなバックアップの組織をつくろうと妻に持ちかけた。

彼女に異存はなかった。早速、師範のところに話を持っていくと、願ってもないことですと喜んでくれた。師範から道場に通っている子供たちの家の電話番号を聞きだし、妻が連絡をとって父兄全員に集まってもらった。話をすれば子供のためなのだから島の人たちもわかってくれるだろうと二人は単純に考えていたのである。隊員が趣旨説明をして、他の父兄の意見を聞くという段になった。だが、誰からも意見が出ない。今後こういう方向でやっていきたいのですが、と彼が出席者の承認を求めてもまるで反応がない。妙に気詰まりな沈黙が流れる中、父母の会をつくるのかどうかもうやむやなまま、会はお開きになってしまった。

自分たち夫婦のことが町の噂《うわさ》にのぼっていることを二人が知ったのは数日後のことである。知り合いの人に耳打されたのである。あなた方のこと言ってるわよ、よそ者が出しゃばっているって。二人は、まさか自分たちのことがそんな風に言われているとは思いもしなかったので、何かの思い違いだろうとはじめそれほど気にもしていなかった。だが、言われてみればたしかに外を歩いているとどこかいままでとは様子が違う。近所の人たちの自分を見る目が妙によそよそしいというか、意味ありげなのである。しかし噂だけですんでいれば二人もそれほど応《こた》えなかったろう。事態は思いがけない方向に飛び火していった。ある日、剣道に通っていた子の兄が家に帰ってくるなり、学校で同級生たちからさんざんひどいことを言われたと悔しそうに訴えるのだ。それも、「おまえのかあちゃんは出しゃばりだ」とか「おまえの弟は生意気だな」といった悪口だけでなく、先日の会合に出席した父兄でなければわからないようなこまごましたことまであげつらって子供たちがあれこれ言っているのだ。同級生に何を言われてもその兄が相手にならないでいると、言葉だけではすまず、今度は靴やカバンを隠すといういじめにエスカレートしていった。弟の方は弟で、稽古に行くと年長の子たちと組まされるようになった。しかも相手はなぜか「面」ばかり狙《ねら》って打ってくる。図体《ずうたい》の大きな相手が上から振り降ろす格好になるから、頭のてっぺんに竹刀《しない》の一撃が入る。いくら面をつけているとは言え、かなりの衝撃である。しまいには頭が痛いと言って、好きだったはずの稽古を嫌がりだした。

しかし母親としては、父母の会をやりましょうとぶち上げた以上、そう簡単に旗を巻いて引き下がるわけにもいかない。幸い道場に通っている子供の中に、同じ転勤族の一人で派出所に勤務している警官の子供がいて、その母親だけは「島の人がやらないのなら私たちだけでも頑張りましょう」と逆に励ましてくれた。自衛官と警官の妻の二人で、道場に通う子供たちの名簿をつくり父兄に配ったり稽古のあと片付けをしたりと細々ながら活動はつづけた。やがて奥尻で剣道大会が開かれることになり、二人は、せめてお茶の手伝いくらいは私たちでやりましょうと他の父兄に声をかけた。だがどの母親からも「奥さん、やれば」とつれない返事が返ってくるだけだった。ひとり芝居を演じているような空《むな》しさに彼女はしだいにやる気をそがれて、道場からも自然と足が遠のいていった。そして日ならずして子供は剣道をやめた。

島の人たちとどうつきあっていったらよいか、心を砕いているという点ではW一曹《そう》も隊員の妻たちと変わらない。W一曹はPTAの役員や祭りの実行委員など島のさまざまな役職をすすんで引き受けて、少しでも「島民」になりきろうと努めてきた。その彼もよそ者をなかなか受《う》け容《い》れない島社会特有の厚い壁にぶち当たることがしばしばである。たとえばＰＴＡの会合で隊員の妻が提案をする。Ｗ一曹は役員だからとりあえず聞き役に回るが、公平に見てなるほどとうなずけるような提案であっても、必ず島の人から手が上がる。内容の善《よ》し悪《あ》しを論じる前に入口のところで「それはあんたが昔いたところでやっていた話だろうが、奥尻は違うんだ」と門前払いを食わせてしまう。Ｗ一曹は前任地の当別や青森の大湊《おおみなと》でも町内会の役についていたが、それが土地の習慣にないことでも良い点があれば取り入れようという姿勢はうかがえた。少なくとも頭ごなしに駄目と決めつけず話だけは聞いてもらえた。それだけにこの島の人たちの新しいもの、異質なものに対してみせる頑《かたくな》な態度はＷ一曹の目に際立《きわだ》って映った。

「島の人情なんて言葉を、僕らはとても額面通りには受け取れませんよ」

　官舎にいては島に溶けこめないからとわざわざ町営住宅に住まいを定め、島の旦那衆と、おれ、おまえと呼び合える関係を築いてきたＷ一曹でもなおそう語らざるを得ない。そこには、剝《む》きだしの自然の中に身をさらしている島の人々のしたたかさにはとても太刀打ちできないという意味あいもこめられているようである。島には島の時間の流れ方があり、その中で人々の生活は成り立っている。物を値引かないことも商品の鮮度が落ちていることもすべて呑《の》みこんで彼らは生活している。そこには彼らの何代も前から受け継がれ頑固に守られてきた、外部の者にはうかがいしれない物差しがあるのだろう。それが外の物差しと違っているからと言って、いちがいにおかしいと決めつけるわけにもいかないはずである。隊員や家族からみれば首をかしげるような彼らの流儀も、乱獲で唯一《ゆいいつ》の収入の手立てだった漁がさびれ漁師の数も半減してしまったこの島からそれでも離れられない人たちがここで生き抜いていくための生活の知恵なのだろう。

じっさい島の人々はしたたかである。よそから来た人間が口出しするのを嫌がる割りに、何かにつけて自衛隊を「当て」にしてくる。祭りの企画を立てはじめると決まって、神輿《みこし》は自衛隊さんに担《かつ》いでもらおうとか、ひとつ隊員の人たちに仮装行列でもやってもらおうという話が持ち上がる。要するに「困ったときの自衛隊頼みですね」とちょっぴり皮肉をまじえて聞くと、越森幸夫町長は「それはあります」と潮焼けした逞《たくま》しい顔を崩して笑みを浮かべてみせた。当てにしているのは人手ばかりではない。隊員三百三十人の人件費十五億に対する住民税の他に、奥尻には毎年七、八千万の金が基地整備事業費として落される。計画中の体育館にしても町長は「ひとつ自衛隊さんに頼んで建ててもらおうかな」とちゃっかり補助金の皮算用をしている。何事も、ひとつ自衛隊さんに、なのである。

町長は自衛隊のことを、奥尻の「応援隊」だと言う。逆に言えば、チームのメンバーではないということだ。手を貸しても金を落としても何年住んでいても、やはり自衛隊はこの島でよそ者を指して言う「旅の者」なのである。しかしそれは当然のことなのだ。隊員たちは辞令一枚で島を離れることができるが、島の人々は地震や津波ですべてを失ってもなおこの島から容易に離れられない。住民と島民の違いはそこにある。

あと六年で定年を迎える紺谷基次三尉《い》の一日は朝六時のモーニングコールではじまる。官舎のリビングの隅に置かれたダンボール箱の上で電話が三回鳴ってそれで鳴りやんだら、紺谷三尉も相手の電話を三回鳴らす。お、き、て、という合図に、お、き、た、と答えるのである。電話の相手は奥尻から西に百九十キロ行った千歳《ちとせ》で紺谷三尉の留守を預かる妻である。紺谷三尉は朝が苦手だ。目覚まし時計はかけているが、それだけでは寝過ごしてしまう恐れがある。そこで毎朝妻に「起きて」コールをかけてもらうことにしたのである。他人の耳には電話のベルの単調なベルが鳴っているとしか聞こえないけれど、このコールは紺谷夫妻が電話のベルに託して交わす朝の会話でもある。妻の声を聞かなくても、三回というベルの数だけで、電話の向こうにいる妻と二十二歳になる長女、十九歳の長男がとりあえずきのう一日を大過なく過ごして朝を迎えている様子が紺谷三尉に伝わってくる。

ダンボール箱にのせた電話の後ろには成人式の晴れ着を着た長女の写真が壁に立てかけてある。その長女は紺谷三尉が奥尻に赴任する直前、千歳のカラオケスナックで父親のためにささやかな送別会を開いてくれた。娘とカラオケで唄《うた》うのはもちろん呑みに行ったのもはじめてだった。娘が唄うのをはじめて聞いて、唄が下手なのはやはり父親譲りだなと思ったが、紺谷三尉の唄に対する長女の評はさらに辛辣《しんらつ》だった。

井上陽水の新曲は必ず買うという紺谷三尉は娘の前で陽水の「ジェラシー」を唄った。歌の間中、長女は笑いころげていた。そして紺谷三尉がマイクをおいて席に戻ると、「お父さん、悪いこと言わないから奥尻に行ったら人前で唄っちゃ駄目よ」とたしなめるような口調で言った。紺谷三尉は娘の忠告を、うん、うんとうなずきながら聞いていたが、内心は嬉《うれ》しくて仕方なかったのだろう。僕にその話をしてくれたときも、「娘に叱《しか》られましてね」とその夜のことが脳裏に甦《よみがえ》ってくるのか、紺谷三尉は目を細めて照れ隠しの笑いを浮かべていた。

妻からの「起きて」コールに紺谷三尉が家族が元気でいる様子を思い描くように、千歳にいる妻の方も紺谷三尉が鳴らしてくる三回のベルで夫がいつも通り目覚めて出勤の仕度にとりかかっていることを知って安心する。三回には、お互いが変わりなく過ごしていることをたしかめあう、げ、ん、き、の意味もこめられているのだ。一度だけ紺谷三尉が返事の電話をかけ忘れたときがあった。五分とたたないうちにもう一度電話がかかってきてベルが三回鳴った。それではじめて彼は電話をかけ忘れたことに気づいた。急いでダイヤルを回した。受話器の向こうで気を揉《も》んでいる妻の姿が目に浮かぶようであった。しかしその一回と、地震の救援活動で山の基地に泊りこんでいた半月ほどを除けば、紺谷三尉と、千歳の留守宅にいる妻との間で電話のベルをモールス信号代わりにして交わされる朝の会話は、彼が奥尻に着任して以来ここ一年半というもの遅滞なくつづいている。

　紺谷三尉が奥尻に来たのは、定年を自宅や郷里の近くで迎えたいという隊員のために設けられた転勤制度のマザーベースシステムを利用したからだった。自衛官は定年が早い。将校でも尉官クラスの定年は下士官のそれと同じく五十三歳で早くもお役御免となる。佐官は二佐、三佐が五十四歳、一佐になってようやく一般公務員並みの五十五まで勤めることができる。大企業のサラリーマンのようにとりあえず六十まで勤めていられるというのは、会社で言えば重役クラスにあたる将、将補のみである。ただ、旧軍の階級に言い換えればほぼ中将や少将に相当するこの位までのぼりつめるのは航空自衛隊約四万五千人のうちたった六十四人、自衛隊のエリートとして将来を約束されているはずの防大出でも十数人にわずか一人という狭き門である。しかもその彼らでさえ、六十まで勤めあげることが認められているからと言って、規定いっぱい自分のポストにしがみついているわけにはいかない。ほとんどの将官は自分より年下の者が各自衛隊のトップである幕僚長に就任すると、後進に道を譲るとして定年を三年あまり残して勇退していく。六十歳定年という規定より地位に恋々とすることを潔《いさぎよ》しとしない気風が優先するのか、あるいは退職金の割り増しが魅力だからなのか、ともかく定年を待たずに勇退していくことが慣例とされているのである。

定年が早いということはその分、その後の生活設計を前々から立てておかなければ老後に不安を残すということである。このためできるだけ早い時期に自宅や郷里の近くの勤務地に戻り、定年まである程度余裕を持って第二の職場探しに本腰を入れたいというのが隊員の切実な願いなのだ。大方の自衛隊員の場合、掛け値なしで定年が身近に感じられるようになるのは、民間のサラリーマンよりは少なくとも五年は早く、四十代後半を過ぎたあたりからである。マザーベースシステムとは、こうした四十代後半の隊員を対象に僻地《へきち》の基地で二、三年我慢すれば、その先、定年までの四、五年は隊員の希望通り郷里や自宅の近くに勤務できるという制度である。

見方を変えれば、このマザーベースシステムは隊員の定年対策であると同時に、誰もが行きたがらない僻地の基地にベテラン隊員を振り向けるための窮余の一策という側面を持っている。二十年以上も自衛隊にご奉公してきた隊員たちに、定年の備えがいち早くできることを条件にいま一度苦役を強いているわけである。それは、経験を積み腕に磨きのかかった三十代四十代の中堅隊員が離島や僻地への転勤を敬遠する結果生じたそれらの基地でのベテラン不足のツケを、定年を控えた隊員たちに回しているということでもあり、奥尻をはじめとする空の守りの最前線基地が抱えるいびつな年齢構成の問題がいかに深刻なものかをあらわしているとも言える。

防大出のエリートや下士官から若くして幹部に昇進した将校は、二、三年に一回のペースで転勤を重ねるため子供の教育などを考えて早い時期から家族をおいて単身赴任するケースが多いが、将校になったのが四十を過ぎてからという紺谷三尉の場合、単身赴任ははじめての経験だった。奥尻の幹部官舎は単身赴任者にとってはちょっと持て余すくらいのスペースがある。玄関を入って突きあたりがフローリングを貼《は》りつめたリビングとキッチン、その奥に六畳の部屋が二つならび、リビングをはさんで手前に四畳半の小部屋が設けてある。紺谷三尉の部屋ではその四畳半の小部屋とＬＤＫだけを使用して奥のふた部屋は入居した当初から開かずの間になっている。その点は一階下に住む基地司令の西森一佐のところでも同じだった。

四十七歳の自衛官は待つ人のいない部屋で毎日どんな単身赴任生活を送っているのか、少し中をのぞかせて下さいと無理を言って、僕とカメラマンの三島さんは勤務を終えた紺谷三尉のあとについて彼の官舎を訪ねてみた。一日風も通さずに閉めきったままの部屋の中は黴《かび》ついたような臭《にお》いがこもっている。秘密の影がつきまとうレーダー基地に勤める将校の官舎と言っても、部屋の様子や備え付けの調度類はごくふつうのマンションの一室と変わらない。ただ目を凝らして室内の隅々を見回していけばリビングの壁に「呼出」「応答」と書かれた小さな装置がとりつけられていることに気づくだろう。国籍不明機が領空侵犯してきたり予告なしの防空訓練で非常呼集がかかったとき、呼出、のブザーが鳴り、応答、のボタンを押すとブザーが停止する仕掛けになっている。部屋の中で自衛隊らしさをうかがわせる特徴と言えばこの点くらいで、それもよほど注意していなければ見落としてしまうほど些細《ささい》な代物《しろもの》である。

早目の夕食をすでに基地ですませてある紺谷三尉は帰宅すると真っ先に風呂《ふろ》を沸かした。水が冷たいのでお湯になるまでに一時間ほどかかるのだという。次いで彼は開け放したままの四畳半の小部屋の裸電球をつけて、作業着を紺のジャージに着替えてから、おもむろにリビングにおかれた石油ストーブの前にかがみこんだ。外は横なぐりの雪が吹きつける真冬の奥尻である。板の間に立っているだけで足先がかじかんで痛くなるほどだ。ストーブのスイッチをすぐにひねるのかと思ってみていると、紺谷三尉は近くのティッシュを一枚抜いて百円ライターで火をつけ、それをストーブの点火口のところに押しこんだ。「電池はもうずい分前に切れたんですけどね」と言いながら紺谷三尉はしばらく両手を火にかざして暖をとっていた。

ストーブの横には学生の下宿にあるような折りたたみ式の座卓がおかれ、急須《きゅうす》に布巾《ふきん》、楊子《ようじ》、それになぜか練りワサビのチューブが逆さにして立ててある。晩酌の肴《さかな》用である。ここ二週間ほど肴はイカがつづいている。漁師は箱単位でしか売ってくれないためいったん買うと一カ月は同じ魚が晩酌の友となる。台所には大量に買いこむ魚を保存しておく大型の冷蔵庫と独身者用の小さな冷蔵庫がならんでいる。魚屋がない奥尻の事情を前もって知っていれば大型冷蔵庫一つですんだのだが、赴任するときはどうせひとり住まいなのだからと逆に小型の冷蔵庫を買ったのである。そして島で暮らすようになってはじめてここでは大型冷蔵庫が必需品であることがわかり、結局冷蔵庫を二台買う羽目になってしまったのだ。

入浴をすませた紺谷三尉はリビングの隅に畳んでおいた布団《ふとん》をひろげ、その横で焼酎《しょうちゅう》のお湯割りや缶ビールをちびりちびりやりながら好きな碁を打つのを夜の日課にしている。碁をやりだすと二、三時間はあっという間にたってしまい、うとうとしかけたところでそのまま布団にもぐりこむのである。

休みの日は夏なら釣りに出かける。旭川《あさひかわ》と富良野《ふらの》のほぼ中間に美瑛《びえい》という町があるが、ここからさらに十二キロほど山あいに入った人家もまばらな寒村で紺谷三尉は育った。山をもう少し奥に入ると羆《ひぐま》が出ると聞かされていたので専《もっぱ》ら自宅のすぐそばを流れる川を遊び場にしていた。いまでこそダムでせき止められてしまったが、当時は川面《かわも》が波立つほどにヤマメやマスが泳ぎまわり、少年だった紺谷三尉も自然と釣りに親しむようになった。文字通り自然の内懐《うちぶとこ》ろに抱かれるようにして育ったその彼が、なぜ自衛隊に入ったのか、紺谷三尉自身、自分でも時々なぜなんだろうと考えることがあるという。せいぜい思い浮かぶことと言えば、ヤマメを追いかけていた頃、自衛隊の飛行機が飛んでいるのを見て、幼心に、あ、いいなと憧《あこが》れに似たものを感じていたことくらいである。

定時制を卒業したのが、不況で民間への就職が厳しかった昭和四十一年、気がついたら父の農業を継がずに航空自衛隊に入っていた。彼はもともとレーダー守りではない。戦闘機パイロットの言わば地上秘書として、詰め所でフライトスケジュールの管理や管制塔との連絡にあたったりする飛行管理員、ディスパッチャーと呼ばれる仕事を十年あまりつとめたあと、今度はセールスマンのように足を棒にしながら十八、十九の男の子がいる家を一軒一軒たずね歩いて自衛隊に勧誘する、根気が武器の地連の募集員をまる七年つづけた。そして千歳基地でのデスクワークから奥尻に転勤となったのである。好きな飛行機の間近で仕事ができたし、マイホームも建て、長女を就職させ長男にも大学進学の道を歩ませることができた。まずは大過のない自衛官生活を送れたことになる。あとは定年後の生活のメドを立てるだけである。それに備えるための奥尻勤務であった。定年までの六年間に長女は結婚し長男も社会に出て子供たち二人はそれぞれ手を離れていく。しかしそれだけにまたこれからの六年間は何かと物入りな時期でもある。紺谷三尉の月々の生活費と小遣いが八万円に抑えられているのは僻地手当にできるだけ手をつけたくないからである。定年への準備のための単身赴任は同時に紺谷家の当面の要請でもあったのだ。

そのへんの事情は紺谷三尉の官舎と棟一つ隔てた横野家でも変わらない。横野曹《そう》長《ちょう》の家では、大学進学の希望を持つ長男を今後の教育のことを考えて、妻の実家の近くの苫小牧《とまこまい》に下宿させて高校に通わせることにしている。長女も同じように苫小牧で下宿生活を送りながら高校を卒業したが、自衛隊の曹候補生試験に合格して婦人自衛官になりすでに親の手を離れていた。だが長女につづいて、いままた長男のために来年から月々十五万近くの仕送りをはじめなければならない。定年を一年半後に控え、しかも奥尻に勤務してすでに八年を数える横野曹長の場合はほんとうならマザーベースシステムを利用して実家に近い千歳に転勤できるはずであった。だが彼は、定年までの残りの時間を奥尻で過ごすことに決めている。長男の大学進学にはとても間に合いそうもないが、少なくとも奥尻にいる間は僻地手当がついて給料が二割増しになるからだ。

紺谷三尉は、釣りのシーズンが過ぎても海に沿って岩壁が屏風《びょうぶ》のように切り立っている奥尻の西海岸の方に車を走らせる。カーステレオに陽水のカセットを入れ、ボリュームを上げて、道路の端に止めた車から灰色の波がしぶというねりを繰り返す日本海をながめている。紺谷三尉は波を見ているのである。人間がつくったものは形が決まっているけれど、波は違う。同じ波は一つとしてない。千変万化に表情を変えていく波を見ていると、何か悩みごとがあっても心が洗われていくような気がするのだという。

その海を見に、ほんとうならこの夏、長女が奥尻に来るはずだった。だが、島が地震と津波に襲われてからというもの、彼女は、父のいる奥尻に遊びに来ることについていっさい口にしなくなった。紺谷三尉も無理にすすめようとは思わない。悲惨な記憶がまだ生々しく残り、島全体が喪に服しているようなこの奥尻で、父娘の再会を喜びあうことがなんとなく憚《はばか》られるのだ。

　薄暗いドームの中でひたすらスコープを見つづける隊員の一人は、傍目には地味に映るレーダーの仕事の魅力を「何が起こるかわからないところ」と語っていた。空の守りの最前線に立つ彼からすれば、国籍不明機が刻々と領空に迫ってくる脅威はリアルなものとして感じとることができるのだろう。だがその彼も、スコープが映しだす国籍不明機の輝点《ブリップ》に死の恐怖まで嗅《か》ぎとったことはない。むしろ、もう駄目かもしれないと死をま近に感じたのは、サイトが山ごと崩れるようなすさまじい揺れにうずくまっているしかなかったあの七月十二日の夜であった。国民の生命財産を奪った「敵」は、半防半漁の島、奥尻の場合、空からではなく、海と地の底から押し寄せたのである。

第五部　帰　還

カンボジア・タケオ宿営地跡

志願兵

自衛隊をやめてフランスの外人部隊に入りたいとひそかに思っていた二十二歳の自衛官、永井孝典陸士長が心変わりをしたのは、カンボジアで過ごした半年がきっかけだった。もっともっと強くなるために、自衛隊を踏み台にして外人部隊行きをめざしていたのが、ＰＫＯ帰還兵として日本に戻ってきたいまは、「強くなりすぎるのも、ちょっと……」と疑問やためらいを口にするようになったのだ。

永井士長が所属している自衛隊の部隊は、札幌から車で南に一時間ほど行った恵庭《えにわ》市のはずれにある。小ぎれいな住宅が立ちならぶこののどかな札幌のベッドタウンは、反面、陸上自衛隊に三個しかない戦車連隊の二つまでを抱え、国道三六号線が貫く町の両端を駐屯地や演習場ではさまれた文字通りの「基地の街」でもある。じっさい恵庭は自衛隊と浅からぬ因縁を持っている。自衛隊がらみの事件でその名を戦後史にとどめることになったからだ。もっとも事件そのものは、この町で酪農を営む兄弟が、飼っていた牛の乳の出が悪くなったのは自衛隊が大砲をぶちかますからだと演習場に忍びこんで腹立ちまぎれに自衛隊の通信線を切断したというささいな揉《も》め事に端を発していたが、法廷に持ちこまれると、自衛隊が合憲か違憲かを問う争いに発展し、十年近くにわたって新聞の社会面を賑《にぎ》わすことになった。しかしその「恵庭事件」からすでに三十年以上の歳月が流れ、かつて牧場と自衛隊の駐屯地しかなかったひなびた町に通勤族が次々と押し寄せて町の景観が大きく変わっていくにつれて事件を知る住民もすっかり少なくなった。そして恵庭の名前が自衛隊と対になってマスコミにとりあげられることもなくなったのである。

その恵庭が、自衛隊とのからみで再び脚光を浴びることになったのは、カンボジアに派遣されたＰＫＯ部隊の交代要員の候補として真っ先にこの町に駐屯している部隊の名前があげられたからだった。恵庭の駐屯地には連日のように札幌や東京から新聞社やテレビ局の取材陣が押しかけるようになった。ただ彼らが駐屯地の中でレンズを向けたのは、Ｆ15戦闘機とともに毎年必ず自衛隊のカレンダーを飾るスター的存在の戦車部隊にではなく、これまでマスコミの関心を呼ぶことなど決してなかった自衛隊の裏方とも言うべき施設科部隊に対してだった。

戦車や野戦砲、対空ミサイルなどで武装した陸上自衛隊の中にあって兵器類をいっさい持たない施設科部隊はもっとも軍隊のイメージから遠い部隊と言える。施設科という名称はいかにもなじみが薄いが、歩兵を普通科、砲兵を特科と言いくるめる自衛隊ならではの用語で、要するに工兵部隊のことである。いざ戦争というときには戦車や兵員輸送の車両が通れるように川に橋を架けたり道路を補修したり陣地を構築したりする。もちろん専守防衛に徹して、いざ戦争という有事がまず考えられないのが自衛隊だから、施設科部隊も訓練や演習を重ねること自体が仕事になっている点は他の部隊と変わらない。

ただしこの部隊には別の出番がある。土木の技術を持っていることを買われて、台風で寸断された道路の復旧作業といった災害派遣には、いの一番にお声がかかる。それればかりか、公共工事や運動場、公園の造成工事にまで助っ人《すけっと》として狩り出されるのである。建設現場での深刻な人手不足から発注した工事がなかなか思うようにはかどらない中にあっても、自衛隊の施設科部隊なら民間の業者と違い、作業員の手当てに四苦八苦することはない。作業員はもとより土木技術者から建設器材まですべて自前でまかなえる施設科部隊は、下請けのいらないまさに日本最大のゼネコンのようなものである。しかも隊員の手を借りても日当を支払う必要はない。工事の内容が何であれ、自衛隊はあくまで訓練の一環として仕事を引き受けるからである。もっともそれは建前で、じっさいは自衛隊に対する心証を少しでも良くしてもらいたいための、地域社会への言わばサービス活動的な性格が強い。地方自治体の財政に余裕がなく、公共予算の配分も少なかった昭和三十年代、四十年代前半は、当然のことながら自衛隊が自治体の依頼を受けて行なうこうした部外土木工事への需要は多く、毎年三百件近い数にのぼっていた。高度成長が地方の台所を潤《うるお》すにつれてその数は減りつづけていったが、それでも平成になってからも年間三、四十件の工事が自衛隊に持ちこまれ、民間の業者に代わって隊員たちが公園や運動場の造成に労役を提供している。工事を確実に、安く上げてくれる施設科部隊は、地方の小さな自治体にとっては未《いま》だに重宝な存在なのである。

そんなところから施設科の隊員の中には自分たちのことを冗談めかして「制服を着た土建屋」と呼ぶ者もいる。じっさい戦車や装甲車の代わりに駐屯地の敷地いっぱいにブルドーザーや油圧ショベルがならんでいる光景は、それらの車両が重々しいオリーブグリーンの彩色をほどこされていなければどこかの建設会社の器材置場と見誤ってしまいそうである。しかし、自衛隊初の本格的な海外派遣としてかつてないほどにこの武装集団に対する世間の関心を呼び起こしたPKO活動の主役の座は、いままでマスコミの晴れがましいスポットライトを浴びることもなく自衛隊の舞台裏でつねに裏方の仕事に徹してきた「制服を着た土建屋」、施設科部隊に与えられたのだった。

永井士長は、カンボジアに送りこまれるPKO第二次派遣部隊が、全国に十三ある施設科部隊の中でも自分の所属する恵庭の第一施設群を中心に編成されるという話を耳にすると、さっそく上司の小隊長に、カンボジアに行くならぜひ自分のことを連れて行ってほしいと直訴している。小隊長の返事は決して色好《いろよ》いものではなかった。当時永井士長は入隊して一年あまりで、階級も旧軍の二等兵にあたる一等陸士だった。新兵にちょっと毛の生えたような、まだまだ隊内では半人前としか扱われない存在である。そうした一兵卒は足手まといになるからあらかじめ要員の候補から外すというのが、派遣隊員の顔ぶれを決める中隊長の方針だった。だが彼はあきらめない。なんとしてもカンボジアに行きたいと小隊長に食い下がった。

全国各地の自衛隊の基地を訪ね歩きながら若い兵士たちに、どうして自衛隊に入ったのですかという問いを重ねていると、十人に一人くらいは、少しはにかんだように白い歯をのぞかせて「自分を鍛えたかったからです」と答える若者に出会う。レンジャー訓練に参加していた青年将校の一人は、大卒でありながらエスカレーターで将校になる道を選ばず、わざわざ自分より歳下《としした》の高卒の隊員と一緒に新兵として入隊して下積みの苦労を味わった変わり種だが、彼の場合にも、入隊の理由は、と水を向けると、「自分を鍛え上げ向上できる仕事につきたかったんです」という答えが返ってきた。同じ言葉を他の人間から聞いていたら、スポーツ根性ものの漫画も顔を赤らめるような台詞《せりふ》に、なにこいついきがっているんだ、とたちまちアレルギーを起こしていただろう。しかし、見るからに器用に立ち回ることの苦手そうな、はったりともお世辞とも無縁の彼の口から語られただけに、その言葉はちっとも歯の浮いた台詞に聞こえなかった。そして永井士長もまた、「自分を鍛える」という言葉につき動かされるようにして自衛隊に入った一人である。

民間の航空会社と自衛隊が共用している空港の街、愛知県小牧市に生まれた永井士長は、迷彩色に塗られた輸送機や国際線のジェット旅客機が爆音を轟《とどろ》かせて大空に飛び立っていく姿をながめながら育ったせいか、「外国」と「軍隊」への憧《あこが》れをつねに抱いてきた。高校時代の彼は自分からすすんで英会話の学校に通う一方で、小遣いの大半をつぎこんでモデルガンや米軍の制服を買いあさる「軍事おたく」でもあった。そのコレクターぶりは徹底していて、陸海空三軍に海兵隊の制服一式をすべて揃《そろ》えたばかりか、ヘルメット、軍靴《ぐんか》から弾帯と呼ばれる戦闘服につけるベルトといった小物類にまで蒐集《しゅうしゅう》の範囲は及んでいた。〈Marine〉と書かれたステッカーをドアに貼《は》りつけた自宅の部屋にはアイドルのピンナップは一枚もなく、戦争映画のポスターが所狭しと飾られていた。ミリタリーショップで買いこんださまざまな装備を身につけて永井士長はサバイバルゲームに参加したり、マニア同士の集まりに米軍の制服を着こんで出かけて、バスの運転手に「自衛隊はこのバスじゃ行かないよ」と自衛官に間違われたりしていた。だがそこまで「軍隊」に入れこんでいながら彼は高校を卒業しても自衛隊には進まなかった。両親が反対したのだ。厳しい訓練や集団生活に息子がついていけるか不安があったし、正直なところ、イメージの必ずしも良くない自衛隊にわざわざ好き好んで行かなくてもというのが、待ったをかけたいちばんの理由だった。「軍隊」が駄目ならと彼は名古屋空港のグランドサービスに就職している。空港で働くようになれば外人と英語で話す機会も増えて国際的な人間になれるという、いかにも十八の若者が思い描きそうな、たわいのない動機からだった。しかしじっさい勤めてみると、トランジットのため名古屋空港に立ち寄った海兵隊の兵士たちに話しかけるチャンスはめぐってきたが、それも一度きりで、航空貨物の運搬や搭乗客の荷物の整理に追われる毎日だった。永井士長の中で自衛隊に入りたいという思いが再びつのってきた。ただそれは彼が子供の頃から抱いてきた「軍隊」への憧れとは少し違っていた。

空港で働いている間に永井士長は〝失恋〟を経験している。彼が思いを寄せた相手は全日空のカウンターでグランドホステスをしていた三歳年上の女性だった。スチュワーデスやグランドホステスの中には人を見てものを話すタイプが多いのだが、空港のサービス員たちともわけへだてなく言葉を交す彼女のまわりには自然と人が集まっていた。穏やかで、知的でいながら相手を気遣う思いやりにあふれていて、話しているとこちらの気持ちがなごんでいく魅力があった。そして何よりきれいな声をしていた。話し方は決して幼くないのにいまでも電話で高校生に間違われるときがあるほどだ。

そんな彼女のことを永井士長は朝の出勤に間に合うように車を走らせてよく迎えに行った。自分が早出の当番にあたっていて彼女を迎えに行っていると確実に遅刻をしてしまうときでも構わなかった。そうした彼の好意がかえって彼女には負担で、何度も迎えにこないでほしいと断ったが、朝、玄関のドアを開けると、家の前に停めた車の中で居眠りしている永井士長の姿があった。

永井士長は彼女への思いをほのめかすようなことを一度だけ口にした以外、ほとんど自分の気持ちを言いあらわすことはせずに黙々と彼女に尽していた。年下の永井士長がみせるまめまめしいほどの気の遣いようの向こうに、自分への思いが透けて見えるだけに、そんな彼のことをいじらしいと思う一方で彼女はつらかった。ある日、彼女は「ごめんなさい、あなたのことは弟のようにしか見られないの」と彼の思いに応《こた》えられない自分の気持ちを素直に伝えた。永井士長は少しがっかりしたような表情をみせたが、次の日にはそれまでと変わりない屈託のない笑顔で職場にあらわれて彼女ともふだん通りの口のきき方をしていた。

のちに自衛隊に入ってから永井士長は、「僕が自衛隊に行くことになったのは、……子さんのせいなんですから」とちょっぴり恨みごとのような響きをにじませて彼女に言うことがあった。彼によれば、彼女と待ち合わせをしていて、約束の時間を過ぎてもなかなか姿をみせないので所在なげにぶらぶらしていたら自衛隊の勧誘員に声をかけられた。だから、あのとき彼女が時間通りに来ていたら勧誘を受けることもなかっただろうというのだ。しかしそんな単純なきっかけから彼が自衛隊をめざしたわけではないことは彼女にもわかっていた。それなのに彼女の名前をわざわざ持ち出してこじつけとしか思えない理由で自衛隊に入ったことを説明しようとする永井士長の言い方の裏には何かもっと別の複雑な感情が隠されているようだった。〝失恋〟が自衛隊をめざすいちばんの引き金になったわけではないにしても、前に出て行こうとする彼の背中をひと押ししたことは確かだった。

彼女への思いをとげられなかった永井士長の中で、まるでその分のエネルギーを振り向けるようにして自分を高めなければという気持ちがしだいに強まっていく。「背もないし、学もないし、顔だって二枚目じゃないから、だったらせめて中身ぐらいはいいものを持っていたい」と思った彼は、その中身を鍛える場を自衛隊に求めるようになる。「つらい場所へ行けば行っただけ、光るものがあるんじゃないか」と考える永井士長にとって、自衛隊が自らを鍛える「つらい場所」と映ったのだ。逆に言えば、自らを鍛える場所はつらければつらいだけよいということになる。じっさい彼はこの頃から将来はフランスの外人部隊に入るという思いにとらわれるようになっていた。自衛隊に入るのは、そこをクリアしなければ前に進めない最初のハードルと考えたのである。そしてカンボジア行きを真っ先に志願したのも、そこが「つらい場所」であり、そこに「行く」ことがフランスの外人部隊に入るためのステップのように思えたからだった。

戦争ごっこをするために自衛隊に入るわけではない。それが証拠に、あれほど小遣いをつぎこんで買い集めた軍服やモデルガンのほとんど大半を永井士長は未練もなく処分している。「おもちゃ」への興味は急速に薄れていったのである。それだけに自衛隊をめざす彼の決心は固かった。高校を卒業するさいには両親の反対にあって入隊の計画をあっさり引っこめてしまったが、今回はあくまで自分の意志を通すつもりでいた。あるいはひとり立ちの時期が近づいていたのかもしれない。二十歳の誕生日までで一カ月を切っていた。会社をやめて自衛隊に入るという決心を、彼はなぜか日頃ほとんど口をきかない父親にまず打ち明けている。永井士長の父はアパレル関係の会社に勤めていた。その父が二十歳のプレゼントにスーツをつくってくれるというので、父の会社に洋服の採寸をしに行ったとき、彼は話を持ちだした。二年前は「自衛隊なんか」と言って反対した父だったが、彼の話にじっと聞き入ったあとで「お前がそこまで思っているなら好きなようにやりなさい」と言ってくれた。残るは母親の説得だけだった。言いにくいならわたしの口から伝えようかと助け舟を出してくれる父に、永井士長は首を振った。

「男と男の約束だで、かあさんには俺から言うまで黙っといてくれ」

だが、彼は母親になかなか切り出せずにいた。あしたには会社をやめ、その次の日からは大津の教育隊に入隊してそのまま三カ月の新兵教育を受けるという土壇場《どたんば》になっても、まだ彼は会社をやめることもかんじんの自衛隊入隊の話も母にしていなかった。その夜、ひと風呂《ふろ》浴びたあとで父はトイレに行こうとする永井士長を呼び止めて、耳もとで囁《ささや》いた。

「まだ話してないんか。男と男の約束だで、黙っといたのに、どうした」

彼は、わかっとる、とひと言うと、奥の和室で洗濯ものをたたんでいた母の傍らに立った。

「俺、あした会社をやめて、自衛隊に入ることにしたから」
永井士長の家では、夜遅くまでヒステリックに顔を硬直させた母のなじる声となだめる父の声が響いていた。母の怒りの矛先は、彼自身に対してより、息子から打ち明けられていながら「男と男の約束」と言ってだんまりを決めこんでいた父に専《もっぱ》ら向けられていた。だがその母も、一夜明けると、空港のサービス員として最後のおつとめを果たす彼に、「会社の人によくお礼を言うんだよ」と近くの店にひと走りして買ってきたらしく菓子折を持たせて家を送り出した。
会社に出た永井士長は、彼女にお別れを言いに全日空のカウンターに立ち寄り、何かひと言書いてくださいと一枚の写真をさしだした。それは以前彼が記念に撮っておいたもので、写真からはグレーの制服に細身の体をつつんだ彼女が微笑《ほほえ》みかけている。
彼女はしばらく考えるようにしていたが、やがて写真を裏返してボールペンを走らせた。
〈永井くんへ
あなたには私の好きな〝ことば〟を贈ります。これからつらい事がたくさんあるかもしれませんが、自分で選んだ道です。負けないで頑張って下さい。……子〉
その隣りには外国の名言らしい言葉が添えられていた。

〈寒かった年の春には草木はよく茂る。人は逆境にきたえられてはじめて生まれる〉
それから一年半あまりがたった九三年四月七日、永井士長はその写真を折れ曲らないようにまわりをテープでしっかり縁取りした上、国連のマークを縫いつけた自衛隊の戦闘服のポケットに忍ばせてカンボジアに飛び立っていった。

ＰＫＯ派遣隊員の中でいちばんの下っ端《したっぱ》だった永井士長の役どころは、さしずめボクシングで言うサンドバッグのようなものだった。六カ月半に及ぶカンボジア暮らしの間、ひとつテントの下で寝起きを共にする先輩隊員から寄ってたかってカウンターパンチの連打を浴びせられる。むろんじっさいに殴られるわけではないが、「エテ公」「ボケ」「サル」と思いつく限りの口汚い言葉で罵《ののし》られ、何やかやといちゃもんをつけられるのだ。平和とは程遠い異国の地でポル・ポト派の不気味な動きに神経を尖《とが》らせ連日の猛暑に痛めつけられながら道路や橋の修理にあたる隊員たちは、緊張と疲労でたまりにたまったストレス、やり場のない不満を、手近な彼にぶつけて鬱憤《うっぷん》晴らしをしていたのである。

もっとも、永井士長が隊員たちの間で格好のサンドバッグにされたのは、ある意味でお互いに気心の知れた間柄だったからと言えなくもない。彼がカンボジアで配属された部隊は二十五人編成の小隊《プラトーン》だが、隊員を束ねる小隊長のポストには、どうしてもPKO活動に参加したいという永井士長の熱意にほだされて中隊長を説得までしてまだ二等兵だった彼のことを派遣メンバーに加えてくれたM二尉《い》がそのまま横すべりする形で収まった。永井士長の周囲もまるで恵庭の部隊がそっくりカンボジアに引っ越してきたかのように顔馴染《なじ》みの先輩で占められた。

永井士長の小隊だけでなく、カンボジアに派遣された自衛隊施設大隊の隊員たちは、補修作業の受け持ち地域である国道二、三号線周辺のタケオ、カンポットなどに設けられた宿営地に天幕と呼ばれる大型テントを張って、それぞれ小隊ごとに共同生活を送っていた。自衛隊は階級社会だから日本を離れても将校と兵士との待遇に差はつきものである。兵隊用の大型テントとは別に、宿営地の敷地には将校向けにプレハブ長屋の中に三畳ほどの個室が用意された。ただ、個室といっても、外から虫が入りこまないようにつねに窓やドアを閉めきったままの狭い室内には、日中の五十度近いむせかえるような熱気がたちこめている。ことにタケオの場合、飛行場の跡地を利用したという宿営地はいちめん砂漠のような白っぽい砂に覆《おお》われているせいで刺すような太陽光線の照り返しを受けて、灌木《かんぼく》の生い茂る周囲の地面よりはるかに熱せられていた。備えつけの扇風機をまわしてもテント以上に風通しが悪く熱気がこもったままの室内ではかえって寝苦しさが増すだけだった。それでも個室にはテント生活と違って他人の目にわずらわされずに自分だけの時間を持てる利点はあった。この個室に入れたのは佐官級の幕僚や尉官でも中隊長、副中隊長クラスまでで、小隊長の中には、数に限りのある個室が割り当てられずに隊員と一緒のテント暮らしを余儀なくされる者もいた。

永井士長の小隊を率いるM二尉の場合は上官から個室に入らないかとせっかく誘われたのに断っている。小隊としての作業地域がひと月ごとにくるくる変わり、そのたびに荷物をまとめて移動することを繰り返していたため、個室を持ったとしてもゆっくり腰を落ち着けているわけにはいかなかったのである。だが、そうした事情があったにせよ、M二尉が自らすすんで二十四人の部下とベッドをならべることにしたのは、テント暮らしの不自由さに目をつむっても余りあるものがあったからだ。何より部下がいま何を感じ、体の状態がどうなっているかをま近から読みとることができた。隊員たちの目がうつろになっていく様子から疲労の濃さがわかったし、体のあちこちに湿疹《しっしん》ができている部下に気づいたのも寝起きを共にすることでシャツを脱ぐ場に居合わせたからだ。その意味でカンボジアにいる半年の間、小隊《プラトーン》の二十五人には家族のようなつながりの深さがあったと言える。だが、それだけにかえって不満や苛立《いらだ》ちが剝《む》きだしのままストレートにぶつかりあうことになった。

　永井士長やM二尉らがカンボジアに入る半年前に自衛隊PKO部隊のトップバッターとして現地に送りこまれた第一次派遣部隊の六百人の隊員には、道路補修というほんらいの任務にとりかかる一方で、宿営地を設営したり生活用水にあてるために井戸掘りをしたりとカンボジアでのPKO活動をはじめるにあたってのレールづくりをともかく手さぐりで進めていく困難が絶えずつきまとっていた。これに対して彼らからバトンを引き継いだ第二次派遣部隊の永井士長たちは、現地入りしたのがポル・ポト派が粉砕を叫ぶ総選挙を目前に控えた時期にあたっていたため、内戦再発の危険をはらんだ緊迫した情勢と否応《いやおう》なしに向き合わねばならなかった。隊員を取り巻く環境は半年前とは比べものにならないくらいキナ臭いものになっていたのだ。

　事実、千歳《ちとせ》を発《た》って二日目、滑走路のあちこちに雑草がのぞいているプノンペンのポチェントン空港に降り立った永井士長たちを待ち受けていたのは、日本人の国連ボランティアが射殺されたというニュースだった。小隊長のM二尉は飛行機を降りて宿営地のタケオに向かうバスに乗り換えようとしたとき出迎えにきていた隊員から「事件」を耳打ちされている。カンボジアに行くことの危険さはそれまでも頭の中でわかっているつもりだったが、日本人殺害の報《しら》せを耳にしてあらためて二十四人の隊員の生命《いのち》を預っているということの重さが実感をともなって身に迫ってきた。そして、もし部下が生命を落したり重傷を負って半身不随の体になったとき、彼の家族に自分は何と言えばよいのだろうという思いがふと脳裏をよぎっていった。

日一日と高まっていくそうした緊迫感を肌で受けとめながらＰＫＯ二次隊の六百人は共同生活に入ったのである。窮屈なテントの中で四六時中、顔をつきあわせているのも一日二日なら我慢できるだろう。しかし、二十五人もの大の大人が半年の間プライバシーのまったくないひとつテントの下での生活を強いられるようになれば、気持ちがささくれ立ってきて、ささいなことでもついカッとなってしまう。まして置かれた環境が、連日の暑さに加えて、プノンペン政府軍とポル・ポト派の小競《こぜ》りあいが伝えられる地ならなおさらである。

真贋《しんがん》とりまぜて自衛隊に警戒を促すさまざまな情報が飛び交う宿営地のタケオでは基地の要所に弾よけの土嚢《どのう》が築かれ、休日の外出にも制限が加えられた。そんな中、永井士長たちの小隊と同じく小隊長が部下と寝起きを共にしていた別のテントでは殴りあいの喧嘩《けんか》まで起きる始末だった。原因は信じられないくらい子供じみていた。スイカの取り分が自分より多いと文句をつけて、二十代半ばの若手三曹《そう》が同僚に殴りかかったのである。ふだんからいがみあっている二人が喧嘩をはじめたというのならまだ話はわかる。ところが彼らは恵庭の部隊にいるときは冗談を言いあって周囲を笑わせたり、連れ立って呑《の》みに出かけたりしているいたって仲の良い二人なのである。手を上げるところを見たこともないし、下の者にあたりちらすようなこともない。そんな彼らに何が起こったのかとテント内の隊員たちが呆気《あっけ》にとられている間に、二人の喧嘩はエスカレートするばかりだった。本題のスイカのことなどどこかに吹き飛んで相手を打ちのめすことだけが頭にあるかのように二人は本気で取っくみあいをはじめた。抑えがきかなくなった二人の様子にまわりにいた隊員たちが総出で割って入り、何とかその場は収まった。

しかし、狭いテントの中での喧嘩はこれだけではすまなかった。別の日、今度は、スイカをめぐって殴りあいを演じた片われの若手三曹と小隊のまとめ役とも言える上官の一曹が、やはりささいなことをきっかけに乱闘劇に及んだのである。昼間の疲れからか、夜も早い時間なのに早々とベッドにもぐりこんでいた一曹が、傍らで仲間たちと缶ビール片手にささやかな宴会をひらいていたこの三曹のことを、いきなり「うるさい」と怒鳴りつけた。分別のあるベテラン下士官なのに、恐らくかなりストレスがたまっていたのだろう、日頃の冷静さを失なって端でながめていて、何もそこまで怒らなくてもいいのにと思えるくらいの剣幕だった。

言われた三曹も黙っていない。相手が年上の上官であることを忘れて、「何が悪いんだ。寝ている方が悪いべ」と売り言葉に買い言葉で言い返した。それが引き金になったのか、カンボジアでテント生活を過ごすようになってからずっとこらえてきたさまざまな鬱憤が堰《せき》を切ったように口をついて出てきた。

一曹や幹部の人たちは、命令のことばかり考えていて下の隊員の言うことにちっとも耳を傾けてくれない。しんどいのは下の者だって同じなのだからもっと気をつかってくれてもいいじゃないか。恵庭にいるときはこんなことはなかった。カンボジアに来てからだ。上と下が妙にギクシャクするようになったのは……。

まわりで二人のやりとりを固唾《かたず》をのんで見守っていた隊員の中には、三曹のいささか愚痴めいた言葉をもっともと受けとめる者も少なくはなかった。彼は、部隊では陸士長や陸士といった兵卒クラスの若い隊員から相談をもちかけられたりして結構たよられる存在でもあった。それだけに面と向かって上官にはなかなか口に出せない若手の不満を代弁していたのかもしれない。

永井士長の小隊の二十五人が共同生活を送るテントの中では、いらいらが嵩《こう》じてやたら怒りっぽくなった隊員同士が取っくみあいを演じるようなことはまずなかった。その分、位がいちばん下で、先輩からどんな理不尽なことを言われても口答えのできない彼が、隊員たちの持って行き場のない不満の格好のはけ口にされていたのである。

　朝起きるなり、カンボジアで隊員たちのサンドバッグにされた永井士長への〝ジャブ〟ははじまる。何か他に気に障《さわ》ることがあったらしく苛立った先輩が「サル！　てめえ、この野郎」と彼の顔を見るなり怒鳴りつける。この野郎、と言われても何に対して「この野郎」なのか、彼にはもちろんわからない。いや、怒鳴っている本人さえ、自分が何に向かって怒っているのかおそらくわからないのだろう。ともかく、テントの中での寝苦しかった夜、きょうもまた繰り返される炎天下での力仕事、そして作業現場に向かう途中の道路沿いの村々から自衛隊のトラックを黙って見送っている村人たちがみんなポル・ポト派に思えてしまうほどの緊迫した雰囲気など、カンボジアでの毎日のさまざまなことに無性に腹が立って、とりあえず手近にいる永井士長に当たり散らしてみるのである。単なる八つ当たりとしか言いようがないが、嵐《あらし》が過ぎ去るのを頭を低くしてひたすら待ちわびるように彼は「すいません」を連発する。せめて先輩の気に障らないようにするには新兵のときと同じく用を言いつけられる前にかいがいしく立ち働くことである。

　朝起きるとまず旧軍の言い方にならって自衛隊でも煙缶《えんかん》と呼ぶ灰皿をきれいにして、隊員それぞれの湯呑みにお茶を入れる。恵庭の部隊にいたら入りたての新隊員がやらなければならない仕事を、小隊の中での自分の位置を自覚している彼は率先してこなしていった。それが、いま以上先輩たちから〝パンチ〟を浴びないための、彼なりのせめてものガードだったわけだ。

夜、狭いテントの中は一大カジノに変貌《へんぼう》する。賭《か》け金が一回一ドルから三ドルほどの「オイチョカブ」が開帳されるのだ。あちこちのベッドの上にトランプのカードがばらまかれ、車座になった五、六人の隊員があぐらをかいたり立て膝《ひざ》をついた姿勢でカードの行方を食い入るようにみつめている。

カードが開けられるたびに隊員の輪の中から「いただき！」「畜生っ」といったあまり品のよろしくない叫び声や悲鳴がわき起こり、暑さと疲労でふだん盛り上がることの少ないテント内もこのときばかりは異様な熱気につつまれる。

カンボジアで隊員たちの「オフ」に対する締めつけはことの他厳しかった。日中の作業現場だけでなく土日に外出する隊員の行く先々で日本から大挙押しかけたマスコミの取材陣が待ち構え、はじめて海を渡った六百人の兵士たちがプライベートな時間をどう過すのかシャッターチャンスを虎視眈々《こしたんたん》と狙《ねら》っている。それでなくても世間の目を気にする自衛隊である。ひとり歩きはしない、いかがわしい場所には近づかない、と修学旅行に出かけた中学生なみに事細かに禁止事項をあげて、ＰＫＯ派遣の初舞台を破廉恥《はれんち》な話題で穢《けが》さないように隊員の行動に目を光らせていた。一次隊の隊員の間では、現地の女性としけこむ自衛官の姿をとらえたスクープ写真に写真週刊誌が百万円の懸賞を出しているという噂《うわさ》がどこからともなく広まり、あまりにもできすぎた話だけに、実は隊員に妙な気を起こさせないため上の連中がでっち上げて意図的に流した情報なのではないかと囁かれていたほどだ。

しかし家族のもとを離れて遠い異国でむさ苦しい男ばかりのテント暮らしを何カ月にもわたってつづけていればどうしても関心は一点に集中してしまう。カンボジアの情勢が比較的落ち着いていた時期に派遣された一次隊の場合、一週間ほどの長期休暇を利用して留守家族をタイやシンガポールに呼び寄せ羽根を伸ばした隊員もいたが、まとまった休みがとれなかった若手隊員の多くはアンコールワットの遺跡めぐりで我慢するしかなかった。だが、ガイドが世界を代表する文化遺産の説明をしていても誰一人聞いてはいない。「お、こいつ、いいケツしとるやんけ」と言いながら仏像の丸味を帯びた臀《でん》部《ぶ》をなでまわして、にやけてみせるのである。

ただそれもプノンペンへの外出さえ禁じられた二次隊の隊員には贅沢《ぜいたく》な夢に映る。彼らにとっての気晴らしはせいぜいテントの中でのオイチョカブだった。隊員の宿舎が夜ごとドル札が乱れ舞う賭場《とば》に変わってしまうことに幹部は見て見ぬ振りをしていたわけではない。それどころか小隊長はむろんのこと中隊長までが兵士の中にまじって「もう一枚！」と大声を張り上げながら熱くなっていた。

カードで負けがこむのも恐《こわ》いものだが、もっと恐ろしいのは勝ちが過ぎることである。小隊長をはじめ小隊の隊員二十五人全員が寝起きをともにしているテントの中で毎夜開かれるオイチョカブに加わりながら永井士長はそのことを思い知らされた。それでなくても隊員たちの欲求不満のはけ口代わりにされて何かにつけていびられていたのが、カードが強いばっかりに先輩からの攻撃の手がますます強められて、神経を逆撫《さかな》でするひどい言葉で罵られるようになった。

その夜、給料日目前だった永井士長の手もとには土産を買いこんだこともあって現金が十六ドルしか残っていなかった。しかし彼は先輩の陸士長に二十ドル借りていつものように場に入った。ツキがめぐってきたのか、彼自身の言葉を借りれば「ダーッと昇り竜《りゆう》の勢い」でおもしろいように勝ちはじめた。最初のうちは、稼いだドル札をすまなそうにかき集める永井士長に向かって「次はたっぷり礼をさせてもらうぜ」と余裕の表情で嫌味を言っていた先輩の下士官たちも、まぐれどころか、彼が連戦連勝を重ねていくと、しだいに顔をこわばらせて無口になり、やがて尖った感じの眼で睨《にら》みつけながら「サル！　てめえ、いいかげんにしろよ」と罵声《ばせい》を浴びせかけるようになっていった。オイチョカブの場が立つこの頃までにはほどよくアルコールがまわっていることも手伝って、声には一段と凄味《すごみ》が加わっている。

永井士長は、もうこれ以上いいカードが出ませんようにと心の中で祈りながらカードを切って先輩たちの前に配りはじめた。そして自分の分にとカードをめくると、エースが出ている。手札とめくり札を合わせたカードの数字が9や19になるのがふつうオイチョカブの勝者だが、この場は大阪ルールで行なわれている。エース三枚か、エースの次に4が出たら、これはカブより強い。親の総取りである。いままでさんざん勝ちをひとり占めして、先輩たちの金を三百ドル近く巻き上げておきながら、さらにまたカブでも歯が立たないような札を手にしたら、どんな羽目になるか知れたものではない。彼の手もとをみつめる先輩たちの眼つきは、鋭いとか熱くなっているとかそんな生やさしいものではない。殺気をはらんでいる。獲物《えもの》に飛びかかるその頃合《ころあ》いを見計らっているような切迫した感じがある。それは、彼らが遊びを通り越して本気でこの賭けに臨んでいることを物語っていた。先輩たちの視線を全身で受けとめていると、この調子で勝ちがつづいたら殴られるというより寝ている間にナイフでひと突きされてしまうような不安さえ覚えた。

永井士長は手にとったカードを覚悟を定めたように、えいっ、とばかりに開いてみせた。スペードの４、シッピン総取りである。やばい、と舌打ちしても、もう遅い。いっせいに罵声が飛び、ドルの札びらや呑み干したビールの空き缶やトランプのカードが投げつけられる。彼は伏し目がちに恐る恐る手を伸ばしてあたりに散らばったカードをすばやく回収し、また切りはじめた。ともかく負けるまで勝負から降りることは許されないのだ。先輩たちに悟られないように彼は手を加えてエースの四枚だけひと所に集めた。カードの切り方には自信がある。このへんで止めておけばエースが自分のところに回ってこないで場に出るだろうという勘を働かせて彼は手の動きを控えた。案の定、先輩たちに行ったカードにはエースが含まれているらしかった。急に勢いづいた先輩たちはドル札を多目にカードの前にならべて、どうだ、という眼で永井士長を促した。カードをそっと開けてみる。見事なブタである。「ざまあみろ」「サルにはこれがお似合いだよ」と先輩たちは相変わらず口汚く罵るのだが、声の調子からは刺々《とげとげ》しさが消えている。表情もどことなく和らいできている。彼は心底ほっとした。そのあと勝ったり負けたりを繰り返しながら、それでも手もとにはひと晩で二百二十ドルの現金が残った。先輩からの借金も含めて元手は三十六ドルだから、差し引き百八十四ドルの儲《もう》けになる。むろん小隊内ではいちばんの稼ぎ頭だった。

小隊のテントの中でオイチョカブの場は四つから五つくらい立つが、場に加わる顔ぶれによって賭け金は微妙に違ってくる。若手の下士官が中心の場は賭け金が一ドルから三ドルなのに対して、中隊長、小隊長といった将校がメンバーに入るとレートは五ドルにまではね上がることもあった。自衛隊の食堂はどこも将校用と兵隊用とにきっちり分かれているが、ここの〝カジノ〟に階級の制限はない。隊員たちは自分の懐《ふところ》具合に応じてどこの場に入るかを決めればよい。出入り自由である。ただ、永井士長がカードに強いことを知った隊員たちは彼が面子《メンツ》に加わるのをしだいに敬遠するようになった。オイチョカブの輪の中に入ろうとする彼に向かって、先輩はまず「きょうはいくら持ってきた」と問《と》い質《ただ》す。彼がある程度まとまった金を持っていると、先輩たちは顔を見合わせながら「そろそろ貧乏パワーが出るな、やべえな」とつぶやいて、まるでガキ大将のような台詞《せりふ》で「きょうは入れてやらないよ」と断ってくる。仲間外れにされた永井士長はレートの高い〝将校カジノ〟で遊ばなくてはならない。しかしここでも勝ちが過ぎると嫌われるようになる。やがて彼には面子が揃《そろ》わないときを除いてはなかなかオイチョカブの誘いがかからなくなった。「サル」「エテ公」という呼び名とは別に、カンボジアに行っている間に、永井士長には「貧乏パワー」という新しい渾名《あだな》がつけられた。

そんな彼でも先輩たちから重宝がられることがあった。高校時代は自分からすすんで英会話スクールに通い、空港のグランドサービスに勤めているときも暇さえあればトランジットで立ち寄った外人に「ハロー」と話しかけていたというだけあって、外国語への興味が人一倍ある永井士長には、好きこそものの上手なれでどうやら語学のセンスがあるらしかった。カンボジアの言葉であるクメール語の単語を小隊の誰よりも早く覚えて、現地の人々相手に少しも臆《おく》することなく言葉を交わすようになっていたのだ。自衛隊のＰＫＯ隊員には日本を出発する前にあらかじめクメール語のポケット辞典が全員に支給されていた。もっとも辞典と言っても市販のものではなく、陸上自衛隊が独自に作成した二百ページほどの小冊子である。ただしその内容はどんなクメール語の辞典よりも現地の生きた言葉に即していて、カンボジアの人々がふだん着の生活のさりげないシーンで使う用語をふんだんに盛りこんでいるはずだった。それはこの辞典がクメール語を外国語として学んだ人間の手でつくられたものではなかったからだ。カンボジア人を母に持ち二十歳までこの地で育った、だからクメール語がカンボジアの大地を貫く赤茶けたメコンの流れのように体内を脈々と流れている一人の陸士長が中心になって、辞典はつくられていた。

永井士長は、ＰＫＯ部隊への参加が正式に認められ恵庭でカンボジアでの生活に備えた研修を受けるようになったときからこの辞典をたよりにクメール語の勉強を重ねていた。そして現地入りした段階ですでにクメール語で数の数え方を覚え、ごく簡単な会話なら何とか喋《しゃべ》れるまでになっていた。ふだんは永井士長を「サル」と悪《あ》しざまに呼ぶ先輩たちが重宝したというのは、その彼の語学力だった。

休日、宿営地から一キロほど離れた、唯一《ゆいいつ》外出が許可されているタケオ市内のマーケットで買物を楽しんでいると、「ちょっと、永井」とどこからか名前が呼ばれる。現金なものでこのときばかりは「サル」や「エテ公」がしっかり「永井」に変わっている。「どうしたんですか」と先輩たちのところに駈《か》け寄ると、店の品物を指さしながら「まけるように言ってくれないかな」と、これがテントにいるときの同じ相手かと耳を疑いたくなるような調子のよさで頼んでくる。

タケオの市場は、遠くから見ると、日よけ代わりに天蓋《てんがい》に薄汚れたボロ布をのせただけの難民の集落のようである。だが、竹矢来《たけやらい》を思わせる背の低い垣根で周囲と仕切られた市場の中に一歩足を踏み入れると、魚の腐ったようなすさまじい臭気とともに、品揃えの圧倒的な豊富さに驚かされる。それは何ごとにも多産なアジアそのものである。野菜に果物、金だらいに山盛りになったご飯ものや魚、豚の頭などがゴザや粗末な縁台にところ狭しとならべられている。客が通りかかると、地べたにしゃがみこんで、しぶとそうな眼だけをぎょろぎょろさせた売り子の婆《ばあ》さんがすかさず声をかけてくる。眼でも合わそうものなら大変である。どこにそんな敏捷《びんしょう》さが隠れていたのかと思うくらいのすばしっこい身のこなしで立ち上がり、姿が見えなくなるまで「安いよ、安いよ」の連呼である。中には、泥のかたまりのような裸足《はだし》の子供を使って、客のズボンやTシャツの裾《すそ》を引っ張らせる豪の者もいる。

生鮮食料品を売っているそうした屋台の裏では、恐らくタイ国境を越えて運ばれてくるのだろう、靴、サンダル、衣服、バッグ、ライター、PKO隊員をあてこんだみやげ物やいかにもニセものくさいアクセサリーを売りつける店がならんでいる。永井士長たちが専《もっぱ》ら立ち寄ったのはこうした店である。

「たあ　たらい　ぽんまーん？」

永井士長がたずねると、店の人は「むぺい　どらー」と即座に答える。二十ドルのことだが、タケオ市内の商店で働く若者の月給が米ドルに換算して九ドルにも満たない。いくら外人相手のみやげ物と言っても法外な値段である。日本人と見て吹っかけたのだろう。じっさい自衛隊がタケオに駐屯するようになってから、タクシー代わりにバイクの後ろに客を乗せて走る〝輪タク〟の値段は五倍以上にはね上がった。むろん「PKO特需」でぼろ儲けした分、自衛隊が去ったあとは売り上げが十分の一に減ってしまったという。

永井士長が英語で「ディスカウント、ダウン、ダウン」と繰り返していると、店の人間もわかったらしく、いくらだったら買うのかと聞いてくる。彼はポケットからとりだした電卓のキーを押して、一気に半値に落した数字をさし示す。相手は首を振って二割ほど引いた値段を見せる。永井士長は日本語で高いという意味のクメール語、「たらい」を連発する。電卓がしばらく店員との間を行き来して、それでも交渉が成立しないと、彼は、もういい、と言うように「あって　あって」と手を左右に大きく振りながら帰るふりをしてみせる。すると焦《あせ》った店員が「オーケー、オーケー」と言いながら追いかけてくる。交渉成立である。その間、先輩たちは傍らで感心したように永井士長と店員とのやりとりに見入っている。だが、感心するのも彼から望みの品を受け取るまでである。宿営地のテントに戻ると、先ほど世話になった一件はすっかり忘れたかのように、永井士長のことをまた「エテ公」「サル」と呼んではどやしつけるのである。

永井士長の語学力というか、現地の人々と気後れせずに言葉を交わせる能力を買ったらしく、小隊長のM二尉《い》は作業現場で彼にふさわしい仕事を割り与えた。もともと戦車などの重車両が通れるように川にパネル橋と呼ばれる組み立て式の橋を架けることが専門の永井士長の小隊は、カンボジアでも橋の架け替えや風雨にさらされ腐食してあちこち穴だらけになった橋板の張り替えを担当していた。

小隊の隊員は、政府軍の兵士に見間違われてポル・ポト派の標的にされる恐れのある自衛隊の深緑色の戦闘服の代わりに迷彩服を着て、こうした作業に従事していたが、永井士長だけは違っていた。頭には作業帽ではなく鉄のヘルメットをかぶり、迷彩服の上からは防弾チョッキを身につけ、さらに五キロ近くある64式自動小銃を構えて、作業現場の橋の手前で見張りの仕事につかされたのである。総選挙を控えて動きを先鋭化させるポル・ポト派が政府軍だけでなくＵＮＴＡＣ職員やＰＫＯ部隊にまで攻撃を仕掛けて多数の死傷者を出すようになると、それまで武器を持たずに丸腰で道路や橋の補修にあたっていた自衛隊も作業に向かう全員に武器を持たせ、作業が行なわれている間は現場の両端に完全武装の隊員を歩哨《ほしょう》として立たせることにした。

カンボジアの住民は好奇心がよほど旺盛《おうせい》なのか、それとも単に暇なのか、現場に到着した自衛隊の隊員がトラックから降り立つと、たちまち子供を先頭にして数十人からの村人が群がってくる。彼らは隊員の様子をもの珍しげにながめているだけでなく、子猫のような好奇心を発揮して隊員の動きに合わせてどこまでも従《つ》いてくる。中には隊員の眼を盗んでおいた器材や道具を掠《かす》め取ろうとする輩《やから》までいるから始末が悪い。

　作業を進めるさいにも見物人の存在はネックになる。恐らくそんな建設機械を眼にするのは生まれてはじめてなのだろう、興味をいたく刺激されたらしく、ブルドーザーやクレーン車の前に立ちはだかったり車体の下をのぞきこんだりする。隊員としてはうっかりバックもできない。重機や車両を動かすたびに彼らをうしろに下がらせなければならない。作業の内容によっては付近の通行を一時的に止めることもある。こうしたヤジ馬や交通の整理には現地の人々にあまり警戒感を抱かせずにコミュニケーションがとれる人間が必要である。その点、誰に対しても人なつっこそうな笑顔を絶やさない永井士長は適任だった。

　しかし、クメール語の辞典を引き引き「危ないから近づかないで」と住民相手に呼びかけているうちはまだいい。永井士長が小隊長から作業現場の見張り役としてヤジ馬を整理したり付近の警戒をするように命じられたのはポル・ポト派の襲撃が噂されているさ中なのである。もしも、のときには、自動小銃を手に完全武装で弁慶のように橋のたもとに立っている彼は、間違いなく格好の標的として真っ先に狙い撃ちされるはずであった。

　自衛隊に入って以来、彼は少年の頃からあれほど持ってみたいと憧《あこが》れてきた本物の自動小銃を手に幾度となく実弾を撃ってきた。だが、訓練ではつねに銃を向ける側だった。本物の銃を向けられる恐怖を味わったことはなかった。しかし、その恐怖を永井士長ははじめてカンボジアで体験する。

装　塡

永井士長の小隊が橋の補修を主に受け持ったのは、カンボジア西部の都市カンポットからシャム湾に突き出た港町シハヌークヴィルに向かう一帯で、海岸線に沿って走る道路の反対側には小高い山々がつづき、ポル・ポト派がどこに潜んでいてもおかしくないと思えるような、不気味な静けさをただよわせた深くて濃い緑が広がっている。じっさいこの一帯にはポル・ポト派の勢力が地下にしみ通る清水のように浸透している。ポル・ポト派が粉砕を叫ぶ総選挙を控えたこの時期だけでなく、自衛隊はじめ世界十六カ国のＰＫＯ部隊がすべて引き揚げて、内戦状態の終了を高らかに告げた自治政府の樹立から二年近くたったいまでもなお、外国人が誘拐されたり村がゲリラの襲撃を受けて地区の区長や警官らが殺害される事件が相次ぐ、カンボジアでもっとも熱く煮えたぎっているゾーンである。

朝一番で先輩たちとともにトラックに乗って宿営地をあとにした永井士長は、ポル・ポト派の影がちらつく地域からさほど遠くない作業現場の橋に着くと、橋のたもとにクメール語で「止まれ」と書かれた看板を立てかける。その看板の傍らで、テッパチと呼ばれる鉄製のヘルメットに防弾チョッキという完全武装のまま日がな一日張り番をつづけるのが彼の日課になっている。もっとも、あちらこちらから人が湧《わ》いてくるから、その整理に追われて、暇をもて余すということはまずない。橋を通行止めにするときには、暴走族顔負けのスピードと、追い越し、車線変更、何でもありのマナーの悪さで砂塵《さじん》を巻き上げながら突進してくるバイクや車のドライバーに、止まれという意味の「ちょっぷ！　ちょっぷ！」を繰り返して、何とか中央突破を思いとどまってもらう。

橋の補修は年間を通じて照りつけるギラギラとした切れ味の鋭い日射《ひざ》しの下でつづけられる。しかも単に暑いというだけでなく、ここにはカンボジア特有のじっとりとした湿気がある。体を動かすたびに、あたりにたちこめた湿気が肌にまといつく。濃くよどんだ熱気の中にしばらく佇《たたず》んでいると、何をするのも億劫《おっくう》になり、やがて頭がくらくらしてくる。危ない前兆である。このため隊員が熱射病で倒れないように作業はほぼ三十分おきに休憩をとり、その間は通行止めを解除する。

それは、作業の合間の休憩時間まであと十分あまりというときに起こった出来事だった。橋を通行止めにしてかなりの時間がたっていたこともあり、永井士長が張り番をする橋のたもとには、いつものように上半身裸でちょこまか動きまわるヤジ馬の子供たちから、橋を渡ろうとしていた近在の農民やバイクに乗った若者たちまでかなりの数がたまりはじめていた。そこに排気音を轟《とどろ》かせながら二台のバイクが疾走してきた。

永井士長の表情が見る間に凍りついた。バイクにはカンボジア政府軍の戦闘服を着た若い兵士が三人乗っている。運転している二人は自動小銃を肩から下げているが、荷台に股《また》がった男の方は銃口を斜め上に向けたまま台尻《だいじり》を小脇《こわき》で支え、即座に引き金に指がかけられるように銃身の柄の部分を握っている。兵器に詳しい永井士長には銃身の短さからそれが旧ソ連製の名高い自動小銃カラシニコフＡＫ47であるとすぐにわかった。全長が一メートル近くもある自衛隊の64式に比べて長さは三分の二ほど、そのコンパクトなスタイルと扱いやすさは西側軍事専門家からも高い評価を受け、かつての東ヨーロッパ、中国、第三世界のほとんどの軍隊やアラブのテロリストたちに採用されて数々の戦闘の舞台でスナイパーとしての威力のほどを実証してきた。まだ一度も実戦で使われたことがない自衛隊の国産小銃とはわけが違う。世界の代表的な小銃はその特徴から性能まですべてそらんじているほどの彼も、ＡＫ47をま近でじっくり眼にしたのはこれがはじめてだった。雑誌のグラビアや単なる展示物と違って、いかにも使いこまれてきたような本ものを前にすると、鈍く黒光りする鋼鉄の銃身に何か気圧《けお》されるものを感じてしまう。いや、銃だけではない。それをいま手にしている男もまた銃弾のしぶきの下をくぐりぬけ、じっさいにその銃で何人もの人間の息の根を止めてきた筋金入りの兵士なのだろう。

バイクに乗った政府軍の兵士たちは、永井士長の「ちょっぷ！　ちょっぷ！」という制止にも耳を貸さず、威嚇《いかく》するようにバイクのアクセルを繰り返し吹かしはじめた。それに勢いづけられたのか、ついさっきまで彼の指示に黙って従っていた現地の人たちが停止ラインをオーバーしてしだいに橋のたもとに向かって進み出した。永井士長はあせって、クメール語で、下がれ、下がれ、と叫びながら、両手で群衆を押し戻すしぐさをした。だが効果はない。その間にも二台のバイクが彼のすぐ目の前に停まり、運転している兵士たちが、早く通せ、とでも言っているのか、何ごとかわめきはじめた。永井士長は大げさに首を振りながら「あっだんてー　あっだんてー」と言うしかない。わからないという意味である。

鉄のヘルメットに防弾チョッキというものものしい完全装備で身振り手振りを加えながら馬鹿《ばか》の一つ覚えのようにクメール語の単語を繰り返す彼のことを、兵士たちは舐《な》めまわすような視線で頭のてっぺんから足先までひと通り見まわしたあと、互いに目顔でうなずいてにやにや笑いはじめた。永井士長には自分がからかわれている理由について察しがついていた。見てくれだけはご大層な格好をしているけれど、かんじんの小銃に弾がこめられていないことをプロの兵士はちゃんと見抜いているのだ。64式小銃は銃身のほぼ中央部分に銃弾を詰めたカートリッジ式の弾倉を取っ手のようにはめこまなければ銃としての用をなさない。作業現場で張り番をする隊員はつねに銃を携帯していると言ってもふだんから弾倉を装塡《そうてん》しているわけではない。小隊長らの許可を得てはじめて弾をこめることができる。つまりふだんは銃は持っていてもおもちゃの木銃を持っているのと何ら変わりないのである。現に永井士長自身、張り番についてからまだ一度も弾倉をつけたことがなかった。弾倉はカセットテープより少し大き目の黒っぽいケースである。それが銃身の真ん中に収まっていないと、玄人《くろうと》の眼には自動小銃はまるでクレイ射撃のライフルのようにのっぺらぼうな鉄の筒に映る。そのことに気がついて、兵士たちは大方、「あれ見ろよ、弾入ってねえじゃないか」と囃《はや》したてているのだろう。

兵士たちの話が耳に入ったらしく、永井士長のまわりをとり囲んだヤジ馬や通行人たちは、彼にはまるで理解できない言葉でぴゃあぴゃあ言いあいながら、彼の姿を見てにやにや笑うようになった。笑いが伝染していくように人垣のあちらこちらから、くすくす笑いが洩《も》れてくる。そこには永井士長のことを完全になめてかかっている表情がありありと浮かんでいる。少なくとも彼にはそう思えた。ふだんは橋のたもとに群がる現地の人たちを相手にしていても不安を覚えることなどなかったのに、いまは違う。人々の自分を見る視線にはあの得体の知れない兵士たちと同じように好奇心とは異質のものが含まれている。そして誰もが自分を見て笑っている。その顔、顔、顔に囲まれているうちに、永井士長は急に恐《こわ》くなってきた。

カンボジアで派遣生活を送るようになってこれまでにも、背筋がぞくっとする思いは何度か味わっていた。宿営地から少しはずれた倉庫の不寝番を彼の小隊は交替でつとめることになっている。有刺鉄線を張りめぐらせた倉庫の周囲を二人一組の当直が見回るのである。その夜も、何ごともなく時間だけがゆっくりと過ぎていき、長く退屈な任務はようやく終ろうとしていた。空が白みはじめた頃、ペアを組んでいた下士官が、暇だから基地に帰る前にちょっとドライブするかと永井士長のことを誘った。二人はジープで町中を少し走ったあと、そのまままっすぐ基地に向かわずに、危険だから避けるようにと上官から釘《くぎ》を刺されていた山を抜けるコースをとった。しばらく山道を走っていると、突然、両側の茂みから十数人の集団が飛び出してきてジープの行く手をふさいだ。永井士長はとっさにブレーキを踏みこんだ。服装からすると政府軍の兵士のようだが、確証はない。昼は兵士でも夜になると強盗に化けるという嘘《うそ》のような話がここでは現実に起こるのだ。彼が、猛然とバックさせてその場から逃げ去ろうかどうしようかと思いあぐねているうちに、三人の男たちが駆《か》け寄ってきて、先輩が座っている助手席の窓越しに車内をのぞきこんだ。銃を突きつけられるのかと一瞬、恐怖に身をすくませたが、どうやらその気配はない。銃は肩から下げているらしく銃身の上の部分しかのぞいていない。やがて兵士たちは「ばれい　ばれい　そんもい　ばれい」と言いながら窓から手を差し入れてきた。

　国内の訓練では結構頼りになる先輩が、救いを求めるように傍らの永井士長を振り返った。

「煙草《ばれい》くれって言ってるみたいですよ」

　彼のひと言で、引きつっていた先輩の顔にふっと緊張の糸がゆるんで生気が戻ってきた。あいにく永井士長は煙草の持ち合わせがなかったが、先輩のポケットにラッキーストライクが一箱入っていた。それを渡したとたん、兵士たちは顔をほころばせ、「おーくん　おーくん」と英語のサンキューを繰り返しながら両手を合わせて拝む格好をしてみせると、足早に仲間のところに戻っていった。

「こわかったなあ」

　先輩の実感のこもった言い方に、永井士長はジープを走らせながら「おしっこ、ちびっちゃいましたよ」と苦笑いで応《こた》えていた。しかしそんな冗談が言えるのも基地に近づいてからだった。山道を走っている間はいつまた彼らのような手合いが茂みからいきなり姿をあらわして行く手をふさぐか、気が気ではなかった。

もっとも不気味ということで言えば、橋のたもとにひとりぼっちで取り残され、政府軍の兵士や現地の人々に囲まれてにやにや笑われているいまの方が、永井士長にははるかに薄気味悪く感じられた。車に乗っているわけではないから、アクセルをいっぱいに吹かして人垣を薙《な》ぎ倒し、強行突破することもできない。要するに逃げたくても逃げられないのだ。

彼が高校生の頃見たアメリカの映画に、戦場にいきなり投げこまれた新兵が恐怖にかられて味方だろうが何だろうが誰彼構わず銃をやみくもに撃ちまくるというシーンがあった。恐怖が極限にまでつのると、そこから逃れたいあまりに人間は破滅的な衝動にかられて突拍子もない行動に出る。のちになって永井士長は、あのときの心理状態を振り返りながら、全身の神経がぴんとはりつめていた緊張の場面があと少しつづいていたら、はたして自分をいつまでも抑えることができたかどうか、あるいは恐怖に負けて、自分もまた何をしでかしたかわからないような気がして不安になるのだった。

永井士長は胸から吊《つ》り下げた無線機のマイクをとると、英語でコールサインを送り、橋の中央部で作業を監督している小隊長のM二尉《い》に呼びかけた。

「政府軍が来て、銃を持って、こっちを見て、こわいんです。弾倉を装塡してもよろしいでしょうか」

永井士長の上ずった声に、M二尉は即座に、待て、と返事した。そしてしばらく考えるように間をおいてから「わかった。つけてよし」と応答してきた。

彼は、腰にしめたベルトからカートリッジの弾倉を一個とりだすと、肩から下した自動小銃にはめこんだ。

ガチャン、と弾をこめる重たい金属音が周囲に響きわたった。そのとたん、永井士長をとり囲んでいた現地人たちがくもの子を散らすようにいっせいにうしろに下がった。後ずさるというより、それは、何かにはじかれたように、一瞬のうちに跳びのいたという感じだった。彼のことを遠巻きにする現地人の顔からは、さっきまでの、にやにやした笑いが消えている。

物見高いヤジ馬や通行人は弾倉の装塡に驚いてうしろに下がったが、さすがにバイクに乗った政府軍の兵士たちはその場から動かなかった。

永井士長は、自分が弾をこめたと同時に、バイクに乗った兵士たちの眼つきが、おっ、やるのか、とでもいうように、ぴくっと変わったのを視界の端でとらえていた。兵士たちはいまも険しい眼で、彼の動きを一瞬たりとも見逃さないようにじっと睨《にら》みつけている。中でも荷台に乗った兵士は小脇に抱えたＡＫ47を下ろして、胸のところでしっかり構え直している。その男の眼光には斬《き》りつけるような鋭さがあった。斜《しゃ》に構えて、精一杯いきがっている日本のヤクザとはわけが違う。もっと冷たく、強靱《きょうじん》で、全身を凍りつかせるような残忍さが宿っていた。

ほんとうに恐《こわ》いときは、相手と眼を合わせられないことを、永井士長ははじめて身をもって知った。こわくてこわくて相手の眼をまともに見られないのである。もし眼を合わせたら最後、自分に向けて銃をブッ放してくるような気がしてならなかった。撃ち合いになったら、洒落《しゃれ》にならないし、射撃の技術はこいつらの方がはるかに上だべな、と思いながら、永井士長は、どうしよう、どうしよう、と声にならないつぶやきを繰り返していた。こわくて仕方ないから弾をこめたのに、ますます恐怖をつのらせる結果になってしまった。

この場をどう繕ってよいのか、途方に暮れた彼は、ともかく兵士たちと眼を合わせないように、近寄ってきた裸の子供たちを相手にしていた。永井士長を見て、くすくす笑いながらまとわりつく子供たちとじゃれあっていても、心ここにあらずで、彼は背中に兵士たちの鋭い視線を感じとっていた。ひょっとしたらうしろから撃たれるかもしれないという最悪の事態を予測する不吉な思いが脳裏につきまとって離れない。冷たい汗がにじんで、背筋をねっとりと伝っていった。

やがて無線機から永井士長を呼ぶ声が聞こえてきて「休憩」を告げた。彼は、通行止めの標識を道路脇にどけて、「たう　たう」と大声を上げながら、行け、行け、というように腕で合図してみせた。

人波がゆっくりと動き出した。バイクもアクセルを吹かして、彼の前を通り過ぎていく。だが、荷台に乗って銃を構えている兵士は、橋を渡っている間もうしろを振り返り、永井士長から視線をはずさなかった。

永井士長の小隊の隊員は自分たちのことをいい加減うんざりしたような響きをこめて「ジプシー」と呼んでいた。本隊が基地を構えるタケオに腰を落ち着けることなく、カンポット、シハヌークヴィルと作業地域に応じて「栖《すみか》」をほぼひと月おきに転々と変えていたからである。隊員たちはそのたびに生活道具や私物をケースに詰めてはまた荷ほどきを繰り返した。

彼の小隊が渡り歩いたこれらの宿営地の近くには装甲車や機関銃で武装したフラン

ス軍の歩兵部隊が駐屯していることが多かった。カンボジアでPKO活動に参加した軍隊の仕事は大きく二つに分かれる。自衛隊のように道路や橋の補修をする土木工事をはじめ、通信、医療、航空輸送といったいわゆる後方支援にたずさわる仕事がその第一、もう一つは、カンボジアで長年にわたって内戦を繰り広げてきたポル・ポト、ソン・サン、ラナリット、ヘン・サムリン四派の武装解除に立ちあって、大量の武器を管理するとともに、武力衝突が再発しないように治安の維持にあたる、より軍事色の強い仕事であった。これには十一カ国が計一万人の歩兵部隊を送りこみ、UNTACはこれら各国の武装部隊をカンボジアを十一のセクターに分けたそれぞれの地域に一個ずつ配置した。そして、自衛隊の施設部隊が道路や橋の補修を担当したタケオ州、カンポット州、シハヌークヴィル地区には、空挺《くうてい》部隊や外人部隊から編成された八百七十人のフランス軍が駐屯して、続発するポル・ポト派と政府軍の銃撃戦に備えて監視活動をつづけていた。

　その外人部隊の隊員と永井士長は生まれてはじめて言葉を交わすことができた。自衛隊を踏み台にしていずれは外人部隊に入りたいと思いつづけていた彼にとって、外人部隊の兵士たちはめざす目標であり、憧《あこが》れの存在だった。ま近で眼にした彼らは、たしかに見るからに鍛え抜かれた肉体と不敵な面構《つらがま》えを持った「男の中の男」だった。

厚い胸板に強靭そうな骨格。服の上からでも盛り上がった筋肉のありかがわかる。体を動かすたびにそれら繊維の張りつめた筋肉の一つ一つがせめぎあう様子がみてとれる。自衛隊の隊員は銃を持って見張りについていてもかんじんの弾はこめないままだというのに、フランス外人部隊の兵士は休日で町を出歩くときでも弾倉を装塡した銃を片時たりとも手離さない。話しかけると、気軽に応じてくれる。だが、話しながら、ふと、にやっと笑ってみせるそのときの眼には、見つめられただけで怯《おび》えてすくんでしまいそうになる鋭い光がみなぎっていた。それは橋のたもとで永井士長を睨みつけた政府軍の兵士たちの眼つきとどこか似かよっていた。

永井士長が自衛隊に入ったのも、カンボジア行きを志願したのも、そして外人部隊をめざしているのも、「つらい場所に行けば行っただけ、光るものがある」と思えたからである。その考えに従えば、眼の前にいる外人部隊の兵士たちは、もっとも「つらい場所」に行って、それに見合うだけの「光るもの」を手にしているはずであった。

彼が本の中で知っている外人部隊はこの上なく「つらい場所」だった。入隊して四カ月間は外部との接触をいっさい断たれてしまう。電話もかけられないし手紙も送れない。外からの連絡もとりつがれない。いかなる場合においても、だ。むろん外出など許されるはずがない。新兵訓練と言っても自衛隊のレンジャー訓練で行なわれているような苛酷《かこく》なメニューを毎日こなしていく。しかもそこではフランス語しか使えない。

このカンボジアではどんなに先輩たちからいびられても永井士長には逃げ道があった。休日にマーケットの露店をひやかしたり、隣りの宿営地にいるウルグアイやインドネシアの兵士たちとビールを呑《の》みながら片言の英語で話していれば、結構気を紛らわすことができた。日頃は彼をつかまえて「エテ公」「サル」と糞《くそ》みそに言う先輩も、場が英語で盛り上がっているときには隅の方で小さくなっている。頭上を飛び交う言葉がわからない。しきりに永井士長の肘《ひじ》をついては、ひそひそ声で「おい、なんて言ってるんだ」と通訳をせがむ。だが、彼は会話に夢中になっている振りをする。呑み会がおひらきになったあとであらましを教えてあげると、先輩は彼のことを違うものでも見るような眼で見る。その瞬間だけは、永井士長もささやかな優越感にひたることができるのだ。

しかしフランスの外人部隊に入ったら、今度は、会話に混じれずひとり場から浮き上がっていた先輩の姿がそっくりそのまま自分の姿になる。まして彼がカンボジアではじめて体験した掛け値なしの危険が、外人部隊の仕事では日常なのだ。橋のたもとで政府軍の兵士に睨まれたときの、相手と眼を合わせることがどうしてもできないあの恐怖と、背中ににじむ冷たい汗を、幾度となく味わわなければならない。そんな環境におかれたら体がつぶれる前にまず気持ちが挫《くじ》けてしまうのではないかと永井士長には思えて仕方なかった。

カンボジアに来るまでは外人部隊のことをそうした眼で見ることはなかった。彼らが受ける訓練の苛酷さまでは頭の中でわかっていても、戦場にいるということはどういうことなのか、銃を構えた本ものの兵士とたったひとりで向き合うとき、何に怯え、何をこわいと感じるのか、そんなことに思いを馳《は》せることはなかった。いや、そうしたことは自衛隊の訓練マニュアルにはひと言も書かれていなかった。どんなに訓練を重ねても自衛隊では体験できないことばかりだった。

ある日、彼は外人部隊の兵士の中に自分に似た顔立ちを持った若者を見つけた。皮膚の色は永井士長と同じくカンボジアのむきだしの日光にさんざん焼かれて現地の人やインドネシアの兵士たちと区別がつかないくらい黒ぐろとしていたが、顔のつくりはまぎれもない東洋人のものだった。声をかけるとやはり日本人だった。落ち着いた雰囲気から自分より歳上《としうえ》のように思えたが、意外にも彼よりふたつ歳下、まだ二十歳である。十八で日本を飛び出し、外人部隊にもぐりこんですでに二年になるという。永井士長が親の言われるままに自衛隊への入隊をあきらめ会社勤めをしていた年齢のとき、彼は単身外人部隊に入って、頼れる者のいない異国の地で苛酷な訓練に耐えつづけていた。そう考えると、永井士長の眼には歳下ながらこの日本人兵士が自分よりひとまわりもふたまわりも大きな人間に映るのだった。

永井士長はなにげなく「外人部隊って、きつい？」とたずねてみた。

だが、日本人兵士はその問いには直接答えず、逆に、「外人部隊に入りたいんですか」と質問してきた。眩《まぶ》しいものでも見るように眼を輝かせている彼の表情からあるいは外人部隊に憧れている気持ちを読みとったのかもしれない。

永井士長は本心を打ち明けた。

「自衛隊をやめて、おれも入りたいな」

ひとり言のように自然と言葉が口をついて出ていた。この相手なら本心を言っても鼻先で笑い飛ばすようなことはしないだろう。何より彼自身日本を脱出して現に外人部隊の一員になっているのだ。自分の気持ちをわかってくれているような予感があった。

しかし、日本人兵士は永井士長の顔をじっとみつめると、真剣な眼で言った。

「やめた方がいいですよ」

たったひと言、それもひどく断定的なもの言いだった。理由については何ひとつ触れなかった。永井士長も、「なぜ？」と聞き出すことはしなかった。これ以上言葉を重ねることが何か憚《はばか》られるくらい、日本人兵士の言葉は重たい響きを持っていた。

その彼とは結局それっきりで、口をきくことは二度となかったが、日がたつにつれて彼の言葉は永井士長の中で大きくふくらんでいった。やめた方がいいですよ、と言ったときの、日本人兵士の有無を言わせぬその口調や表情を思い返しながら、永井士長は彼の真意を探るように何度もその言葉を頭の中でころがした。じっさいに外人部隊に身を置いている兵士が、やめた方がいいと言うからにはよほどの訳があるに違いなかった。自分より歳下とは言え、肌の色も歩んできた人生もさまざまな流れ者の群れの中にわずか十八で飛びこんでプロの戦争屋稼業《かぎょう》を二年間つづけてきた彼は、永井士長にはうかがいしれない世界を眼にして、そのあげくあのひと言を口にしたのである。それを考えると、永井士長にはもう昔のような熱い眼差《まなざ》しで外人部隊のことを見ることができなくなっていた。

国内の基地にいて訓練のための訓練に明け暮れながらそれに飽き足らず外人部隊への憧れを抱いていたかつての彼なら、日本人兵士のひと言をそれほど重く受けとめなかったかもしれない。しかし、カンボジアに来る前と来てからでは永井士長の中で確実に何かが変わりはじめていた。少なくとも現実の「戦場」はどんな映画や訓練よりも雄弁で圧倒的だった。頭の中で戦場のイメージを思い描いて、こわそうだな、と想像することはできる。だが、こわさを味わい、冷たい汗を流したあとにどんな思いが頭を占めるようになるかは、じっさいに体験してみなければわからないことだった。銃声をま近で耳にするカンボジアにいると、平和すぎて平和であることがわからない日本では考えもしなかったようなことが頭に浮かんでくる。彼の場合、たとえばそれは「家族」だった。

永井士長はカンボジアにいる間、どこの作業現場に行くのにも、彼が思いを寄せている全日空のグランドホステスの写真を「御守」のように戦闘服の胸や腰のポケットに忍ばせていた。橋のたもとで政府軍の兵士に睨まれたときも山中で兵士に行く手を阻《はば》まれたときも、ポケットの中では彼女がつねに微笑《ほほえ》みかけていた。その彼女にあてて永井士長はカンボジアからしょっちゅう手紙を書いて送ったし、彼女からも倶利迦羅《くりから》不動の「御守」とフェイスタオルを詰めた小包や手紙が月一回は送られてきていた。連日、四十度を越すカンボジアでクーラーのないテント暮らしをつづける彼にとって、あればあるだけ助かる品はきっと汗を拭《ぬぐ》うフェイスタオルだろうという、いかにも彼女らしい細やかな心づかいの差し入れだった。

「あなたのことは弟のようにしか見られないの」と永井士長の思いに応えられない本

心を打ち明けた彼女だったが、そうだからこそかえって自衛隊に入るときと同じく自分を駆り立てるようにしてカンボジアに旅立って行った歳下の彼のことが気がかりでならなかった。永井士長からの手紙を読んで、彼女は「ほんとに大丈夫かな」と心を痛めることがしばしばだった。そこには、先輩から「ほんらいお前みたいな奴《やつ》はここには来られないんだ」となじられたり乱暴な言葉を浴びせられたりして、人間関係のつらさにあえぐ彼自身の姿が驚くほどの率直さで綴《つづ》られていた。「もう自衛隊なんか辞めたい」と彼らしからぬ弱音を吐いている文面もあった。彼女の知っている彼は、強がることはあっても、決して愚痴をこぼしたり弱気になった自分をみせることのない歳下の男の子だった。それがいまはじめて彼女に向かって、素直に自分の弱さをさらけだし、自衛隊を辞めたいと言いだした。

それだけに彼女には永井士長のつらさの度合いがわかるような気がした。どんなにつらくても派遣隊員の中でいちばんの下《した》っ端《ぱ》である彼にはそのつらさをぶつける相手がいない。自分でしょいこむしかないのだ。せいぜいガスのようにたまった怒りや不満ややりきれない思いを彼女にあてて書きつらねることで彼は何とか踏みとどまっているのだろう。彼女はさっそく永井士長を力づける手紙を書いて送った。ところが何日もたたないうちに彼からの新しい手紙が届けられた。彼女は眼を疑った。そこには前の手紙で「自衛隊なんか辞めたい」と弱音を吐いたことなどけろっと忘れたかのように永井士長らしい威勢のよい文句が連なっている。明と暗と正反対の内容の二通の手紙を読み比べながら、しかしどちらもほんとうの彼の気持ちなのだろうと彼女は思っていた。つらさのあまり自衛隊を辞めたいと弱気になったかと思えば、現地人や外国の兵士と英語でわたりあう自分の姿に先輩が感心してくれるのを見て、また頑張ろうと思い直す。だが、右に左に心が大きく揺れ動きながらもその感情のぶれの中で、きっとカンボジアでしか得られないさまざまなものを吸いとっているはずだ。そして彼なら、持ち前の打たれ強さでそうした試練をくぐり抜け、ひとまわりもふたまわりも大きくなって日本に戻ってくるような気が彼女にはしていた。

憧れの彼女には一週おきくらいに手紙を送っていた永井士長も、自分の両親にあてては当初ほとんど手紙を書いていなかった。手紙ばかりか、タケオの宿営地にいる間はインマルサットを使って小牧の実家に国際電話がかけられたのに、それもしなかった。そんな彼のもとにある日、実家から一通の手紙が届けられた。封を切ると便箋《びんせん》にはさまれて写真が出てきた。永井士長の姉が娘と一緒のところを写したポラロイド写真で、どういうわけかちょこんと座った父も入っていた。久しぶりで父の顔を見て、彼は「おやじも年とったな」と思った。すると、急に実家の家の中の様子が早送りのビデオでも見ているように次々と脳裏に浮かび上がり、遠くで父や母の声がしているような気がした。その夜、永井士長は両親にあてて手紙を書いた。二週間後、返事がきた。便箋に父の筆跡を認めると、涙がひとりでにあふれてきた。

永井士長がカンボジアに行ってからというもの、彼の実家ではテレビをつけておく時間が長くなった。夕方からはほとんどつけっ放しの状態だった。ニュースがはじまると母は台所仕事の手を休めてテレビの前に座る。他の隊員にまじってたくましく日焼けした息子の顔が映ったことが何度かあった。きょうも息子が映らないだろうか、現地で何か不穏なことが起きてはいないか、とカンボジア関係のニュースを探して、母はチャンネルをせわしなく回す。だが、日本人文民警察官が殺害されたあとしばらくの間はこわくてテレビに近づけなかった。テレビからカンボジアという声が流れただけで、胸がキュッとしめつけられるように痛くなった。

日本を発《た》つ前、永井士長と母との間でちょっとしたやりとりがあった。彼が冗談半分で「ＰＫＯに行ってもし死んでも殉職だから保険金がいっぱい出る。一億くらいは転がりこんでくる」と言ったことに、母が「冗談でも口にしてはいけない」ときつくたしなめたのだ。あんたは家族の大切さが心底わかっていないからそんな風に言えるけれど、結婚して子供ができたらきっと、死ぬなんてそう軽々しく口にできなくなる……。その場では、彼は母の話をまたいつものお説教がはじまったくらいにしか受け止めず、まともにとりあおうともしなかったが、カンボジアにいる間に、母から言われたことの意味が少しずつ、薄いヴェールを一枚一枚剝《は》いでいくようにわかりかけてきたような気がしていた。

カンボジアに行くまでの永井士長は、「大義のために命を張る」という生き方に憧れを抱いていた。ヤクザ映画の台詞《せりふ》に出てきそうなその言葉は、男らしく、いさぎよく、何よりヒロイックな響きがあった。愛する人のために死ねる男になりたい。いつでも命を投げ出す覚悟を持てる男になりたい。そう思って、理想の自画像に外人部隊の兵士を思い描いていた。

ところが、平和とはおよそかけ離れたこのカンボジアの地に身をおき、銃を持った兵士の鋭い眼と向き合い、映画でも自衛隊の訓練でも決して味わうことのなかった背筋の冷たくなる恐怖を知るにつれて、彼の中で字づらだけの格好よさなど簡単に吹き飛んでしまった。そして彼は、それまでほとんど思ってみたこともなかった家族の存在を背中に感じるようになった。愛する人のために死ぬなんて格好のいいことを言っていても、自分がいまここで死んでしまったら、そのあといったい誰が家族を守るのだろう。家族のために死ぬのではなく、家族のためにこそ自分は何としても生き残らなければならないのではないか……。

　そんな永井士長の眼には憧れだったはずの外人部隊の兵士たちが違ったもののように映った。彼らはどんなに笑っていても眼だけは冷たく光っている。それは兵士の眼というより、彼には「けだもの」の眼のように感じられた。そして、こんな風にはなれないな、と思う一方で、こんな風にはなりたくないな、と思いはじめたのである。自分を鍛えたいという気持ちに変わりはない。ただ、強くなり過ぎて「ただのけだもの」になることに、憧れよりむしろ抵抗を覚えるようになったのだ。

　息子の永井士長が日本を離れてまる五カ月が過ぎた夏のある一日、母が買物から帰ってみると、細長いダンボール箱の荷物が届いていた。中身を開けると、薔薇《ばら》の花がいっぱいに詰まっている。いくらきょうが自分の誕生日だからと言っても、花を贈ってくれるような粋《いき》なことをする人は心当りがない。花に埋もれるようにしてメッセージの小さな紙が折りたたんで添えられている。いったい誰からだろうと開いてみると、カンボジアの五文字が眼に飛びこんできた。二十一年間で自衛官永井孝典がはじめて母に贈ったプレゼントだった。

遺　書

　永井士長の小隊が寝泊りするテントの中では、ほぼ毎晩のように隊員たちが銘々のクーラーボックスで冷やした缶ビールやつまみ類を持ち寄ってささやかな酒宴が開かれ、そのあとはアルコールの勢いも手伝ってトランプのオイチョカブになだれこむというのがお定まりのコースだった。しかし、いつもと違って歓声や罵声《ばせい》が飛び交う勝負の場が立たず、ふだんより早目に宴がお開きになり、テント内が妙にひっそりとしていた夜が、少なくとも四日間だけあった。それは永井士長の小隊に限ったことではなかった。タケオの宿営地に張られたほとんどのテントの中で、その四日間だけは、消灯の二二〇〇《フタフタマルマル》までまだかなり間があるというのに、隊員たちは、静かな、それだけにひとしお長い夜を過ごしていた。

　タケオのいちばん長かった夜の第一日目、小隊長のM二尉《い》は、いつものように車座になった部下たちの中にまじって開幕したばかりのJリーグやプロ野球といったとりとめのない世間話に打ち興じながら缶ビールを何本か空けたあと、テントの奥にある自分のベッドに戻って横になった。「一番やりますか」とトランプのカードを持ち出してくる者はいなかった。潮どきをみはからったように小隊長が「そろそろ眠るか」と言うと、誰もがおとなしくベッドに帰っていった。だが、そのままおとなしく眠った者はいなかった。M二尉もそうである。

彼はベッドに寝そべると、ベッド横のハンガーの下においた私物入れから封筒と便《びん》箋《せん》をとりだした。封筒の表にはあらかじめ南恵庭の自宅の住所と妻の名前が、あけみ様、と記されている。留守を預かる妻にあててカンボジアから手紙を出すのにいちいち宛名《あてな》を書くのは面倒だと思い、まとめて書いておいたのだ。逆に言えばそれだけ頻繁に妻あての手紙を出していたということになる。

だが、この夜書く手紙はいつもとは違っていた。それを匂《にお》わすようなことはひと言も書かないつもりだったが、ボールペンを走らせながら、ふと、これが妻への最後の手紙になるのだろうかという思いが頭をかすめるときがあった。

翌朝から四日間、彼はＰＫＯ派遣大隊の中に新たに編成された「情報収集班」の一員として、部下を率いてカンボジア全土でいっせいに行なわれる総選挙の投票所をパトロールしなければならなかった。小隊がそれまで手がけてきた国道上の橋の修復作業とはわけが違う。というより、道路を直し橋を架けるのが本業の、日本最大のゼネコンともいうべき土建屋集団の自衛隊施設科部隊がこのカンボジアの地でほんらい請け負っている仕事ではない。ポル・ポト派が潜んでいても決して不思議ではない山道やジャングルの中を抜けて、ひなびた村々をたずね歩き、日本など世界各国から参加している選挙監視員に飲料水や携帯食料を差し入れるとともに、彼らの身に危険が迫っていないか、周辺の治安状況を偵察するのである。選挙をボイコットしたポル・ポト派は公然と武力による妨害を叫んでいる。投票所を襲撃したり、周辺のパトロールを実施する自衛隊の隊員たちを待ち伏せ攻撃する恐れは十分に考えられた。このためパトロール員は全員が鉄ヘルメットに防弾チョッキを二枚重ねて身を固め、兵士は64式自動小銃を、M二尉のような将校は腰のホルスターに入れた9ミリ拳銃《けんじゅう》を携帯することになっていた。橋の修復作業とは比べようがないくらい、命の保証のない危険な任務である。

しかも、M二尉のチームがパトロールを受け持ったトラムコック地区は、ポル・ポト派の勢力が浸透して、タケオ州の中で唯一《ゆいいつ》、要警戒地区のレッドゾーンに指定されている。タケオ州の百あまりの投票所で監視活動をするボランティアの選挙監視員は大半が投票の二日前には受け持ちの地区に配属されたが、このトラムコック担当の監視員だけは、UNTACによる安全確保の対策が十分でなかったことから投票日の前日になっても現地入りのメドが立たず、それぞれの任地に入れたのはぎりぎり選挙当日だった。その上、宿泊施設もぬかるみや悪路にさえぎられた村中の投票所を避けて、わざわざ持ち場から離れた町の中心部に設けたほどだ。それだけ危険なのである。パトロールのコースの途中には、四、五キロ奥に行けばそこはもう政府軍の兵士も近づけない、ポル・ポト派の支配地域という物騒な場所がいくつもある。自衛隊が送り出す「情報収集班」の中ではもっともポル・ポト派と遭遇する恐れのあるチームだった。そのチームのリーダーとしてM二尉は、明朝〇七三〇には完全武装で五人の部下とともにタケオの基地を出発し、山中を通り、最初の投票所に向かうことになっていた。出発したら最後、タケオのこのテントに帰ってこられない万一の場合があることを、M二尉はある程度覚悟していた。だからこそ、ベッドに横になったとき、思い立ったように便箋をとりだしたのである。

明日を目前にして、妻や子供の声を聞いておきたいという気持ちがまったくないわけではなかった。ただ、それでは心に迷いが生じてしまう。電話でM二尉がどんなに平静を装っていても夫の声の調子から何かがあったことを妻は敏感に感じとるに違いなかった。妻にさとられて妙に心配でもされたら、かえってそれが危険な任務を明日に控えたM二尉にとっては負担になってしまう。パトロールの仕事につくことは、事後承諾というわけではないが、四日後、すべてが何ごともなく終ったときにはじめて知らせればよい。しかし、そう割り切っていても、やはり妻と子供には何かを書き残しておきたかった。自分がいまどんな心境でいるのか、遠く日本にいる妻やわが子に何と声をかけてやりたいのか、それをとりあえず文章に書き留めておきたかった。そうせずにはいられない気分だった。

M二尉はまず、あしたから自分が部下を率いて投票所のパトロールに出かけることにふれ、自分にとっても部下にとってもこれからの一週間がたぶんいちばん危険な時期になるだろうと断った上で、しかし選挙の手助けが多少なりともできればカンボジアの核心に触れる機会がめぐってくるかもしれないと、この仕事の意義とそれにかける自分なりの決意について書いた。

そのあと、M二尉はカンボジアの核心ではなく、彼がいまいちばん気にかけている、彼にとっての核心にペンを進めた。淡い名残り雪が舞う千歳《ちとせ》基地をカンボジアに向けてM二尉が飛び立ったのは、九三年四月七日のことだったが、そのわずか一カ月前の三月六日に彼は父親になった。男の子、産まれたときは未熟児だった。派遣直前のあわただしい時期に重なっていたこともあり、M二尉はほとんど妻のそばにいてやれず、保育器に入ったままの我が子の様子を見る時間も限られていた。もし何かあったら自分の親が力になってくれるだろうから、と妻には言いおいていたが、未熟児の子を抱えて母親になったばかりの彼女としても心細かったに違いない。だが、小隊長として二十四人の部下を抱えるM二尉は、妻の産後のことや子供が無事に育ってくれるかどうか、気がかりを残したままそれでも出発しなければならなかった。

男の子は彼が日本を離れる日もまだ病院の保育器から移されずにいた。我が子と言うには、保育器の中の姿はいかにもたよりなげで、M二尉としては出発までに自分の手で赤ん坊の温《ぬく》もりや柔らかさをたしかめておきたかった。しかし結局、我が子を抱きあげることはおろか、はじめての赤ちゃんの肌に一度も触れることなく彼は飛び立っていった。それだけにいっそう残してきた子供のことがいとおしく感じられるのだった。M二尉は手紙の中で、子供の体重や身長、発育の具合についてたずね、一人で大変だろうが何とか頑張ってほしいと妻への励ましの言葉で文章を結んだ。その代わり、子供のことは頼むとか、後事を託すようなことはいっさい書かなかった。ひょっとしたら、という思いがないわけではなかったが、遺書と受け取られるようなことは書きたくなかったのだ。

M二尉は便箋一枚を書き切ると、自宅の住所と妻の名前が書かれた封筒に入れて、ベッドの傍らに置いた。せっかく書いた手紙なのに投函《とうかん》するつもりはなかった。それどころか、四日間の任務が終り無事帰ってこられたら手紙は捨てるつもりでいた。つまり、この手紙が妻の眼にふれることがあるとしたら、それは唯一、M二尉がこの世から去ったときということになる。M二尉が生きていれば反故《ほご》になり、死んだときにはじめて妻の手もとに届けられ、自分の最後の思いを伝えてくれる。その意味でやはり彼は遺書を書いていたのかもしれなかった。

パトロールへの出発を十時間後に控えて、それでもM二尉の中ではどうしてもふっきれない思いが残っていた。自分のことは自ら決めたことだから万一に対する覚悟が揺らぐことはなかったが、部下を巻きこんでしまうことへのためらいはそう簡単に割り切れるものではなかった。もし部下が命を失ったり銃撃を受けて半身不随の体になったとき、本人や家族に申し開きが立つのだろうか、そんな事態になっても彼らは納得してくれるだろうか、そう考えはじめると、出口のない迷路に迷いこんだようにさまざまな思いが錯綜《さくそう》するのだった。自衛隊ほんらいの使命である、国を守るために戦うということであれば、たとえ自分の部下を危険な目にあわせることになったとしてもここまでためらうことはなかっただろう。だが今回は違う。何よりもまず日本を発《た》つときには考えもしていなかった任務である。M二尉をはじめ小隊の誰もが、カンボジアには道路や橋を修理しに行くのであって、完全武装で投票所をパトロールしてまわり、体を張って選挙監視員の身を護《まも》るような仕事をさせられるとは思ってもみなかった。

中隊長からM二尉のもとにパトロールチームを編成するという話が持ちこまれたのは投票日の十日前だった。中隊としての割り当ては六人編成のチームが二チーム、中隊には小隊が二つあるから当然、それぞれの小隊で一個のチームをつくることになる。リーダーには小隊を率いて立つ小隊長がなることはわかっていたが、問題は二十四人の部下の中から誰をパトロールに連れていくかということだった。選抜にあたっては、最悪の事態も予想される任務の危険性から上官が勝手に指名するというやり方はとらず、小隊長と中隊長がそれぞれ面接して本人の意向をたしかめ、参加する意思のある者の中から選ぶことにした。もっとも二十四人全員を面接したわけではない。自衛隊に実戦経験を持つ隊員はいないと言っても、若手の隊員よりやはり年月を重ねているベテランの方が、緊迫した場面でも冷静さを失わずにいられるだろうと、パトロール要員は三曹《そう》以上の下士官とされていた。このため永井士長のような一兵卒や陸士長クラスは真っ先にリストから外し、その一方で、ベテラン中のベテランである小隊陸曹にもチームがパトロールに出ている間の四日間、基地に残って小隊長の留守を預かってもらうことにした。そして、妻が妊娠しているとか、子供が産まれたばかりといった隊員も面接には呼ばなかった。産まれてきた子供の顔もろくに見ないまま死んだとあっては、死んでも死に切れないだろうし、遺《のこ》された母子があまりにも哀れすぎる。選考する当のM二尉自身が、はじめての赤ん坊の顔をほとんど見ていないまま、パトロール隊に加わるだけにひとしおそう思うのだった。

　M二尉の属する中隊は総勢五十人ほどの規模だが、宿営地でテントが隣りあっていた別の中隊は七十一人からの大所帯だった。M二尉の中隊が専《もっぱ》ら橋の修復にあたっていたのに対して、ここの中隊は道路の修理がおもな仕事で、いたるところに陥没ができて車の通行もままならない悪路をブルドーザーでならして砂利を敷きつめたりアスファルトの舗装が剝《は》げ落ちた箇所を埋める作業を行なっていた。この中隊を率いる井出一尉は、自分の部下のうち陸士長クラスの若手を除く五十人全員を自ら面接して、パトロール隊に加わる意思があるかどうか、本人にたしかめてみた。

　彼としては、命の保証のない任務を無理強いしているようには思われたくなかったし、口では自由意思と言いながら、じっさいは参加を暗にすすめていると隊員たちに受け取られることも何としても避けたかった。このため井出一尉は冒頭に、別に志願しないからと言って何か不利になるようなことはいっさいないと強調した。

「ともかく正直な気持ちを聞かせてほしいんだ。行きたくなければ行きたくないですむことなんだから」

その言葉で少しは気が楽になったのか、ためらうことなく自分の気持ちを打ち明ける隊員の数は多かった。というより、彼らにしてみれば、掛け値なしに危険な仕事であることがわかっていただけに、このさい使命とか国際貢献とか大きな言葉を口にしていられない、切羽詰まった心境だったのだろう。日本に残してきた家族のこと、将来のことを思いながら、彼らは自分と任務とを秤《はかり》にかけざるを得ない状況に追いこまれていた。このまま基地に居残るか、それともパトロールに参加して、空包《くうほう》ではなく、正真正銘の実弾が飛んでくるかもしれない矢面に立たされるか。そこまでの選択は訓練のための訓練に明け暮れる自衛隊ではまず考えられないことだったはずだ。

それゆえ彼らは敏感に反応したのだ。「日本を出発する前からこんな危険な仕事をするのがわかっていたら、自分はPKOに志願しなかった」と愚痴をこぼす隊員もいれば、「これじゃ話が違いますよ」ときっぱり「NO」と言う隊員もいた。井出一尉がこの隊員にはできたら行ってほしいとひそかに期待をかけていたベテランの下士官からは「やっぱり家族のことがあって……」と断られた。その一方で、重たい選択を突きつけられて、ためらい、迷い、それでも自分の気持ちがなかなか定まらない隊員も少なくなかった。彼らは思いあぐねたように言葉を選びながら、「命令されれば行きます」「他に行く人がいないようだったら行きます」と答えていた。

結局、五十人中、パトロール隊への参加を拒否した隊員は半数近くにのぼった。

命の保証のないパトロールチームに志願するかどうか、その意思を確認するための面接に呼ばれた最年少の隊員は、永井士長よりひとつ歳上《としうえ》の二十三歳の北野学士長だった。三曹への昇進試験にすでにパスして、カンボジアから帰国するとただちに下士官教育がスタートすることになっていた彼の場合は、下士官見習いということでリストアップされていたのだ。「ひと晩よく考えるように」と小隊長から言われた北野士長はベッドの中で考えをめぐらせた。小隊長や中隊長からお声のかかった隊員は、面接をすませて先輩や仲間たちが待つ小隊のテントに戻ってくると、たいがいひとりベッドに寝転んでぼんやり考えにふけったり煙草《たばこ》を吹かしたりしていた。同僚に相談を持ちかける隊員の姿はまず見かけなかったし、周囲も、面接を終えた隊員に「どうだった？」「おまえ、どうするんだ」と質問を畳みかけてしつこくつきまとうようなことはしなかった。テントの中がお通夜《つや》のように静まりかえっていたわけではないが、面接に呼ばれた隊員にとっても呼ばれなかった隊員にとっても、パトロールチームへの参加のことがいちばんの関心事であるのにあえてその話題には触れないように気づかっている様子が、かえってテント内の雰囲気をいつもとは違う、どこかぎこちないものにしていた。

明日までにパトロールに参加するかしないかの結論を出さなければならない北野士長は、カンボジアにいる限りどこに行っても危ないのは一緒かなと思いはじめていた。たしかに小隊長の言う通り、この任務はかなりきわどい仕事である。しかし、もし自衛隊員が狙《ねら》われているのだとしたら、どこにいても安全ということはない。

北野士長の属する小隊はカンボジアに派遣されると、自衛隊が拠点を構えるタケオの基地にすぐには入らず、国道三号線をプノンペンからタケオに向かって一時間ほど南下したところにあるティティエ山と呼ばれるボタ山のような小高い採石場で野営生活をはじめた。ここは自衛隊関係者や日本《ちょぽん》のマスコミからは専ら「トティエ山」と呼ばれていたが、じっさい現地で国道沿いの村人に「トティエ」と言って道をたずねてもまるで方角の逆な山を指さす。違う、ちょぽんの兵隊がいた山だ、と言い返すと、「ああ、ティティエのことかね」と発音の誤りを訂正させられるのである。

このティティエ山に入って三日目の夜、隊員たちが寝泊りしているテントを文民警察の警官がたずねてきた。警官という割りには、ビーチサンダルをつっかけて腰にタオルを巻いただけのいたって軽装である。海の家から暇つぶしに抜け出してきた親爺《おやじ》という感じだ。その警官がこれまた雑談でもするような軽い調子で話しはじめた。相手の英語も何とも怪しげなブロークンイングリッシュである。だからなおさら間が抜けて聞こえたのかもしれない。

「こういう情報があるんですけど、知ってません？」

藪《やぶ》から棒にいったい何だろうと小隊長の高石二尉《い》は怪訝《けげん》な顔で聞き返した。

「何のことです」

「現地警察からの情報なんですがね、ここから十キロくらい離れた山にポル・ポト派の一個大隊が六百人規模で集結していて、近いうちに日本兵を攻撃して殺害する計画を立てているらしいんですよ」

高石二尉は半信半疑の面持ちだった。ポル・ポト派が集結しているにしては周囲の村人たちに変わった様子はみられない。男たちは粗末な家の縁台で日がな一日寝そべり、子供は放牧した牛を追いながらテントのそばまで来て、隊員の生活ぶりをのぞきこみ人なつっこそうな笑顔をふりまいている。外に干していた洗濯物をとられたことが一度だけあったが、それ以外とりたてて不穏な動きはみられなかった。この「盗難事件」以降、不心得者が入りこまないように一応、外柵《そとさく》を少し長目にした。ただ、それとて板と木の枝でつくった形ばかりの垣根でその気があれば簡単に乗り越えられてしまう。いつも遊びにくる子供の姿が見えないとか、村人の顔に怯《おび》えの影がちらついているとか、周囲の微妙な変化を少しでも嗅《か》ぎとっていたらそれなりに備えをしていただろう。しかし高石二尉の眼には、働く人影をほとんど見かけない水田はいつものようにとろりとした黄色い水をたたえ、白熱の光を浴びた土は蒸れた匂《にお》いを発散させ、村の中では気だるいほどのどかな毎日が繰り返されているようにしか見えなかった。いったいこのどこに「危険」があるというのだろう。

だが、ともかく情報があったことはタケオの大隊本部に知らせなければと無線で連絡すると、本部の方が蜂《はち》の巣をつついたような騒ぎになった。明朝、完全武装で一個小隊を増援に送るからそれまで警戒を強化せよとの命令である。高石二尉は寝ていた部下を起こして、ポル・ポト派をめぐる情報を伝え、何かあったらすぐ逃げられるように準備だけはしておけと指示した。隊員たちの顔つきが変わるのがわかった。確証のない情報だし、いまのところその兆候もないと言ったが、隊員たちは明らかに浮き足立っていた。表情がうつろになり、眼が落ち着きを失っている。いまテントにある武器と言えば、小隊長が携行している9ミリ拳銃と夜の張り番に立つ隊員が持つ自動小銃のたった二丁である。実弾も限られている。鉄ヘルメットは人数分あるが、防弾チョッキは一枚もない。いざ、というとき、わずか二丁の銃でどうやって二十人の隊員を守るのか。部下が不安がるのも無理なかった。

小隊長の高石二尉は、増援部隊が到着する明朝まで四人ずつのチームをつくり二時間交代でテントの周囲をパトロールさせる一方、自分自身はいつ何どきでも本部にSOSを送れるように無線機のそばで寝ずの番をした。北野士長にもパトロールの番はまわってきた。明かり一つない暗闇《くらやみ》の中で張り番につくのは決して気持ちのよいものではなかった。ましてポル・ポト派集結の話を聞いたあとはなおさらである。北野士長は闇に向かって耳をすまし、眼を凝らした。自分を取り囲むこの闇のどこかにポル・ポト派の兵士がひそんで、こちらの様子をうかがっているような気がする。風が木立ちを抜ける音に怯え、草むらの向こうでかすかな物音がしただけで思わず後ずさってしまう。いや音が聞こえるうちはまだいい。狙《ねら》い撃ちされたときは何の音も聞こえずに体が衝撃を感じた瞬間に一巻の終りである。そう考えると、自分がまったくの無防備のまま全身をさらしていることをあらためて実感するのだった。

張り番の二時間が過ぎてテントに戻ってからも北野士長はなかなか寝つかれず、結局一睡もできなかった。それはテントにいる他の隊員も同じだった。横になっていても、ポル・ポト派がロケット弾を撃ちこんでくるのではないか、逃げるにしてもたった二丁の銃ではろくに掩護《えんご》もできないのではないか、と考えていると、頭が冴《さ》え冴《ざ》えとしてきて眠れなくなってしまうのだ。孤立した二十人の隊員はまんじりともせずに夜を明かした。

翌朝、まだ六時にもならないうちに林の向こうからエンジンの重たい唸《うな》りが聞こえてくると、やがて白塗りのトラックが姿をあらわした。夜明けと同時にタケオの基地を出発した増援部隊の一個小隊である。トラックから降りた応援の隊員たちは一人残らず銃を肩から下げ、鉄ヘルに防弾チョッキというものものしい出立《いでた》ちだ。トラックには高石二尉の小隊の全員に行き渡るように二十人分の防弾チョッキや自動小銃も積みこまれていた。

増援部隊が来てもティティエ山の緊張は去らなかった。山の上で監視にあたっていた隊員から引きつった声で「小隊長、何か音がしました」と報告が入る。高石二尉は目まいのするような炎天のさなか、鉄ヘルに重たい防弾チョッキを着こんで汗だくになりながら細かい砂岩でできた足場の悪い斜面を山頂をめざす。山の周囲にはさえぎるものがない。ポル・ポト派がひそんでいると言われる山が遠くにぽつんと見える他、のっぺりとしたメコンデルタの広大な広がりが見渡せる。だが逆に見晴らしがよいということはその分、夜店の射的のように狙われやすいということでもある。十五分ほどで山の頂きにたどりつくと、たしかにあちこちから何かがはぜたような音が聞こえてくる。それだけではない。その合間を縫うようにして、パン、パンと乾いた銃声がはじけている。まさか、と思いながらも不吉な予感が走る。ついにポル・ポト派が山を下りて攻撃を仕掛けてきたのだろうか。

だが、冷静になって調べてみると、何のことはない。この時期、ちょうどカンボジアの農村ではお祭りが行なわれていて、近くの村々でも盛んに爆竹を鳴らしていたのである。銃声がしたのも、農民が自宅にあった銃を持ち出して景気づけに空に向けて撃ちまくっていたのだ。ここではごくふつうの村人が政府軍から横流しされたＡＫ47などの自動小銃や拳銃《けんじゅう》を所持していて、体内のアドレナリンが昂《たか》まると、たやすく引き金に手をかける。道路をのんびりと横切る牛を過《あやま》って車が轢《ひ》き殺そうものなら大変である。飼い主は家から自動小銃を持ち出してきて、逃げる車めがけてぶっ放す。客を横取りされたタクシーの運転手は腹立ちまぎれに銃を片手に相手のタクシーの前に立ちはだかる。自衛隊員の中にも、遊びに行ったプノンペンの市内でこうした運転手同士の客のとりあいに巻き込まれ、トカレフの銃口を突きつけられた者がいたほどだ。火事と喧嘩《けんか》は江戸の華だが、カンボジアの祭りと喧嘩に銃は欠かせないのである。というより、ここでは戦場でなくても銃声が日常のごくありふれた風景の一部になっているのだ。

山の周囲から聞こえてくる音の正体が祭りの花火や景気づけの銃声だとわかっても、

隊員たちは音がするたびに恐る恐るあたりを見回し、「今度こそ、ポル・ポトじゃないのか」と囁《ささや》きあう。神経が高ぶっている隊員の耳にはすべての動き、あらゆる物音がポル・ポト派と結びついて聞こえてしまう。そんな中で北野士長は暇さえあれば自分に割り当てられた自動小銃の手入れをするようになった。日本にいるときは銃の手入れなど型通りにしかやらなかった。訓練に行っているときでもマニュアルをなぞるような感じで適当にこなしていただけである。ところがこのティティエのテントの中では違った。ていねいに掃除をし、グリスを塗って磨きあげる。念には念を入れて仕上げるのである。今日になるか、あしたになるかわからないけれど、これをほんとうに使うときが来るかもしれない。そのとき弾倉のカートリッジが詰まったり、部品が引っかかって使いものにならなかったら……。そう思うと銃の手入れはますます入念になった。

あの夜、いつ攻撃を受けても応援は期待できないという孤立無援の中で、北野士長の小隊二十人はポル・ポト派集結の情報に怯えながらたった二丁の銃で闇が薄れていくのをひたすら待たなければならなかった。パトロールへの参加がいくら危険とは言え、そのことを思えば、北野士長は自分なりに覚悟はできているような気がしていた。だいいち、このままタケオにいても危険であることに変わりはない。タケオの宿営地では、ポル・ポト派の襲撃に備えてこの一週間ほどの間にゲート前に土嚢《どのう》を積み、隊員が寝泊りするテントのまわりに弾よけ代りの大型コンテナをならべて「要塞《ようさい》」づくりを急ピッチで進めていたが、どんなに壁を高くしても、ロケット弾の一発でも撃ちこまれたらひとたまりもないのだ。発射音が耳に入る間もなく、完了《ワンラ》である。

パトロール前夜、北野士長は夕張の実家に国際電話を入れた。ただ、両親に心配させたくなかったので、パトロールのことはいっさい口にしなかった。暑い日がつづいているけれど自分は元気でやっているから大丈夫だというあたり障《さわ》りのない話を簡単にすませて電話を切った。意外なほど近く聞こえる両親の声を耳にしながら、ひょっとしたらおやじやおふくろの声を聞くのもこれが最後になるかもしれないなと北野士長は思った。

だが彼としては、実は両親以上に声を聞きたかった人がいた。高校時代の同級生でいまは看護婦をしている彼女である。しかし彼女の声を聞いてしまうと甘えて、辛《つら》いこと、苦しいこと、気がかりなこと、自分の胸のうちにわだかまっているさまざまな思いをつい愚痴のように喋《しゃべ》ってしまいそうな気がした。北野士長が弱気をのぞかせると、彼女は決まって電話の向こうで泣き出す。押し殺した声でいつまでもすすり泣く。こっちだって泣きたいくらいなんだからと思いながらも、彼はなだめるしかない。

「泣くなよ、頼むから困らせないでくれよ、切れなくなっちゃうから……」

そうやって電話を切りたくても切れずに受話器を耳にあてたまま途方に暮れていたことが以前にもあった。だから彼女の声は聞きたかったけれど、心を残すような電話はかけたくなかったのである。その代り、日本を発《た》つ前日に彼女がプレゼントしてくれた熊《くま》のキーホルダーを、北野士長はパトロールの間ずっと身につけているつもりだった。そのキーホルダーをベッド横のハンガーにかけた野戦服の胸ポケットにしまうと、彼は眼を閉じた。

パトロールチームの出発を明朝に控えたタケオ基地のテントの中では、M二尉と同じようにベッドに寝そべって家族への手紙を黙々と書く隊員の姿があちこちで見られた。妊娠五カ月の妻と小学三年の長男、幼稚園の長女のそれぞれにあてた手紙を書いていた小松宗《そう》光二曹は、便箋《びんせん》にペンを走らせながら先ほどビールを呑《の》んでいたとき、部下から言われた言葉を思い出していた。パトロールに参加しないその隊員は、ほろ酔い気分も手伝って、ちょっときつ目の冗談を飛ばしたのである。

「分隊長の顔を見るの、これが最後かな」

その場は、「ばかやろう、俺はどうやったたって死なねえぞ」と笑ってごまかしたものの、「これが最後かな」という言葉は妙に頭に引っかかって、手紙を書くペンの動きを止めるのだった。

M二尉が率いるパトロールチームに加わった佐藤二曹は、妻にではなく、実家の父親にあてて手紙を書いていた。しかし、自分の身に何かあったら妻や子供たちをよろしく、と後事を託すような内容を書いたところで、ペンをおいた。ふだん書かないことを書いたら、かえって不吉なことが起こるような気がして、文章のつづきを書くことができなくなってしまったのだ。

仕方なく佐藤二曹はクーラーボックスから缶ビールをとりだして勢いよくプルトップを開けた。その夜、六本目のビールだった。

命を賭《か》けてパトロールチームに参加するか、それともタケオの基地にとどまって選挙の終るのを待つか、隊員たちが重たい選択を迫られていた頃、隊員に命令を下す側の大隊の幹部たちも、部下を危険な場面に送り出さなければならないことをめぐって、悩み、迷い、苦しい判断を重ねていた。

自衛隊ＰＫＯ施設大隊の司令部が入っているプレハブでは、大隊長の石下《いしおろし》義夫二佐や佐官クラスの幕僚たち、そして選挙前後の状況を視察するとともに不測の事態に備えて防衛庁と現場の意思疎通《そつう》をより密なものとするために東京のヘッドクォーター、陸上幕僚監部から派遣されたふつうの軍隊で言えば少将にあたる陸将補も加わって白熱した議論が交わされていた。いや、それは議論などという生やさしいものではなく、その場に居合わせた幹部によれば、喧嘩《けんか》に近い激しいやりとりだった。

道路や橋を補修するためにカンボジアに派遣された自衛隊員に、選挙の投票所をパトロールさせたり日本人ボランティアの警護をさせることはそもそもができない相談だった。むろん一口にパトロールと言っても、道路や橋の工事を円滑に進めるために武装した隊員が車両を走らせて現場周辺の治安情勢をたしかめる「偵察行動」はPKO協力法で認められていた。ただ、自衛隊の大隊が駐屯しているタケオ州の警備をUNTACからまかされているのはフランス軍の歩兵部隊であり、投票所のパトロールや選挙監視にあたる各国のボランティアの安全を守るのも彼らの任務だった。

そのフランス兵の任務、つまり自衛隊員がほんらいやれないことを何とかしてやらせようというのだから、それなりの「トリック」が必要だったわけである。どんなに見え透いたトリックでも、建前の上はきちんと申し開きが立つようにしておかなければならなかった。そうしたやり方は憲法九条で「陸海空軍その他の戦力はこれを保持しない」と謳《うた》っておきながら、あとになって「自衛力」は別物だとした自衛隊の成り立ちと似かよっている。正々堂々としていないのである。言葉の操作や解釈の手直しでくぐり抜けようとする。どこかうしろ暗いのである。

自衛隊員がほんらいできない仕事をやらせるために、ともかく「名目」を探していた政府は、PKO協力法で自衛隊独自の判断にまかされることが許されていた「偵察行動」に目をつけた。パトロールは、投票所をパトロールするのではなく、あくまで自衛隊が補修作業を受け持っている道路の状態や地域の情勢を調べるために見てまわる「偵察行動」の一環と位置づけた。そのパトロールの途中に投票所に立ち寄るのは、これまたPKO協力法で認められていたUNTAC要員相手の「治安情報の収集と交換」にあたるという解釈を持ち出してきた。投票所に行くのは、ついでで、途中の道路や橋を見てまわるのが主な目的というわけだ。そして、野党やマスコミから、パトロールはPKO法が「凍結業務」として足枷《あしかせ》をはめている「巡回」にあたるのではないかと指摘されると、その場合の「巡回」とは、レバノンなどで緩衝地帯を設けて歩兵部隊がパトロールすることであり、自衛隊員が選挙期間中にはじめるパトロールは、道路や橋の修復という業務にかかわる「偵察行動」だから問題はないとかわしたのである。「偵察行動」とか「治安情報の収集と交換」といった曖昧《あいまい》な言いまわしの隙間《すきま》を巧みについて、パトロールと警護の任務を潜りこませたわけだ。

「名目」ができてしまえば、あとは現場しだいである。隊員が投票所に立ち寄っても、政府側は、いや投票所をパトロールさせているわけではないと弁明ができる。「偵察行動」中にじっさい何をやるかは、極端な話、現場の判断にゆだねられる。逆に言えば、そこで問題が起きても責任をとらされるのは現場なのである。政府にとっては何があっても「名目」が保険になってくれる。現に、自衛隊の最高指揮官であるはずの宮沢首相は、「投票所を複数の車両でチームを作って行動することが、法の範囲内だと言えるのか」と国会の場で野党から追及されたのに対して、「私の指示は憲法や法律の許す範囲でベストを尽くせ、とのことで、具体的な実施方法は現地で考えることだ」と述べている。

　尻《しり》ぬぐいをさせられるのは結局自分たちなのだということを現場の幕僚スタッフも隊員たちも見抜いていた。幕僚の一人は、「文章と文章の間にほんらい書かれているんじゃないかというようなことは、現場にやらされるわけですよ」とはっきり認めている。日本人ボランティアが殺害され、さらに高田警視ら文民警察官四人がポル・ポト派と見られる武装グループの襲撃を受けて殺傷されると、自民党内を中心に「自衛隊に日本人の警護をさせるべきだ」という意見が一気に浮上してきた。現地の幕僚の間でも、いくら任務でないと言っても、目と鼻の先にいる日本人が銃火にさらされているとき、自衛隊員が手をこまねいてただ傍観していてよいものかという声が高まっていた。ただ、「やらざるを得ないけれど、何かあったときに根拠がない」ことが幕僚たちの気がかりになっていた。しかし東京の政治家や官僚たちは抜け目がない。自分たちの上に火の粉がかからないようにした上で、「根拠」はなくても、「文章と文章の間に書かれている」任務だけはちゃっかり現場に押しつけるのである。

　選挙が日一日と近づくにつれて、「根拠」のない任務に部下を狩り出さなければならない現地派遣大隊の指揮官や幕僚たちの苦悩は深まっていき、対応策を話し合う会議もしだいに熱を帯びたものとなっていった。議論の的になったのは、パトロール先で不測の事態に巻きこまれて発砲した隊員が帰国後、罪に問われ法廷に引き出されたとき、自衛隊という組織がどこまでその隊員に対して責任を持てるのかという、もっともナイーブな問題だった。

指揮官が腹をくってしまえばよいという意見もたしかにあった。しかし、他の幕僚からは「腹をくくると言ったって、法廷に立たされた人間をどうやって具体的に助けてやれるんだ」という切実な意見が出される。

「上の人間がいくら辞表を書いたって、罪に問われた人間にとっては何の気休めにもならない。辞表を書くくらいですむような問題じゃない」

「では、どうすればいいんだ」

誰かが何か言うと、すかさず「おまえ、そんなことでほんとうに責任とれるのか」と感情を剝《む》きだしにした言葉が浴びせられる。胸の奥にわだかまっているやり場のない苛立《いらだ》ちや不満や怒りを吐きだすようにして三十代のエリート自衛官である幕僚たちはやりあった。興奮のあまり机を叩《たた》いたり、相手につかみかかるというシーンこそなかったが、それに近い激しい意見の応酬がつづいた。手で触れたら火傷《やけど》をしてしまうのではないかと思えるほどその場の空気は熱く、息苦しいほどにはりつめていた。そこまで彼らの言い争いが白熱したのも、軍隊を支えるもっとも大事なモラルを自分たちで否定しなければならない状況に追いこまれていたからだ。彼らが部隊の第一線で小隊長や中隊長をつとめていたとき、若い隊員たちに繰り返し言ってきたこととまるで正反対の内容を、今回は部下に強制しなければならない。そのジレンマが彼らを苦しめたのである。

銃器の使用については、自衛隊のPKO派遣が国会で本格的にとりあげられた当初から野党側の厳しい追及にさらされ、熱い論戦が繰り広げられていた。自衛隊は軍隊だから上官の命令があってはじめてすべての物事が動いていく組織である。ことに銃器を使う場合はその点が徹底している。警察官は犯人の逮捕にさいして警官個人の判断で拳銃《けんじゅう》を使うことが警職法によって認められているが、自衛官は部隊の一員として行動するため銃に弾をこめるのも発射するのも部隊指揮官の命令を待たなければならない。たしかに隊員たちが自分勝手に銃を撃つようになったら、部隊としての統制は保てないし、第一、作戦行動ができなくなる。だから彼らは日頃の訓練のたびに上官の命令によって銃を使用することを厳しく教育されるのである。

だが、カンボジアではその大原則が通用しない。指揮官が隊員に向かって「撃て！」と命令すれば、それは部隊として応戦していることになり、憲法九条で禁じられた「武力の行使」にあたってしまう。少なくともいまの法律の範囲内で部隊指揮官が隊員に武器の使用を命令できるのは、「侵略に対してわが国を防衛するため」の「防衛出動」や「治安出動」のさいに限られている。当然のことながら陸上にあっては自衛隊は国内でしか戦えない。海外で部隊として戦闘行動をとることは、憲法に悖《もと》るばかりか、専守防衛という自衛隊の存立基盤そのものを覆《くつがえ》してしまうのだ。そうなると、カンボジアに派遣された自衛隊のPKO部隊はたとえポル・ポト派の襲撃を受けても部隊として反撃ができないという奇妙なことになる。法律上はその通りなのだが、それではみすみす殺されに行くようなものである。

そこで持ち出されたのが、刑法で言うところの「正当防衛」と「緊急避難」というこれまた「名目」だった。PKO協力法によれば、隊員は、「自己又は自己と共に現場に所在する他の隊員の生命又は身体を防衛するため」に限って隊員個人の責任で武器を使用することができる。「責任」は、現場の部隊から、今度は隊員一人一人に押しつけられることになった。ただし「正当防衛」だから「通常いわれるような意味の応戦」をやってはいけない。相手の兵士が撃ってきて、「回避すべきいとまがない」というとき、あくまで自分や現場にいる同僚の身を守り緊急に避難するために銃を使うのである。法律を字句通りに解釈すれば、投票所にいる民間人の日本人ボランティアが攻撃を受けているからと言って、掩護《えんご》射撃をしながら救い出すことは許されない。無線でSOSを聞き取っても現場に駆《か》けつけることさえ認められていないのだ。その場に民間人がいたとしても彼の命を守るために自衛隊員は撃ち返すわけではない。自分の身を守るために撃ち返したことが、たまたまそこに居合わせた民間人の身も守るという形をとらなければならないのだ。

だが、じっさいに民間人が生命の危険にさらされている現場ではそんな悠長なことを言っていられるはずがない。その場にいた大半の隊員は結局のところ、法律通りにだんまりを決めこんであとから「同胞を見殺しにした」と世論の非難を浴びるより、救出に向かう道を選ぶはずであった。そして恐らくは、「私の指示は憲法や法律の許す範囲でベストを尽くせ、とのことで、具体的な実施方法は現地で考えることだ」と首相の言葉通り下駄を現場に預けた政府自体が、隊員たちがそのように動いてくれることを「期待」しているに違いなかった。投票所のパトロールはあくまでも「橋や道路の調査」であり、銃の使用は「正当防衛の範囲内」としっかり逃げ道をつくった政治家や官僚たちは、現地で何が起ころうとも自分たちの手が汚れる心配はない。あれは現地の判断でやったのだと言い逃れができる。そして、銃の使用については、現地の指揮官たちも政治家や官僚と同じ台詞《せりふ》を吐かなければならなかった。あれは隊員個人の判断でやったのだ、と。

幕僚の一人は、部下のことを危険な任務に狩り出しておきながら、いざ、というときには、「俺は責任が持てないから、お前たち、勝手に撃て」というのでは、兵隊と上官との信頼関係が根底から崩れていき、そのことがいつまでもお互いの心に重たいしこりとなって残るような気がしてならなかった。隊員が指揮官の命令に従うということは、自分の命を指揮官に預けるということでもある。そのことを全身で受け止めて、指揮官は犠牲が最小限ですむような最良の方法を考え出すのだ。そして、いったん命令を出したからにはそのあとに起こるいっさいの責任は指揮官がしょいこまなければならない。命令を出すということは同時に責任を負うということでもある。逆に言えば、何かあったときの責めは上官が負ってくれると思っているからこそ隊員は命令に従うのである。ところが、「勝手にやってくれ、その代り責任は自分たちで負ってくれ」では、自ら指揮官であることを放棄していることと変わらない。そのとき、上官と部下という関係は消え、バラバラな個人がそこにいるだけである。そんなことではたして自衛隊と言えるのだろうか。法律で決まってしまった以上、現場がいくら議論をしても仕方ないことはわかっていながら、それでもその幕僚は仲間や上官にやりきれない思いをぶつけるしかなかった。

別の若手幕僚は、やむを得ず発砲したことによって罪に問われてしまう隊員のことを考えていた。自らの命を盾にしてまで民間人を助けても、かえって助けたために、その隊員は被告人として法廷に立たされてしまう。同僚たちは「組織がいろいろな形でバックアップするしかない」と言う。彼としてもその意見にうなずくしかないのだが、しかしそうした形では割り切れないものが残るように思えてならないのだ。

「ほんとうにそれで隊員を助けたことになるのか。何年も法廷に引っ張りだされるんだぞ」

彼には、公判のたびにまるでさらし者のようにテレビの画面に映しだされる隊員のうつむいた顔が目に浮かぶようだった。

「たしかに自衛隊としての責任はとれるだろうが、こういう形で処理しましたと言えば、それで終わりだ。でも、隊員の苦しみは生涯つづくんだ。組織のいちばん苦しいところで働いた隊員が、自分の人生の大半を悲痛な思いで過ごさなければならなくなる。それでほんとうにいいのだろうか」

堂々めぐりのような意見の応酬を同僚たちとつづけている彼に向かって、東京から派遣されてきた「将軍」が、議論をしめくくるようにひと言、鋭い言葉を投げつけた。

「要するに、おまえは文章に書かれていないことはやらないんだな」

若手幕僚はあらためて現場の人間の思いと上級の司令部の考えの間に大きな隔たりがあることを思い知らされていた。

三十代の将校たちがやりあっている間、テーブルの中央に座った四十歳の大隊長石下二佐はほとんど口をはさまなかった。「最後は自分が責任をとる」と決然とした口調で言い切ると、六百人の隊員とその家族の思いをすべて背負ったかのようにいつにない固い表情で両腕を組み、じっと瞑黙《めいもく》していた。

自衛隊の「トラック野郎」として物資やブルドーザーなどの建設器械を輸送する仕事に携わっていた杉本二曹《そう》が、上官から大隊本部の会議室に顔を出すように言われたのは、総選挙まで余すところ一週間を切った五月中旬のことだった。指定された昼過ぎの時間に会議室に行ってみると、室内には四十人近くの隊員たちが肩がふれあうほどに詰めこまれていた。誰か知った顔はいないかと彼が見まわすと、同じ中隊の友人がいるだけで、ほとんどは知らない隊員ばかりだった。所属部隊も階級もさまざまである。杉本二曹にはこれがいったい何の集まりなのかさっぱり見当がつかなかった。それは他の隊員たちも同じらしく、部屋のあちこちで、おまえも呼ばれていたのかと同僚の顔を見つけては声をかけあう隊員の姿があった。自分がなぜ呼ばれたのかわけもわからないままに、隊員たちはこの会議室に集められたのだった。

　やがて大隊本部の前田浩司一尉ら数人の幹部が入ってきて、怪訝《けげん》そうな顔つきの隊員を前に説明をはじめた。

　選挙期間中、大隊では六人一組の「情報収集班」を八班編成して、「施設部隊の任務遂行のため地形調査や道路偵察を行なう」傍ら、投票所にも立ち寄ることになった。ただ、情勢しだいでは彼らが待ち伏せ攻撃を受けて孤立したり、投票所が襲撃されることも考えられる。そうした最悪の場合に備えて隊員や選挙監視員を救出する特別編成のチームをつくる。ついてはこのチームに加わる隊員をここに集まってもらった者の中から募集したい。説明は概《おおむ》ねそんな内容だった。

　しかし、特別編成のチームをつくるにしてもＰＫＯ派遣隊員は六百人を数える。募集するのならもっと大勢の隊員に声をかければよいものを、よりにもよってなぜ自分たちだけが呼ばれたのか、杉本二曹はその点が不思議でならなかったが、やがてその理由も明らかにされた。実は、この会議室にいる四十人近くの隊員たちには共通している点がひとつだけあったのである。それは全員がレンジャーバッジを持っているという点だった。たしかに杉本二曹も彼の友人も、自衛隊に入ってまだ三、四年にしかならない二十代はじめの頃北海道の部隊で曹士レンジャー教育課程に志願していた。

将校を対象にした幹部レンジャー教育が、リーダーシップの養成に主眼がおかれているのに対して、曹士レンジャーは最後の一兵になっても戦えるように体力と精神力をぎりぎりまで鍛え上げることが目的なため、訓練は自然とスパルタ式の色合いが濃い内容となっている。たとえば何日もの間、食事もほとんどとらず一睡もせずに山中を歩きまわるような訓練のさい、幹部レンジャーではうたた寝をしている隊員がいても教官が張り手を食らわせることは決してない。その代わり、あとで「おまえはそれでも将校か。部隊に帰ったときにそんなことで部下を引っ張っていけると思っているのか」と同期の仲間たちが見ている前で叱《しか》り飛ばし、本人の自覚を促すのである。これに対して、曹士レンジャーではうつらうつらしているような隊員がいたら、たちまち教官の鉄拳《てっけん》が振り下ろされる。服装に埃《ほこり》や糸屑《いとくず》がついていると言っては叩《たた》かれ、シーツの畳み方が悪いと言っては叩かれる。ただただ叩かれながら、それでも命令には「レンジャー」と答え、ひたすら耐えることを要求される。しかし訓練が理不尽なほど厳しかった分、ダイヤとオリーブの冠をあしらったレンジャーバッジを胸もとにつけてもらったときの感激はひとしおなのだろう。

杉本二曹も含めて曹士レンジャー訓練をクリアした隊員に会って話を聞くと、誰もがそのときこみあげてきた思いを何年たってもはっきりと覚えていると言う。レンジヤーバッジを持っているからと言って手当がつくわけではないし、昇進に有利に働くわけでもない。形として得になるものは何もないのだ。しかし彼らにとってダイヤの徽章《きしょう》は誇りになっている。ある隊員は、レンジャーをとってしばらくの間は、徽章を縫いつけた胸もとをついそびやかすようにして基地内を歩いていたという。じっさいレンジャー訓練に行く前と帰ってきたあとでは後輩や上官たちの見る目が変わっている。レンジャー訓練の厳しさが半端《はんぱ》なものでないことは隊内に知れ渡っている。それだけに地獄の特訓をくぐり抜けてきた男として、後輩たちはある種畏敬《いけい》の念を持って接するようになるし、先輩たちからも一目おかれるようになる。レンジャーバッジは、隊員たちの間では階級章よりはるかに睨《にら》みが効く存在なのである。

杉本二曹も国内の基地にいるときはその徽章を作業服の胸もとに必ずつけていたが、この作業服だとカンボジア政府軍の制服とそっくりでポル・ポト派に狙《ねら》われる恐れがあるため、現地では演習でもない限りふだんはまず袖《そで》を通さない迷彩服を着ていた。そしてカンボジアに持っていった迷彩服にはあいにくレンジャーの徽章を縫いつけておかなかった。会議室に集まった隊員の中にも彼のようにバッジをつけていない隊員が結構いて、そのせいで部屋に入っても、まさかレンジャー有資格者だけが呼ばれていようとは気づきもしなかったのである。

特別編成のチームへの参加を呼びかけられて、杉本二曹は少しとまどった。頭に浮かんだのはやはり家族のことだった。彼には小学二年と幼稚園に通っている男の子がいる。もしも、のときは、妻が二人の子を女ひとりで育てていかなければならない。その、もしもが、彼には、決してありえないことではなく、ひどく身近なもののように感じられていた。

特別編成のチームには「医療支援チーム」という名称がつけられていた。襲撃を受けた隊員や民間人に負傷者が出た場合を考えて、軍医にあたる防衛医官と衛生兵が加わっているためだったが、三個班からなるこの「医療支援チーム」のうち、純粋に医療に携わるのは一個班だけで、残りの二グループはレンジャー隊員から編成されることになっていた。つまり実態は「特攻隊」のようなものだった。チームにお呼びがかかるというのは、すなわち「情報収集班」や「投票所」が襲撃されたときを意味している。現場ではポル・ポト派との交戦が待っている。しかも敵と撃ち合いながら、取り残された味方を救い出さなければならない。単に攻撃するよりはるかに難しく、それだけに撃たれる可能性も多くはらんでいるのだ。

しかし任務の内容が危険な割りには、杉本二曹に考える猶予《ゆうよ》はほとんど与えられていなかった。課業終了までの三時間ほどの間に、志願するのか拒否するのか自分なりの結論を出して、夕方から予定されていた個人面接の席で「医療支援チーム」の隊長となる前田一尉に伝えなければならなかった。

会議室を出て持ち場に帰る道すがら、杉本二曹は、傍らを歩く中隊の友人に聞くともなしに「どうしよう」と声をかけた。

友人も決めかねていたらしく、そうだなあ、と少し考えこむようにしていたが、やがてぽつんと言った。

「やっぱりレンジャーを持ってるからには、行こうか」

それは、杉本二曹の気持ちを見透かしたような言葉だった。家族のことを考えると迷いは残る。しかし、ある意味でレンジャーであることをみこまれて「医療支援チーム」への誘いを受けた以上、引き受けざるを得ないようにも思えていたのだ。任務の内容からしてふつうの隊員にはまかせられない。それゆえ、苛酷《かこく》な訓練を潜《くぐ》りぬけてきて胆力も体力も折り紙つきのレンジャーに声がかかったのだ。なのに辞退したとあっては、何のためにバッジをつけているのかわからなくなる。自分はレンジャーなのだという自負もあった。

夕方、杉本二曹が個人面接に大隊本部をたずねると、前田一尉に加えて副大隊長の三佐が待ち構えていた。大隊のナンバー2がわざわざ顔を出して面接に立ち会っているということは、隊員の参加が本人の意思だったのかどうかをめぐってのちのち問題が起こらないように大隊サイドがいかに神経を遣っているかをうかがわせていた。その二人の前で、杉本二曹は「医療支援チーム」に志願したいと参加の意思を伝えた。ただ、旭川《あさひかわ》で留守を守る妻には任務が解けるまでいっさいを内緒にしておくつもりだった。

会議室に呼ばれた隊員の個人面接はその日のうちに終了した。四十人弱のレンジャー有資格者のうち参加したくないとはっきりNOの意思表示をしたのは四、五人だった。日本を出発するときからあらかじめわかっていた任務ではなく、文字通り降って湧《わ》いたような仕事であるだけにあくまで本人の意思を尊重して、志願した者だけでチームを編成しようというのが、前田一尉はじめ大隊幹部の考えだった。このため断ってきた者に不参加の理由までたずねることはしなかった。なぜ駄目なのかといちいち問い質《ただ》していると参加を暗に強いているような印象を相手に与えかねない。それに、参加しなかったことで断った隊員に妙な負い目を感じさせたくはなかった。

だがそうした配慮は軍隊には無用のもののはずである。まして相手はふつうの隊員ではない。自衛隊の中でももっとも厳しいレンジャー訓練に自分からすすんで参加して晴れてバッジを手にした、筋金入りの隊員ばかりだ。レンジャーのおまえとみこんで頼んでいるんだ、と上官から殺し文句を囁《ささや》かれたらおそらく誰もが断りきれなかったはずである。しかし大隊の幹部はそれをしなかった。隊員一人一人の判断にゆだねたのである。本人の意思を尊重したと言えば聞こえはいいが、うがった見方をすれば上官としての責任を回避したと言えなくもない。下駄を預けられた隊員は、レンジャーとしての自負と家族への思いのはざまの中で、行くべきか行かざるべきか、思い煩《わずら》う羽目になった。命令されることに馴《な》れている隊員の中には、かえって命令してくれた方があっさり吹っきれたのにと言う者もいた。

ただ、幹部の側に、部下を説得してまでこの仕事にかりたてようとはどうしても踏み切れない、気後れのようなものがあったことはたしかである。「情報収集班」の仕事と同じく、「医療支援チーム」の場合も、あとからつけ足された任務であるという点に加えて、銃器の使用などをめぐってあまりにも多くの問題点が解決されずに積み残されたままであった。幹部としても、部下に向かって、そんな曖昧《あいまい》さがつきまとう仕事に心の底から行ってくれとは言いにくかったのである。

総選挙が三日後に迫った五月二十日、「医療支援チーム」は正式に編成された。メンバーは総勢三十四人、このうち医官と衛生兵は七人で、残りが杉本二曹らのレンジャー隊員である。年齢的には上が四十二歳から下は二十三歳までとかなりの幅があり、三十代が二十代をやや上回っていた。レンジャーだけで編成した特殊部隊という割にはいささか歳《とし》を食っている点がチームリーダーの前田一尉《い》には気にかかった。だが、それ以上に懸念《けねん》材料だったのはメンバーのほとんどが施設科部隊出身の隊員ばかりだったことだ。カンボジアに派遣されたPKO部隊そのものが施設科部隊を中心に編成されていたため、致し方ないことではあったが、しかし、同じようにレンジャーバッジを持っていても、施設科のレンジャーと、普通科つまり歩兵部隊のレンジャーとでは日頃の鍛え方に格段の違いが出てくるのだ。施設科部隊は自衛隊の「土建屋」と言われるだけあって、ふだんは銃の代わりにスコップやドリルを手に道路をつくったり橋をかける訓練を重ねている。当然のことながら銃器を扱う機会は限られていて偵察や戦闘といった訓練に割く時間も歩兵部隊に比べてはるかに少ない。しかも、普通科部隊のレンジャー有資格者はたいてい部隊に戻って何年かたつと、曹士レンジャー訓練の助教というポストを仰《おお》せつかり、自分が学んできた技術をこれからレンジャーバッジをとろうとする後輩たちに教える立場になるが、施設科のレンジャーにはそうした助教の声はなかなかかからない。年一回の錬成訓練は義務づけられているのである。しかしその程度では不十分である。まず勘が鈍ってしまう。やはりこの手の技術は人に教えることで磨きがかかるものなのだ。

この日はじめて勢揃《せいぞろ》いした「医療支援チーム」の隊員たちは緊張した顔つきで編成式に臨んでいたが、年齢のばらつきを見ただけでも寄せ集めという印象は拭《ぬぐ》えなかった。チームリーダーの前田一尉は、背すじを伸ばして「気をつけ」の姿勢をとっている彼らをひと通り見てまわりながら、レンジャーバッジは持っていてもその技術はかなり錆《さ》びついてしまっているのではないかと、このにわかづくりの部隊への不安をあらためて感じていた。何しろレンジャー教育を受けたのが十五年も前という隊員さえいるのだ。

前田一尉は三十になったばかりの防大出エリート将校である。だが、幸か不幸か防大出に見られたためしがない。陸上自衛隊では、同じ将校でも防大組は「B」、一般大出身者を「U」、下士官から昇進試験にパスしてきた叩《たた》き上げを「I」と、区別して呼ぶ習わしがあるが、前田一尉は初対面の相手から決まって「Iですか」とたずねられる。防大と聞いただけでいかめしいイメージを抱く大方の予想を裏切って、じっさいの防大出の将校は人あたりが柔らかく、むしろ無菌室の中で育ってきたひ弱ささえ感じられるタイプが圧倒的多数を占めている。そんな中で前田一尉はたしかに異色の存在に映る。短く刈り上げた頭、いかにも無骨そうな外見からは、防大出にはないいの人が叩き上げの将校と思いこんでしまうのは、いかにも第一線にあって兵たちを率いていくのが似合いそうな彼の雰囲気ゆえにである。しかし、そんな彼のひとり暮らしの部屋をのぞくと、本棚には軍事関係の書物にまじってコミック本がならび、流行《はや》りのゲームソフトがそこら中に散らばっている。それもまた昭和三十八年生まれの青年将校の、まぎれもない一面なのである。

留萌《るもい》市にある第二十六普通科連隊から派遣された前田一尉は、カンボジアの大隊本部で当初広報の仕事を任され日本から大挙押しかけてきたマスコミの対応に追われていた。マスコミを相手にするのははじめてで、それまで制服を着た人間としか一緒に仕事をしてこなかった彼にとっては刺激にあふれた経験だったが、やはり「医療支援チーム」の指揮官の方が性《しょう》に合っているようだった。

前田一尉はチームを編成したその日の夜から隊員たちの訓練をスタートさせた。特殊コマンドという割りには、隊員の年齢が高い点と言い、銃を撃つよりブルドーザーを動かすのが専門の隊員が大半である点と言い、このメンバーでいざというときどこまで機敏で的確な行動がとれるのか、敵の攻撃にさらされている人たちをほんとうに救出することなどできるのか、その実力のほどに不安は隠せなかった。しかし、だからと言っていまさらレンジャー訓練のカリキュラムに沿って一から教え直している余裕はない。ともかくチームとしての弱点がどこにあるか、それを見極めて応急処置を施していくしかないのだ。

ふつう自衛隊では演習のさい指揮官は拳銃《けんじゅう》を携帯する。ところが「医療支援チーム」を率いるにあたって、前田一尉は、上官の許しを得て、兵士たちと同じく64式自動小銃を持たせてもらうことにした。チームが出動するとき、それは十中八九、戦闘に巻き込まれることを意味していた。銃弾が飛び交う中、拳銃だけで自分の身を守れるかどうか、前田一尉は心もとなかったのだ。

しかし、自分自身のことを守らなければならないのは何も敵と撃ち合っているときだけとは限らない。成り行きしだいでは、前田一尉らは日本に帰国したあとでたったひとり法律を向こうに回して戦う羽目に陥るかもしれなかった。「情報収集班」と同じく、「医療支援チーム」の場合も銃の使用は隊員ひとりひとりの判断に委《ゆだ》ねられていた。撃つのは勝手だが、それにともなうさまざまな責任は隊員が自分ひとりでしょいこまなければならないわけだ。それに対して組織は何の庇《かば》いだてもしてくれないのである。そして、「情報収集班」以上に「医療支援チーム」は、ＰＫＯ法を犯してしまう可能性をもっとも多くはらんでいた。ＰＫＯ法を字句通り解釈すれば自衛隊員はたとえ民間人を助ける目的であっても発砲してはならないことになっている。しかし、「医療支援チーム」の任務は、何よりも敵の攻撃を受けて立ち往生した「情報収集班」の隊員や投票所のボランティアを「救い出す」ことにあったのだ。それだけに、前田一尉らは、自分たちが罪に問われて、たったひとりで法廷に引きずり出されるときのことを覚悟しておかなければならなかった。

　そのことを真剣に案じるより、かえって冗談で紛らわしてしまった方が本人たちの心の負担が軽くなると思ってか、大隊本部の隊員の中には、前田一尉らのチームに別名をつけて、「おまえら、……チームだから大変だよな」と茶化す者がいた。ブラックユーモアのスパイスをたっぷり効かせたその名前に、思わず前田一尉も苦笑いで応《こた》えるしかなかった。

　その別名とは、医療支援ならぬ、「法廷闘争チーム」である。

いちばん長い四日間

　カンボジアで二十一年ぶりに行なわれる総選挙の投票を翌日に控えた一九九三年五月二十二日、タケオにある自衛隊PKO施設大隊のキャンプは朝から慌《あわただ》しい雰囲気につつまれていた。この日から情報収集班の四十八人の隊員たちがタケオ州内に設置された投票所にひとつひとつ立ち寄って選挙監視員たちの安全をたしかめるパトロールに出発するのである。

　M二尉《い》の小隊からも小隊長の彼をはじめ、出発前夜、生まれてはじめて父にあてた手紙を書こうとして縁起でもないと思いとどまった佐藤二曹《そう》ら、六人が参加することになっていた。妻あての手紙を投函《とうかん》せずにベッドの横に置いたままにしてきた小隊長のM二尉は、寝不足の跡もなく意外にさっぱりとした顔をしていた。大事な任務にそなえてしっかり寝ておかなければという気負いのせいでかえって眠れないかと心配していたが、不思議と一度も途中目覚めることなく朝を迎えることができた。出発までの短い空き時間に、彼は五人の部下を集めて、敵の襲撃を受けたときどう行動したらよいか、「対処要領」をもう一度おさらいした。その上で、これからの十時間あまり生死をともにするひとりひとりの顔をみつめながら自分にも言い聞かせるように力をこめて言った。

「みんなで無事に帰ってこような」

〇七〇〇、「日本施設大隊」と書かれた木の看板がかかったタケオキャンプの正面ゲートから情報収集班の第一陣が出発したのを皮切りに、パトロールに参加する隊員は、幌《ほろ》に「UN」の二文字が大きく書かれた白塗りのジープに次々に乗りこみ、同僚たちが喚声を上げて見送る中、砂煙をたてながら目的地の投票所をめざしてキャンプを出ていった。M二尉らの班は第一陣に遅れること三十分、七時半の出発だった。

パトロールに出かける隊員たちは野戦服の上に防弾チョッキを二枚重ね、頭には鉄ヘルメットをかぶる。かなりの重量に加えて、カンボジア特有のむせかえるような暑さの中でこれだけの重装備をしていると、わざわざ金を出してサウナに入る人の気が知れなくなってくる。そこまでの辛《つら》い思いをしても、しかし一分間に六百発の弾丸が飛び出るAK47自動小銃の一斉掃射を浴びたらひとたまりもない。頑丈そのものの鉄《てっ》兜《かぶと》をしていても、弾丸は、ミシン針が布地を貫くよりもやすやすとヘルメットを貫き、人間の頭蓋骨《ずがいこつ》を砕き、脳を豆腐のように粉砕してしまう。せいぜい弾の破片なら防げるという程度である。何の気休めにもならないのだ。

六人一組で編成される情報収集班はそれぞれ三台のジープを連ねてパトロールを行なう。M二尉の班の場合、先頭の車両には小隊長の彼が、佐藤二曹は二両目のジープに乗りこむことになっていた。先頭の小隊長車を運転するのは、先輩たちから「エテ公」のニックネームを授かって欲求不満のはけ口代わりにされていたあの永井士長と同じく、北海道の部隊にいたときからM二尉に仕えていた直属の部下ともいうべき菅原三曹だった。ただ、菅原三曹は、情報収集班に志願した他の隊員たちとはこのチームへの参加の事情がちょっと違っていた。情報収集班の隊員は、誰に勧められたわけでもなく小隊長や中隊長との面接を通じて自分から手を上げてチームに加わった者ばかりだが、菅原三曹だけは、投票所を巡回するパトロールチームが編成されるという話が正式に隊員たちに伝えられた時点で、小隊長のM二尉から「わかっているよな、おまえは運転手だから、俺と一緒に行くんだよ」と引導を渡されている。

　M二尉としては、自分がパトロールチームを率いるさいには当初から菅原三曹に自分の隣りの運転席に座ってもらうことに決めていた。三台の車列を組んで走行しているさいは先頭よりむしろ二両目の車がもっとも狙《ねら》われやすいとされていたが、だからと言って先頭車がより安全というわけではない。撃たれたのが自分の後ろを走る部下の乗ったジープであっても、小隊長が部下を見捨てて現場から逃れるわけにはいかない。逃げるのは部下を救い出してからである。敵の攻撃の矢面に立たされる点は最初に狙われた車両と同じである。しかも部下とともに現場から逃れようとするとき、敵はまずドライバーを倒して車を止めることを考えるだろう。自分は小隊長だから致し方ないとしても、その隣りのもっとも危険なポジションを妻子持ちの隊員に割り当てるのはいくら何でも酷すぎる。やはりここは身軽なひとり者の隊員に引き受けてもらうしかないだろう。そう考えたとき、M二尉の脳裏に浮かんだのは菅原三曹の顔だった。下士官としての経験もある程度積んだ二十八歳の独身、しかも秋田角館《かくのだて》の産。青森生まれのM二尉とは同じ東北に育った誼《よし》みで、日頃から何かとウマが合った。本人にはかわいそうだが、気心の知れた間柄の彼なら、命を預けてほしいという自分のこの無茶な願いも聞《き》き容《い》れてくれそうな気がした。

はたして菅原三曹はためらう素振りもみせなかった。M二尉から名指しでパトロールチームへの参加を求められると、まるで一杯呑《の》みに行くのにお供するような軽い乗りで「わかりました。一緒に行きます」とあっさり引き受けた。M二尉は念を押した。

「もしかしたら、俺とおまえは仲良くあの世に行くかもしれんからな」

だが菅原三曹はすでに覚悟を決めているらしく、冗談のように「地獄の底までついて行きますよ」と言って、笑ってみせた。

午前七時三十分、M二尉らを乗せた三台のジープが車列を連ねて走り出すと、両側にならんでいた見送りの隊員たちが口々に「頑張ってな」「気をつけろよ」と威勢のいい声を張り上げた。

別の車列で出発した小松二曹は、同僚たちの見送りに手を振って応《こた》えながら、ふと、このままみんなに見送られて死にに行くのかな、という思いが脳裏をかすめた。仲間からどんなに無事を祈る言葉をかけられても素直に受け取れない。防弾チョッキを着こんだジープの中の自分たちに向かって、ふだん通り作業着姿で手を振る顔、顔、顔をながめていると、やたら苛立《いらだ》ってくる。言ってる方は気楽だよ、と思わず言い返したいくらいである。

「なんか、最期《さいご》のお別れ、って感じだな」

ひとり言のようにぽつりとつぶやいたその言葉に、隣りでハンドルを握る後輩が無言でうなずいてみせた。

M二尉が率いる三台のジープはタケオの自衛隊キャンプを出ると、西に針路をとって、タケオから約二十キロ離れた国道三号線沿いのアンターサムという町をめざした。M二尉らの情報収集班が担当しているのはこのアンターサムよりさらに西に入ったトラムコック地区である。道の両側に水田が広がるのどかな田園地帯だが、背後に控える山々には数百人規模のポル・ポト派部隊が潜んで勢力伸張の機会をうかがっており政府軍も容易には近づけない。タケオ州では唯一《ゆいいつ》もっとも危険度の高いレッドゾーンに指定されている。

アンターサムを抜けると道路の状態は一気に悪くなった。月の表面のようにあちこち陥没ができて、その上、雨季の走りの雨で地面は柔らかく、たっぷり湿り気を含んでいる。左右どちらか一方に気をとられていると反対側の車輪が穴にはまってしまう。そのたびに車体は上下に激しくバウンドして、手すりや吊《つ》り革につかまっていなければ車外に放り出されそうになる。当然、車のスピードは落ちて、その分、狙われやすくなる。M二尉としては、危険をいち早く察知するため、道の両側から茂みが迫って見通しがあまり利《き》かない箇所は一目散に走り抜け、視界のひらけた所はゆっくり走るというように、スピードにめりはりをつけたかったのだが、悪路つづきで思うにまかせなかった。

助手席に座る小隊長のM二尉や佐藤二曹は、絶えず車の前方や左右に目を凝らして、木の陰に潜んでいる者はいないか、何か動く気配は感じられないかと細心の注意を払っていた。先頭の車がスピードを緩めると、後続車も前にならってゆっくり走る。万

一、前を行く車や後続車が銃撃を受けても、引き返したり、そのまま振り切って逃げられるように車間距離を八十から百メートル程度に保つためであった。

M二尉も佐藤二曹も、ジープに乗っている間、道の両側にくまなく視線を向けて用心を怠らないようにしながら、傍らでハンドルを握っている運転手の若手隊員に始終声をかけていた。それも、この先の道路事情やコースなどパトロールに関する話題より、むしろ北海道の部隊でのことや帰国してからの遊びの計画など、この緊張の一瞬一瞬とはまるでかけ離れた話題を意識して口にしていた。本人としては、隣りの若手隊員がしゃちほこばらないように気分をほぐしてあげているつもりだった。だが、ほんとうのところは、自分から冗談を言ってみることで、神経の一本一本に剃刀《かみそり》をあてられているような、この息苦しいほどの緊張感を少しでもまぎらそうとしていたのかもしれなかった。

時には笑いもまじえながら運転手の菅原三曹と雑談を交わしていたM二尉が不意に言葉を途切らせた。フロントグラスの向こうに吸い寄せられたようにじっと眼を凝らす。前方から走ってくる一台のバイクが妙に気になった。遠くからでは判然としないが、どうやら自動小銃のような長目のものを肩から下げているようなのだ。カンボジア政府軍の制服は、自衛隊員が国内の駐屯地でふだん着ている作業服と色がまったく同じ深緑色で、ほとんど見分けがつかないくらいである。それだけに相手が政府軍の制服を身につけていれば、自衛隊員の眼にはすぐにそうとわかるのだが、バイクに乗ってくる男は明らかに違う身なりをしている。

「おい、スピードを落とせ」

M二尉は前方を見据えたまま傍らの菅原三曹に命じた。

「前から来るの、ちょっと変だぞ」

小隊長の指示で菅原三曹はブレーキを数回小刻みに踏んでみせた。ブレーキランプを点滅させて後続の車両に「要注意」の合図を送るのだ。

その間にも徐々にバイクとの距離は縮まっている。服装がはっきりと見えてくるにつれてますます相手が得体の知れない男であることがわかってきた。男は頭にターバンのようなものを巻いている。ポル・ポト派の兵士はたいてい赤と白のスカーフを首に巻きつけていると聞いていたが、だからと言って見た目だけで相手がそうでないと言い切る保証はどこにもない。肩にかけているのは紛れもなく自動小銃である。

M二尉は無意識に腰の拳銃《けんじゅう》に手を伸ばしていた。心臓の鼓動が耳で聞きとれるくらいに高鳴っているのが自分自身でもわかる。

M二尉は、パトロールに参加する部下たちとのミーティングの席で、もし銃を発砲するような場面に出くわしたら真っ先に俺が撃つからな、とあらかじめ釘《くぎ》を刺していた。ＰＫＯ法に則《のっと》れば、どんな事態になっても自衛隊派遣大隊の上官は部下に対して発砲命令を下すことができない。隊員は自己の責任と判断で銃を撃たなければならないことになっていた。しかし法律に照らして行動しても、撃ってしまったことで、のちのち日本に帰ってから議論の矛先が現場にいた人間に向けられることは避けられなかった。正当防衛の解釈は見る人の立場で大きく変わってくる。自分たちは、撃つか、むざむざと殺されるか、というぎりぎりの極限状況に追いこまれて、やむをえず発砲したと考えていても、その場に居合わせず、だから殺される恐怖の味も知らない第三者は、頭でしか「危険」というものを考えられない。想像力をいくら働かせてもその場の空気はそこにいた人間にしかわからないのだ。自衛隊員が発砲したという事実だけで過剰防衛といった批判が出てくるのは目に見えていた。そんなことで部下たちが法廷に引っ張りだされて晒《さら》し者にされてはたまらんな、といかにも第一線で隊員たちと寝起きをともにしている現場の指揮官らしい思いを、Ｍ二尉は抱いていた。

そして、彼にはもうひとつ気がかりがあった。撃つのは隊員個人の判断ということであれば、恐怖にかられた隊員がむやみやたらと銃を撃ちまくるようなことがないとも限らない。ＰＫＯ法では、部下に「撃て！」と命令を下せないことになっているが、

「撃つな」と命じることに関しては特に言及していない。そうなら、撃つときは小隊長である自分がまず引き金を引くから、それまでは発砲するな、と部下に宣告して、最初の一線を越える責任を自分がかぶる形でチームとしての統制をとるしかないとM二尉は考えていた。

その点はM二尉だけの考えというより、どうやら部下を率いてパトロールに参加した現場指揮官に共通しているもののようだった。最年少のパトロール隊員の北野士長をドライバーとして自分の傍らに座らせた高石二尉も、部下に「勝手に撃つな。撃つときは俺が最初だ」と因果を含めている。

中隊長でありながら、「危険の焦点にはいつだって中隊長がいなければ」と先頭立ってパトロールチームに加わった井出一尉も、「自分が先に何でもやるから、みんな軽はずみなことはするな。もしも、のときは中隊長がやる通りにやれ」と部下に命じていた。ただ、その、もしも、が現実になったら、自衛隊は確実に叩《たた》かれるに違いない。そして、そのときは、最初に引き金を引いた自分が矢面に立たされることになる。しかも、中隊長が先に撃つということは、発砲は隊員個人の判断にまかせるとしたPKO法の考え方から逸脱して、PKO法が禁じている実質的な部隊行動にあたる恐れがあった。辞表を書いたくらいではすまないだろうと井出一尉は思っていた。

「撃つときは俺が最初だ」と言い切ったときから、パトロールチームの指揮官たちは、ある意味で、「法」より「部下」を選んだと言えるのかもしれない。彼らはあくまで部下とともにある指揮官でいたかったのだ。

自動小銃を肩にかけ、頭にターバンを巻いたバイクの男は、M二尉が乗ったジープの横を排気音を轟《とどろ》かせながら走り抜けていった。すれ違いざま、男は何か因縁でもつけるような鋭い眼つきで助手席のM二尉を睨《にら》みつけた。M二尉の手は、腰のホルスターに入れた9ミリ拳銃の、小ぶりな割りにどっしりとしていかにも強靭《きょうじん》そうな感触の銃把《じゅうは》の肌にあてられたままである。だが、男がM二尉と眼を合わせたのはほんの一瞬のことで、すぐにまた前に向き直って、そのまま背中をみせながらジープとは反対のアンターサムの町の方向にバイクを走らせていった。

何事も起こらなかった。しかし、M二尉は、バイクが二両目のジープとすれ違い、三両目のジープの横をすり抜けて、さらに小さな点になって道路の彼方《かなた》に見えなくなるまでじっと眼で追いつづけた。バイクの姿が消えるのを見届けたM二尉は、座席の背にゆったりもたれると大きくため息をついた。彼は、全身に温《ぬく》もりが広がっていくような安堵《あんど》を感じていた。

車に乗っていて、銃を持ったバイクの男とすれ違ったのはこれがはじめてではなかった。橋板の張り替え工事で国道四号線やカンポット近郊の作業現場に通っていると、日に二、三回はそうした得体の知れない男と出くわす。だが、そのときと、いまとでは、氷の針のように肌に突き刺さってくる緊張の度合いがまるで違っていた。ふだん工事のために移動しているときは小隊の部下二十四人と一緒で、わずか六人で動かなければならないいまと比べて心細さを感じるようなことはまずなかった。それに、いくらポル・ポト派でも橋の修理を行なっている自分たちに向かってまさか攻撃を仕掛けるようなことはしないだろうという思いがどこかにあった。

しかし、いまは、取り巻く環境も自分たちがこの地でおかれている立場も違う。ポル・ポト派が粉砕を叫ぶ総選挙は明日に迫っている。国連の威信を賭《か》けた総選挙を無事やりとげ、自分たちがレールを敷いたカンボジア再建のプログラムを何とかスタートさせて形だけでも整えたいUNTACと、それを阻止することでカンボジアに混乱を巻き起こし、再び権力を奪い取ろうと図るポル・ポト派、攻守いずれの側にとってもこの四、五日あまりが、今後のカンボジアにおける勢力地図を色分けする正念場であることに変わりはない。自衛隊やUNTAC関係者が息をひそめ耳をそばだて眼を凝らしてポル・ポト派の動きをうかがっているように、ポル・ポト派の緊張の度合いも最高潮に達しているに違いない。そして、選挙つぶしを狙うポル・ポト派からすれば、投票所をパトロールして選挙ボランティアの安全を守ろうとしている自衛隊の情報収集班は、自分たちの動きに盾突く目障《めざわ》りな存在と映っているはずである。施設大隊ほんらいの役目である橋の修復にかかわっているときとは比べものにならないくらい、自衛隊はポル・ポト派の神経を刺激して攻撃を受けやすい立場に自らを追い込んだのである。

そうした状況の変化が、M二尉の防禦《ぼうぎょ》本能を呼び覚まし、あらゆる動きに対して五感を敏感にさせていた。彼は、カンボジアに派遣されてからはじめて、自分たちが身を隠すものの何ひとつない中で、剝《む》きだしのまま「戦場」という場に引きずり出されたことを実感していた。

恋人からもらった熊《くま》のキーホルダーを胸のポケットにしまって先頭車のハンドルを握っていた北野士長は、フロントグラスの前方に眼を据えて行き過ぎていく左右の風景を見送りながらも、たえずどこからか自分たちを見つめている眼があるような気がしてならなかった。他人に聞かせると単なる思い過ごしと笑われてしまいそうだが、狭い道路の端から迫ってくる茂みの枝がふと眼についたりすると、あ、あの陰に誰かが身を潜めて、こっちの様子をじっとうかがっているのではないかと思えてきて、車を走らせながら思わず体を硬くしてしまうのだ。手のひらがひどく汗ばんでいるのは、悪路でハンドルを握る手にふだんより力が入っているせいばかりではなかった。

　そんな北野士長も、林を透かして村が見えてきたりすると力を抜いてゆったり運転することができた。やはり人の姿が眼に入ると安心できる。背中に視線を感じるというか、どこに隠れているかわからない、見えない相手を意識しているときが、いちばん恐怖にかられるのだ。

　投票所に向かうコースはどの隊員にとってもはじめて足を踏み入れる地域である。道は一本とは限らない。二手に分かれているところもあるし、脇《わき》から抜け道のような小道が伸びている場所もある。学校などの目印になるような建物があればまだしも、起伏がほとんどなく、弱々しげな木洩《こも》れ陽があちこちに斑点《はんてん》をつくっているほの暗い林の中はどこもかしこも同じように見えて、いったん順路を間違えて別の道に入りこんでしまったら二度と出てこられないのではないかという不安を隊員たちに抱かせた。しかもポル・ポト派の支配地区に迷いこむ恐れさえある。

　M二尉は隣りでジープを運転する菅原三曹《そう》に距離メーターの数字をつねにチェックするように指示していた。たとえば車をある程度走らせると、菅原三曹が「小隊長、先ほどの村から何キロ来ました」と報告する。M二尉は、さっそくその距離を地図上の村の位置から延ばして、現在地はどのあたりか大体の見当をつける。そして、今度は次の村までの距離を地図で測り、じっさいに走ってみて、ほぼ予想通りの距離で村が見えてきたら、コース通りに走っていることが確認できるという寸法だった。パトロールと言っても、目当ての投票所をめざすことからして、闇《やみ》の中を手さぐりで進むような心もとないものだった。しかも、夕方までには割り当ての十九カ所の投票所を回り終えてタケオのキャンプに帰り着いていなければならない。どこかで道に迷って時間を食ってしまうと、回るはずの投票所を端折《はしょ》って途中で引き返さなければならなくなる。日が落ちたあとに車で移動することはカンボジアでは自殺行為に等しかった。その意味でもコースを間違えてはならないのだ。

やがて最初の立ち寄り先になっている村が近づいてきた。タケオ州内に設けられた百あまりの投票所の大半にはすでに日本人をはじめとするボランティアの選挙監視員が配置され、投票の準備作業に追われていたが、ポル・ポト派の勢力圏と踵《きびす》を接しているレッドゾーンのこのトラムコック地区は、治安の悪化とＵＮＴＡＣ側の受け入れ態勢が整っていないことを理由に、選挙監視員の配置が延ばし延ばしにされ、投票が翌日に迫ったこの日も見送られていた。主のいない投票所をわざわざパトロールする

M二尉ら自衛隊員は、選挙監視のボランティアが入村しても安全かどうかを確かめる瀬踏みのような役目を担《にな》わされていたと言っても過言ではなかったかもしれない。

　三台のジープが連なって村の入口にさしかかると、道の端にたむろして遊んでいた子供たちが遊びを放り出して好奇心に満ちた眼を輝かせながらいっせいにジープめがけて駈《か》け寄ってきた。それを潮に、粗末な藁《わら》葺《ぶ》き小屋がたちならぶ村落のあちこちから村人たちが次々に集まってきて、たちまちジープのまわりを取り囲んでしまった。たしかに村に入ったときには掘っ立て小屋の前で暇を持て余したようにのんびりしゃがみこんだり寝そべっている数人の男を見かけたが、その比ではない。どこにこれだけの人間がいたのかと思うくらいの数である。後ろを振り返ると、後続のジープとの間にも村人たちの人垣ができて、車両同士が完璧《かんぺき》に遮断されてしまっている。

　M二尉は、運転手の菅原三曹に、運転席から決して離れずエンジンはかけたままいつでも発車できる態勢でいるように言いおくと、車外に出た。すぐに子供たちが、ぴゃあぴゃあはしゃぎながらまとわりついてきた。二両目、三両目のジープからも運転手を残して助手席の隊員が降りてきたが、やはり子供たちにもみくちゃにされている。M二尉が動くとまわりに群がっている村人たちもノミの群れのようにぴったり付いてくる。若者もいれば皺《しわ》の寄った中年もいる。村人たちは珍しいものでも見るように好奇の眼差《まなざ》しを向けてくるが、いくつかの眼は魚の眼のように無表情でじっとM二尉の様子をうかがっている。

M二尉は、薄気味悪いというより、何か不吉なことが起きるのではないかという胸騒ぎを覚えていた。先ほどジープに乗っていて銃を持ったバイクの男とすれ違ったときとはまた違った、それは「恐怖」だった。鳥肌立ってくるように正体の見えない恐怖がじわじわとしだいに背後に忍び寄ってくる。まわりにいるのはふつうの村人なんだと自分自身に言い聞かせても、バイクの男が迫ってきたときのように、恐怖と向き合って、その存在がはっきりと眼に見えているわけではないだけに、かえって想像力をかきたてられ、不安がつのってくるのである。人垣に囲まれていることはむろんだが、それ以上に腰のあたりがもぞもぞとなるほどM二尉を落ち着かない気分にさせていたのは、部下とひとかたまりでいられないことだった。三人でいれば、前後左右に分かれて警戒することができるが、いまはたった一人で四方につねに気を配っていなければならない。いざというとき誰かに掩護《えんご》射撃を頼むとか連係プレイをとることもできない。三人がひとかたまりなら力を合わせて三人分の力を発揮できるが、ひとりひとり孤立している状態では一人分の力も出せないはずなのだ。

M二尉は、人込みの中にぽつんと頭にかぶった鉄兜《てつかぶと》だけをのぞかせている部下たちに向かって大声を張り上げた。だが、ざわざわと騒々しくてこちらの声もなかなか届かない。仕方なく、爪先立《つまさき》つようにしながら身振り手振りで指示を出した。この群衆の中にポル・ポト派の兵士が紛れこんでいたり、茂みの奥から機関銃の掃射を浴びせられたらひとたまりもない。M二尉は、落ち着きのない犬のように絶えず後ろを振り返り、左右に注意を払い、自分を取り囲んだ人垣の中に何か不審な動きはないかときょろきょろしながら、人込みをかき分けるようにして前に進んだ。

明日、投票がはじまったらジープのまわりに集まってくる住民はこの程度の数ではすまないだろう。近隣の村々からも有権者は詰めかける。そこに自分たちが乗りつければ、物見高いカンボジアの人々のことである。たちまち取り囲まれてしまうことはきょうの経験に照らしてみれば明らかである。恐らく群衆の数はもっとふくれあがっていて、身動きさえできなくなり、収拾のつかない状態になってしまうかもしれない。そんな中で選挙ボランティアの安全を図ることなどできるのだろうか。

少なくともパトロールに出発するまでは、隊員たちにとって脅威の対象はポル・ポト派に限られていた。このため待ち伏せ攻撃に合う恐れの高いコースの途中では、道路の両側に広がる深くて濃い林にたえず眼を向けて、ささいな変化も見逃さないように五感を研ぎ澄ましていた。だが、パトロールに立ち寄った先の村でここまで多くの群衆に取り囲まれ、そのこと自体がこれほど不気味で、「脅威」に感じられようとは予想もしていなかった。隊員たちにとって不安材料がまたひとつ増えたのである。

じっさい投票がはじまってみると、自衛隊のパトロールチームは行く先々の村で村人たちの「歓迎」のセレモニーに迎えられた。二十一年ぶりの総選挙でお祭り気分に浮き立っているのだろうが、それにしても彼らのいささか度を越した歓待の前に、隊員たちは笑顔で応《こた》える余裕もなく一様に顔を引きつらせていた。小松二曹は、ポル・ポト派の兵士にどこからかじっと見つめられているような気配を感じながら暗くて静かな林の中を移動しているときより、投票所の設置された村に立ち寄っていきなり群衆に取り囲まれたときの方が、はるかに「恐怖」を感じとったと言う。

村に入った小松二曹が、選挙監視員のボランティアに差し入れるペットボトルや食料を手に抱えてジープを降りると、待ち構えていたように大人やはだしの子供たちがいっせいに駆け寄ってくる。襲われるのではないかと脳が不安をキャッチするよりも早く、小松二曹の体の方が一瞬早く反応していた。気がついたら彼はジープを背にする位置まで後ずさっていた。

カンボジアでダンプカーの運行を担当していた小松二曹は、作業現場で大勢の見物人に取り囲まれることがしばしばあった。そんなときでも子供は馴《な》れ馴《な》れしくまとわりついてくるが、さすがに大人は遠巻きにしてながめているだけだった。ところが、いまは大人も子供たちにまじって、小松二曹の体にほとんど寄り添うようにぴったり付いてくる。中には、野戦服がよほど珍しいのか、服にさわったり引っ張ったりする者もいる。それどころか、面白半分に肩にかけている自動小銃にまでちょっかいを出そうとする村人がいる。銃が暴発でもしたら一大事である。両手はボランティアへの差し入れでふさがれていたため、小松二曹は、いやいやをするように上体を激しく左右に揺さぶりながら、「ノー！　ノー！」と怒鳴り声を上げて、好奇心のかたまりのような彼らを追い払った。だが、追い払ってもまた別の男がちょっかいを出しにくる。その度に小松二曹は「ノー！　ノー！」と強い口調で叫び立てた。

ボランティアに差し入れを手渡すと、小松二曹は、肩にかけていた自動小銃を両手に持ちかえて、隙《すき》さえあれば近寄ろうとする村人たちの眼を睨みつけるようにしながら、後ろを振り返りつつ、ジープの場所までそろそろと後ずさりした。前より後ろの方がこわかった。群衆の中に紛れこんでいるポル・ポト派のゲリラがいまにも足音を忍ばせて背後に近づき、いきなりナイフを突き立てて襲いかかってくるような気がしてならなかった。小松二曹は何かにとり憑《つ》かれたように後ろを振り返ることを繰り返した。前を向くより振り返っている方が多いくらいだった。背中に冷たい汗がにじむのも、後ろがこれほど気になるのも、国内の訓練では経験しないことばかりだった。

ポル・ポト派の影に怯《おび》えながらパトロールに出かけた隊員たちが、タケオ州内の投票所に立ち寄って、日本人ボランティアに水や食料を差し入れていた頃、レンジャーバッジを持った隊員だけで急遽《きゅうきょ》編成されたにわか仕立てのスワット、「医療支援チーム」は、錆《さ》びついた勘を取り戻そうとタケオのキャンプ内で訓練に明け暮れていた。パトロール中の隊員や日本人ボランティアがゲリラに襲われた場合、「医療支援チーム」は医官と看護兵を含む三十四人のメンバー全員で救出に向かうことになっていた。半端《はんぱ》な数ではないから移動もかなり大がかりなものになる。三台のジープに、三〇〇〇ccのパジェロが二台、さらに十一人乗りの一・五トン大型救急車が二台と、一両の単価が一億円近い鋼鉄の装甲を施した指揮通信車の計八両がコンボイを連ねて現場に急行するのである。

チームが編成されたその日から、杉本二曹らレンジャー上がりのスワット隊員は、それぞれが寝泊まりしていた小隊のテントから一時的に別のテントに移された。チームとしてのまとまりを一日も早くつくりあげるためにスワット隊員はメンバーだけで寝起きをともにすることにしたのだ。パトロールチームによる投票所の巡回が本格的にはじまると、スワット隊員たちはいつ出動命令が下っても間髪を入れず現場に駆けつけられるように二十四時間の警戒態勢に入った。しかし警戒と言っても、お声のかかるのをただひたすら待ちつづけていたわけではない。日中はむろん、時には夜間も、チームの指揮官をつとめる防大出の青年将校、前田一尉の下で、いざという場合に備えたさまざまな訓練をこなしていたのである。

訓練のメニューは前田一尉がほとんど即興で考えた。「紙で動く自衛隊」と言われるだけあって、この組織には、何をするにもあらかじめ綿密な計画を組み、それをすべて書類にしてからいちいち上にお伺いを立てなければ、物事が前に進まないというところがある。良く言えば慎重、悪く言えばいかにもお役所的なのである。ちょっとした取材で地方の基地に赴くと、たいてい広報の担当官から「取材実施計画」とご大層なタイトルのついた書類の写しを渡される。何時から何をして基地側の対応は誰が行なうという「計画」がびっしり組まれ、時には昼食は隊員食堂でとるのか、自分たちですませるのかということまで事細かに書かれてある。遺漏《いろう》なきように気を配ってくれる点は有り難いのだが、用意周到の徹底ぶりには驚かされる。取材一つでもこうなのだから、実戦というものがまず考えられない自衛隊にとってもっとも大切な仕事の訓練となると、細部に至るまであらゆることが計画尽《ず》くめである。演習場に行くまでの移動からして「計画」が立てられる。どの経路を通るかはむろんのこと、車列の順序、どの車両に誰が乗り、何を載せるのかが一覧表として示される。訓練の内容に至っては、通称「うんかん」、運用訓練幹部と言われる中隊の若手将校が何カ月も前からメニューを考え、そのたびに文書にして中隊長にお伺いを立てて、さまざまなアドバイスを受けながら練り上げていくのである。

だが、今回のスワット隊員の訓練ではさすがにそんな計画を立てている時間的ゆとりはなかった。前田一尉が前の晩に考えた訓練をその日に実施する。そしてでき具合を見ながらまた翌日の訓練メニューを組み立てるという場当り的なやり方をとるしかなかった。ふつうレンジャー訓練は、懸垂や腕立て伏せ、それに小銃を両手に抱えて山道をランニングする、ハイポートと呼ばれる体力錬成のための訓練からスタートして肉体をある程度鍛え上げた上で、判断力やそれなりの技術が要求される高度な想定訓練にレベルを高めていく。しかし前田一尉はスワットの訓練をいきなり想定訓練からスタートさせた。出番が明日にもくるかもしれないという差し迫った中で呑気《のんき》に体力錬成などしている余裕はなかったし、バッジを手にしてから十年以上もの間、レンジャーの訓練から遠ざかっていた三十代の隊員たちに無理をさせて体をこわすようなことにでもなったら元も子もないと考えたからだ。

チームを編成したその日の夜に行なった最初の訓練は、サーチライトの光が届かないタケオキャンプの敷地の端に選挙事務所があると想定して、墨を溶かしこめたような闇の中を二人一組の隊員たちが物音を立てずいかに迅速に近づくかというものだった。次の日からは同じ訓練を、真昼のギラギラとした日差しとじっとりと体にまとわりついてくるような重たい熱気の中で行なった。鉄兜に防弾チョッキという完全武装の出立《いでた》ちだからただ立ちつくしているだけでも汗が吹きだし、頭がぼうっとしてくる。体力の消耗を考慮して訓練そのものはさすがに一時間ほどで切り上げるしかなかった。じっさいにジープやトラックを走らせながらの訓練もあった。車列の二両目を行くトラックが待ち伏せ攻撃にあって車が大破、先頭のジープからの無線で救援に駈けつけたスワット隊員が自動小銃で応戦しながら負傷した隊員を救出するという筋書きだった。

チームの全員がはじめて勢揃《せいぞろ》いしたとき、平均年齢は軽く三十は越えているだろうと思えるくらいやたら薹《とう》の立った隊員が多いのを見て、前田一尉は、果たしてこの寄せ集め部隊がどこまで実戦で役に立つのか、正直、首をかしげないわけにはいかなかった。しかし訓練を重ねていくうちに、そんな不安も取り越し苦労に過ぎなかったことに思い至るようになる。いくら「襲撃」や「奇襲」といった本格的な戦闘訓練とは無縁の職場にいる中年の隊員と言っても、自衛隊でいちばん苛酷《かこく》と言われるレンジャー訓練を一度は潜《くぐ》り抜けてきただけに、やはりどこか並みの隊員とは違っていた。チームに入ってはじめて顔を合わせた相手との連係プレイも最初はぎこちなかったが、同じことを二度三度繰り返していくと、十年前に体が覚えた勘が甦《よみがえ》ってくるらしく、見違えるほど互いの呼吸がぴったり合って合図を交わさなくても相手の次の動きが読み取れるようになった。

メンバーの杉本二曹は、もし自分たちに出動命令が下るようなことがあれば、それはたぶん夜間のことだろうと思っていた。スワット隊員全員が寝泊まりしているテントの中では、夕食をすませていつもならささやかな酒宴が開かれる時間になっても缶ビールのプルトップを開ける音は聞かれなかった。杉本二曹も他のメンバーも、チームが解散して元の寝ぐらに戻るまでの八日あまりというもの、一滴のアルコールも口にしなかった。酒には自信があったが、それでもほんのわずか体内に入れたアルコールのせいで、いざというとき反射神経が鈍くなって身を伏せたり横に飛びのくのが遅れたら命とりになる。呑《の》まないでいることが、隊員にとっては、身に迫る危険を少しでも軽くするための、自分たちに残されたせめてもの自衛手段だったのだ。

投票所が襲撃されてボランティア救出のために出動命令が下ったり、何かただならぬ動きが起きて、出動一歩手前の「待機命令」が出されたときは、テントの中におかれた電話が急を報《しら》せることになっていた。その電話のベルがいつ鳴り出すかと、何をしていても隊員たちの神経のある部分は電話機の方にたえず向けられていた。

その夜は、夜間訓練が延びて消灯を一時間半ほど過ぎる十一時近くなっても隊員たちは眠りについていなかった。ベッドの上に寝転んで持ち物の整理をしたり、明日の訓練に備えて身につける装備品の手入れをしていた。訓練の疲れからか、大の字になってぼんやりしている隊員もいた。突然、電話のベルがテントの中に響き渡った。数秒おいて前田一尉が鋭く叫び立てた。

「全員、待機！」

三十人近い隊員は次々にベッドから飛び起きた。迷彩服に袖《そで》を通し、弾帯と呼ばれるベルトを締め、半長靴《はんちょうか》の靴ひもを結び直す。レンジャー訓練も後半の想定訓練の段階に入ると、訓練は昼夜を分かたず何の予告もなしに突然はじまる。前日の訓練がようやく終わり、疲れきった隊員たちがぐっすり眠りについた頃を見計らって、教官がいきなり「非常呼集！」と起こしにかかるのである。隊員たちは明かりのついていない暗い宿舎の中で着替えをすませ、半長靴をはき、ベッドの毛布をきれいに畳んで整列する。その間、五分とかからない。そうしたレンジャー訓練で叩《たた》きこまれた瞬間芸のような身仕度の仕方は何年たっても体が覚えているのだろう。スワットの隊員たちもほんの二、三分の間に全員が身仕度を整えてベッドの前に整列した。

前田一尉《い》が手短かに状況を説明した。フランス軍の歩兵が負傷したとの情報が入ったが、投票所が襲われたのか、ポル・ポト派の攻撃によるものなのか、確認はいっさいできていない。別命があるまでいつでも出動できるようにそのまま待機しろということだった。隊員たちは姿勢を崩し、ベッドの横に座り直した。

とうとう来たか、と杉本二曹《そう》は思った。「医療支援チーム」に自らすすんで加わるということは、当然このいまが来ることをあらかじめ覚悟していたはずである。なのに、じっさいその場面が現実のものとなってそこに身をおいてみると、心を平静に保つことなどとてもできなかった。胸苦しくなるほど心臓がドキドキと音をたてて激しく高鳴り、不安が吐き気のようにこみあげてくる。自衛隊に入隊して十五年近く、災害派遣で非常呼集がかかり、装備を身につけて同僚とともに中隊の小部屋で出動命令を待ちつづけていたことは何度もあったが、待つということがこんなにも不安でたまらなかったのははじめてだった。

テントの中は、空気がこわばってしまったように重たい沈黙が支配していた。杉本二曹は、仲間たちの様子をたしかめに頭をそっともたげてあたりを見回した。隊員たちは思い思いの姿勢でベッドに腰を下ろしている。しかし誰一人として口をきく者はいない。これから訪れるものの気配にじっと耳を澄ますかのように三十人近い隊員全員が押し黙ったままでいる。のちになって、あの出動を待っている間、自分は何を考えていたのだろうかと杉本二曹は思い起こしてみた。残してきた家族のことや、戦闘の現場に狩り出されたとき何をどうしたらよいかその対処要領など、きっとさまざまなことが脳裏をめぐって行ったに違いなかった。しかし、記憶に鮮やかに残っているのは、はっきりと聞き取れるくらいに高鳴っていた心臓の鼓動の響きと、隊員の誰もほんとうにひと言も喋《しゃべ》らなかったあの沈黙の長さだった。待機だからその場から離れるわけには行かない。ただひたすら待つだけである。杉本二曹には重苦しい沈黙が一時間くらいつづいたように思えた。時計で計ったわけではないから、じっさいはもっと短かったのかもしれない。だが、彼にはそれほど長く感じられたのだった。

やがて電話のベルが鳴った。ベッドに座っていた隊員全員が弾《はじ》かれたように前田一尉の方を振り返った。ついに出動命令が下ったのかどうか、隊員たちは息をひそめて、受話器を耳にあてている前田一尉の様子を見守っている。

「待機は解除！」

前田一尉がひと言言うと、隊員の間からいっせいに、「おおっ」という、ため息とも喚声ともつかない安堵《あんど》の思いをこめたようなどよめきが湧《わ》き起こった。「医療支援チーム」が解散する二十八日までの間、「待機命令」が下ったのはこれ一度きりだった。

自衛隊員がタケオ州内の約百カ所の投票所を巡回して選挙監視員の安全確保にあったり食料の差し入れを行なうパトロールチームの仕事は、「医療支援チーム」よりひと足先に、投票所での固定投票が終わる二十五日が最終日となっていた。最年少のパトロール隊員、北野士長は、「最後に何かあるんじゃないか」と初日と同じくらい緊張してパトロールに出かけた。コースは四度目なので車を走らせるのもかなり馴れてきているはずなのに、最初の投票所に向かうまでに早くもハンドルを握る手に汗がにじんでいた。しかし巡回先の投票所はお祭り騒ぎの興奮も大分醒《さ》めてきたらしく、いたって平穏そのものだった。この四日間というもの、何かある、何かあるに違いない、と思いつづけていただけに、何もないのが「不思議」で、コースの最後にあたっていた投票所をあとにしてしまうと、「あれ、おかしいな」と妙に拍子抜けした感じにとらわれたほどだった。それでもタケオの町を抜け、フロントグラスの左手にキャンプのゲートが見えてくると、深い安堵が体全体に広がっていった。

その夜、衛星回線でタケオのキャンプから日本国内に電話がかけられるブースの前にはパトロールチームに参加した隊員たちが順番待ちの列をつくった。任務から解放されて食事と入浴をすませ、ほっと人心地ついた隊員たちが真っ先にしたことが、家族の声を聞くことだった。ほとんどの隊員が、心配をかけたくないとパトロールに加わることは事前に家族に知らせていなかった。だが、本人が電話でその報告をしようとする前に、逆に家族の方から「パパ、参加したんでしょう」と思わせぶりにパトロールの話を持ち出されている。顔がテレビに映っていたというのである。

パトロールチームの活動については、PKO法で定められた自衛隊の業務から逸脱しているのではと国内でさまざまな論議を呼んでいただけにマスコミによって連日大々的に報じられ、テレビには自動小銃を下げたものものしい格好で投票所に立ち寄る隊員たちの姿が大きく映し出されていた。その分、パトロール隊員の家族が、夫や父の顔をテレビで見つける機会も多かったのである。

最後のパトロールから帰ってきたあと、妻の眼にふれることなくすんだ「遺書」を丸めてゴミ箱に捨てた小隊長のM二尉は、やはりその夜のうちに南恵庭《みなみえにわ》の自宅に電話を入れている。妻に内緒だったパトロール隊への参加を切り出そうとすると、いきなり「テレビで見たわ」と言われてしまう。あんなことをしているとは知らなかった、と受話器の向こうでつぶやく妻の声にはなじるような響きがあった。だが、いまのM

二尉にはそれがひどく温《ぬく》もりのある言葉に聞こえてくるのだった。

パトロールの間中、恋人の看護婦から贈られた熊《くま》のキーホルダーを胸のポケットに入れていた北野士長は、その夜、真っ先に彼女に電話をかけている。電話機の横には走り書きしたメモが置いてある。衛星電話は値段が馬鹿《ばか》にならない。たった三分で三千円である。ちょっと子供に代わって、と言っている間に軽く一万円札が吹き飛んでしまう。しかも自分のうしろにはまだ何人もの隊員が消灯の時刻を気にしてやきもきしながら順番を待っている。長電話してもせいぜい十分が限度である。その限られた十分間に何を喋ったらよいか、彼は芝居のシナリオのようにしっかり「台詞《せりふ》」をあらかじめ考えてメモ書きしておいたのだ。電話をかける前にはメモを見ながら声に出して「台詞」の練習までしていた。だが、物事はシナリオ通りにいかないのが常である。北野士長がパトロール隊に参加したことを打ち明けると、彼女は堰《せき》を切ったように喋り出した。

「どうしてそんなところに行くの。希望しないで行かなかった人もいたんでしょう？　なのにどうして行ったの……」

彼女はしだいに声をつまらせていく。消え入るようなその声を聞いているうちに、北野士長も目頭が熱くなっていった。

後遺症

二十五万人の自衛官の中で、ふだん街を歩いていて見ず知らずの人から声をかけられるのは、渡邊《わたなべ》隆二佐くらいなものである。

もっとも名前を知っている人はさすがにいない。名前は出てこないけれど、「あなた、たしか……」と声をかけてくる人は、彼がどんな人か、何をした人かを知っている。わざわざ声をかけないまでも、墨で描いたようなくろぐろとした太い眉《まゆ》に、大きな眼が特徴の、歌舞伎《かぶき》役者を思わせるその顔には見覚えがあるのか、何人かはすれ違いざまに、あれ、という顔で振り返る。

たしかに彼ほどテレビや新聞にその顔が頻繁に登場した自衛官は四十年あまりの自衛隊の歴史の中でも例がない。新聞の第一面やテレビのトップニュースを飾ったかと思えば、日曜朝の情報ワイドショーにゲストとして出演する。園遊会に招かれ、一八〇センチの長身を前屈《まえかが》みにして天皇と言葉を交わしたシーンは、新聞、テレビ、週刊誌とありとあらゆる媒体で全国津々浦々に流された。日めくりのようにくるくるその顔が変わる防衛庁長官より、会社で言えば、一課長にすぎない彼の方がはるかに顔は売れているのである。

顔が売れたのはマスコミが時の主役である彼にスポットライトを浴びせたからだ。しかし、エスタブリッシュメントだけに出席の資格が与えられる園遊会という晴れがましい場に、ほんらいならリストに入るはずがない自衛隊の「一課長」が招待されたことでわかるように、彼のことを意図的に表舞台に押し出そうとする動きがあったのもたしかである。

自衛隊の陸上部隊としてはじめて海を渡ったカンボジア第一次派遣施設大隊は、半年の任務を無事終え二次隊にバトンを渡して帰国した九三年四月に解散している。六百人の隊員を率いてこの部隊の指揮をとってきた大隊長渡邊隆二佐もその時点で大隊長の職を解かれ、ほんとうなら自衛隊という巨大な官僚組織の中間管理職としていままで通り舞台裏にまわり目立つことのない仕事をこつこつと重ねる日々に戻れるはずであった。

だが、それからも、渡邊隆二佐は「歩くＰＫＯ」でありつづけた。カンボジアにいたときは、初の国際貢献に意気ごむ「日の丸」と六百人の部下の命を背負った現地の指揮官として、内外の注目を一身に集めていたのが、日本に帰国すると、今度は、ＰＫＯという新たな活躍の舞台が加わった自衛隊のイメージキャラクターとしての役が待ち受けていた。じっさい彼の中でも、「ＰＫＯ」はその一幕がいましがたやっと終わったばかりで、そのあとにつづく二幕は開幕ベルがいよいよこれから鳴り出すところだったのである。

渡邊二佐自身、カンボジアを離れるまでは、帰国すれば大隊長のポストを離れて用済みになるのだから「ちょっとは暇になるかな」という微《かす》かな期待を抱いていた。ところが帰国したあとの自分自身をめぐる環境の変化は想像をはるかに越えたものとなった。そのあまりの変わりようを、「自分のことなのに自分のことでないような感覚」で彼はみつめていた。

休日、官舎からさほど遠くない巣鴨《すがも》のとげぬき地蔵の参道を三人の息子を連れて散歩していて、老人に声をかけられる。同僚や部下の送別会で呑《の》み屋に行くと、まちがいなく「あなた、……でしょ？」と話しかけられる。東京だけではない。大阪の繁華街ミナミや京都の呑み屋に行っても、サラリーマンの中年男性やおばさんたちが声をかけてくる。握手を求められることも珍しくない。時には何か一筆書いてくれと店の主人から色紙を差し出されたこともある。渡邊二佐は中学から高校、防大と十代のほとんどをサッカーに費やし、いまなお休みの日には自衛隊サッカー部のユニフォームに着替え若い隊員に混じってボールを蹴《け》ることがあるほどだが、色紙に添えるひと言はラグビーの世界で言い習わされている名言から拝借した。

〈All for one, One for all〉、すべてはひとりのために、ひとりはすべてのためにである。別に色紙に添えるために知恵を絞ってひねりだした言葉というわけではない。カンボジアにいた六カ月、渡邊二佐がこの言葉を忘れたことは片時もなかったし、帰国してからはあらためてこの言葉の語りかける深い意味を嚙《か》みしめていた。

カンボジアに派遣された大隊の六百人は何も国際貢献などという大きな言葉のために日々汗をかいていたわけではなかった。ましてや自分たちが仕える防衛庁長官のためでもなければ自衛隊のためでもない。大隊というチームを構成する仲間のひとりひとりのために頑張っていたのであり、そして隊員ひとりひとりもまたチーム全体のために力を束ねて目的に向かっていたのだ。少なくとも、自分も含めて隊員たちにつねに〈All for one, One for all〉と言い聞かせて、横一線の意識を持たせていなければ、あの苛酷《かこく》な環境の中で六カ月もの間、所属も階級も異なる寄せ集めの六百人をひとつにまとめあげることはできなかった。そして隊員自身にしても、苦しいのは自分ひとりではない、ここにいる六百人の仲間全員が自分と同じく苦しんでいるんだという思いが、連日五十度近い暑熱の下での作業に耐えさせ、風呂《ふろ》にも満足に入れない不自由な生活をつづける上での心の拠《よ》りどころとなったのだ。その意味で、この言葉の内側にはカンボジアで派遣生活を送った六百人の仲間たちの汗やため息や歓声やさまざまな思いが塗りこめられているように渡邊二佐には感じられてならなかった。辞書から抜き書きした単なる名言では決してないのだ。それを英語でさらさらと書いた横に〈第一次カンボジア派遣施設大隊渡邊隆〉とサインする。そうした色紙が三十軒近くの呑み屋の壁にいまもかかっているはずである。

　見ず知らずの人に声をかけられるくらいだから、自衛隊で渡邊二佐の顔を知らない隊員はまずいない。ふつうならこちらから敬礼をしなければならない相手なのに、制服の肩に銀色の桜がいくつもならんでいる中将、少将クラスの将官が言葉をかけてくる。陸ばかりではない。海や空の将軍たちまですれ違いざまに挨拶《あいさつ》する。具合の悪いことに渡邊二佐は自分に声をかけてくれた目上の人が誰かわからない。一応、制服の胸もとに所属と名前をしるしたプレートはついているのである。しかし名前をのぞき見ても、いつどこでお目にかかったか、まるで思い出せない。何かのレセプションで紹介されたに違いないのだが、いまさっき挨拶した相手が誰だったか思い返すゆとりもないほど、そうした人たちが入れ代わりたち代わり自分の前に現れては二言三言言葉を交わして去っていったので、いちいち覚えていられなかったのである。渡邊二佐としては、目上の相手が自分のことをわかってくれているのに自分の方は相手がわからないという決まり悪さを感じながらも、ともかく適当に言葉を合わせてその場を取り繕うしかなかった。

自衛隊に係わりのあるさまざまな会合に「客寄せパンダ」のようにして呼ばれることもしょっちゅうだった。自衛隊のＯＢ団体に隊友会という全国的な組織があるが、ここの地方支部に招かれ、カンボジアでの話を聞かせてほしいと講演をさせられる。講演のあとは決まってＯＢや隊員の父母、地元の有力者そして自衛隊と取引のある企業関係者が一堂に会したパーティに顔を出さなければならない。こちらは相手を知らなくても向こうは知っている。渡邊二佐はその夜の主役であり、新しい自衛隊の「顔」なのである。やあやあ、と年来のつきあいのように親しげに話しかけられ、写真を一緒に、とあちこちでポーズをとらされ、ストロボが焚《た》かれる。ちょっとしたスターである。一年足らずのうちに二百枚入りの名刺が五ケース消えた。自衛官は、肩に階章、胸にはプレートをつけている。名刺を身にまとっているようなものである。だからサラリーマンのように初対面の相手とまず名刺を交換するということは自衛官同士ではほとんど考えられない。広報のように外部との窓口になっているセクションならまだしも、一般の自衛官の場合、名刺をつくってもサラリーマンに比べると減り方ははるかに少ないのである。渡邊二佐が使った名刺が一年弱で千枚という数字は、逆に外部との接触がいかに多かったかを物語っている。

街を歩いていて声をかけられたり呑み屋で握手を求められたり、自分の「顔」が予想をはるかに越えて世間の人たちに知られていることにとまどいを感じることはあっても、渡邊二佐がそうした場で不快な思いをすることは一度もなかった。カンボジアにいたときは、はるばる日本から押しかけてきて「日本軍の海外派兵反対！」などと書いた横断幕をこれ見よがしにキャンプのゲート前で広げてみせたグループもあるにはあった。帰国して部隊の解散式を行なったときも、基地の外ではＰＫＯ反対を叫ぶデモ隊がシュプレヒコールを上げ、盛んに「自衛隊は出て行け」とがなりたてていた。しかし、渡邊二佐が誰なのかを知って声をかけてくる通りすがりの人の中には、嫌味を言う人もいなかったし、食ってかかる人もいなかった。誰もが「カンボジア大変でしたね」と炎暑の中で汗を流した隊員たちの労苦を想《おも》い、「ご苦労さまでした」とねぎらいの言葉をかけてくれた。

むしろ、こんな風に見ている人もいるのか、と意外な感に打たれたのは、外部より自衛隊という身内の反応に接したときである。ご苦労さん、と快く肩を叩《たた》いてくれる人ばかりではなかったのだ。「カンボジアに行ったぐらいで、あいつ、ちょっといい気になっているんじゃないの」とか、「この頃鼻が高くなっている」という声が耳に入ってくる。もちろん面と向かって言う人はいない。人づてにそうした囁《ささや》きが聞こえてくるのである。

自分にそのつもりがなくても、「いい気になっている」と言われてしまうのには、やはりそれなりの理由があるからだろうと、渡邊二佐は胸に手を当ててわが身を振り返ってみた。たしかにレセプションや懇親会で酒が入れば饒舌《じょうぜつ》になる。自慢話などしたつもりは微塵《みじん》もなくても人の受けとり方はさまざまである。それに、彼には内心、忸怩《じくじ》たる思いがあった。

カンボジアを出発する直前、渡邊二佐はタケオのキャンプで一次隊の隊員六百人全員を前にして帰国するにあたっての心構えを訓示している。その中で、彼は「帰ったら多くを語るな」と繰り返し隊員たちに説いて聞かせた。

ここに集まった六百人は自ら志願してカンボジアにやってきた者ばかりである。しかし、カンボジア行きを志願した隊員全員がその希望をかなえられたわけではない。行きたくても行けなかった者がいることを忘れてはならない。そしてわれわれが日本を離れている間、部隊に居残った隊員たちは少ない人数で人手のやりくりをしながら日々の仕事を懸命にこなしている。われわれがカンボジアでPKOの任務に専念できたのも彼らが留守をしっかり守ってくれたからだ。そのことを考えれば、帰国したあとのとるべき態度は明らかだろう。そう前置きしてから、渡邊二佐は、日本に残った隊員のことを思いやって、カンボジアでのことについては「なるべく多くを語らずに淡々とやりなさい」と述べたのだった。

だが、隊員に「多くを語るな」と言いふくめたはずの自分が、真っ先に自ら課したその「禁」を破ってしまった。渡邊二佐としては部下に示しがつかないうしろめたさを感じるとともに、あとの祭りとは言え多くを語りすぎたことを悔やむ思いにかられるのだった。

もちろん、彼は何も好き好んでマスコミのスポットライトを浴びたわけではない。厳然たる階級組織である自衛隊では特に渡邊二佐のような中間管理職の地位にある人間が自分の意思でマスコミの前に立つことはない。新聞のインタビューに応じるのもテレビのニュースショーに出演するのも、それはある意味で組織の要請に他ならなかった。だいいち天皇から直接「お言葉」をかけられる「栄」に浴するということ自体、自衛隊の組織にいてはまずありえないことである。天皇に会ったことを、渡邊二佐は「私ごとき者が陛下に直接お目見えするなんていうことはもしカンボジアがなかったら多分一生なかったことでしょう」とひとつの「僥倖《ぎょうこう》」としてとらえているが、しかし「私ごとき」一自衛官の「拝謁《はいえつ》」には自衛隊や防衛庁といった次元をはるかに越えたもっと上からの力と意思が働いている。

　政府としては日本が目に見える「国際貢献」を行なっているという実を何としても内外に示したい。そこで、ＰＫＯの第一段階の仕事を無事やりとげたことを、隊員を率いて帰還した大隊長渡邊二佐に託して、マスコミの耳目が集まる「園遊会」という場で最大限アピールしたとも言えるのである。事実、渡邊二佐のあとを引き継いで自衛隊の第二次派遣大隊の大隊長をつとめた石下二佐は、タケオのキャンプを視察に訪れたオルブライト米国連大使から「日本の常任理事国入りを支持するか、支持しないか、アメリカの意見の参考にしたい」と言われ、「そういうことを握っている仕事を自分がやった」ことに自衛隊の国内の仕事では得られない手ごたえを感じとったと言う。

　渡邊二佐は「国際貢献」という言葉があまり好きではない。それは、カンボジアの人たちが日本のＰＫＯ活動を見て、そう評価してくれるかどうかの問題であって、自分から「貢献」などという言葉を持ち出すのはひどくおこがましい気がするのだ。

　だが、〈All for one, One for all〉の言葉を心に刻みつけてカンボジアで過ごした時間は、実は本人が考えている以上に個人的にも社会的にも大きな広がりと深い意味を持った六カ月だった。日本に帰国してから彼が自分自身「視《み》られている」ことを意識せざるを得ないのはそのほんの一例にすぎない。そして、ＰＫＯがカンボジアから帰ってきたいまもなお終わらないでいるのは、彼ひとりではなかった。ＰＫＯに参加した千二百人の自衛隊員が多かれ少なかれさまざまな形でカンボジアの影を未《いま》だに曳《ひ》きずっているのだった。

Ｂ三佐の体に、他人が見てもわかるほどの「異常」があらわれるようになったのは、カンボジアから帰国してしばらくたってのことだった。

デスクに向かって仕事をしていると、突然、汗が出てくる。それも尋常な出方や量ではない。迸《ほとばし》るという表現が決して大袈裟《おおげさ》に聞こえないくらい、額の生え際《ぎわ》や首すじ、そして腋《わき》の下や背すじの、毛穴という毛穴から堰《せき》を切ったようにいっせいに汗の粒が吹き出して、あとからあとから流れ落ちるのである。陸上自衛隊の夏服はクリーム色の開襟《かいきん》シャツである。濡《ぬ》れると結構目立つ。そのワイシャツの背中に地図でも描いたようにみるみる染《し》みが広がっていく。頰を伝った汗が大粒の滴《しずく》となってデスクの上の書類にぽたぽたしたたり落ちていく。

この頃にはＢ三佐の様子がおかしいことに、机をならべて仕事をしている同僚や上官たちも気がつく。どうした、とのぞきこんだ彼らは、Ｂ三佐の顔を見て一瞬、息を呑む。汗にまみれるというより、シャワーでも浴びてきたように顔いちめんがぐっしょり濡れている。心なしか顔色も蒼《あお》ざめているようだ。「おまえ、大丈夫か」と心配する同僚たちに、B三佐は、「お、いけねえ、いけねえ」とバツが悪そうにつくり笑いを浮かべながら、ハンカチで汗を拭《ふ》きとろうとする。しかし、拭いても拭いても汗はあふれ出てくる。頭の奥の毛穴から汗が際限なく吹き出て、髪の毛の間を縫うようにして頭皮を這《は》っていく感覚が自分でもわかる。体温の調節機能が狂って体内の水分をすべて出し切るまで収まらないようなすさまじい汗の出方である。だが、十分もすると、かきはじめたときと同じようにまた突然、汗は止まる。

汗が出るのは陸幕のオフィスで仕事をしているときとは限らない。自宅でくつろいでいるときでも通勤途中の電車の中でも、何の前ぶれもなくいきなり汗がしたたり落ちてくる。汗ばかりではない。時には急に吐き気に襲われることもある。胸がむかついてきてトイレにかけこむ。嘔吐《おうと》特有の胃が締めつけられるような感覚がして何かがこみあげてきそうになる。しかし便器にかがみこんで手を喉《のど》の奥に突っ込んでみても何も出てこない。しばらくすると吐き気は嘘《うそ》のように去っていく。二日酔いのような逃げ場のないもやもやとした気分の晴れない状態がつづくわけではない。吐き気が収まったあとはごくふつうに食べ物が喉を通るしデスクに向かって仕事をつづけることもできる。食事時になればきちんと腹は空《す》くのだった。それにしても吐き気は気まぐれだった。どんなときにやってくるかという予測がまるで立たない。だから酒を控えるとか食事に気をつけるといった備えようがなかった。まさに一陣のつむじ風のように突然わき起こり、彼のことを弄《もてあそ》ぶとそれで気がすんだかのように消えている。しかし吐き気を感じない日がしばらくつづいて、もう収まってくれたのかなと油断していると、不意にむかむかとくる。始末が悪いのである。

一度ならまだしも幾度となく突然の発汗と吐き気に襲われるようになると、さすがにB三佐も何か病気にかかったのではないかという不安にかられだした。風邪をこじらせたのかとも思ってみたが、汗が出る割りに発熱するわけでもなければ、ぞくぞくするような寒気に襲われることもない。手足が痺《しび》れるとか、頭痛がするという自覚症状もないのである。だいいち病気なら症状が進行して体にもっと深刻な変化があらわれてよさそうなものである。だが、吐き気と発汗にしつこくつきまとわれることはあっても、それ以上のダメージを被《こうむ》るようなことはいっさいなかった。ただただ所構わず滝のように汗をかき、気まぐれな吐き気に襲われるのである。それだけにB三佐は、自分の体の中でいったい何が起こりはじめているのか、かえって薄気味悪かった。目には見えないけれど、しかし確実に体の中では得体の知れないものがバイオリズムを狂わせている。病気でもないのに自分の体がいいようにかき乱されていると感じるのは決して気持ちのよいことではなかった。

だが、体の「異常」は、夏が終わり、秋めいた透きとおった空気が街をつつみこむようになると、ある日突如として終わった。あの汗と吐き気がいったいどこからやってきたのか、何が原因だったのか、まったくわからないまま、来たときと同じく突然去っていったのである。しばらくの間はいつ再発するかと不安でならなかったが、一週間が何ごともなく過ぎ、やがてひと月が無事にたつと、B三佐はようやく安堵感《あんどかん》にひたることができた。少なくともハンカチを何枚も用意しておかなくてもすむし、満員電車の中で汗みずくになっている彼のことを気味悪そうに盗み見るまわりの視線を気にしなくてもいい。だが、B三佐は、それから二年以上が過ぎたいまになっても、あの体の「異常」はいったい何だったのだろうと、ふと狐《きつね》につままれたような不思議を感じている。

「異常」が出現したのはカンボジアから半年ぶりに帰国したその後だった。従って手っとり早く考えられるのは、カンボジアでの半年が「異常」の何らかの原因になっているということである。しかし、カンボジア以外の任地に半年間、勤務して陸幕に転勤してきてもやはり同じような症状があらわれていたかもしれない。カンボジアから帰ってきたから「異常」があらわれたのではなく、むしろ陸幕に転勤してきたことに原因がある。たしかにその可能性も捨て切れないのだ。そしてそんな風に物事を結論を急がず別の角度からながめてみることができるところがいかにもB三佐らしいと言えるのかもしれなかった。

陸上自衛隊の高級将校の歩むコースは極端に言って二つに分かれる。地方の部隊をいくつも渡り歩いて第一線の指揮官としてのキャリアを重ねていくか、あるいは陸幕や師団の司令部でさまざまな部門の参謀として、防衛戦略を練ったり、日立と東芝の社員を合わせたよりさらに多い十五万もの人員を抱えるこの巨大な官僚組織を管理するテクニックを身につけていくかのいずれかである。しかし、B三佐が防大を卒業してから歩いてきたコースはこのいずれにもあてはまらない。彼の職種は旧軍の砲科にあたる特科、大砲やミサイルを扱うセクションである。陸上自衛隊には榴弾砲《りゅうだんほう》や地対空ミサイルを装備した特科部隊が全国に二十七あるが、B三佐はこうした第一線の地方部隊を転々とするよりは、むしろ幹部学校や富士学校といった教育機関を行き来しながらそのキャリアの大半を戦術教官として兵器や砲術の研究に費してきた。たしかに彼の、朴訥《ぼくとつ》なもの言いと穏やかな物腰から、兵士に号令をかける姿を思い浮かべることはむずかしい。軍人というより大学やメーカーの研究所に勤める「研究者」と呼んだ方がはるかにふさわしい感じである。しかし、そのB三佐がカンボジアで過ごした半年間はおよそ「研究者」に似つかわしくないものだった。

カンボジアに派遣された自衛隊員と言うと、どうしてもテント暮らしをつづけながら道路や橋の補修にあたった施設部隊の隊員たちに眼が向けられがちだが、それとは別に、各国の軍人とチームを組んで停戦監視活動に加わった自衛官もいた。停戦監視要員と呼ばれた彼らは二佐から一尉《い》クラスの中堅将校で、施設部隊のように第一次、第二次に分かれ、それぞれ八人ずつがヴェトナムやタイとの国境をはじめ紛争各派の支配地域が踵《きびす》を接したレッドゾーンに飛び散って半年の間監視の仕事をつづけた。B三佐も実はそうした一人だった。

停戦監視要員は、紛争各派の間で和平協定に違反した戦闘が起きていないか、国境を越えて武器が流れこんでいないかなどを自ら足を運んでチェックするだけではない。停戦違反の芽を摘むため、紛争各派と日頃から接触して彼らの不平不満や要求に辛抱強く耳を傾けガス抜きをしながら、彼らが今後どんな行動に出るか、その動向を見極める情報収集も大切な仕事である。施設部隊と違って小隊や中隊の仲間と一緒に動くわけではない。武装勢力が睨《にら》み合いをつづけている一触即発の危険をはらんだ最前線に、わずか四、五人の監視員だけで分け入って両者を引き離さなければならない。し

ては いけないのである。拳銃《けんじゅう》も持っ
かも停戦監視要員には施設部隊のような武器の携帯は認められていない。拳銃《けんじゅう》も持ってはいけないのである。丸腰でいることがレフェリー役の証《あか》しであり、非武装の彼らの前ではさすがに相手も攻撃をためらうはずという期待を前提にしてのことだった。それだけに軍人としての高度な知識と経験が要求され、軍歴八年以上の将校であることが停戦監視員としての条件とされていた。たとえば両派が睨み合っている現場に飛んだ場合、監視員は双方の火器の規模を横目で見て、どの程度お互いを引き離さなければ安全でないか、たちどころに緩衝地帯の幅を決めなければならない。そのためにはロケット砲や重火器についての専門知識は欠かせないのである。

停戦監視要員はまた軍人のオリンピックとも言える。UNTACの停戦監視団には、米軍や中国軍、ロシア軍がそれぞれ四十五人程度、バングラデシュやガーナ軍からも二十人と、超大国、第三世界の発展途上国を問わず三十近い国の軍隊が要員を派遣していた。国籍も肌の色も言葉も習慣も違う軍人たちがチームを組んで、停戦監視という共同作業に力を合わせる。何カ月も仕事をともにしていれば、チームメイトの軍人としての能力や技術のレベル、仕事の進め方はとりたてて探ろうとしなくても自ずとわかってしまう。どんな諜報《ちょうほう》活動よりもその国の軍隊について知るには絶好の機会と言えるかもしれなかった。このため各国とも停戦監視員には、単なる武闘派の軍人より、語学に堪能《たんのう》で協調性に富んだ折り紙つきの優秀な将校を寄越していた。中でも東欧や第三世界の国々の軍人にしてみれば、給料がドル建ての国連ベースで支払われる停戦監視員になると、収入は本国でもらっていた分の一挙に二十倍から四十倍にはね上がる。カンボジアに半年勤務するだけで十年分以上の年収が稼げる計算だ。むろん、拳銃も持たずに丸腰で熱く煮えたぎったレッドゾーンに潜入する任務は、たえず死と隣り合わせの危険をはらんでいる。だが、そのリスクを補ってもあまりあるほど、桁《けた》違いの高収入を保証されたこの仕事は、豊かでない国の軍人たちにとって魅力あるものに映るのだ。当然、停戦監視員になるための競争率は高く、選ばれた彼らはエリート中のエリート揃《ぞろ》いである。B三佐はそうした各国軍隊の代表選手ともいうべき逸材に伍《ご》して半年を送ったわけである。

彼が停戦監視員として配属されたのは、プノンペンから飛行機で四十分ほど行ったカンボジア北西部の町シェムレアップである。ここはカンボジアの一地方都市に過ぎないと言っても、各国の取材陣が引きも切らずに訪れ、カンボジアに注がれるマスコミの熱い視線の大半を一身に浴びている町でもある。それはこの町の近郊に、エジプトのピラミッドとならんで人類の遺産と謳《うた》われるアンコールワットが石づくりの巨大な伽藍《がらん》を横たえているからだ。

　B三佐が勤務した停戦監視員のオフィスの窓からは、木々を越して苔蒸《こけむ》したようなアンコールワットの尖塔《せんとう》がのぞけた。夕暮れ時、彼はいつも窓辺にたたずんで、聳《そび》え立つ石の塔を赫々《あかあか》と染め上げながらゆっくりと沈んでいく落日をながめていた。どうしてこんなに赤く、どうしてこんなにゆっくりなのだろうと、彼は壮大な落日をながめるたびに思っていた。落日は、日本で見てきた夕日より朱を塗りこめたようにどこまでも赤く、そして沈み方は巨大な生きものが去りゆくようにあくまでもゆったりとしていた。それは、彼の三十七年の人生の中で接したどんな美しいものよりも心の深いところから揺さぶられる光景だった。

　だが、その落日は、彼にとって長い夜のはじまりでもあった。B三佐は、無線のやりとりが絶えず流れてくるハンディトーキーを、毎晩、枕《まくら》もとではなく、直接耳にあてたままベッドに横たわっていた。

　B三佐が停戦監視員として配属されたカンボジア北西部のシェムレアップは、まったく表情の異なる明暗二つの顔をあわせ持っていた。ひとつは言うまでもなく人類の歴史遺産アンコールワットへの表玄関として、この国を訪れた外国人が必ず一度は立ち寄る観光のメッカという顔である。クメール王朝の末裔《まつえい》であることを何よりの誇りにしている最高権力者シアヌークが別荘を構えているだけあって、この町は、活気がみなぎっているけれど猥雑《わいざつ》な大都会プノンペンとは違い、どこか時間の流れがゆったりしているようなひなびた古都の趣きを持っている。緑の多い通りに沿って古い寺院が点々と立つ街並みからはクメール王朝の時代にカンボジア最大の都として栄えたという歴史が偲《しの》ばれる。

しかしその一方で、ここは隣接したコンポントムとならび政府軍とポル・ポト派の戦闘が頻発するカンボジア有数の危険地帯でもあった。この町を州都に北はタイ国境、南はカンボジア最大の湖トンレサップ湖まで鬱蒼《うっそう》としたジャングルが広がるシェムレアップ州は、実はその六割がポル・ポト派の支配地域なのである。B三佐が着任する半年前にも、シェムレアップから南に下ったトンレサップ湖の畔《ほとり》では、湖を漁場にしているヴェトナム人の集落をポル・ポト派が夜陰にまぎれて襲撃し、七人を血祭りに上げる事件が起きたばかりだった。ポル・ポト派がらみの戦闘は、カンボジア政権の息がかかっている村長の村をポル・ポト派が攻撃して見せしめに村民を殺害したり、ポル・ポト派がたてこもっている山間部に政府軍が攻撃を仕掛けるという形をとるのがふつうである。ヴェトナム戦争では町中と言えどもいつ爆弾テロにあうか知れず、「サイゴン」のホテルにいてもジャングルにいてもつねに生命の危険にさらされていることに変わりはなかったが、カンボジアでは少なくとも町にいる限り戦闘に巻きこまれる恐れはまずなかった。最前線はある程度絞りこまれていた。

ところがシェムレアップの場合はその原則があてはまらない。ここは町そのものがポル・ポト派の攻撃対象になっていたのである。カンボジアの情勢が一段と緊迫の度を深め総選挙がま近に迫った九三年五月にもシェムレアップはポル・ポト派の大規模な攻撃を受け、このときは再攻撃の噂《うわさ》に怯《おび》えた町の住民がアンコールワットに逃れて、巨大な遺跡群を背にした中庭にまで政府軍の迫撃砲が持ちこまれたほどだった。遠くで砲声が鳴り響いているというのは日常茶飯事で、町はずれに行くと道路から少し奥まった木々のあちこちに、赤地に白くどくろのマークが抜かれたおどろおどろしい看板がかかっている。発泡スチロール製のこの看板にはどくろをはさんでクメール語と英語で、〈Danger!　Mines!〉と書かれてある。地雷が埋まっているのである。これらの地雷を掘りおこす作業で兵士が傷ついたり命を落すのもこれまたしょっちゅうだった。

B三佐が配属された停戦監視チームはアメリカ陸軍の中佐をリーダーに、B三佐と階級が同じイギリス軍とロシア軍の少佐、そして米軍のグリーンベレーの大尉《たいい》が二人という文字通りの多国籍チームだった。宿舎は町はずれにある高床式の民家を改造した粗末な建物だが、さすがに個室に分かれていて、夜になると、日本から差し入れてきた加熱するだけでドライカレーや炊《た》きこみご飯が食べられる自衛隊自慢の「缶飯《かんめし》」をチームの全員で試食したり、B三佐が講師になって日本語講座を開いたりと、同じ軍人の誼《よし》みからか、うちとけた雰囲気の中で共同生活を送っていた。

しかし、日に二、三件は迫撃弾やロケット砲の発射事件が伝えられる地域である。ベッドに入っていても、ハンディトーキーのスイッチをONしたまま耳から離さずにいたのは、緊急事態が発生したときすぐさま対処できるようにするためだった。ハンディトーキーからは耳ざわりな雑音の間を縫って無線のやりとりが絶えず流れている。うとうとしかけたと思ったら、急に交信が激しくなって、はっと我に返る。停戦監視員をつとめていた半年の間、B三佐がぐっすり眠れるということはただの一度もなかった。寝ていてもどこか意識は目覚めている。おかげで日本に帰ってきてハンディトーキーからは解放されたはずなのに、体が深い眠りを拒否するようになってしまったのか、睡眠は浅くなった。頭の芯《しん》あたりが妙に冴《さ》えていて、寝ているような目覚めているようなまだらの状態がつづくのである。

慢性的な睡眠不足だけでなく、交わされる会話はすべて英語、周囲に日本人は一人もいないという中で、最前線に立たされ、半年もの間つねに緊張の糸をぴんと張り詰めさせていなければならなかったことが、B三佐の心身にかなりの負担となってのしかかり、本人も気づかないうちに澱《おり》のようにストレスがたまりつづけていたことはたしかだったろう。小ぜりあいや迫撃弾などの発射事件が伝えられると、停戦監視員は二人一組でジープに乗って現場に駈《か》けつける。武装勢力の動きをたしかめるため、ヘリコプターで偵察に出ることも始終だった。ところが陸路で行くより低空で現地を飛ぶ方がはるかに狙《ねら》われる確率が高かった。

ヘリコプターは操縦席の後ろのドアを左右とも開けたまま、吹きさらしの状態で飛ぶ。いつ地上からの攻撃があっても反撃できるように開いたドアの外に機関銃の銃口を向けておくためである。ヘルメットをかぶった機銃手は、風圧にあおられながらも重たい機関銃を飛びすさっていく眼下のジャングルのそこかしこに向けて構えながら警戒を怠りなくしている。

B三佐と同じくカンボジアで停戦監視活動にあたっていた幹部自衛官のQが攻撃を受けたのは、そうした偵察ヘリに乗って、樹木をかすめるように低空で飛んでいたときだった。彼は左側の後部座席に座っていた。防弾チョッキは身につけず、座席に敷いて、そこに尻《しり》をのせていた。ヘリコプターが狙われるときは地上から撃たれるわけだから機体の床を貫いて弾が飛んでくる可能性が高い。このため防弾チョッキは尻に敷いて、下からの攻撃に備えるのである。もっとも、厚い鋼鉄の板を突き破ってくる弾丸の威力の前に、薄い防弾チョッキがどの程度役に立ってくれるのか、たしかめるまでもないことだったが、ほんの気休めでもないよりはましなのである。プノンペンのUNTAC司令部とタケオの施設大隊との間を毎日往復しながら通訳の仕事をつとめていた若い二尉《い》は、東京から自衛隊の将軍たちが視察に訪れて、UNTAC差し回しのヘリでタケオのキャンプに向かうたびに、両手に山ほど防弾チョッキを抱えこんでひと足先にヘリに乗りこみ、チョッキを一枚一枚座席に敷いてまわるのが仕事となった。

Qの乗ったヘリの後部座席は窓を背にして左右が向かい合う形になっている。彼の斜《は》す向かいにはヘリコプターの偵察員が座っていた。地上は日光がみなぎりあらゆるものが煮えたぎっているのに、ヘリの中では、開いたままのドアからすさまじい勢いで風が吹きこみ、全身が凍えてしまいそうになる。

偵察員が地図をとりだして、これから向かう地区の説明を手真似《てまね》を交えながらはじめた。五枚の大きな回転翼が空気を切り裂く音と吹きこむ風の音で機内では、ヘッドセットのマイクを通すか、耳もとに口をつけて叫びでもしない限り会話はまず成立しない。

Qは、偵察員の話を聞きとるために、座席から身を乗りだして、上半身を斜め前に大きく傾《かし》げてみせた。それでも声はよく聞きとれない。彼は、偵察員が広げてみせた地図をのぞきこみながらさらに身を乗りだして、耳を相手の口もとにつけるくらいまで近づけた。

その時、Qの背後で、パシッ、という鋭い音がして、体を揺さぶられるような衝撃を感じた。音の洪水のような機内にいても、それははっきりと聞きとれる音だった。思わず後ろを振り返ったQは、一瞬、眼を疑った。

自分がほんのさっきまで上体をもたせかけていた座席の背の部分に、穴が開いている。Qは、恐る恐る手を伸ばして、外の明るみがさしこむ穴に触れてみた。彼の体温のぬくもりがまだ残っているような座席の鋼鉄は、花びらを広げたようにめくれている。

もし、偵察員が説明をはじめるのがあと少し遅かったら、あるいは、ヘリの爆音にさえぎられてまるで聞こえない偵察員の話を何とか聞きとろうとQが身を乗りだしていなかったら、座席を貫いた銃弾はまちがいなく彼の背中を突き破って、肉体を粉砕していたはずである。いや、たとえ身を乗りだしていても、座席から背中をはずすようにして上体を斜めに傾けていなかったら銃弾は彼に命中していたかもしれない。体を傾ける角度や時間のささいな差が生死を分けたのだ。そう思ったとたん、Qははじめて恐怖にかられた。

　カンボジアから帰国後、Qは、停戦監視チームに参加した他の自衛官とともに成田空港で開かれた共同記者会見に臨んでいる。「半年の任務を終えて日本に戻ってきた感想は？」といった型通りの質問がつづく中で、記者の一人が「カンボジアで何か危険な目にあいませんでしたか」とマイクを向けてきた。カンボジアで自衛隊員が危険な状況におかれているかどうかは、PKOをめぐる論議の中でももっとも白熱した意見が戦わされ、それだけにちょっとした発言が思わぬ波紋を呼びかねない微妙な問題とされていた。

　会見に集まった記者たちにしてみれば、施設大隊の隊員よりはるかに最前線に立たされていた停戦監視員の本人から、現地の状況はほんとうのところどうなのか、PKOの実態を明かす生々しい証言を引き出しておきたいところだった。その意味で、Qに向けられた質問は、この日の会見のクライマックスともいうべきもっともホットな質問だったわけである。

　ところがとっさのことで、Qは、思わず「お答えできません」と言ってしまった。口にしたあとで、彼は、自分の言い方がいかにも突き放すような、大人げないものだったことに気づいて、しまったと思った。はっきりと答えられなくても、もっとやんわりと、相手の気持ちを逆撫《さかな》でしないような言い方があったのではないか。彼自身、あと味の悪い思いが残った。空港まで出迎えに来て、会見の一部始終を傍らでながめていた妻からも、自宅までの道すがら「あの言い方はなかったんじゃないの」とたしなめられている。

しかし、カンボジアに危険はないと、政府や外務省が繰り返し強調してきた手前、それを真っ向から否定するようなことを公《おおや》けの場で口にするのは、やはり一公務員として憚《はばか》られる。だいいち、現地が安全であることがＰＫＯ派遣の必須《ひっす》条件とされていたのである。そこへ、ヘリコプターで飛行中、座席の背もたれに銃撃を受け、すんでのところで命拾いしました、などと自衛官が会見の場で言おうものなら、マスコミがこぞって〈カンボジアは危険――幹部自衛官が告白〉ととりあげ、ＰＫＯ論議に新たな一石を投じることは明らかだった。

記者会見をすませ半年ぶりで自宅に帰ったＱは、「ほんとうはどうだったの？」と妻にたずねられ、銃撃を受けたときの様子を、おもしろおかしく、あまり相手を恐《こわ》がらせないように多少割り引いて話した。しかし、子供たちにその話は今もっていっさい聞かせていない。

生死が文字通り紙一重だったQほどではないにしても、B三佐もカンボジアで、ひやっとする思いを重ねていた。パトロール中に銃を突きつけられることは決して珍しくなかったし、地雷に触れて重傷を負った兵士を助けるため、まだ地雷が残っているかもしれない茂みの中に危険を承知で分け入ることもあった。クリスマスから大晦日《おおみそか》にかけてB三佐のチームが担当している地区に砲弾が撃ちこまれ、停戦監視員ら四十人が身動きがとれなくなったときには、ヘリに乗りこみ救出に向かっている。

そんなB三佐にとって、カンボジアを離れて一年半という月日がすでに流れたはずなのに、カンボジアはまだ手を伸ばしたそのほんの少し先にあるように感じられてならなかった。ぼんやり風景をながめているとき、ああ、カンボジアではこうだったなと、無意識のうちに向こうの風景とだぶらせている自分に気づく。たとえば休みの日、幼い子供にせがまれて家の近くの公園に遊びに行く。砂場やブランコのまわりを子供たちが駈《か》けまわり、あたり一帯に共鳴するようにして笑い声や歓声がさんざめいている。そんなとき、ふっとカンボジアの風景が甦《よみがえ》ってくるのだ。シェムレアップのオフィスや宿舎のまわりでも裸足《はだし》の子供たちが歓声をはり上げながら思い思いの遊びにふけっていた。しかし、同じように子供たちが無心に遊ぶ風景をながめていても、彼は、その風景の内にある、言葉では言いつくせない何か微妙な違いを感じとっていた。

たしかに子供たちが遊んでいる様子をながめている限り、カンボジアは平和だった。戦争はどこにも影を落としていないし、硝煙の匂《にお》いも漂ってこない。大人たちは田を耕し昼寝をし、また田を耕し、やがて水牛を引いて家路につく。たそがれ時になると、メコン河の河岸では寄り添った若いカップルがつつましやかに指をからませている。その風景も日本と変わりなかった。旅行者がカンボジアを訪れてその風景から、なんだ、みんな普通に暮らしているじゃないかと思いこんでも不思議はなかった。というより、じっさい彼らは「普通」に暮らしているのである。

ただ、B三佐にはその「普通」の感覚が日本とカンボジアでは大きくかけ離れているように思えてならなかった。日本の子供たちもカンボジアの子供たちも、見た目には同じように無心に遊んでいる。しかし日本の子供たちは、日が西に傾き、遊び疲れてそれぞれ家に帰るとき、別れぎわに「じゃ、またあした」と何げなく言葉を交わす。あしたもあさっても、きょうと同じようにおだやかな日々がつづくことを疑いもしないし、何よりもまずおだやかな日々がつづいているということ自体意識にのぼってこないはずである。

だが、カンボジアでは、たしかにきょうはおだやかな一日であっても、それがあしたもつづくとは誰にも保証できない。あしたには砲弾が村に撃ちこまれるかもしれないし、一緒に遊んでいる子供が過《あやま》って地雷を踏み、吹き飛ばされてしまうかもしれない。それが彼らにとっての「普通」なのである。異常に囲まれて、ここでは「普通」がある。しかし、そんな中でも子供たちは「きょう」を無心に遊びまわる。大人たちもまた、ポル・ポト派の攻勢が近いという噂を耳にしている中で「普通」になにげなく「きょう」を暮らしている。もちろん、人々の表情から、あしたへの不安や恐れが読みとれるわけではない。ただ、ベッドに横になりながらもハンディトーキーを耳から離さない生活を半年つづけてきた彼には、カンボジアから日本に帰ってきて、一見、同じような「普通」の風景を眼にしていても、それが同じ風景に見えなくなったのである。そうなったのはなぜなのか、B三佐にもわからない。ただはっきりしているのは、日本にいては決してそんな感じ方は芽生えなかったはずなのである。

折りにふれてB三佐は、その手の話を妻や同僚に言って聞かせた。妻は相槌《あいづち》を打ってくれるし、同僚たちも「そう、日本は平和だからな」と感じ入ってくれる。でもB三佐は、彼らのうなずく顔を見ながら、それでもほんとうのところはたぶんわかってくれていないのだろうという、あきらめに似た思いを味わっていた。そう、行った者にしかわからないのだ。

いつしかB三佐はカンボジアのことを口にしないようになった。そしてカンボジアは、彼の記憶の中に息づきはじめた。

もし、F三佐の妻が夫の通勤の行き帰りにあとをつけたら、夫の行動に不審を抱いて、どこか心のバランスが崩れてしまったのではないかと、F三佐のことを不安げな眼差《まなざ》しで見るようになるかもしれない。

たしかに彼の通勤の様子を見る限り、どこか普通でないところがある。それは「奇矯」と呼んでも決しておかしくない振る舞いなのである。

F三佐が現在通っている自衛隊の駐屯地は自宅の官舎からすぐそばの位置にある。通勤には自転車を使っている。特急が停車する幹線沿いの街と言っても、地方の小都市だから朝夕の道路の込み方もたかが知れている。それなのに、彼が通勤に要する時間は毎日大きく違っている。早いときだと五分ですむのが、四、五日に一度は十五分以上もかかってしまう。自宅に帰るときも同じである。駐屯地を出てたった五分で玄関のチャイムを鳴らしたかと思えば、次の日には、十五分たってもまだ家に帰りついていなかったりする。

一日によって通勤時間がなぜそんなに違うのか、そのわけは彼の行き帰りのあとを一週間もつけていれば容易にわかる。しかし、それを知ったことでかえって彼という男がますます計り知れない不可解な人間に思えてくるはずである。

仮に、F三佐が通勤時間のつかのまを利用して人目を憚りながら誰かの家に立ち寄っているとか、誰かと待ち合わせをしているというのなら、まだしも通勤途中の不可解な行動もそれなりに納得が行く。ある人は顔をにんまりさせて、また別の人は眉《まゆ》をひそめながらも、なるほどそういうことだったのかと、彼がなぜ朝夕の行き帰りに「奇矯」な振る舞いをしているのか、そのわけが自分の理解の範囲内にあることを知って、とりあえずはうなずいてみせるのである。

しかし、案に相違してF三佐は通勤途中に誰にも会わないし、どこにも立ち寄らない。ただ黙々と自転車を走らせているだけなのである。

なのに通勤時間が日ごとに変わるのは、行き帰りのコースが日によって異なるからである。たとえば一日目の朝の出勤には、自宅の官舎から駐屯地の正面ゲートにまっすぐ通じる一本道を使ったとすると、次の日の出勤には一本道を避けて、いったん横道に抜けてから小道をくねくねと曲がりわざわざ遠回りをして正面ゲートに入っていく。そして三日目には、今度は正面ゲートに向かわず、ちょうど駐屯地の外周を半周するようなコースを通って裏門から駐屯地に入る。F三佐が現在出勤に利用しているのは、この三通りのコースを基本にして、途中、小道や抜け道を使って多少変化を持たせたコースを加え、五本程度のルートがある。時間的には交差点が一つしかない第一のコースがいちばん早く、五分で職場に着くが、もっとも遠回りの裏門にまわるコースをとると、通過する交差点は四カ所を数え、職場にたどりつくまでに二十分近くかかってしまう。

Ｆ三佐は、毎朝自宅を出るとき、この五コースの中から、きょうはどのコースを使って駐屯地に行こうかと、アトランダムに選んで自転車を走らせる。アトランダムと言ってもそれなりの条件がある。きのうと同じコースは決して通らないし、帰りも必ず行きとは違うコースを選ぶことにしている。自衛隊は完全週休二日だから同じ道を通るのは行きと帰りでそれぞれ週に一回ずつということになる。毎朝、同じ時間帯に同じコースを通って通勤していれば、挨拶《あいさつ》したり言葉を交わすまでの仲でなくても、互いに見知った顔というのができる。朝の通勤路は、大体は同じような顔ぶれが行き交っているものである。しかしＦ三佐の場合は同じ道を通って職場に向かうのが週一回にすぎない。毎週、顔を合わせるのがほぼ決まった顔ぶれの人間であっても、こいつ、時々見かける奴《やつ》だなと、彼のことに気づくほど記憶力のよい人はおそらくいないはずなのである。そして、Ｆ三佐が朝夕の行き帰りに通る道を日替わりでくるくる変えるようになったねらいも、実はそのあたりにあった。

F三佐にこの種の「奇矯」な振る舞いがみられるようになったのは、桜前線に例年と違って「南下」するという奇妙な動きがみられた九三年春頃からである。それは、彼がPKO施設大隊の一員として派遣されていたカンボジアから帰国した時期とほぼ軌を一にしている。

F三佐はカンボジアで三個ある施設中隊のうちの一つをまかされ、八十三人の隊員の生命を預かっていた。しかも彼の中隊は他の部隊と一緒にタケオのキャンプに駐屯していたわけではなく、大隊の主力とは分かれて、自衛隊が道路補修を担当している国道三号線をタケオから八十キロあまり南下した地方都市のカンポットに派遣されていた。

このカンポットは北と西からポル・ポト派の勢力にちょうど挟み撃ちにあっているような地域である。まず北について言えば、国道三号線上の、タケオとカンポットのほぼ中間に位置するチュークという町の周辺でポル・ポト派と政府軍がしょっちゅう迫撃砲やロケット砲をまじえた激しい戦闘を繰り広げており、国道が封鎖されることもしばしばだった。チュークや付近の村落にはUNTACに参加しているフランス軍が外人部隊の中隊を駐屯させて警戒にあたっていたが、彼らのところにまで砲弾は撃ちこまれていた。

一方、このチュークとは反対方向に国道三号線をカンポットから西へ海岸線に沿って荷揚げ港のあるシハヌークヴィル寄りに進んだ一帯では、山間地帯を根城とするポル・ポト派の部隊がやはり政府軍を脅《おびや》かしていた。この山間地帯の真ん中にそびえる標高千メートルのボコ山の山頂にはフランス軍が無人の無線中継所を設置していて、ポル・ポト派もさすがにこの施設にまでは手出ししてこなかったが、日が落ちると夜陰にまぎれて山を下りたポル・ポト派の兵士たちが国道沿いの村々に出没すると伝えられていた。二次隊の一員だった永井士長が小銃を構えた政府軍の兵士に橋のたもとで睨《にら》みつけられ、足を竦《すく》ませたのも、このあたりで作業にあたっていたときの出来事だった。そしてF三佐は、それより半年近く前の、カンボジアの情勢がまだ比較的平静さを保っていた時期に同じこの地での補修作業を担当させられている。もっとも、情勢が落ち着いていたのは、ポル・ポト派の勢力が浸透していない首都プノンペンやタケオの近辺などで、彼の中隊の作業地区であるカンポット以西やチュークではUNTACの力が及ばないことを思い知らせるかのようにポル・ポト派が頻繁に攻撃を仕掛けていた。F三佐の中隊がカンポットに派遣されるほんの三週間前にも、彼らが道路の補修作業を受け持つすぐ近くでポル・ポト派と政府軍による撃ち合いがあり死傷者が出ていた。

カンポットの宿営地から中隊の作業現場までは三十キロの道のりがある。道路は路面そのものがうねっているようにあちこち陥没して、車を走らせても二時間半はかかってしまう。往復五時間は覚悟で、毎日トラックを十台も連ね車列を組んでキャンプ地と現場を行き来しなければならない。朝の六時半に出発しても夕暮れ前の午後四時までにはキャンプに戻っている必要があった。移動や休憩を差し引くと、じっさいの作業にあてられる時間は三時間足らずである。肝心の道路を直しているよりトラックに乗っている時間の方がはるかに長くなってしまう。わざわざ悪路を揺られにカンボジアまで来たのかとつい愚痴りたくもなる。しかし、隊員の安全を考えれば背に腹は変えられなかった。野営は付近の治安が許さない。ここはのどかな田園風景が何の前触れもなく瞬時のうちに戦場に一変してもちっとも不思議でないレッドゾーンなのである。途中の道路は山側にポル・ポト派の支配圏が迫っている。作業現場までの毎日の移動にも危険がつきまとう。このためF三佐は、朝夕の一日二回、中隊の車列が通る経路の情勢がどうなっているのか、途中の村々に不穏な動きはないかといった点について、カンポット州内の要所要所に小隊をキャンプさせて警戒にあたっているフランス軍外人部隊やUNTACの駐在職員、そして政府軍からあらかじめ情報を収集して安全をたしかめた。それと同時に、じっさいに中隊が移動するさいには、トラックを連ねた車列に先がけて、露払いのようにパトロール用のジープを先行させた。

　そんなある日、Ｆ三佐はフランス外人部隊の将校と打ち合わせをしているうちに自分が重大な点を見落としていたことに気づかされた。Ｆ三佐の中隊の移動はトラックを十台も連ねた文字通りの大移動である。そしてジープの先導つきである。いやでも人目につく。しかも毎日決まった時間にカンポットを出発して、同じような時間に帰途につく。途中の村々を通過するのも大体決まりきった時間になってくる。村人からすれば、もうそろそろ「ちょぽん《日本》」の軍隊がやってくる頃だと思っていると、はたしてジープが姿をあらわし、数分後には轟音《ごうおん》を立て砂塵《さじん》を舞い上げながらトラックの車列が次々と眼の前を通過していくということになる。

　だが、もし仮に村人の中にポル・ポト派の情報屋が混じっていたらどうなるか。何時何分頃に自衛隊の部隊は毎日必ずここを通るという情報をポル・ポト派に流して、待ち伏せ攻撃に絶好のタイミングを与えてしまうことになりかねない。いつも同じ時間帯に同じ経路を通っているというのはあまりにも不用心すぎる。それでは、攻撃して下さいと相手を誘っているようなものなのである。物珍しそうに自衛隊の隊員たちに近づいて愛想笑いを浮かべてみせる村人の中にも、実は情報屋がいて、政府軍やＵＮＴＡＣの動きを逐一ポル・ポト派側に売っている。聞いたあとで背筋の寒くなるようなその話自体、弾丸のしぶきの下をかいくぐり数々の修羅場を経験してきた外人部隊ならではの鋭い嗅覚《きゅうかく》がつかみえた情報と言えるのかもしれない。

　F三佐は、部隊の移動にあたって自分の脇《わき》が甘かったことを痛感させられた。相手に待ち伏せの機会を与えないためには、いつも同じコースを通るのではなく、移動のルートを何本か用意しておいて、日によって変えていく必要があった。F三佐は地図を広げてさっそくルートの検討にかかった。しかしカンポットから作業現場までは両側を海岸線となだらかに海へと落ちていく山肌にはさまれた地帯で、トラックの通れるような道幅を持った道路は国道の他になかった。

　窮余の一策としてF三佐は、車列の出発する時間帯を行き帰りとも毎日三十分から一時間の幅で早めたり遅らせたりした。さらに情報屋の眼を欺《あざむ》くために、車列に先がけて走っているパトロール用のジープのコースを日によってくるくる変えることにした。いままではトラックの通る国道をただ走っていたのを、周辺の村々の偵察を兼ねて、途中で小道に入ったり村の入口のところで横道にそれたりしながら迂回《うかい》して目的地に向かわせたのである。言わば陽動作戦に打って出たわけである。ジープはいつも通りやってきたのに、どうしたわけか、村の手前で曲がってしまう。情報屋がジープの動きに気をとられている隙《すき》にトラックの車列はさっさと村を通ってしまう。そうかと思えば、いつもの時間にジープが姿を見せないと首をかしげていると、一時間も遅れてトラックの車列だけが通過していく。その反対にジープもトラックもいつもより三十分も早く姿を現したりする。そんなことを繰り返しているうちに情報屋は自衛隊の動きが読めなくなる。予見不能に陥るはずだった。

外人部隊の将校から、村には情報屋がいて、自衛隊の移動の様子もしっかりマークされているかもしれないと聞かされていなければ、F三佐の中隊は相変わらず判で捺《お》したように決まった時間帯に大名行列よろしく村々を通過していただろう。そして、もしほんとうに村の情報屋が、ちょぽんの兵隊は毎日何時何分に必ず現れるという情報をポル・ポト派に売り渡していたら、中隊はまちがいなく待ち伏せ攻撃にあって夜店の射的の人形のように集中砲火を浴びていただろう。F三佐はいまもそう信じて疑わない。

移動のさいの危機管理がいかに大切か、そのことを彼はカンボジアを離れる直前にあらためて思い知らされている。カンボジアでの生活の半分以上を本隊から分かれてカンポットで過ごしたF三佐の中隊は、帰国にあたっても自衛隊のキャンプのあるタケオには寄らず、カンポットから真《ま》っ直《す》ぐプノンペンに向かい、そこではじめて本隊と合流して飛行機に乗ることになっていた。ただ中隊長のF三佐にはまだ残務整理が残されていた。このため彼は中隊の隊員たちよりひと足遅れて次の日に居残り組の六人の部下とともにカンポットのキャンプを離れることになった。

　ジープ二台に分乗したF三佐らが、カンポットから国道三号線を四十キロほど北上して、カンポットとタケオのほぼ中間点にあたるチュークという町にさしかかったとき、道路の左端に車が長い行列をつくっているのに行きあたった。車列は動く気配をまったくみせず、交通の流れは完璧《かんぺき》に堰止《せきと》められている。行列の最前部までジープを走らせると、政府軍の兵士が民間車両をすべて通行止めにしていた。ポル・ポト派と政府軍がたびたび戦闘を交えるこのチュークでは、検問はむしろ見馴《みな》れた風景の一部になっている。ただ、この日はどこか漂う空気が違っていた。いつもなら煙草《たばこ》を吹かしながらだらしなく車の窓にもたれ運転手と雑談をしている兵士たちが、口を真一文字に結んで黒光りする自動小銃を構え、引き金に指をかけている。検問所には機関銃や鋼鉄の量感を感じさせる無反動砲が据え付けられ、砲口は不気味に町の方向を睨んでいた。

　F三佐が検問所で指揮をとっていた政府軍の大尉《たいい》に状況をたずねようとしたとき、いきなり町の方から、ドーンと腹に応《こた》える衝撃音が聞こえてきた。彼には経験からそれがロケランと呼ばれるロケット砲に特有の砲声であることがすぐにわかった。どうやらF三佐たちは、あと数時間でカンボジアを離れるという最後の最後になって、いつのまにか戦闘の最前線に迷い出てしまったようだった。

砲声は一度限りではなかった。ロケット砲につづいて、今度は何かが爆《は》ぜたような妙に乾いた音がさらに遠くの方から聞こえてきた。本格的な砲撃の応酬がはじまったようだった。砲弾がどこかに落ちるたびに鈍い衝撃が伝わってくる。土煙が上がるわけでもなく、閃光《せんこう》が走るわけでもない、ただ遠い花火のように砲声が轟《とどろ》いているだけなのに、かえって不気味に感じられる。政府軍の大尉によれば、戦闘は前方三キロの地点で行なわれているという。チュークの町からさほど遠くない場所には師団規模のポル・ポト派部隊が展開しており、これに対抗してひと月前あたりから政府軍が増強配備についているという噂《うわさ》はF三佐の耳にも入っていた。しかし、よりによって日本に帰国するというその当日を待っていたかのように戦闘がはじまり、空港に向かう行く手を阻《はば》まれてしまったのだ。ただ、もしこれが一日前だったら、中隊の主力、八十人近くが同じ道をUNTAC差し回しのバスに乗って通っていたはずである。彼らが巻き込まれずにすんだだけでも幸運と思うしかなかった。ポル・ポト派は町にいる政府軍めがけて砲弾を撃ちこんでいるようだったが、無反動砲やロケット砲ならF三佐が足止めを食っている町の手前まで射程に入ってしまう。ここはいったんカンポットに引き返すより方法はなかった。

国道三号線を使わずにプノンペンをめざすルートは二つある。三号線に並行して平野部を走っている道を行くか、三号線をいったんプノンペンとは反対方向にベルレンという町まで下って、そこから国道四号線に乗るかのいずれかである。三号線に沿ったバイパスは比較的安全と言われていて、もう一つのルートを使うより二時間も早くプノンペンに到着する。これに対してベルレン経由で四号線に抜ける場合はかなりの危険を覚悟しなければならない。まずカンポットからベルレンまでは毎日の道路補修で通い馴れてはいたが、右手からはボコ山を中心にポル・ポト派が支配している山間地帯が迫り、左手は海の広がる、それだけに万一襲われたら逃げ場のない、できれば避けて通りたいルートだった。さらにベルレンから乗った四号線も随所にポル・ポト派の拠点がおかれ、三号線以上に頻繁に政府軍との戦闘が繰り返されていた。

カンポットに戻ったF三佐に逡巡《しゅんじゅん》している時間の猶予《ゆうよ》はほとんどなかった。飛行機の出発時間から逆算すると、二つのうちのどちらのコースでプノンペンをめざすか、三十分以内に決めてただちにカンポットを発《た》たなければ置いてきぼりを食ってしまう。だが、少なくとも考える必要はないはずだった。安全性の点でも時間的にもF三佐の予備知識は三号線のバイパスを使えと言っている。じっさい、わざわざ遠回りしてまでポル・ポト派が徘徊《はいかい》している危険な四号線を通ろうという酔狂な人間はいないだろう。ふつうの人なら迷わず安全なバイパスを選んでいる。

しかしF三佐は慎重の上にも慎重を期した。カンポットにいる間中、村の情報屋にルートを読まれてしまうのを恐れてパトロールの経路を変えたり作業現場に通う中隊の行き帰りの時間をずらしたりしていただけに、こと移動にあたっては臆病《おくびょう》とも思えるくらい気を遣うようになっていた。

戦闘はすでにはじまり、状況は刻々と変化している。いくら安全と言っても、いまこの時点で周辺の情勢がどうなっているのかはわからない。安全だったのはつい先ほどまでで、現在は硝煙の匂《にお》いがたちこめているかもしれないのだ。何よりもまず最新の情報をとって安全を確認することである。

F三佐はジープをカンポット市街の中心、州庁舎の百メートル横にある政府軍の建物に横付けした。ここはカンポット州内の政府軍を統轄《とうかつ》している司令部で、彼が日頃から懇意にしていた政府軍の大佐が詰めている。司令部の館内は殺気立った空気がみなぎっていた。ポル・ポト派と戦闘をつづけている最前線から戦況を伝える無線が引つきりなしに入ってくるらしく、対応に追われる司令部要員が慌《あわただ》しく行き交っている。

運よく大佐をつかまえることができたF三佐は、政府軍が今後どのように部隊を動かすつもりなのかを問い質《ただ》した。相手がUNTACに参加しているちょぽんの中隊長とは言え、部隊の布陣は作戦上のトップシークレットである。しかも双方に多数の戦死者を出している砲迫戦の真っ最中なのだ。ふつうなら戦闘の行方を左右する部隊の移動のことなどまず教えてはくれないところだが、そこは日頃のつきあいがものを言った。大佐は快く最新の情報を明かしてくれた。それによれば、つい今しがた重装備の部隊をトラック三台分、三号線のバイパスでチューク方向に向かわせたと言う。

F三佐の表情が見る間に曇った。バイパスは安全とみられていたはずなのに、政府軍が向かっているとなれば、早晩ポル・ポト派もその動きを察知して、部隊を展開させるに違いなかった。どうやらF三佐の一行に選択の余地はなさそうだった。できれば避けて通りたかったもうひとつのルート、ポル・ポト派の支配地域をかすめる国道四号線でプノンペンをめざすしかないのである。

しかしF三佐は、すぐには出発しない。司令部をあとにしてジープに乗りこんだ彼は、運転席に座る部下に今度はUNTACの州本部に車を回すよう命じた。ジープが着くと、彼は一目散に通信室に駈《か》けこんだ。一行がこれから向かおうとしている国道四号線沿いには要所要所に州内の警備を受け持つフランス軍外人部隊の小隊がキャンプを構えている。F三佐はUNTACの通信網を使ってそのキャンプの一つ一つを呼びだしてもらい、現場の空気を肌で感じとっている人間からじかにキャンプの周辺や国道の治安状況をたしかめようとしたのである。

UNTACの通信業務はカンボジアに駐屯する国連部隊の最高指揮官をオーストラリアの中将がつとめている関係からオーストラリアの部隊がいっさい取り仕切っている。カンポットの通信室も隊長の軍曹《ぐんそう》以下通信兵はオーストラリアの兵隊で占められていた。そしてここでも常日頃から培《つちか》っていた人間関係が事をスムーズに運んでくれた。カンポットで道路補修にあたっていた間、F三佐はこの通信隊の隊長をつとめるオーストラリア軍の軍曹や通信兵たちとよく食事をともにしたり酒を呑《の》んだりしてつきあいを深めていた。単なる親睦《しんぼく》のためというより、F三佐の側にはそうせざるを得ない事情があったのである。

いつ一触即発の事態になっても不思議でないカンボジアのような場所では、通信は兵器以上に隊員たちの身を守る命の綱と言える。その点、フランス軍は、地域の治安維持が任務でいざという場合をつねに念頭においているせいか、あるいは実戦という場数を踏んできた経験がそうさせているのか、通信の確保に徹底して取り組んでいた。ポル・ポト派の支配地域である標高千メートルのボコ山の山頂にわざわざ自前で無人中継所を設置し、どこからでも無線でやりとりができるようになっていた。これに対して自衛隊は、大隊本部があるタケオのキャンプと八十キロ南のカンポットの中隊との間は電話と無線でつながれていたが、カンポットからさらに何十キロも離れた作業現場やパトロールに出かけた場合、場所によっては交信の状態が悪かったり一時的に無線が通じなくなることがあった。道路補修の現場は一カ所とは限らない。それぞれ離れた場所に部下たちを分散させて作業させなければならないこともある。そんなとき、彼らとつねに交信が交わせる状態であるかどうかが、F三佐にとって気がかりでならなかった。

そこでF三佐は、オーストラリアの通信兵たちと食事をする機会をとらえては自衛隊の通信事情を説明して、いざというとき本隊と連絡がとれない事態が起こるかもしれないと伝えておいた。その上で、交信不能に陥った場合に備えてあらかじめ自衛隊専用の緊急信号を取り決めたのである。F三佐の中隊は作業に出かけるさい、自衛隊の無線機とは別にUNTACの職員が携行しているモトローラタイプのハンディトーキーを持参していた。このモトローラで、ピーと発信音を何回鳴らしたらそれはF三佐の中隊がSOSを発しているというサインにしたのである。

国道四号線沿いに展開するフランス軍部隊は、いずれもF三佐からの問い合わせに、現地は平静を保っていると答えてきた。とりあえずポル・ポト派に目立った動きはみられないようだった。二台のジープに分乗したF三佐の一行はカンポット市街を出ると進路を西にとった。飛行機の時間は迫っていたが、だからと言って彼は車をノンストップで走らせることはしなかった。

ベルレン経由で国道に入ってからもF三佐は、途中の村々にあるフランス軍部隊のキャンプに立ち寄って情報を仕入れることを繰り返した。彼が必ずたしかめたのは住民の様子だった。森の小動物が嵐《あらし》の来るのをいち早く嗅《か》ぎとって姿を隠すように、ここでも町や村の住民がいずこへともなく移動をはじめることがある。そんなときは決まってポル・ポト派の動きが活発化する。逆に、住民の男どもがいつものようにだらしなく昼間から家々の縁台に寝そべり、裸の子供たちが好奇心に眼を輝かせながらついてくるようだったら、それは安全な証拠と言えた。村人たちは危険を予感させる「微震計」のようなものだった。

F三佐は、さらにフランス軍の通信兵に頼んで立ち寄った先のキャンプから次のキャンプに無線を入れてもらい、途中の経路の安全をたしかめることもした。もし途中で何か起きた場合、どの横道に退避すればよいか、どこをどう通れば本線に戻れるか、地図を広げていちいちフランス兵に聞いてまわった。そしてF三佐は、安全が確認できた道には○、そうでない道には×のマークを地図に書きこんでいった。

F三佐も部下の隊員たちも自動小銃はおろか拳銃《けんじゅう》一丁持っていなかった。丸腰で脅威と向き合わなければならない彼らにとって、自らを守れるものと言えば、最後の最後にSOSを発信するハンディトーキーと、ピッケルの先で氷に覆《おお》われた足場を一つ一つたしかめるように行く手の経路に○と×の印を書きこんでいったその地図だけだった。カンポットを発って三時間後、一行は飛行機の待つプノンペンのポチェントン空港に無事たどりついた。

帰国したF三佐は、カンボジアで学びとった移動のさいのさまざまな「戦訓」を毎日の生活の中に習慣づけさせることで、柔道の受け身よろしく意識しなくても体がすばやく危機に反応するように自分を変えていこうとした。当初は、自分自身の通勤路だけでなく、子供の幼稚園の行き帰りまでルートを毎日替えさせるという突拍子もないことを考えた。だが、さすがにこれは思いとどまった。そんなことを言い出したら妻に不審の眼で見られるのがおちだったし、だいいち子供の送り迎えはスクールバスが一手に引き受けていて、父親の出る幕はなかったのである。

カンボジアから帰ってきたあとはじまったF三佐の「奇行」というか、異常なまでの用意周到ぶりは、通勤路のことばかりではなかった。３ＤＫの官舎のそれぞれの部屋に懐中電灯を、それもすぐ手の届くところに置くようになったし、非常用のミネラルウォーターは冷蔵庫と自分の机の横に置いて、二カ月おきに中身を入れ替えている。さらにカンボジアでは通信で泣かされたという苦い思いからか、短波の入る携帯ラジオを四台も揃《そろ》えた。一台は職場のデスクの中、二台目は、ロッカーのハンガーにかけてある戦闘服のポケットの中、残る二台は自宅の自分専用デスクと居間にそれぞれ置いてある。

四台のラジオにはいつも乾電池が入れてあり、つねに受信可能な状態になっている。しかも乾電池は二週間ごとに取り替える。その間、ラジオを一度も聞いていなくても、電源のスイッチにまったく触れていなくても、ともかく乾電池は一本残らず取り替える。入れ替えるのではない。新品の乾電池に全取っ替えするのだ。そして、ラジオからとり出した乾電池は他の電気器具で使うということもせず、すべて電池の回収日に「ごみ」として出してしまう。ここまでくるとF三佐の用意周到ぶりはいささかというより完璧に常軌を逸している。

乾電池のことも妻には内緒である。妻の耳に入ったら、なんてもったいないことを、と呆《あき》れ顔をされるに決まっているからだそうだが、それは誰が聞いても同じである。しかし本人はいたって真剣なのである。もちろん、もったいないという気持ちがないわけではない。ただ、ここでも彼を駆りたててやまないのはカンボジアでの苦い教訓だった。

F三佐の任地だったカンポットは海岸に近く、カンボジア特有の湿気に加えて空気に潮気がたっぷりこもっているせいか、ラジオのスイッチを入れたら、新品同然の乾電池の接触部分がすっかり錆《さ》びて使えないことが何度かあった。乾電池が錆びてかんじんなときに役に立たない事態になったら一大事である。そこで万一を考えて、乾電池を二週間ごとに新品と取り替えることにしたわけである。しかし、F三佐がいまいるのは、ねっとりとした湿気が体にまとわりついてくるカンボジアではない。日本である。しかも彼が住んでいる場所は海岸から十キロも離れている。乾電池が錆びたという経験はこれまで一度もなかった。だいいち乾電池を取り替えるにしても、二週間たって乾電池が錆びていなければ、そのまままたラジオに戻しておけばよい。何も二週間という期限を定めなくてもよいはずなのである。乾電池の寿命をそのたびにたしかめて、そろそろパワーが弱まってきたと思った時点で取り替えても問題はないはずだ。しかしF三佐は何かにとり憑《つ》かれたかのように頑《かたくな》である。彼の中のカンボジアがそうさせるのだ。

通勤路をくるくる変えるのも、懐中電灯を自宅の各部屋に備えつけたのも、ラジオの乾電池を頻繁に取り替えるのも、Ｆ三佐にとってはＰＫＯを念頭においてのことである。いつ派遣の声がかかってもいいように常日頃から「行ける態勢」を自分の中につくっておくためなのである。しかし、カンボジアではそうすることが自らを守るために欠かせないことであっても、平成の日本に住む人々の眼には理解の範囲を越えた振る舞いに映ってしまう。

逆に言うと、ＰＫＯという「有事」に身をおいている限り、彼はその落差を感じなくてもすむ。カンボジア、モザンビーク、ルワンダにつづく派遣話があれば自ら進んで手を上げたいと、Ｆ三佐が次のＰＫＯを待ち焦《こ》がれているのはそのためなのかもしれない。少なくとも、平成の日本の「有事」は、自ら選びとって飛びこめるものではなく、いつか、と思いつつ、じっといつまでも待ちつづけるものなのである。いつか、と思って、いつまでも……。

残された者たち

誕生から四十年をへてはじめて武装した隊員を海外の地に派遣した自衛隊の、いったいどこが大きく変わったかと言えば、そのひとつは、隊員の中に、階級とは別の「色分け」が生まれたことである。ＰＫＯに行った者と、行かなかった者、そして行けなかった者という、眼に見えない、微妙な、それでいて深いところで此岸《しがん》と彼岸にはっきりと分かれてしまうような色分けである。

自衛隊は、実弾の飛び交う本ものの戦闘をじっさいに体験した兵士が一人もいないという「軍隊」として、世界でも稀有《けう》な存在である。しかし、カンボジアに「行った」隊員たちは、訓練や演習というつくりものの戦場ではなく、暗く静まりかえったジャングルの奥に自分たちをみつめている見えない視線を感じ、群衆に取り囲まれる中で背中を見せることの恐怖を味わい、殺されるかもしれないという不安の一方で、自分が引き金を引くことになるかもしれないという息苦しくなるほどの重圧感の中に身をおいてきた。それらは、国内でどんなに苛酷《かこく》な訓練を積み重ねても決して得られない、行った者にしかわからない感覚だったはずである。隊員たちの中にはカンボジアに行っている間に、妻や家族にあてて「遺書」を書いた者がいる。ふだん演習で家を空けても家族に手紙をしたためることなどまず思いつかない、ごく普通の夫であり父である彼らに、「遺書」を書かせるだけの切迫したものが少なくともカンボジアにはあったのである。

そして、日本に帰ってきてからの時間がカンボジアで過ごした時間のすでに何倍にもなったいまでも、あの日々は、「行った」者たちの中でさまざまな形をとって生きつづけている。カンボジアに派遣された自衛隊員の誰よりも早く根拠地となるタケオに入って、雑草の生い茂るただの荒れ地にブルドーザーを走らせ基地づくりを手がけた先遣隊長の中島昭治三佐は、休日を手もち無沙汰《ぶさた》に過ごしているとき、ふと気がつくと、いまは独立して親もとを離れた娘の部屋に入って、主のいない机の引き出しからカンボジアでのスナップ写真を貼《は》ったアルバムをとりだしてながめているという。別に思い立ったわけでもないのに、自然に体がアルバムをしまってあるところに行ってしまうのである。アルバムはアルバムでも、家族の写真を収めたアルバムの方は新しい写真を貼るような機会でもない限り、わざわざとりだしてながめることはない。せいぜい年に二回あればいい方である。ところが、表紙にカンボジアとタイトルの打たれたアルバムは、同じ映画を飽きずに何遍も繰り返し見つづけるマニアのように、次はどんなシーンになるか、内容の一部始終が順を追ってすっかり頭に叩《たた》きこまれているのに、それでもつい手が伸びて机の中から引っ張り出してしまう。アルバムをぼんやりながめていると、カンボジアで過ごしたさまざまなシーンが記憶の底から呼び醒《さ》まされて、アルバムの写真の上に重なってくる。

たとえば「ヤシの実」である。タケオのベースキャンプで隊員が寝泊りする大型テントの組み立て部品や、大隊本部のオフィス、食堂などに利用するプレハブハウスの資材は海上自衛隊の輸送艦で海路日本から運ばれてきたが、数が足りなかったり、パーツで欠けているものがあったりと、現地調達しなければならない資材が少なからずあった。業者とかけあってこれらを調達するのは先遣隊長の中島三佐の役目である。通町の材木屋や金物屋に足を運んで店の親爺《おやじ》相手に品物の注文と値段の交渉をする。通訳なんて気のきいたものはいないから、自衛隊手製のクメール語の辞書と首っ引きで単語をつなぎあわせ身ぶり手真似《てまね》をまじえながら用件を伝えようとする。とりあえず注文の品物を相手にわからせると、今度はこちらの足もとを見て値段を吹っかけてくるのを「たらい、たらい」とかわし、紙とボールペンを互いにやったりとったりしながら辛抱強く値段の交渉をつづけるのである。

そのうち店のおかみさんがヤシの実にストローをさしたのをお茶代わりに、どうぞ、と目の前にさしだしてくる。現地での飲食は極力避けるように言われていたが、今後のつきあいを考えると、出されたものは口をつけないわけにはいかない。だが、ヤシの実一個を飲み切るのは容易なことではなかった。青臭く、まるで草か葉を嚙《か》んでいるようである。しかもやたら生ぬるい上に量が半端《はんぱ》じゃない。ビールのロング缶くらいの飲みでがある。ようやく飲み終わると、皿に盛ったご飯が出てくる。香辛料の強烈な匂《にお》いがあたりに漂う。カンボジアでは、客は食事を振る舞ってもてなすものとされているらしく、店のおかみさんは中島三佐にしきりに食べろ、食べろ、とすすめる。油のしみがあちこちにこびりついたままの皿の上には蠅《はえ》がたかってせわしなく前足を動かしている。せっかく出されたご飯も何日も捨ておかれた残飯としか映らない。できれば遠慮したい代物《しろもの》だが、店の家族が少し離れたところからじっと中島三佐の様子をみつめている。「こいつ、食べるかな」という好奇の目で自分のことを何か試しているように思えてくる。仕方なく彼は皿の横に添えられた長目の箸《はし》を手にとってご飯を口に運びだした。ひと口、ふた口と箸をつけていくうちに、いつのまにか奥の方から次々と皿に盛られたご飯が出てきて、店の家族も一緒に食事をはじめた。なるほど、と中島三佐は納得した。店を訪れたのが折り悪《あ》しく食事どきで、客の中島三佐が料理に口をつけるのを家族全員待っていたようなのである。

数日後、彼は午後の遅い時間に店を訪れた。店の人間に気を遣わせたくなかったし、第一、得体の知れない飯につきあわされるのはこりごりという思いもあって、わざと食事どきを外したのである。中島三佐が親爺と注文の品物をめぐっておぼつかない会話をはじめると、店先にいたおかみさんが外にいる誰かにそっと目配せするのが眼に入った。「おっ、誰か行きよるな」と思って、店の外を見ていると、若い衆が自転車にまたがって一目散に走りだした。やがて自転車の男はヤシの実を持って帰り、受け取ったおかみさんはそれをそっくり中島三佐の前にさしだした。お茶ぐらいは仕方ないかと観念した彼がストローで青臭い液体を啜《すす》っている間に、ご飯を盛った皿が何枚も目の前にならべられていく。ただ、この前来たときと違うのは、彼が料理に口をつけるのを店の家族が遠巻きにして待っていなかったことである。中島三佐のことを客というより家族の一員として円陣の中にはさみこむようにしながら彼らは好き勝手に食事をはじめた。そうなると輪の中に入れられてしまった彼としても食事につきあわないわけにはいかない。結局、いつ店をたずねてもお茶代わりのヤシの実とご飯はついてまわるのだった。

そうした気だるい午後の光景がアルバムをひろげている中島三佐の脳裏にふっと甦《よみがえ》ってくる。ひと通りアルバムを見終わると、お後はビデオである。彼が日本を離れていた間、妻がこまめに収録したカンボジア関連のテレビニュースや自衛隊のPKO活動を特集した番組のビデオをセットして、娘の部屋にあるテレビの前に座りこむ。このビデオも、シーンごとに流れるナレーションがすっかり耳になじんで次のフレーズが自然に口をついて出るくらい繰り返しながめているというのに、アルバムに引き続いて見ないと気がすまない。アルバムにつづくビデオは、中島三佐にとってメインディッシュのあとに出されるデザートのように欠かせないのである。

娘の机のあるあたりを中島三佐は自分で勝手に「PKOコーナー」と呼んでいる。アルバムの入っている引き出しのすぐ下の段を開けると、カンボジアの炎天下でかぶっていたブルーのベレー帽やスカーフがきれいに洗濯されてならべてある。ビデオを見たあとは、それらの品々をとりだして、ぼんやりながめている。ながめながら、あのときはこうだったとか、あの店では板張りの床の上で家族とともに昼寝までしたとか、脈絡のないさまざまなシーンが、空を茜色《あかねいろ》に染める壮大な落日や体にじっとりまとわりついてくる湿気とともに次々と思い出されては消えていく。

そうした思い出に浸っていると、日が傾いて、あたりが薄暗くなっていることにも気づかない。やがて夕食の支度ができたことを知らせる妻が襖《ふすま》の隙間《すきま》からのぞきこんで、「おとうさん、また見てるの?」と呆《あき》れた声を上げると、中島三佐は、暑熱のカンボジアから現実の日本に引き戻され、休日の長い午後は終わるのである。

口髭《くちひげ》がトレードマークの阿部広美一尉《い》も、このところ妻に「また、……ですか？」と言われて呆れられることがよくある。彼はカンボジアで七十人の隊員を抱える施設中隊の中隊長をつとめていた。ポル・ポト派が妨害をあからさまに唱え、PKO隊員やボランティアたちへの攻撃がもっとも懸念《けねん》されていた総選挙のときには、部下だけを危険な任務に送りだすわけにはいかないと自らパトロールチームに加わり、完全武装に身を固めジープに乗りこんで、一触即発の緊張が高まっていた投票所を警戒して回った。その選挙期間中、大隊本部が雇っていたカンボジア人の通訳が一人、彼の中隊の専属となって中隊のオフィスに詰めたり阿部一尉が外出するさいのガイド役をつとめていた。まだ二十四歳の若者で、中古のウォークマンをいつも肌身離さず持ち歩き、よほど気に入った曲なのか、同じカセットを何度も繰り返しかけていた。

阿部一尉がたずねると、カンボジアの「モスト・フェイマス・シンガーたち」の歌だと言う。ただそれらの歌を、いま「生」で聞くことはできないのだとも言う。彼らはその全員がポル・ポト時代に革命政府の手で逮捕され処刑されてしまったからだ。

しかし、人間はこの地上から抹殺《まっさつ》できても、歌そのものまでを消し去ることはできなかった。首都のプノンペンがまだ戦火にさらされていない時代にレコードに吹き込まれていた彼らの歌は、ポル・ポト時代の間もどこかでひそかに生きつづけて、やがて平和が戻ってくると、今度はカセットテープにダビングされて再びマーケットに出回るようになったのである。ポル・ポト支配下のカンボジアでは、ある日突然何の理由もなく肉親が連行されたまま行方知れずとなったり、隣人や友人が家族まるごと姿を消してしまうことは決して珍しい出来事ではなかった。むしろそうしたことが、買物に行ったり旅行に出かけたりすることのように、ごくありふれた日常の一コマとして人々の身のまわりで繰り返されていた。どこに監視の眼が光り密告者が聞き耳を立てているかわからない中で、見えない相手に怯《おび》え、体をすぼめるようにして、狂気の時代をくぐり抜けてきた人々は、平和が再来すると、砂漠をさまよってきた人間がわずかな水たまりに駈《か》け寄るように一本のカセットを買い求め、耳になじんだ歌で荒《すさ》んだ心の渇きを癒《いや》したのである。

通訳の青年は阿部一尉に「聞きますか？」と言ってカセットをさしだした。一日の仕事が終わりプレハブに戻ると、阿部一尉は、日中の、じっとりと重たい熱気が澱《よど》んだままの狭い部屋の中でベッドに横になりながら早速カセットをかけてみた。ラジカセからは、演歌ともポップスともつかない、耳にするのもはじめてな曲調の音楽が流れてきた。もの哀《がな》しく、切なく、やりきれないメロディである。その調べに乗せて男性や女性の歌手がいったい何と歌っているのか、歌詞の内容はさっぱりわからないが、むせぶような調子からたぶん悲しい恋の歌なのだろうという予想はついた。翌日、通訳の青年が「どうでした？」と感想を求めてきた。「よかったよ」と答えると、青年は白い歯をみせて、にっこり笑い、テープは返してくれなくてもいい、キャプテンにプレゼントすると言った。阿部一尉は何もお世辞や気休めで、よかったと感想を述べたわけではなかった。耳馴《みみな》れない歌には違いなかったが、妙に引かれるものがあった。というより、あとを引くというか、聞き終わってもあの独特の、ちょっと間延びした切なげなメロディが耳に残って、ふとした折りにどこからか聞こえてくるのだった。

総選挙が終了して間もなく阿部一尉の中隊はタケオから港町のシハヌークヴィルに移動した。新しい任地で阿部一尉と七十人の部下を待ち受けていたのは、雨期特有のバケツをひっくり返したようなどしゃ降りの大雨だった。それが来る日も来る日も降りつづける。雷鳴が轟《とどろ》きわたり、つむじ風が湧《わ》き起こる。隙間なく落ちてくる激しい雨の拳《こぶし》はプレハブの薄っぺらな屋根を叩き、泥をはね返し、あたり一面、雨の幕でも降りているように煙って見えなくなるほどだ。この連日の豪雨に阻《はば》まれて、彼の中隊に割り当てられたコンテナヤードの建設工事は工期が大幅に遅れて、中隊長の阿部一尉は滞りがちな資材の搬入の手配をせっついたり、水浸しになった宿営地の整備に追われることになった。もはやプレゼントされたカセットにゆっくり聞き入っている余裕はなかった。かんじんのカセットの方も日本から持ちこんでいたクラシックやらポップスといったミュージックテープの中にまぎれこんでしまい、阿部一尉もあらためて探し出そうとはしなかった。

そのテープを再びラジカセにかけてみたのは、半年あまりのPKO活動を終え、妻と二人の娘が待つ北海道の千歳《ちとせ》に帰ってからのことだった。カンボジアの荷物を一つ一つ仕分けしていく中で、ふと手にとったカセットを、そう言えばこんなプレゼントがあったな、と思いながら何の気なしにかけたのである。ラジカセから流れてくる調べを、聞くともなしにぼんやり聞いているうちに、いつのまにかA面、B面合わせて十曲を聞き通してしまった。それどころか、しばらくするとまた耳にしたいと思ったのである。阿部一尉は好きなクラシックのCDをよく買いこんでは聞いていたが、二、三度かけるともう飽きて、CDコレクションがならぶラックに押しこんだまま、そのうち買ったことさえ忘れてしまうというのが常だった。

ところが通訳の青年からプレゼントされたカセットだけは違っていた。自宅にいるときだけでなく、通勤の行き帰りの車の中でも阿部一尉はこのカセットをかけるようになった。同じテープを何十回と繰り返しかけていれば、どうしてもテープの表面が摩滅して音質は悪くなってしまう。そうなる前に彼はこの十曲をすべて新しいカセットにダビングした。そこまでして聞きたかったのである。まどろこしいくらい単調で、メリハリのないメロディを聞いていると、なぜか、心がときほぐされていくようになごんでくる。じっと眼を瞑《と》じていると、懐《なつか》しいカンボジアの風景が浮かんでくることはあるが、それはたまにである。ほとんどは、何の想念も浮かばず、ぼーっとお湯の中でたゆたっているような、ゆったりとした気分になれる。

ただ、休日の午後、リビングのソファにもたれて、お気に入りのカセットをかけているときは、いつまでもそうしているというわけにはいかない。家を包みこむ奇妙な音楽にたまりかねたように妻が顔をのぞかせて、「また聞いているんですか」と呆れた声を上げるのである。

中島三佐の自宅の「PKOコーナー」ほどではないにしても、阿部一尉のリビングの壁にもPKOに係わりのあるグッズが所狭しとならべられている。UNTACの文字が彫られた記念の楯《たて》の傍らには、パトロールチームを率いていたときに撮った、野戦服姿の阿部一尉のスナップ写真が掛けられ、陸幕長から贈られたカンボジアでの活躍を称《たた》える「賞詞」の隣りには、労苦をともにした部下たちと一緒にタケオの基地でカメラに収めた集合写真が飾られている。

カンボジアで過ごした半年の日々は、「行った者たち」の記憶の中にいまも息づいているだけでなく、彼らが手を伸ばせばすぐ届くところにつねにある。じっさい隊員たちの自宅をたずねると、ＰＫＯに参加したときの記念写真や記念品が例外なく居間の壁やサイドボードの上にきれいに飾られている。カンボジアから帰国して一週間後に三人目の子供が誕生した小松二曹《そう》の自宅は、自衛隊の官舎の中でもっとも古いタイプの長屋形式の、築二十年以上はたっていると思われる家だが、玄関を上がってすぐの居間の壁には、あの出発の日、専用機に乗り組む父親に向かって、五歳の長女がいまにも泣き出しそうな表情で小さな手を振っている写真が、大きなパネルに収められて、家族の毎日の団欒《だんらん》を見下ろしている。

カンボジアＰＫＯがとうに終ってしまっても、カンボジアがいまだに身近にある点は、駐屯地内の隊舎に寝泊りしている独身隊員の場合も同じである。ロッカーの扉には男性誌から切り抜いたヌードのピンナップとならんでプノンペンのＵＮＴＡＣの売店で買ったＵＮＴＡＣのロゴ入りワッペンが貼られ、ベッド横の鍵《かぎ》のかかるスチール製の私物入れにはブルーのベレー帽やＵＮＴＡＣから贈られたバッジなどが大事そうにしまいこんである。

そんな独身隊員の一人、若手と言うにはいささか薹《とう》の立った二曹に我儘《わがまま》を言って、帰国してからまだ一度も袖《そで》を通していないUNTACグッズのTシャツを着てもらい、隊舎の廊下で写真を撮ったことがあった。きれいにアイロンがけして皺《しわ》一つないTシャツの表側には、日の丸が、裏には国連のマークが染め上げてある。

カメラマンの三島さんはいったんレンズを覗《のぞ》きこむと、そう簡単に被写体を解放しようとしない。光はたえまなく揺れ動き、瞬《まばた》きを繰り返す人間の表情もまたストップモーションのように静止していることはありえないのだから、まったく同じ瞬間をとらえた写真というものはたしかにこの世に二つとして存在しない。一瞬一瞬に微細な変化があるはずなのである。そのことを肝に銘じているかのように、三島さんは、素人《しろうと》から見ればなんで同じものをこうまで繰り返し撮るのだろうと呆れてしまうくらい、対象に同じ姿勢をとらせたまま、何度も何度も飽きずにシャッターを押しつづける。

まず、二曹のことを、正面から何枚か撮ったかと思えば、次には、白地に青い国連のマークが浮き出た背中を向けさせて、シャッターを押しはじめる。四人一部屋の隊員たちの寝室がならぶ廊下にぽつんと立たされて、二曹は照れ臭そうに少し背中を丸めた姿勢できれいに磨きあげられた床に視線を落している。課業が終ってからの一時間ほどは、駐屯地内の隊舎に寝泊りする隊員は分刻みで動くことを強いられる。夕食にありつける隊員食堂はたった四十分で閉まってしまうし、浴場も二時間足らずで湯船の栓が抜かれてしまう。「厚生」の売店もあっけなくシャッターを下ろしてしまう。その限られた間に、隊員たちは下着や日用品を揃《そろ》えている。隊員たちは文字通り飯をかきこみ、大急ぎで石鹸《せっけん》を塗りたくって一日の訓練で土埃《つちぼこり》にまみれた体を洗い流さなければならない。月並みな表現だが、ほんとうにカラスの行水である。だからこの時間、隊舎に暮らす隊員たちはそれぞれの用を手早く済ますために出払ってしまい、部屋にも廊下にも人気《ひとけ》はない。

そのがらんとした廊下にサンダルの音を響かせながら、建物の端、階段の踊り場の方から若い隊員が三人、こちらに向かってきた。彼らの位置からは、三島さんが、隊員の背中にくっきりと浮かぶ国連のマークをカメラに収めている様子が見てとれる。

「おっ、僕らも撮ってもらおうかな」

一人が、誰にともなく軽いのりで言った。その屈託のない言い方に、撮影に立ち合っていた駐屯地の広報係や編集者のKさんは思わず口もとをほころばせ、三島さんも撮影の手を休めて笑顔を返していた。ところが、冗談を言ったその隊員以外の二人は、撮影現場をちらと一瞥《いちべつ》しただけで、表情を変えずに三島さんやポーズをとらされているTシャツ姿の二曹の傍らを通り過ぎていった。そして二、三歩行ったとき、その中の一人が、こちらを振り返りもせず背を向けたまま、いかにも捨て台詞《ぜりふ》を吐くという調子で言い放った。

「カンボジアは、もう終ったんや」

一瞬、その場の空気が凍りついた。プロのカメラマンに撮ってもらっている同僚へのあてこすりにしては、嫌味という以上の、毒がその言葉にはこめられていた。人の鼻先に指を突きつけて言い立てるわけではなく、すれ違いざま、目も合わさず吐き捨てるようにその台詞を残していったから、なおのこと頬をカミソリの刃で斬《き》りつけられたような気がするのである。そして、その言葉は、カメラの前でポーズをとっている同僚に対してというより、むしろとっくに終ってしまったはずの「カンボジア」をいまさら蒸し返すようにして取材している僕らに投げつけられたものであるに違いなかった。

三人の若い隊員たちは、何事もなかったかのように仲間うちの会話を交わしながらサンダルをパタパタ鳴らして、やがて廊下の先のそれぞれの居室に消えていった。

しかし、いったんこわばったその場の空気はなかなかほぐれなかった。このままでは決まりが悪いと思ってか、広報係の下士官が言い訳でも口にするように言った。

「ＰＫＯからかなりの時間がたっていますからね。いま取材をされていると、あんな言葉が出てくるのかもしれません」

「カンボジアに行かなかった隊員たちは、みんな、そう思っているんでしょうか」

相変わらずモデル役の二曹に背中を向けさせたまま、シャッターを押しつづけている三島さんの傍らで広報係にたずねると、彼は、自分も「行かなかった」一人のはずなのにまるで他人事のように答えた。「たしかに、もう、という気持ちはあるでしょうね」


半年に及ぶカンボジアでのＰＫＯ任務を終えて日本に帰国する直前、隊員を率いる指揮官が部下を前に、言いふくめるようにして告げたことがある。上は、六百人のＰＫＯ隊員の頂点に立つ大隊長から、中隊長、小隊長、そして十人ほどの兵を束ねる分隊長に至るまで、あらゆる段階の指揮官が申し合わせたかのようにひとつのことを口を揃えて言ったのである。

それは、帰国したら多くを語るな、カンボジアのことは聞かれるまで口にするな、ということだった。六カ月間、留守を預かっていた「行かなかった」「行けなかった」

隊員たちの複雑な思いを汲《く》みとって、彼らの神経を逆撫《さかな》でするような言動は慎むようにとのお達しである。もちろん、隊員によっては、妙に「行った」ことにこだわっているとかえってわだかまりができてしまうと、「行かなかった」同僚から聞かれもしないうちからカンボジアのことをざっくばらんに話題にする者もいた。しかし、大方の隊員は残された者のことを意識しないわけにはいかなかった。

じっさい、「行った」者たちの「行かなかった」者への気の遣いようは尋常ではない。屋外での作業で暑さがひとしお身にこたえたりすると、拭《ぬぐ》っても拭っても頬や首すじを伝う汗の蒸せかえる匂《にお》いに誘われるようにして、「行った」隊員からは、カンボジアを思い出すなあ、という言葉が口をついて出そうになる。しかし彼らは、それがすでに習い性になってしまったようにひと呼吸おく。出かかった言葉をぐっとこらえて、まずそこにいるのが誰かをたしかめるのである、そして、「行かなかった」者がいたら、そのひと言を呑《の》みこんでしまう。隊舎でくつろいでいるとき、ふとした拍子にカンボジアのことが口にのぼることがある。しかしそこにドアを開けて「行かなかった」者が入ってきたりすると、彼らはさりげなく話題を変えるのである。

ある中隊では、PKO派遣組が帰国してしばらくして中隊あげての宴会が開かれることになった。それは、カンボジアから帰ってきた隊員たちの帰国歓迎会というよりは、むしろ「行かなかった」隊員たちの慰労会という意味合いを色濃くにじませたものだった。ＰＫＯで汗を流し苦労を舐《な》めさせられたのは、「行った」隊員たちのはずだが、にもかかわらずその彼らが「行かなかった」隊員を「慰労」しなければならない理由も実はあったのである。

カンボジアに「行った者」と言っても、ＰＫＯ活動に従事するためカンボジアに派遣された陸上自衛官は、停戦監視員を含めて千二百十人にとどまっている。総兵力十五万人にのぼる陸上自衛官の中では、一パーセントにも満たない、文字通りごくひと握りの人間である。しかし、この数字は見方によってその重みがずい分と違ってくる。ひと握りというのは、陸上自衛隊全体でみるからそうなのであって、カンボジアに隊員を送り出した個々の部隊に限ってみると、必ずしも「ひと握り」という表現はあてはまらない。むしろその逆である。

カンボジアＰＫＯ隊員のほとんどは、ふつうの軍隊で言う「工兵」にあたる施設科部隊の隊員で占められていたが、その大半は北海道の南恵庭、京都宇治の大久保《おおくぼ》、愛知豊川《とよかわ》の三カ所に駐屯する部隊から参加していた。ちなみに大久保駐屯地には九百九十人の施設科隊員がいるが、カンボジアに「行った者」は百九十人を数えている。隊員の五人に一人が、内戦の残り火がくすぶる熱帯の地でテント暮らしを送った勘定になる。だが、これとてまだ少ない方である。

豊川のある施設中隊の場合、七十二人の隊員を抱えているが、このうち「ＰＫＯ組」は実に二十四人にのぼっていた。中隊の三分の一までが、半年にわたって職場を留守にしてカンボジアに渡ったのである。しかし、中隊からごっそり人が抜けても中隊の仕事は変わらない。ＰＫＯに人を割いたのだから、減った人数分、仕事は減らされるだろうという考えはさすがに通用しない。訓練や日常のさまざまな雑務はいままで通り中隊に降りかかってくる。それを、三分の二の人数でこなすのだから、当然「行かなかった者」たちの負担は重くなる。陸上自衛隊の隊員には、所属する中隊で自分が受け持っているほんらいの仕事とは別に、毎月必ず回ってくる当番の仕事がある。主だったものとしては、駐屯地内の見回りをしたりゲートで警戒にあたる「警衛」の当番、それに隊員食堂での「炊事」当番がある。こうした当番の他に、駐屯地内の隊舎で寝泊りしなければならない当直勤務も毎月やってくる。ＰＫＯに多くの人手を割かれた結果、豊川や大久保の部隊では当番や当直勤務が回ってくる頻度が、通常の二倍から三倍に一挙に増えてしまった。当然のことながら休みもとりにくくなる。居残り組にとってみれば、同僚たちがカンボジアに行った結果、しなくてもいい仕事をさせられる羽目になったのである。

さらに、彼らの心中を穏やかでなくしているのは、「行った」者の分まで働かされている自分たちの給料は変わらないのに、「行った」者には、銃声の途絶えたことがない危険なカンボジアで働く、言わば見返りとして一万六千円の特別手当が毎日支払われていたことだった。手当からごっそり税金が引かれて一日当り一万ちょっとになっても、半年カンボジアにいれば二百万近くの金が「行った」者の口座に振り込まれる。

しかも、「行った」隊員と「行かなかった」隊員とではその後の昇給のスピードが違っているという指摘がある。自衛隊は、PKO隊員に帰国後の給与面で特別な待遇は与えていないと強調しているが、じっさいに部隊をたずねて隊員から話を聞いてみると、「行った」隊員のほとんどが特別昇給で一号俸アップしている中隊がある。少なくとも、「行かなかった」隊員より「行った」隊員に昇給した者が多いことはたしかなようなのである。特別昇給の枠は大隊ごとに決まっている。「行った」隊員がより多く特昇の対象となれば、当然、ほんらいなら昇給できたのに選に漏れる隊員も出てくる。ある中隊長は、「行かなかった」同僚から、「ことし、うちの隊では特昇の人数が例年より少ないんだが、あんたらPKO組にごっそり持って行かれたんじゃないか」と皮肉を言われている。

「行った」者はボーナスをもらい、特別昇給もし、世間から注目され、国際貢献という舞台で自衛隊の地位向上に一役買った「功績」を組織から称《たた》えられる。しかし、舞台裏で彼らのほんらいの仕事を肩代わりした「行かなかった」者には何の見返りもない。底意地の悪い言い方をすれば、半年間、「行った」者の分をただ働きしたようなものである。

帰国を前にしてPKO部隊の指揮官が兵士たちに、「行かなかった」者の思いを察してカンボジアのことは多くを語るなと言いふくめたのも、PKO帰還兵を迎えての中隊あげての宴会が、帰国歓迎会というより、留守を預かってくれた隊員への慰労会的な性格を帯びていたというのも、こうした事情があってのことだった。

宴会を開いた中隊では、隊長を筆頭に中隊の三分の一の隊員がカンボジアに派遣されていた。その間、彼らが抜けた分の仕事の皺寄《しわよ》せは当然「行かなかった」隊員がかぶることになり、当直勤務も通常の三倍をこなさなければならなかった。

帰国してから留守隊員たちの苦労を聞かされた中隊長は、宴会を開くにあたって、下士官の中でもっともベテランの、指導曹と呼ばれる曹長に一つの提案を行なった。居残り組の隊員にはさんざん世話をかけたのだから、お礼の意味で、宴会の費用は「行った」隊員が持つという形にしたらどうだろうかというものだった。つまり、カンボジア組が中隊の残りの三分の二の隊員を招待しようというのである。相談を受けた曹長も中隊長と同じくカンボジアに行っている。

だが、曹長は上官の意見に珍しく「それはやめましょうや」とはっきり異を唱えた。いくらお礼と言ってもそこまでやると、かえって「行かなかった」隊員たちは気を遣うし、だいいち、階級の上の者が「おごる」のならまだしも、二十三、四の若手隊員まで含めて「行った」隊員全員が金を出し合うというのは、カンボジアに「行った」おかげでいかに懐《ふとこ》ろが暖かくなったかを見せつけているように受けとられかねないというわけである。いかにも苦労人肌の年かさの下士官らしい気配りに中隊長も、なるほど、とうなずかざるをえなかった。宴会は、「行かなかった」隊員からも「行った」隊員と同じ金額の会費を徴収して行なわれた。

しかし、「行った」隊員たちの羽振りの良さは隠しようがなかった。ふだんならついつい手をつけていつのまにか目減りしてしまう貯金も、カンボジアにいる間は使いようがないため、日本に帰国してみるとほとんどの隊員の口座には二百万近くのPKO手当がそっくり残っていた。カンボジアでの半年間、楽しみと言ったら、せいぜいレートが一ドルの「オイチョカブ」くらいしかなく、文字通り禁欲生活を強いられていたことを考えれば、日本に帰ってから自分の預金口座に自動的に振り込まれていた手当の合計額を眼にして、心を揺さぶられない者の方がむしろおかしいだろう。まして独身の若い隊員ならなおのこと平静ではいられないはずである。月給二十万の若い隊員が二百万ものまとまった金をいち時に手にする機会はそう滅多にあるわけではない。

自衛隊を踏み台にしていずれはフランスの外人部隊に入りたいという夢が、カンボジアにいる間に色褪《いろあ》せて、かえっておぞましいもののように思えてしまい、両親の言葉を借りれば「ひと回りもふた回りも大人になって」日本に帰ってきた、あの永井士長は、千歳に降り立った翌々日から毎晩のように恵庭のスナックに通うようになった。それまで女の子が相手をしてくれるスナックで呑《の》むことなどなかったのが、ＰＫＯ帰還兵の先輩に連れられて行ったのが病みつきになってしまったのだ。

恋人のいない独身の帰還兵にとって、夜のネオンはむろんのこと、カウンターの向こう側から微笑《ほほえ》みかけてくる日本人の女の子は、半年の間にささくれ立ってしまった心を何よりなごませてくれる存在だった。しかし、そこは海千山千の彼女たちである。帰還兵の懐ろが暖かくなっていることをとっくに見抜いていて、「いつもの半額にしてあげるから、景気よくヘネシーを入れちゃいなさいよ」と言葉巧みに高い酒を勧める。預金残高が増えた分、気持ちが大きくなっているから、つい言われるままの銘柄を入れてしまう。永井士長の場合も、はじめのうちはヘネシーを呑んでいたのが、二日に一本のペースでカミュのＶＳＯＰを空けるようになり、果ては一本五万はする限定販売の超高級ウィスキーのボトルに自分のネームをマジックで書きこむまでになった。帰りがけに「いくら？」と聞くと、ママが答える。

「きょうはね、八万九千円」

　あまりにあっさり言われるので、「ああ、そう」と応じてしまう。というより、いまになって振り返ってみると、その頃は現実に財布の中に万札がうごめいていたから、金額を聞いてもさほどの大金のようには思えなくなっていたのである。完全に金銭感覚が麻痺《まひ》していたのだ。だが、そんな生活が長く続くわけがない。二カ月たつと、三百万近くあった預金は半減していた。それでも彼は残金で中古のファミリアと２５０ccのバイクを手に入れている。

　南恵庭に駐屯している別の中隊では、永井士長とさほど歳《とし》の違わない若い士長がカンボジアから帰国して間もなく居所不明になっていた。ＰＫＯ帰還兵には帰国後、一カ月間の有給休暇が与えられていた。連日の四十度を越す猛暑と緊張に半年間痛めつけられてきた肉体と精神をゆっくり休め、家族とも久しぶりのスキンシップを重ねた上で新たな気持ちで職場に復帰してほしいという陸幕長じきじきのはからいだった。

たしかに帰国直後行なわれた健康調査は、帰還兵の体に眼に見えない微妙な変化が起こっていることを数値であらわしていた。ことに、零下十度からいきなり五十度の気温差を飛び越えてカンボジアに渡った北海道の部隊の隊員の中には、尿酸値がかなり高くなっている隊員が多くみられ、肝機能に障害を来《きた》した者も少なくなかった。野菜や水分の不足がたたって足のむくみを訴える隊員もいた。単に労をねぎらうというだけでなく、休養は必要だったのである。だが、こうした配慮についても、ＰＫＯ隊員がカンボジアに行っている間、彼らの仕事を肩代わりさせられ、思うように休みがとれなかった「行かなかった」隊員からすれば、頭ではわかっていながら何か割り切れない思いがつきまとうのである。

帰還兵の一人の若い士長が居所不明になったのは、このカンボジア休暇に入ってからだった。はじめのうちは、上官や同僚も、大方、行き先を誰にも告げず気ままな一人旅にでも出たのだろうくらいにしか受け止めていなかったのだが、カンボジア派遣組、留守組を含めて中隊の隊員全員が出席することになっていた呑み会に顔をみせず、下宿に帰った気配もなく、さらに実家にも連絡を入れていないことがわかると、上官たちは、問題の士長が何か面倒なトラブルに巻き込まれたのではないかと不安にかられだした。警察はともかくとして、自衛隊のＭＰともいうべき警務隊に士長の「失《しっ》踪《そう》」が露見したら大事である。彼らに気づかれないうちに何としても中隊独自の力で本人の行方を突き止めなければならない。上官や同僚が手分けして、本人の立ち寄りそうな場所を虱《しらみ》つぶしにあたってみた。スナックからパチンコ屋、高校時代の友人宅、捜索範囲も恵庭や千歳だけでなく札幌にまで広げてみた。そして休暇が終わる頃になってようやく札幌のパチンコ屋で台の前に座りこみ玉の流れに見入っている本人を見つけたのである。事情を聞いてみると、一カ月もの長期休暇をどう過ごせばよいか、持て余した彼は、札幌のウィークリーマンションを借りて、ススキノのパチンコ屋や呑み屋、キャバレーを毎日はしごしていたというのである。豪遊を一カ月もつづけていれば、金はいくらあっても足りないはずだ。結局、恵庭に戻ってきたとき、二百万以上あったカンボジア預金はすっかり底をつき、彼はオケラになっていたのである。

ただ、こうした士長のようなケースはまれである。カンボジアから帰ってきた独身の若手隊員のほとんどはカンボジア預金をもっと有効に使っている。多くの場合、彼らの半年間は車に姿を変えている。バイクしか持っていなかったのが新しく車を買ったり、ワンランク上の車に買い替えたりしているのである。すでに持っている車にさまざまなアクセサリーをつけて内装をぐっと豪華にした者もいる。帰還兵の口からは自分が手にした車の名前がポンポン威勢よく飛び出す。

中古ですがね、インテグラを買いました、僕はデリカです、二百万そっくりつぎこんでトヨタのレビンを新車で買いました、ディアマンテの３０００、シーマ、ＧＴＲ、ニュースープラ……。帰国してからの半年間で、サバンナＲＸ７からパルサー、さらにフォードのカマロへと乗り替えた者もいる。車好きが多く、ボーナスや給料のほとんどをつぎこんで買ったパジェロなどの高価な４ＷＤを若い隊員が乗りまわしている自衛隊でも、さすがにアメ車はなかなかお眼にかかれない。独身は好きなようにＰＫＯ手当が使えていいよと苦笑する所帯持ちの隊員が言う。

「これはどうみたって自衛官の乗る車じゃないぞ、って奴《やつ》は間違いなくＰＫＯ帰りの車ですよ」

一カ月のカンボジア休暇が終わり帰還兵たちがそれまでの職場に復帰するにつれて、駐屯地の駐車場にならぶ隊員のマイカーの中に磨き抜かれた新車や一段とグレードアップした高価な車が目立つようになる。それは「行かなかった」隊員にとって、いやでも眼につく変化なのである。

自衛隊に入ってそろそろ四半世紀を数える坂下曹長《そうちょう》は、カンボジアからの帰国直後、親しい先輩に言われた言葉がいまでも妙に耳に残っている。

政府差し回しのジャンボ機で日本に帰ってきた坂下曹長の部隊は、小牧でひと晩過ごすと、翌朝、バスに分乗して京都大久保の駐屯地に向かった。一行のバスが駐屯地の正面ゲートにさしかかると、ゲート前の歩道に群がって帰還兵の到着を待ち構えていた社会党や共産党系の組合員や活動家たちがいっせいに「PKO反対」のシュプレヒコールを上げたり、バスの窓越しに見える隊員たちに向かって罵声《ばせい》を投げつけたりした。だが、ゲートの内側に入ってしまうと、駐屯地を南北に貫く並木道の両側には、凱旋《がいせん》兵士を迎えるように帰還兵の家族や「行かなかった」隊員たちが歓迎の人垣をつくっていた。バスがゆっくりと進んでいくと、車列の進む方向に沿ってひときわ大きな歓声が湧《わ》き起こっていく。万歳三唱をする者、鼻先にハンカチをあててじっとバスをみつめている女性、自分の家族や同僚を人垣の中に見つけて車窓に顔を押し当てたままましきりに手を振り返す隊員。駐屯地の外からのシュプレヒコールが歓声のはざまを縫って聞こえてくる中で、半年振りの再会を喜び合う光景が繰り広げられた。

並木道を抜けた給油所の前で車列は停まり、バスから真っ黒に日焼けした隊員たちが次々に降りてきた。坂下曹長は三番目だった。歓迎の人垣が崩れて、一刻も早く夫や父親の姿を見つけようと大勢の人たちがあちこちから駈《か》け寄ってきた。坂下曹長は、その中に妻と九つになるひとり娘の姿を探そうとした。前夜、小牧から自宅にかけた電話で二人が駐屯地に出迎えにくることを知らされていたからだ。

だが、あたりを見回す必要はなかった。二人の顔はすぐに眼にとまった。カンボジアにいる間中、ベッドの横においた写真立てからいつも微笑みかけてくれていた顔である。ああ、おるな、と思ったのと、妻と娘が坂下曹長の姿を認めたのはほぼ同時だった。

坂下曹長は二人のもとに駈け出していきたいという衝動にかられたが、照れ臭さが先に立って、足が前に出なかった。熱いものが胸の奥からこみあげてきて、眼の潤《うる》むのがわかった。妻も同じ気持ちだったのだろう、泣き笑いのような顔をつくって、その場に立ちつくしているだけだったが、九つの女の子は、はじかれたように走ってきて坂下曹長のがっしりとした大きな体に飛びついた。娘の髪の匂《にお》いがなつかしかった。

坂下曹長は、娘が痛がるかもしれないと思うくらいの力でしっかり抱きとめた。娘の小さくて柔らかな両肩を包みこむようにしながら、坂下曹長は、日本に帰ってきたんだという実感よりもっと強い感情にとらわれていた。それは固い決意にも似た思いだった。「もう離れんぞ、もうどこへも行かんぞ」と何度も自分自身に言いきかせながら、彼は再び娘の体を強く抱きしめた。

妻や娘としばらく言葉を交わしたあと、ふと出迎えの人だかりの方を見ると、同じ隊の「行かなかった」隊員の顔がいくつも眼にとまった。「あいつらも俺たちの帰りを喜んでくれているんだ」と坂下曹長はかたじけない思いでいっぱいだった。彼が親しくしていたその先輩と眼が合うと、よかったなというように、先輩の隊員はにこにこ笑いながら何度もうなずいていた。

ところが後日、酒の席でその先輩の口から思いもよらなかった言葉が飛びだしてきた。多少アルコールが入ったことで、口がなめらかになり、つい本音が出てきたのかもしれない。

「あの日な、俺はあそこにいたくなかったんだ」

「いたくなかったって、それ、どういうことですか」

坂下曹長は先輩の言っている意味がほんとうにわからなかった。

「だから、正直言うと、出迎えになんか、行きたくなかったんだよ。お前たちPKO隊員はみんなの脚光を浴びながら、堂々と帰ってくる。けどな、俺だって、ほんとうはカンボジアに行きたかった。晴れの舞台なんだ。自衛隊員なら誰でも行きたいと思うよ。でも選ばれなかった。そんな行きたくても行けなかった人間にとっては、お前たちの勇姿なんか見たくもなかったんだ。俺だけじゃない。みんな、笑い顔つくって迎えていたけど、ほんとうは、あれは辛《つら》かったんだ」

ぼそぼそ搾《しぼ》り出すように話す先輩の言葉は、坂下曹長の胸に突き刺さった。あの日、あの場にいた誰も彼もが自分たちの帰還を心から喜んでくれていたとばかり思いこんでいただけに、先輩や同僚の笑顔が、実はつくり笑いで、その裏にはもっとどろどろとした感情が隠されていたことを当の本人の口から聞かされてショックを受けたのである。

しかし冷静になって考えるうちに、坂下曹長にも先輩の気持ちがわかってきた。というより、もし自分がその先輩の立場に立たされていたら、やはり歓呼の声に手を振って応《こた》えながら基地に戻ってきた帰還兵の晴れやかな姿は、辛くて正視するに忍びなかったにちがいない。帰還が華やかにとりあげられ、組織の中で称揚されればされるほど、行けなかった、だから取り残されてしまった自分たちが何かみじめなものに思えてしまう。できたらあそこにいたくなかったという先輩の言葉は、素直に坂下曹長の胸に響いてきた。

それからというもの、坂下曹長は、職場でカンボジアのことは口にしないことにしている。帰還して一年半が過ぎた九四年七月九日に第一次派遣大隊に参加していた渡《わた》邊《なべ》大隊長はじめ隊員の有志が東京や四国、名古屋などそれぞれの任地から駈けつけて、帰国後はじめて京都のホテルで開いたPKO同窓会ともいうべき「TAKEO会総会」

にも、彼は出席していない。

カンボジアで七十人の部下を率いて中隊長をつとめていたD一尉《い》には、日本に戻ってもゆっくり体を休めている間がなかった。PKOに派遣される前と同じく豊川の施設中隊長の職に復帰したのも束《つか》の間《ま》、四カ月もたたないうちに今度は、陸の「江田島」とも言うべき、陸上自衛隊の将来のエリートを育てる幹部候補生学校の教官として福岡の久留米《くるめ》に転勤命令が下りたのである。日本にいてはとうてい望めないカンボジアでのさまざまな体験を、その記憶がまだ生々しいうちに、いずれ陸上自衛隊を背負って立つエリートたちに直接伝える、生きた教材としての役目を仰《おお》せつかったわけである。

幹部自衛官の転勤は慌《あわただ》しい。転勤がほぼ二年おきと頻繁なことに加えて、内示があってから一週間以内には新しい任地で仕事をはじめていなければならない。このため次の引っ越しに備えて、日用品以外の品は荷ほどきをしないで押し入れに入れたままにしておく家庭が多い。家具をたくさん揃《そろ》えても傷《いた》みが早いから、最低限の物しか用意しておかない。そうは言っても、愛知の豊川から九州の久留米までの引っ越しは大変である。ふつうなら業者まかせにするだろう。ところがD一尉の場合は違っていた。

頼みもしないのに中隊の部下二人が「俺たちにやらせて下さい」と引っ越しの手伝いを買って出たのである。

その手伝いというのが半端《はんぱ》ではなかった。二人は中隊長の家財道具を運送屋のトラックに積み込んだだけでは気がすまず、自分たちの車を運転して、トラックやＤ一尉と妻の英子さんの乗った車に連なりながら名神高速から中国自動車道を抜け、十時間あまりかけて久留米の新しい官舎までついてきたのである。Ｄ一尉は二人の部下に何度も、もういいからと豊川に引き返すように言ったが、二人は、最後まで手伝わせて下さいと言って聞かなかった。二人は官舎の二階に割り当てられたＤ一尉の部屋に次々と箪笥《たんす》や家具、ダンボール箱を運びこみ、Ｄ一尉と英子さんは横でただ指図をしていればいいほどだった。あと片づけがひと通りすんでも二人は名残り惜しそうにしていたが、あまり遅くなって月曜からの仕事に差し障《さわ》るといけないからとＤ一尉に諭され、ようやく豊川へ帰っていった。

二人はともに久留米だけでなく、カンボジアへもＤ一尉につき従って行った若手の下士官である。そのうちの一人の三曹は、四十になったばかりのＤ一尉のことを、「中隊長というより、何でも言える、何でも相談できる兄貴みたいな存在」と述べている。Ｄ一尉は、引っ越しを手伝うためにわざわざ九州までついていった部下がいたことからもわかるように、サラリーマン化したと言われる自衛隊の中で例外的なくらい公私を越えて隊員から慕われていた中隊長だった。

だが、部下に慕われるというのも楽ではない。豊川の官舎にいた頃、D一尉は寝込みを襲われることがよくあった。夜も零時をまわっているというのに突然玄関のチャイムが鳴る。こんな時間にいったい何事だろうと思って、ドアを開けると、中隊の若い隊員たちが「遊びにきちゃいました」とにやにやしながら立っている。久留米までついてきたあの二人もたいていその中に混じっていた。上官の家に手ぶらで押しかけるのはさすがに気が引けるのか、手に手に缶ビールやらコンビニで買いこんだ乾きものを持っている。D一尉は仕方なくパジャマ姿のまま夜の闖入者《ちんにゅうしゃ》を狭い官舎の六畳ほどの居間にあげて、ささやかな酒宴がはじまるのである。妻の英子さんももう馴《な》れっこになっているのか、起き出してきて簡単な肴《さかな》をつくったり、若い隊員の話を聞いてあげたりしている。しばらくして再びチャイムが鳴る。別の一団がまた押しかけてきたのだ。狭い玄関は若い隊員たちのねばっこい体臭が立ちのぼってきそうな薄汚い靴で足の踏み場もなくなる。第三波の波状攻撃に襲われることも珍しくはない。居間だけでは入りきらないから、英子さんは布団《ふとん》を上げて、夫婦の寝室まで開け放してしまう。それでもはみだした隊員は玄関先に腰を下ろして呑んでいる。いちばん多い時は十七人の隊員がやはり夫婦の寝入りばなに次々と押しかけ、2DKの部屋を「占拠」した。中隊の若い独身隊員の半数以上が集まった勘定になる。

D一尉には子供がいない。そのことが押しかける側の気を楽にしているという点もあるが、やはりD一尉と妻の英子さんの人柄が隊員たちを呼び寄せるのである。

引っ越しの手伝いで久留米までついてきたあの三曹は、独身者と言っても実は「バツイチ」である。カンボジアに行く前の年に離婚して、独身でアパートを借りるのはもったいないからと四人一部屋の隊舎暮らしに戻ったのである。離婚に際して、三曹は自分の身内にいっさい相談しなかったが、中隊長のD一尉にだけは夫婦の仲がぎくしゃくした頃から相談に乗ってもらっていた。夫婦の間でとりあえず別れ話がまとまると、D一尉は、「相手のご両親にきちんと話をしたのか」と心配してたずねてきた。三曹が、わたしがしますと言っても、D一尉は納得しなかった。

「俺はお前の身元責任者なんだ。俺が行って頭を下げてくる」

そして、ほんとうにD一尉は相手の実家に足を運ぶと、三曹の隣りに座って、相手の親の前で、理由はどうあれ離婚という結果に終ってしまった不始末を詫《わ》びたのである。

その三曹から、久留米に転勤してそろそろ八カ月がたつというある日、D一尉の官舎に電話がかかってきた。深夜の零時過ぎである。またしても寝込みを襲われたわけである。D一尉が電話に出ると、三曹がぼそぼそつぶやいている。酒が入っているらしく、口調はおぼつかないが、どこか甘えているような、拗《す》ねているような響きがある。

「中隊長、また俺のこと、カンボジアに連れて行って下さいよ。カンボジアに一緒に行きましょうよ」

電話があったのは、桜の季節がまためぐってきた頃だった。D一尉の職場の庭に植えられた桜もほのかな紅をさした白色に染まりはじめていた。それはD一尉に、ちょうど一年前、カンボジアから帰ってくる飛行機の機窓から見た光景を思い出させた。名古屋に向かって少しずつジャンボ機が高度を下げはじめたとき、機内のどこからか、「桜だ！　桜が見えるぞ」と興奮した声が上がった。桜のひと言にはじかれたように、隊員たちは先を争ってそれぞれの座席の小さな窓にとりついた。中ほどに座っていた隊員たちも席を立って窓側の隊員の肩越しに何とか外をのぞこうと懸命に上体を伸ばしている。

眼下に広がる街並みの中に、白い帯を伸ばしたように見えるところがあった。例年なら桜はとうに散っていてもおかしくはない時期である。しかし、白と言っても淡いピンクをまぶしたその独特の白が、何よりもその色の帯が桜並木であることを見る者に明瞭《めいりょう》に語りかけていた。

中隊を率いて日本を出発する数日前、Ｄ一尉は、カンボジアに連れて行く部下の隊員やその家族の前で、「全員揃って桜の花が咲く頃に帰ってまいります」と約束していた。それが、彼の言葉通り、まるで自分たちが帰ってくるのを待っていてくれたかのように桜が花を咲かせていたのである。電話の向こうで三曹が、カンボジアと口にするたびに、Ｄ一尉は、あの日、飛行機の窓から見た桜の淡い色を思い出していた。

「中隊長、聞いてくれているんですか」

さっきより三曹の声が弱々しくなっている。

「ああ、聞いとるよ」

「いまの仕事はつまらんのですよ。何か張りあいがなくって。カンボジアのときとはまるで違うのですよ。だから、俺のこと、またカンボジアに連れて行って下さい」

「………」

「ねえ、中隊長、また一緒に行きましょうよ、行かせてくださいな……」

しまいは涙声になっている。

だが、Ｄ一尉は、誰にも口にしたことがなかったが、そのことについては胸の奥で固く決意するものがあったのだ。カンボジアで七十人の部下の命を預かっていた半年間は、ほんとうに片時も気を抜くことのできない日々だった。七十人の隊員を前にすると、その向こう側に彼らの家族の姿が浮かび上がってくる。「全員揃って帰ってまいります」と言い切ったとき、自分をみつめていたあの家族たちの熱い眼差《まなざ》しがよみがえってくる。一人も欠けさせてはならないのだ。なんとしても全員で日本に帰らなければならない。そのことが鉄の十字架のように全身にのしかかってくる日々はともかく重たかった。あの半年で自分は一気に年とってしまったような気がする。だから、三曹には言わなかったが、受話器を握りながら、彼は心の中でつぶやいていた。

〈俺はもう行かない、行きたくないんだ、カンボジアはもう終ったんだ……〉

Ｄ一尉の自宅の居間にある箪笥の引き出しの奥には小さな箱が大事にしまってある。箱の中には輪ゴムでくくられた封筒の束が入っている。封筒は全部で十二ある。封筒そのものは普通の白い封筒だが、中からは女子高生が好んで使いそうな可愛《かわい》いイラストの入った便箋《びんせん》が出てくる。それも封筒によって便箋はすべて違っている。切なげなブルーのものもあれば、明るいピンクにスヌーピーが笑いかけているものもある。カンボジアに派遣されたＤ一尉のもとに妻の英子さんが送った手紙である。英子さんは手紙を出すたびに色の違う便箋に近況や思いを綴《つづ》っていた。その色も、いや色こそが、文章より雄弁に英子さんのそのときどきの心境を語っていたのかもしれない。

Ｄ一尉は、十二通の妻からの手紙を一通残らずたずさえて日本に帰還した。彼の「カンボジア」は終っても、あの半年の間、離れ離れの二人を結びつけていた、だから、あの半年の記憶がしみこんだ十二通の手紙は、いまも、そしてこれからも、ずっと二人のそばにある。

〈了〉

あとがき

自衛隊を死に場所に選んだ三島由紀夫を、僕は一度だけま近で見たことがある。

そのときのことが、周囲はぼやけていてもかんじんの中心にだけはピントがあった写真のように記憶の中にいまもくっきりとした像を結んで、思い出そうとすればいつどこでも浮かびあがってくるのは、三島由紀夫と同席したその場が、彼の最期《さいご》のシーンへと一直線につながっていくあまりにも暗示的な場だったからである。

僕が三島由紀夫を見たのは、自衛隊の観閲式の席だった。一九六八年十月のことだからもう四半世紀以上も昔になる。そのとき僕は十五歳で、半年後に庄司薫《かおる》が発表して世間の話題をさらう小説『赤頭巾《あかずきん》ちゃん気をつけて』の舞台となった都立高校の一年生だった。その高校で僕は一年生ながら新聞部の部長をつとめていた。と言っても、それまで新聞をつくっていた先輩が、僕の入部と相前後して、心に思うところがあったらしく「一年間学校を休みます」と休学願いを出して、ぷいと西の方に「漂泊の旅」

に出てしまったため、新入りながら僕が、記事を書くことから割りつけ、広告とり、印刷所での校正作業まで新聞づくりのいっさいをたった一人でやり繰りしなければならなくなったのである。

時まさに学園紛争真っ盛りである。僕の高校でも、「革命」を叫ぶ大学生に共鳴した生徒たちが、兄貴分とまるっきり同じ、ヘルメットに薄汚い手拭《てぬぐ》いで覆面をした出《い》で立《た》ちでスクラムを組み、足もとが定まらない酔っ払いさながら、どたどたと狭い校庭を駈《か》けずりまわっていた。そんな中で彼らの向こうを張ったような内容の新聞をつくりつづける僕には、いつしか「右翼少年」のレッテルが貼《は》られるようになり、僕自身むしろそのことを自分でも気取っているところがあった。観閲式の記事を書きたいので見学させてほしいと防衛庁に願い出たのも、全共闘の弟分をもって任ずる高校生がいっぱしの活動家の顔をしてデモのしんがりについていたこととある種通じるところがあったのかもしれない。

学生運動とグループサウンズが十代の若者の中に同居する当時の風潮の中で、僕の願いはよほど珍しがられたのだろう、自衛隊は観閲式にとびきりの席を用意してくれた。式場は千駄《せんだ》ヶ谷《や》の国立競技場沿いの道路にしつらえられていた。その年の一月にカミソリで首の動脈を切って自殺した自衛官円谷《つぶらや》幸吉が、東京オリンピックの最終日、栄光が待つゴールの競技場に向かって最後の数百メートルを走っていた同じ場所である。式場に着くと、案内役の自衛官は、詰め襟を着た僕と観閲式にむりやりつきあわせた級友のTの二人のことを最高指揮官の首相が立つ視閲台のすぐ横の来賓席に先導した。まわりには、肩から金モールを下げきらびやかな礼装の軍服に身をつつんだ各国大使館の駐在武官たちが、シックな装いの夫人をともなって居並んでいる。

しばらくして、駐在武官の一団が号令でもかけられたようにいっせいに立ち上がった。僕とTもつられて立っていた。武官たちは斜め右の方を向いて、一様に挙手の礼をしている。首相が到着したのだろうかと、彼らが敬礼している方を爪先立《つまさき》ちして見ようとしたが、軍人たちの牡牛《おうし》のような大きな背中に視界を遮られてしまった。しかし武官たちの体の向きは、敬礼をしている相手が歩いている方向に合わせて少しずつ変わっていき、やがてほとんど真横に向けて敬礼の格好をとるようになったところで、人垣の間から「彼」の姿がのぞき見えたのである。

三島由紀夫は、ダークスーツにつつんだ上半身をぴんと伸ばし右手を額の端にかざして武官たちに敬礼を返しながら、颯爽《さっそう》と風を切るような歩き方で僕の席の一列前に入ってきた。そして、僕のすぐ目の前に二つ用意されていた席に夫人とともに着席した。それを見届けると武官たちも腰を下ろした。

あの三島由紀夫が、手で触れられるくらいのま近にいるということに僕はすっかり舞い上がり、隣りに座るTの肘《ひじ》を突つきながら、ミシマだよ、ミシマがいるよ、とうわごとのようにつぶやいていたが、その一方で何か肩透かしを食わされたような意外な思いにもとらわれていた。

三島由紀夫は、存在そのものがどこか奇跡めいていて、一小説家を超え戦後日本のスターともいうべききらびやかな衣裳《いしょう》につつまれ、その名前には圧倒的な響きがあった。生きていたときからすでに伝説上の人物となっていた存在の大きさから、僕は、ミシマという人は山のようながっしりとした体格の持ち主なのだろうと勝手に決めつけているところがあった。ところが、僕のすぐ目の前に短く刈った後頭部をみせて腰を下ろしている生身のミシマは、思っていたよりずっと小さな人だった。日焼けした顔はたしかに精悍《せいかん》そのもので人を一瞥《いちべつ》する眼にも強い力がみなぎっていたが、肩の張ったスーツの上からは剣道やボディビルで体を鍛えているはずの筋骨隆々とした感じが少しもうかがえなかった。やけに頭の大きさが目立つだけにかえって小柄で華奢《きゃしゃ》なことが強調されていた。当時から僕はかなり背が低かったが、それでも駐在武官たちの動きにつられて立ったとき、僕の目は一段下の列に入ってきた彼の目線より確実に高い位置にあった。おそらく、ミシマはあのときの彼の年齢に達したいまの僕と同じくらいか、ほんの少し高いくらいだったろう。

映像や写真でしか接していなかったものをじっさいに目にしたとき、おや、と違和感を感じることは往々にしてあるが、僕も生身のミシマと、神話の中の巨人、三島由紀夫との落差にとまどっていた。それは単に彼が小柄だったというだけでなく、すみずみまで計算されつくしたような精緻《せいち》で絢爛《けんらん》豪華なつくられた美の世界に生きている作家としての彼から、自衛隊に惚《ほ》れこみ民間防衛の捨て石になるべく「楯《たて》の会」を組織して、本気で「戦争ごっこ」をはじめた姿はどうしても思い描けないためでもあった。

三島が自衛隊と深いかかわりを持つようになったのは、この観閲式の前年、六七年四月に一カ月半にわたって陸上自衛隊に体験入隊したことがきっかけになっている。それからわずか三年半後には、三島は自衛隊で果てている。のぼせ方が一途《いちず》で、急速だった分、思いが通じなかったことへの絶望感は大きく、呪詛《じゅそ》の言葉を吐くまでに愛は姿を変えている。死の二カ月前に三島は、自衛隊で彼がもっとも長い時間を過ごし自らの「母校」とも呼んだ富士学校滝ヶ原分屯地の隊内誌「たきがはら」に寄せた一文をこう結んでいる。

〈二六時中自衛隊の運命のみを憂《うれ》へ、その未来のみに馳《は》せ、その打開のみに心を砕く、

自衛隊について「知りすぎた男」になってしまった自分自身の、ほとんど狂熱的心情を自らあはれみもするのである〉

だが、あの観閲式と、僕の十八回目の誕生日でもあった彼の最期の日以降、三島由紀夫と自衛隊を切り離して考えることができなくなっていた僕に、足かけ三年にわたって自衛隊の基地を訪ね歩き隊員たちと語り合った「兵士に聞け」の取材行は、三島と自衛隊という、どちらも戦後の象徴のようなこの二つの存在が、大晦日《おおみそか》と元日のように一見、隣り合わせのようでいて、その実、遠くかけ離れたものであることをはっきりと教えてくれた。

ロココ風の豪荘な白い屋敷に住み、様式美の塊りのような小説を書き、「サムラヒ」をめざした彼が、もし、二十五万の自衛隊からすればほんのひと握りに過ぎない空挺《くうてい》部隊やレンジャー課程の訓練に参加するのではなく、隊員の圧倒的多数が毎日を過ごしているひなびた町や村のはずれにある駐屯地を訪ねて兵士たちと寝食をともにしていたら、果たして自衛隊にあれほど惚れこむことができただろうか。兵士のほとんどは将校になりたがらない。その理由を、将校になっても大して給料は上がらないのに仕事ばかり七面倒臭くなるからと若い下士官たちが説明するのを聞いて、三島はどんな顔をするだろう。地震で家の下敷きになった人々が助けを求めていても自衛隊はすすんで出動しようとはせず、ようやく「災害派遣」のお赦《ゆる》しが下りても、トラックの一台一台に「災害派遣」の垂れ幕と表示板をいちいちとりつけてからでないと動けないことを知って、それでも三島は、たとえ一瞬でも〈隊の柵外《さくがい》の日本にはない「真の日本」をここに夢み〉ることができただろうか。

自衛隊について「知りすぎた男」と三島は自らを呼んで憤死していったが、「兵士に聞け」の取材を進めれば進めるほど、僕には、三島が知っていた自衛隊は、武器庫であり階級章であって、護衛艦や戦車といった鋼鉄の鎧《よろい》の裏側でうごめく隊員たちの素顔に触れることはなかったように思えてきた。しかし、それは彼だけでない。防大生を「同世代の恥辱」と決めつけた人も自衛隊にエールを送る人も、ほとんどの日本人は、フェンスの内側で黙々と仕事をこなす無名の隊員たちの姿にこの半世紀近くの間、目を向けようとはしなかった。彼らの呟《つぶや》きにも呻《うめ》きにも諦《あきら》めの吐息にも耳を傾けることはなかった。それは、鏡に映ったもうひとりの自分と向き合うのが嫌だったからなのだろうか。

鏡の中の自分は、僕らが口を開かない限り、語りかけてくることはない。だが、いま僕には、戦後日本の落し子といういかがわしさのつきまとう、もうひとりの自分が、鏡の向こうから、己《おの》が姿を見よ、と無言で訴えているような気がする。

った。

頁《ページ》の背後には取材でめぐりあった数百人にのぼる自衛隊員の有形無形の支えがあった。そして防衛庁広報課や陸海空自衛隊の広報スタッフの理解がなければ、同席者をいっさいまじえずに隊員と一対一のインタビューをつづけることは難しかっただろう。協力いただいた方々の氏名は、「兵士に聞け」の続篇として考えている「兵士を見よ」の巻末に掲載するつもりだが、この場を借りてあらためて隊員、職員の皆さんのご厚情に深謝したい。なお本作品に登場する隊員については原則として実名を使わせていただいたが、隊内での立場を考慮して、一部名前をイニシャルで表記した他、村田、里中、中田、井出、高石、佐藤、坂下各隊員は仮名を用いたことをお断りしておく。

ともに泥にまみれ、しぶきをかぶり、汗を流したカメラマン三島正氏はまさに「戦友」だった。この長い取材行の間、どんな荒天の中でも彼はカメラを離さず、レンズからじっと兵士を見つづけていた。「週刊ポスト」の塩見健氏は取材の当初から的確なアドバイスを欠かさず辛抱強く原稿を待って下さった。連載の担当を引き継いで下さった条田昌志、飯田昌宏の両氏とともにさしずめ名参謀であり、鬼?軍曹《ぐんそう》だった。岡成憲道編集長、坂本隆、阿部剛の両氏にもお世話になった。一冊の本にして下さったのは、僕がまだもの書きのリングに上がって間もない頃からのトレーナーともいうべき新潮社の寺島哲也氏である。原稿という先の見えない濃霧の中を行く僕にとって氏は燈台《とうだい》の燈《ともしび》のような存在だった。

この筆をおいてしばらくして、「兵士」に聞きに行く旅はまたはじまる。全国各地の土地に根をはった基地をたずねながら兵士を描いていく作品は、僕らが振り捨ててきた、にもかかわらずいまなお息づいている「戦後」というもうひとつの日本を綴《つづ》る「紀行文」となるのかもしれない。

解説　普通の日本人に聞け

関川夏央

『兵士に聞け』は「職場としての自衛隊」を描く長大な物語、その第一部である。

この本の冒頭に近いところに、退役後巨大情報機器メーカーの顧問となった温厚な元将軍が、簡素というより見すぼらしいというべき社内の一室で著者に語るシーンがある。それは自衛隊の仕事とは端的にいえば何か、という問いかけに対する答えである。

「あなたは物書きだから、原稿を書くのは、それを本にして誰かに読んでもらうためですよね。でも自衛隊というところは、本にならない原稿を書きつづけるところなんですよ。原稿を書いて、活字に組んで、ゲラにする。しかしそれでおしまい」

「自衛隊の金庫の中には、そうした本になることなく終った原稿が積み上げられてゆくわけです」「でも私たちは自ら納得できる仕事ができたのなら、別に形にならなくてもそのことだけで満足するんです。いや正確に言えば満足しなくてはならない」

昔、自衛隊が発足してまだ間もない頃、当時の首相吉田茂は自らが生み出した防衛大学校で、つぎのように学生たちに語った。それも本文中にある。

「自衛隊が国民から歓迎され、ちやほやされる事態とは外国から攻撃されて国家存亡のときとか、災害派遣のときとか、国民が困窮し国家が混乱に直面しているときだけなのだ。言葉をかえれば、君たちが〈日蔭者《ひかげもの》〉であるときの方が、国民や日本は幸せなのだ。耐えてもらいたい」

これは感動的な言葉だ。しかし同時に、ひとつの職業をまっとうしようと決意した青年たちにとって、「日蔭者」とはどれほど非情なものいいであったことか。

私がこの言葉の非情な説得力に気づき、また感じ入ったのはうかつにも近年に至ってからのことだった。いくつもの巨大災害があり、カンボジアへのＰＫＯがあった。それから杉山隆男の、この『兵士に聞け』という仕事があった。そののちにようやくとは、とりわけ自分のような仕事にたずさわるものにとっては恥ずべき事態だろう。

一九七〇年十一月二十五日は、晩秋にありがちなよく晴れたあたたかい日だった。午後、三島由紀夫が市ヶ谷の自衛隊で死んだというニュースがどこからか聞こえてきた。私はそれから一時間ごとに四ツ谷駅の売店へ新聞を買いに走った。版がかわれば、あらたななにかがわかるかも知れないと思えたのだった。

とにかく衝撃だった。私は三島由紀夫の自衛隊好み、あるいは軍事的精神主義への傾斜を、彼一流の自己劇化への心の動きの反映にすぎないと考えていたから、この事件にはまさに虚をつかれた。説明のつかない事態に、何でもいいからつけるべき説明の断片でも欲しかった。だが、それはついに得られなかった。

この日が忘れがたいわけは、実はもうひとつある。因縁《いんねん》めいた話になるが、私はたまたまその日二十一歳になり、高校生だった杉山隆男もまたおなじ日に十八歳になったのである。むろん当時そんなことは知りもしなかった。

後年、一九八〇年代のなかば、彼がその事実上の処女作『メディアの興亡』を出して間もなかった頃だと思う。夕刻、私は編集者といっしょに新宿の表通りを歩いていて、別の会社の女性編集者と出くわしたことがあった。その人もまたふたり連れだった。彼女は、いっしょにいた男性を、こちら杉山隆男さん、と私に紹介し、ひるがえって私の名を彼に告げた。彼はそのとき、「ああ」と小さく声をあげて軽く頭を下げた。私はその「ああ」という言葉のなかに、嫌悪《けんお》とはいえないまでも、わずかの敵愾《てきがい》心の響きを聞きとった。初対面だったから、それは私個人に向けられたものではなかっただろう。むしろ私のような年頃の者たち、いわゆる「団塊の世代」に対してつねづね抱いていたある種のいまいましさの感情がつい漏れた、そんな感じがした。

本書中にも井上陽水や吉田拓郎など、一九七〇年代はじめに登場したその世代の歌い手たちに言及した部分がある。

「（彼らの歌はそれまでの）プロテストソングとは一線を画しているようにみえながら、依然としてそれらの暗い影を引きずっているようなところがあった」「（日常について歌っているのに）そこには学生運動が終息したことでスポイルされてしまったような世代のやるせない『気分』が漂っていた」

新しいと聞こえたはずの彼らの歌は、ちっとも新しくなかった、感傷的で、どこかに自己憐憫《れんびん》のトーンがこびりついていた、といっている。「団塊」はその説教癖でうるさがられ、他人にも本人にも意味のない詠嘆的懐古趣味と自己憐憫癖とで嫌われるのである。

まことにもっともな言い分で、私も大いに同感する。しかし、戦後の思想潮流の沸《ふっ》騰《とう》に翻弄《ほんろう》され、世界的に「シックスティエイターズ」と呼ばれた青年たちのうちの日本産種が「団塊」である。一九六八年に十九歳だったことは、一九四五年に二十歳だったことや一九七〇年に十八歳だったこととおなじく、いかんともしがたいことだったのである。ただただ不運であったというほかはないのである。

ただし時代によって受けた刻印は、洗っても落ちない虎《とら》の縞《しま》ほどではないにしろ、なかなか消しがたいのもまた争われない事実だ。「気分としての反戦」、あるいは、よく知りもしない自衛隊を、流行に従って軽んじること、そのいずれもが「団塊的刻印」なのだろう。

思えば、一九六〇年代とは、個人の「内面」と個人の経済以外には、あまりものを考えなくても済む時代であった。日本は、まだ再出発したばかりという印象を引きずり、端的にいうとだが、広島・長崎の被爆のせいで「国際的兵役」から免除されつづけた。国際といううるさい存在から当面解放されていたから、逆に、よく知りもしない外国に希望を仮託するなどという所業もまたまかりとおり、北朝鮮や中国への実証抜きの高評価などがその典型だった。「団塊」は、たしかにそういった潮流のなかで人となったのである。

見えないものであった自衛隊が、わずかに顔をのぞかせた瞬間がある。

それは一九六四年の東京オリンピック、自衛隊所属の選手であった円谷《つぶらや》幸吉がマラソン競技で三位になったときである。エチオピアのアベベが圧倒的に強く、ずいぶん間をおいて円谷は二位で国立競技場に帰ってきた。しかしその走りぶりは精根尽き果てた印象で、いわゆる精神力だけで脚を前に運ぶようであった。そのため、一度は引き離したはずのイギリスの若禿《は》げの選手にあっさり抜き返されてしまった。

円谷幸吉はその四年後、「父上様、母上様、三日とろろ美味《おい》しうございました。干し柿、もちも美味しうございました」という有名な書き出しではじまる遺書を残して自死した。特攻隊員のそれのような遺書の末尾近くには、「幸吉はもうすっかり疲れ切ってしまって走れません。何卒《なにとぞ》お許し下さい」とあった。

私はこの遺書の哀切さに心打たれながらも、国立競技場における彼の姿を思い重ねて、強いいたましさの念を抱いたのである。そして、それを無言のうちに強いたのは自衛隊ではないかと考えたのである。自衛隊は、当時の私にとって、こわい、というより悲しみを誘う存在であった。

もうひとつの光景は、やはり三島由紀夫とともにある。かつて一九六〇年代、防衛大生を指して「同世代の恥辱」といった著名な小説家の発言に対しても、そこになにかしら時流におもねる気配を感じとって当時から違和の念を禁じ得なかったのだが、「魂の死んだ武器庫」という三島由紀夫の自衛隊評価にも、ひどく見当はずれという感想を持っていた。

一九七〇年十一月二十五日、市ヶ谷のバルコニー上で放たれた彼の言葉、「自衛隊が国の大本《おおもと》を正すことだ」「われわれは四年待った。最後の一年は熱烈に待った」「共に起《た》って義のために共に死ぬのだ」などは、まったく理解の範囲を越えていた。というのは、その頃の私には自衛隊は巨大会社、またはただの職場として映じていて、サラリーマンに「武士」も「蹶起《けっき》」もなかろうと思ったのである。

いまでも三島由紀夫の意図はわからない。しかし彼が死んだ年齢、四十五歳をすぎて思うことがある。

それは書き手の暮しは疲れるということだ。いたずらに馬齢を重ねてきた私のようなものでさえおりおり無常感にさいなまれるのだから、才能に恵まれたのみならず、高度な緊張を保ちつつ技巧的生活を維持してきたかのような彼だから、疲れもするし倦《う》みもするだろう。疲労や倦怠《けんたい》が動機の全部ではむろんないにしろ、一部ではあったような気がするのである。

当初からこの事件は自衛隊そのものとは関係がないと私は思っていた。しかし、これをきっかけに自衛隊が以前より遠く感じられるようになったこともまたたしかで、その意味では三島由紀夫は自衛隊の広報者としては適任ではなかった。少なくともこうはいえる。自衛隊は三島由紀夫に愛されすぎ、自衛隊もまた彼を好遇しすぎた。

自衛隊が再び私の視野に入ってきたのは、貧弱とはいえ、いくらか海外での見聞を重ねたのちのことだった。

ひと口にいって、世界は活気と混乱と悲哀に満ちていた。日本にいて理解しているつもりになっていたものとは根本的に違っていた。その結果、私は流行性の思想と「気分としての反戦」ほど頼るに甲斐《かい》ないものはないと思い知ったのだが、そこに存在した極端な落差は、まさにこの本のカンボジアPKOの章に活写されているごとくだった。

そんな経験を積むうち、私は一九七〇年の二十一歳になったあの日を思い出した。自分は、自衛隊は会社で自衛隊員はサラリーマンだと認識し、だからこそ三島由紀夫の言葉を理解不能と思ったはずだった。だとしたら、その会社の実像を探り、職場を知り、サラリーマンの声を聞くという発想がなぜできなかったか、見えなかったのは、たんに見ようとしなかったからだ、と思い及んだちょうどそのとき、一九七〇年のおなじ日に十八歳になった杉山隆男が『兵士に聞け』という恐るべき大著を発表したのだった。私は一読して感嘆し、再読して著者に深く敬服した。そして、自分がそうありたいと念じ、かつ日本文化の伝統に脈打っていたはずの実事求是《じつじきゅうぜ》の精神を、不用意にも忘れていた怠惰を深く恥じ入った。

仕事が進むうち、自衛隊はこの書き手をより深く信頼するようになっただろう。「自衛隊をよく書いてくれる」からではない。書き手は「兵士」（ここでは現場の将校も含む）には好意的であっても、官僚組織としての自衛隊にはしばしば苦言を呈し、防衛庁長官が無能な老政治家の「とりあえずのポスト」としてあてがわれるような日本の現状には慨嘆を隠さない。

それは、杉山隆男がただ「自衛隊をよく見てくれた」はじめての人だったからである。イデオロギッシュな流行から身を離してものごとをよく見つめること、そういう単純ではあるが、実はなしがたい方法が、この本につらぬかれていたからである。

「兵士に聞け」とは、つまり「普通の日本人に聞け」ということである。

職務に忠実でありながら少し自信がなく、並み以上に向上心を抱きつつ、同時に不安な、しかし全体としては誠実であろうとつとめる普通の日本人、それがこの本『兵士に聞け』の主人公である。そして、ここに描かれた彼らは実は私たちであり、また私たちは彼らなのだとようやく思い至るのである。

（せきかわ　なつお・作家）

本書に登場する省庁名、地名、肩書き等は、取材当時のものです。

本文写真：三島　正
校正：秦　玄一
編集協力：実沢まゆみ
編集：吉田兼一（小学館）

JASRAC　出0706794-701

SHOGAKUKAN BUNKO

好評新刊

メジャーリーガーズ　クラブハウスで見せたチャレンジスピリット
出村義和
25年以上MLB取材を続ける著者が、レギュラー争いのサバイバルの地・フロリダでキャッチした30人の「本音」。

サムライの娘
ドミニク・シルヴァン　中原毅志／訳
フランス人元女性警視とアメリカ人マッサージ嬢の異色コンビによる、新感覚ミステリー第2弾早くも登場！

時代小説アンソロジー4　職人気質
縄田一男／編
見事なまでに磨きあげられた技をもつ、優れた匠たちの心情を描ききった、名品7編。

ダルマ駅へ行こう！
笹田昌宏
ローカル線を駆使し、失われゆく「ダルマ駅舎」を全国制覇。さらに土地と車体を購入しダルマ別荘作りに挑む！

そのときは彼によろしく
市川拓司
どんなに離れていても引かれ合う力がある――『いま、会いにゆきます』の著者による07年6月映画化原作！

実戦！問題解決法
大前研一・斎藤顯一
500人以上のコンサルタントを育てた大前研一による元祖マッキンゼー式問題解決法の入門編にして決定版。

本書のプロフィール

本書は、新潮社から一九九五年七月に刊行された同名書を文庫化した作品です。初出は「週刊ポスト」（小学館）連載。一九九三年五月七・十四日号～九四年四月二十二日号、九四年九月二日号～九四年十二月二十三日号に、計六十四回にわたり掲載されたものを、単行本化、文庫化にあたって、若干加筆しています。

シンボルマークは、中国古代・殷代の金石文字です。宝物の代わりであった貝を運ぶ職掌を表わしています。当文庫はこれを、右手に「知識」左手に「勇気」を運ぶ者として図案化しました。

――「小学館文庫」の文字づかいについて――

- 文字表記については、できる限り原文を尊重しました。
- 口語文については、現代仮名づかいに改めました。
- 文語文については、旧仮名づかいを用いました。
- 常用漢字表外の漢字・音訓も用い、
難解な漢字には振り仮名を付けました。
- 極端な当て字、代名詞、副詞、接続詞などのうち、
原文を損なうおそれが少ないものは、仮名に改めました。

兵士《へいし》に聞《き》け

著者 杉山隆男《すぎやまたかお》

二〇〇七年七月十一日　初版第一刷発行

編集人――飯沼年昭
発行人――佐藤正治
発行所――株式会社　小学館
〒一〇一-八〇〇一
東京都千代田区一ツ橋二-三-一
電話　編集〇三-三二三〇-五六一七
販売〇三-五二八一-三五五五
印刷所――凸版印刷株式会社

ISBN978-4-09-408187-9

小学館文庫